“在实践中成长”丛书

Java 8 高级应用与开发

QST青软实训　编著

清华大学出版社
北京

内 容 简 介

本书在面向对象编程的基础上，对 Java 的高级应用进行深入剖析和讲解。全书内容涵盖文件、IO 流、JDBC 编程、Swing UI 设计、UI 高级组件使用、线程、Java 网络编程、类加载、反射、枚举、注解、国际化和格式化处理以及 Java 8 新特性。

书中所有代码均经过 Java 8 环境下的调试运行。本书对 Java 8 的 Lambda 表达式、函数式接口、方法引用、接口的默认方法和静态方法、Stream API 等一些新特性进行了全面深入讲解和应用。

本书由浅入深对 Java SE 高级技术进行了系统的讲解，并且重点突出、强调动手操作能力，以一个项目贯穿所有章节，使得读者能够快速理解并掌握各项重点知识，全面提高分析问题、解决问题以及动手编码的能力。

本书适用面广，既可作为高校、培训机构的 Java 教材，也适合作为计算机科学与技术、软件外包、计算机软件、计算机网络、电子商务等专业的程序设计课程的教材。

图书在版编目(CIP)数据

Java 8 高级应用与开发/QST 青软实训编著. —北京：清华大学出版社，2016（2025.1 重印）
（“在实践中成长”丛书）
ISBN 978-7-302-44352-0

Ⅰ. ①J… Ⅱ. ①Q… Ⅲ. ①JAVA 语言－程序设计 Ⅳ. ①TP312

中国版本图书馆 CIP 数据核字(2016)第 167576 号

责任编辑：刘 星 李 晔
封面设计：刘 键
责任校对：胡伟民
责任印制：宋 林

出版发行：清华大学出版社
网 址：https://www.tup.com.cn，https://www.wqxuetang.com
地 址：北京清华大学学研大厦 A 座 **邮 编**：100084
社 总 机：010-83470000 **邮 购**：010-62786544
投稿与读者服务：010-62776969，c-service@tup.tsinghua.edu.cn
质量反馈：010-62772015，zhiliang@tup.tsinghua.edu.cn
课件下载：https://www.tup.com.cn，010-83470236
印 装 者：三河市龙大印装有限公司
经 销：全国新华书店
开 本：185mm×260mm **印 张**：28.25 **字 数**：709 千字
版 次：2016 年 9 月第 1 版 **印 次**：2025 年 1 月第 10 次印刷
印 数：14501～15000
定 价：69.00 元

产品编号：065169-02

当今IT产业发展迅猛，各种技术日新月异，在发展变化如此之快的年代，学习者已经变得越来越被动。在这种大背景下，如何快速地学习一门技术并能够做到学以致用，是很多人关心的问题。一本书、一堂课只是学习的形式，而真正能够达到学以致用目的的则是融合在书及课堂上的学习方法，使学习者具备学习技术的能力。

QST青软实训自2006年成立以来，培养了近10万IT人才，相继出版了“在实践中成长”丛书，该丛书销售量已达到3万册，内容涵盖Java、.NET、嵌入式、物联网以及移动互联等多种技术方向。从2009年开始，QST青软实训陆续与30多所本科院校共建专业，在软件工程专业、物联网工程专业、电子信息科学与技术专业、自动化专业、信息管理与信息系统专业、信息与计算科学专业、通信工程专业、日语专业中共建了软件外包方向、移动互联方向、嵌入式方向、集成电路方向以及物联网方向等。到2016年，QST青软实训共建专业的在校生数量已达到10 000人，并成功地将与IT企业技术需求接轨的QST课程产品组件及项目驱动的教学方法融合到高校教学中，与高校共同培养理论基础扎实、实践能力强、符合IT企业要求的人才。

一、“在实践中成长”丛书介绍

2014年，QST青软实训对“在实践中成长”丛书进行全面升级，保留原系列图书的优势，并在技术上、教学和学习方法等方面进行优化升级。这次出版的“在实践中成长”丛书由QST青软实训联合高等教育的专家、IT企业的行业及技术专家共同编写，既涵盖新技术及技术版本的升级，同时又融合了QST青软实训自2009年深入到高等教育中所总结的IT技术学习方法及教学方法。“在实践中成长”丛书包括：

➤《Java 8基础应用与开发》
➤《Java 8高级应用与开发》
➤《Java Web技术及应用》
➤《Oracle数据库应用与开发》
➤《Android程序设计与开发》
➤《JavaEE轻量级框架应用与开发——S2SH》
➤《Web前端设计与开发——HTML+CSS+JavaScript+HTML5+jQuery》
➤《Linux操作系统》
➤《Linux应用程序开发》
➤《嵌入式图形界面开发》
➤《Altium Designer原理图设计与PCB制作》
➤《ARM体系结构与接口技术——基于ARM11 S3C6410》
➤《ZigBee技术开发——CC2530单片机原理及应用》
➤《Zigbee技术开发——Z-Stack协议栈原理及应用》

二、"在实践中成长"丛书的创新点及优势

1. 面向学习者

以一个完整的项目贯穿技术点，以点连线、多线成面，通过项目驱动学习方法使学习者轻松地将技术学习转化为技术能力。

2. 面向高校教师

为教学提供完整的课程产品组件及服务，满足高校教学各个环节的资源支持。

三、配套资源及服务

QST 青软实训根据 IT 企业技术需求和高校人才的培养方案，设计并研发出一系列完整的教学服务产品——包括教材、PPT、教学指导手册、教学及考试大纲、试题库、实验手册、课程实训手册、企业级项目实战手册、视频以及实验设备等。这些产品服务于高校教学，通过循序渐进的方式，全方位培养学生的基础应用、综合应用、分析设计以及创新实践等各方面能力，以满足企业用人需求。

读者可以到锐聘学院教材丛书资源网(book.moocollege.cn)免费下载本书配套的相关资源，包括：

- 教学大纲
- 教学 PPT
- 示例源代码
- 考试大纲

建议读者同时订阅本书配套实验手册，实验手册中的项目与教材相辅相成，通过重复操作复习巩固学生对知识点的应用。实验手册中的每个实验提供知识点回顾、功能描述、实验分析以及详细实现步骤，学生参照实验手册学会独立分析问题、解决问题的方法，多方面提高学生技能。

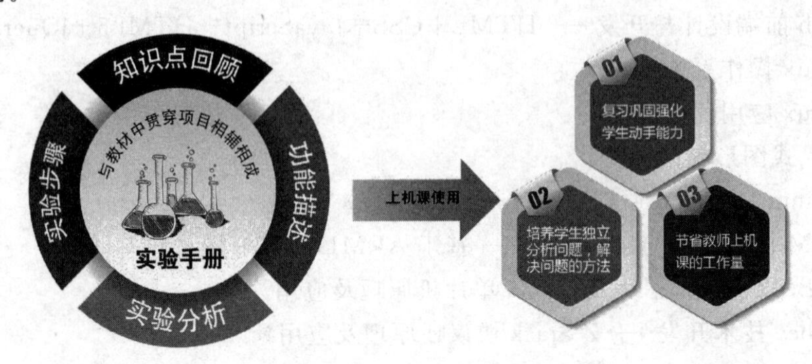

实验手册与教材配合使用，采用双项目贯穿模式，有效提高学习内容的平均存留率，强化动手实践能力。

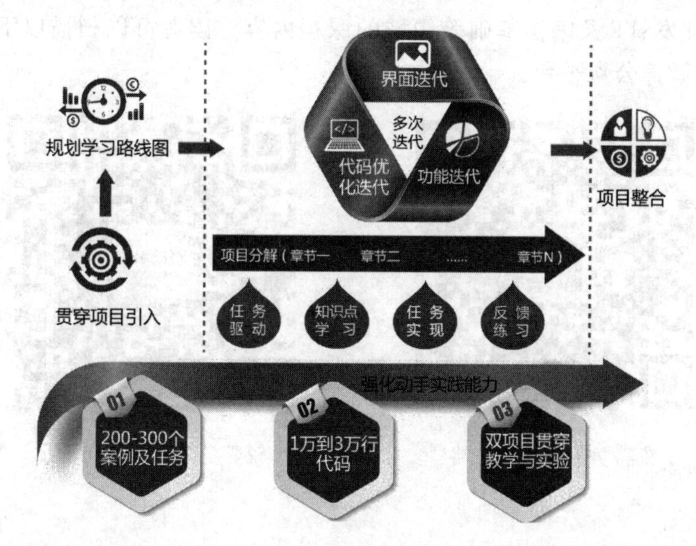

读者还可以直接联系 QST 青软实训，我们将为读者提供更多专业的教育资源和服务，包括：

➢ 教学指导手册；
➢ 实验项目源代码；
➢ 丰富的在线题库；
➢ 实验设备和微景观沙盘；
➢ 课程实训手册及实训项目源代码；
➢ 在线实验室提供全实战演练编程环境；
➢ 锐聘学院在线教育平台视频课程，线上线下互动学习体验；
➢ 基于大数据的多维度“IT 基础人才能力成熟度模型（ITBCMMI）”分析。

四、锐聘学院在线教育平台

锐聘学院在线教育平台专注泛 IT 领域在线教育及企业定制人才培养，通过面向学习效果的平台功能设计，结合课堂讲解、同伴环境、教学答疑、作业批改、测试考核等教学要素进行设计，主要功能有学习管理、课程管理、学生管理、考核评价、数据分析、职业路径及企业招聘服务等。

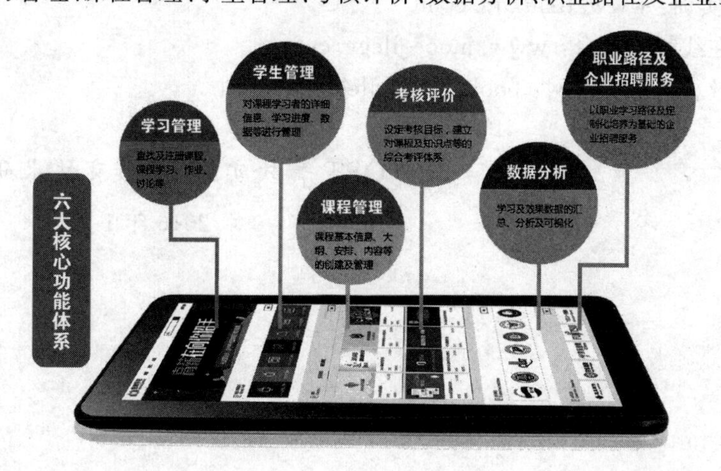

平台内容包括了高校核心课程、平台核心课程、企业定制课程三个层次的内容体系，涵盖了移动互联网、云计算、大数据、游戏开发、互联网开发技术、企业级软件开发、嵌入式、物联网、对日软件开发、IT及编程基础等领域的课程内容。读者可以扫描以下二维码下载移动端应用或关注微信公众平台。

锐聘学院移动客户端

锐聘学院微信公众平台

五、致谢

“在实践中成长”丛书的编写和整理工作由QST青软实训IT教育技术研究中心研发完成，研究中心全体成员在这两年多的编写过程中付出了辛勤的汗水。在此丛书出版之际，特别感谢给予我们大力支持和帮助的合作伙伴，感谢共建专业院校的师生给予我们的支持和鼓励，更要感谢参与本书编写的专家和老师们付出的辛勤努力。除此之外，还有QST青软实训10 000多名学员也参与了教材的试读工作，并从初学者角度对教材提供了许多宝贵意见，在此一并表示衷心感谢。

在本书写作过程中，由于时间及水平上的原因，可能存在不全面或疏漏的地方，敬请读者提出宝贵的批评与建议。我们以最真诚的心希望能与读者共同交流、共同成长，待再版时能日臻完善，是所至盼。

联系方式：
E-mail：QST_book@itshixun.com
400电话：400-658-0166
QST青软实训：www.itshixun.com
锐聘学院在线教育平台：www.moocollege.cn
锐聘学院教材丛书资源网：book.moocollege.cn

QST青软实训IT教育技术研究中心
2016年1月

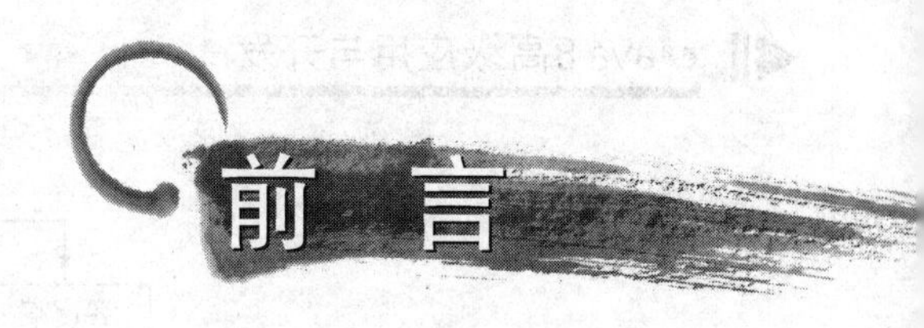

前言

本书不是一本简单的Java教材，不是知识点的铺陈，而是致力于将知识点融入实际项目的开发中。作为Java技术教材，最困难的事情是将一些复杂、难以理解的技术和思想让初学者能够轻松理解并快速掌握。本书由浅入深地讲解了IO数据流操作，JDBC访问数据库的方法、步骤、规范及技巧，GUI界面设计及事件处理技巧，多线程实现多任务处理，Socket实现网络编程，以及Java 8新特性及其应用。书中对每个知识点都进行了深入分析，针对知识点在语法、示例、代码及任务实现上进行阶梯式层层强化，让读者对知识点从入门到灵活运用逐步扎实掌握。

本书的特色是采用一个“Q-DMS数据挖掘”项目，将所有章节的重点技术贯穿其中，每章项目代码会层层迭代不断完善，最终形成一个完整的系统。通过贯穿项目以点连线、多线成面，使得读者能够快速理解并掌握各项重点知识，全面提高分析问题、解决问题以及动手编码的能力。

1. 项目简介

Q-DMS数据挖掘项目是一个基于C/S(Client/Server，客户/服务器)架构的系统，由Q-DMS客户端和Q-DMS服务器端两部分组成：

- Q-DMS客户端作为系统的一部分，其主要任务是对数据进行采集、分析和匹配，并将匹配成功的数据发送到Q-DMS服务器端，同时将匹配成功的不同类型数据保存到相应的日志文件中。
- Q-DMS服务器端用于接收客户端发送来的匹配数据，并将数据保存到数据库中，以便多个客户端的数据同步。

Q-DMS数据挖掘项目可以对多种数据类型进行采集，例如，日志数据信息的采集、物流数据信息的采集等，多种数据信息都是基于继承关系的。

2. 贯穿项目模块

Q-DMS贯穿项目的所有模块的实现穿插到《Java 8基础应用与开发》(已出版)和《Java 8高级应用与开发》的所有章节中，每个章节的任务均是在前一章节的基础上进行实现，对项目逐步进行迭代、升级，最终形成一个完整的项目，并将Java课程重点技能点进行强化应用。其中，《Java 8基础应用与开发》是基于DOS菜单驱动模式下完成数据采集、数据匹配以及数据显示功能模块的实现；《Java 8高级应用与开发》在前一本书所实现的功能基础上，使用Swing GUI图形界面用户事件交互模式迭代实现了数据采集、过滤匹配、数据保存、数据发送、数据显示及刷新功能。

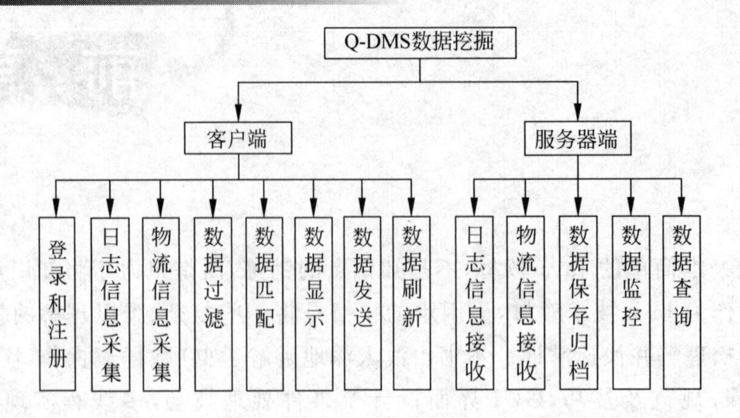

3. 基础章节任务实现

章	目　　标	贯穿任务实现
第1章 文件及IO流	数据文件存储及访问	【任务1-1】 升级实体类为可序列化的类，以便在文件中保存或网络中传递 【任务1-2】 实现匹配的日志信息的保存和读取功能 【任务1-3】 实现匹配的物流信息的保存和读取功能 【任务1-4】 测试匹配的日志、物流信息的保存和读取功能
第2章 JDBC编程	数据库存储及访问	【任务2-1】 创建项目所需的数据库表，并搭建数据访问基础环境 【任务2-2】 实现匹配的日志信息的数据库保存和查询功能 【任务2-3】 实现匹配的物流信息的数据库保存和查询功能 【任务2-4】 测试匹配的日志、物流信息的数据库保存和查询功能
第3章 Swing UI设计	登录及注册功能	【任务3-1】 创建用户数据库表、用户实体类和用户业务逻辑类 【任务3-2】 创建用户注册窗口，并将用户注册信息保存到数据库 【任务3-3】 创建用户登录窗口，登录成功则进入系统主界面
第4章 高级UI组件	主窗口界面及其功能	【任务4-1】 使用对话框优化登录窗口和注册窗口中的错误提示 【任务4-2】 实现主窗口中的菜单和工具栏 【任务4-3】 实现主窗口中的数据采集界面及其功能实现 【任务4-4】 实现主窗口中的数据匹配、保存及显示功能
第5章 线程	数据自动刷新	【任务5-1】 使用线程实现每隔2分钟日志和物流表格数据的自动刷新功能，以便与数据库中的数据保持一致
第6章 网络编程	数据发送功能	【任务6-1】 使用Socket实现主窗口中的客户端数据发送到服务器的功能 【任务6-2】 使用ServerSocket实现服务器端应用程序，实现接收所有客户端发送的日志和物流信息，并将信息保存到数据库 【任务6-3】 运行服务器及客户端应用程序，演示多客户端的数据发送效果
第7章 Java高级应用	增加注解和格式化	【任务7-1】 使用注解重新迭代升级“Q-DMS数据挖掘”系统中的代码 【任务7-2】 使用格式化将输出的日期进行格式化输出
第8章 Java 8新特性	Lambda优化和查询	【任务8-1】 使用Lambda表达式迭代升级主窗口中“帮助”菜单的事件处理 【任务8-2】 使用Lambda表达式实现查找指定的匹配信息并显示

4. 贯穿项目运行截图

登录窗口

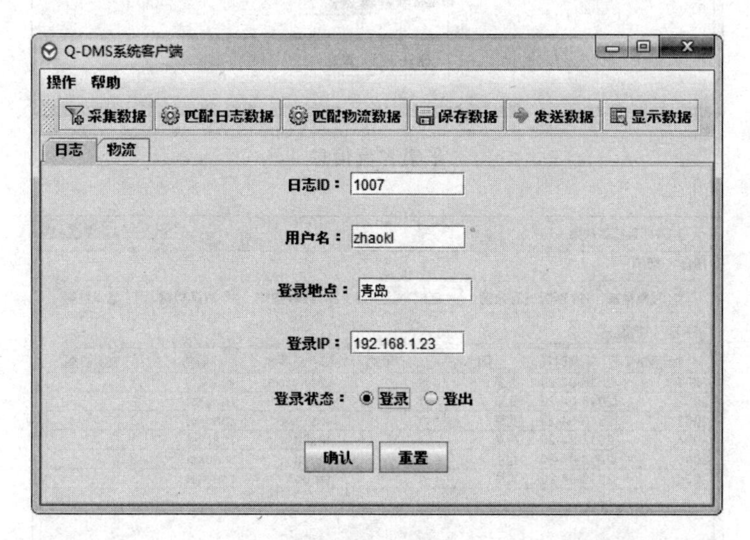

采集日志信息

Q-DMS系统客户端

操作 帮助

采集数据 匹配日志数据 匹配物流数据 保存数据 发送数据 显示数据

日志 物流

日志ID	采集时间	采集地点	状态	用户名	IP	日志类型
1001	2016-04-20 ...	青岛	1	zhangsan	192.168.1.1	1
1002	2016-04-20 ...	青岛	1	zhangsan	192.168.1.1	0
1003	2016-04-20 ...	北京	1	lisi	192.168.1.6	1
1004	2016-04-20 ...	北京	1	lisi	192.168.1.6	0
1005	2016-04-20 ...	济南	1	wangwu	192.168.1.89	1
1006	2016-04-20 ...	济南	1	wangwu	192.168.1.89	0

显示匹配的日志数据

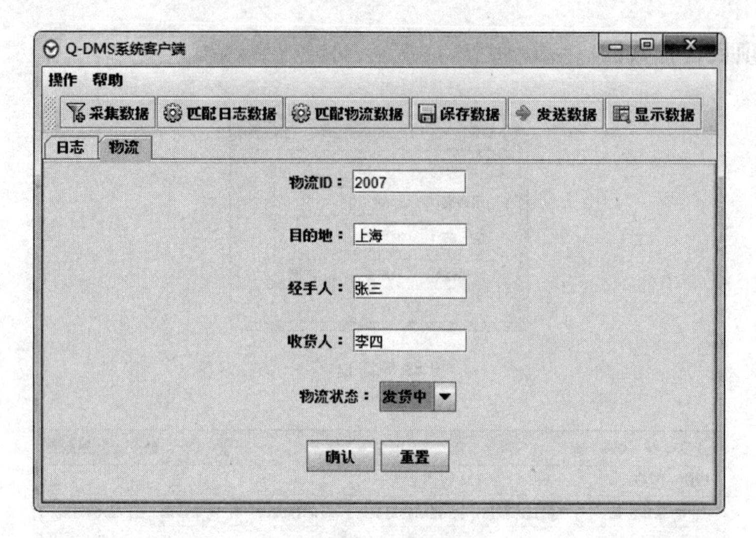

采集物流信息

Q-DMS系统客户端

操作 帮助

采集数据 匹配日志数据 匹配物流数据 保存数据 发送数据 显示数据

日志 物流

物流ID	采集时间	目的地	状态	经手人	收货人	物流类型
2001	2016-04-20 ...	青岛	1	zhangsan	zhaokel	1
2002	2016-04-20 ...	北京	1	lisi	zhaokel	2
2003	2016-04-20 ...	北京	1	wangwu	zhaokel	3
2004	2016-04-20 ...	青岛	1	maliu	zhaokel	1
2005	2016-04-20 ...	北京	1	sunqi	zhaokel	2
2006	2016-04-20 ...	北京	1	fengba	zhaokel	3

显示匹配的物流数据

本书由 QST 青软实训的刘全担任主编，李战军、金澄、郭晓丹担任副主编，赵克玲老师负责本书编写工作和全书统稿，另外还有郭全友、冯娟娟参与本书的审核和修订工作。作者均已从事计算机教学和项目开发多年，拥有丰富的教学和实践经验。由于时间有限，书中难免有疏漏和不足之处，恳请广大读者及专家不吝赐教。如需要本书的相关资源，请到锐聘学院教材丛书资源网 book.moocollege.cn 下载。

编　者

2016 年 5 月

章节学习路线图

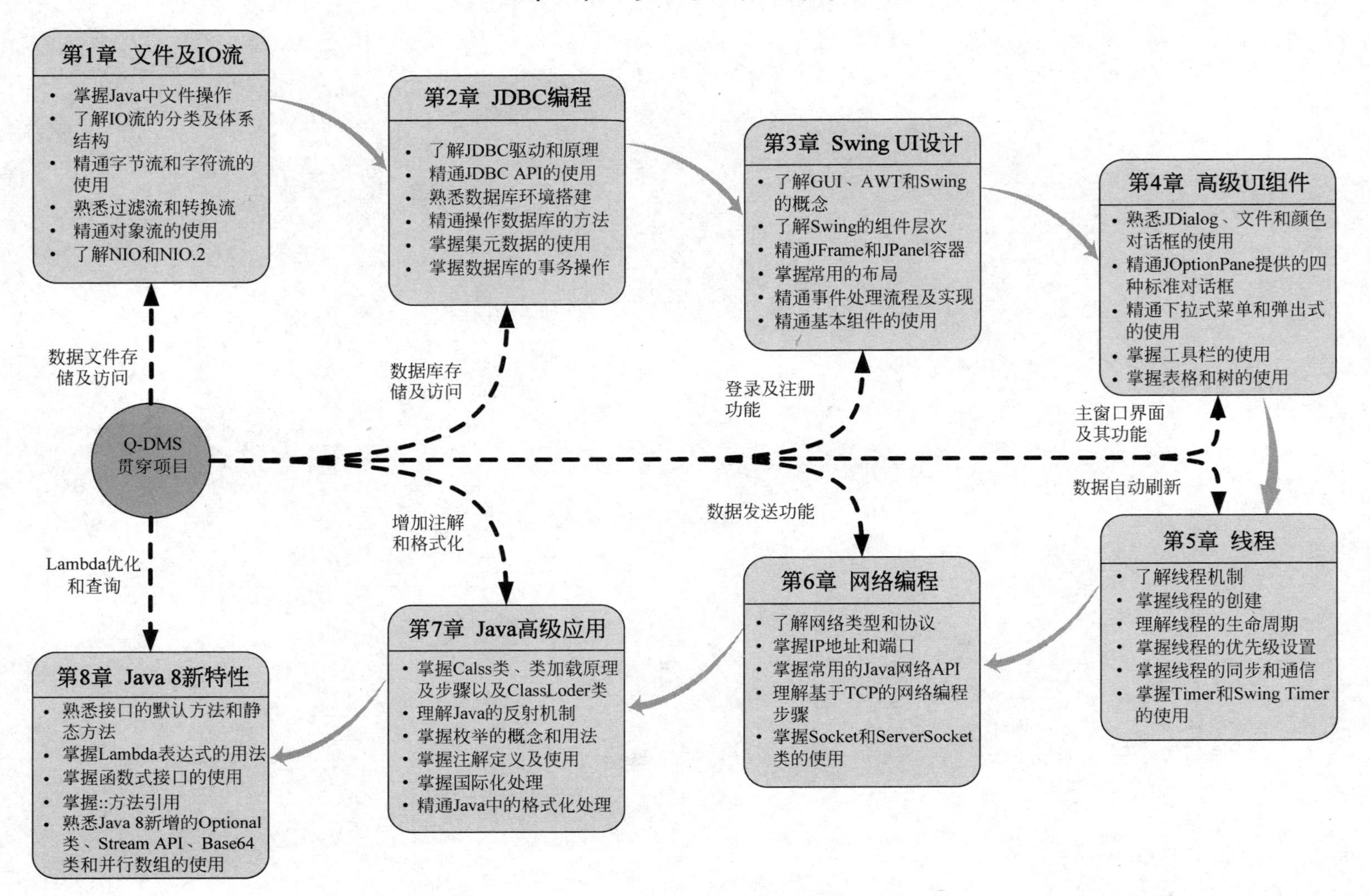

第1章 文件及IO流
• 掌握Java中文件操作
• 了解IO流的分类及体系结构
• 精通字节流和字符流的使用
• 熟悉过滤流和转换流
• 精通对象流的使用
• 了解NIO和NIO.2
第2章 JDBC编程
• 了解JDBC驱动和原理
• 精通JDBC API的使用
• 熟悉数据库环境搭建
• 精通操作数据库的方法
• 掌握集元数据的使用
• 掌握数据库的事务操作
第3章 Swing UI设计
• 了解GUI、AWT和Swing的概念
• 了解Swing的组件层次
• 精通JFrame和JPanel容器
• 掌握常用的布局
• 精通事件处理流程及实现
• 精通基本组件的使用
第4章 高级UI组件
• 熟悉JDialog、文件和颜色对话框的使用
• 精通JOptionPane提供的四种标准对话框
• 精通下拉式菜单和弹出式的使用
• 掌握工具栏的使用
• 掌握表格和树的使用
数据文件存储及访问
数据库存储及访问
登录及注册功能
主窗口界面及其功能
Q-DMS 贯穿项目
数据自动刷新
数据发送功能
增加注解和格式化
Lambda优化和查询
第5章 线程
• 了解线程机制
• 掌握线程的创建
• 理解线程的生命周期
• 掌握线程的优先级设置
• 掌握线程的同步和通信
• 掌握Timer和Swing Timer的使用
第6章 网络编程
• 了解网络类型和协议
• 掌握IP地址和端口
• 掌握常用的Java网络API
• 理解基于TCP的网络编程步骤
• 掌握Socket和ServerSocket类的使用
第7章 Java高级应用
• 掌握Calss类、类加载原理及步骤以及ClassLoder类
• 理解Java的反射机制
• 掌握枚举的概念和用法
• 掌握注解定义及使用
• 掌握国际化处理
• 精通Java中的格式化处理
第8章 Java 8新特性
• 熟悉接口的默认方法和静态方法
• 掌握Lambda表达式的用法
• 掌握函数式接口的使用
• 掌握::方法引用
• 熟悉Java 8新增的Optional类、Stream API、Base64类和并行数组的使用

目录

第1章 文件及IO流

本章任务是完成“Q-DMS 数据挖掘”系统的数据记录功能：

- 【任务 1-1】 升级实体类为可序列化的类，以便在文件中保存或在网络中传递。
- 【任务 1-2】 实现匹配的日志信息的保存和读取功能。
- 【任务 1-3】 实现匹配的物流信息的保存和读取功能。
- 【任务 1-4】 测试匹配的日志、物流信息的保存和读取功能。

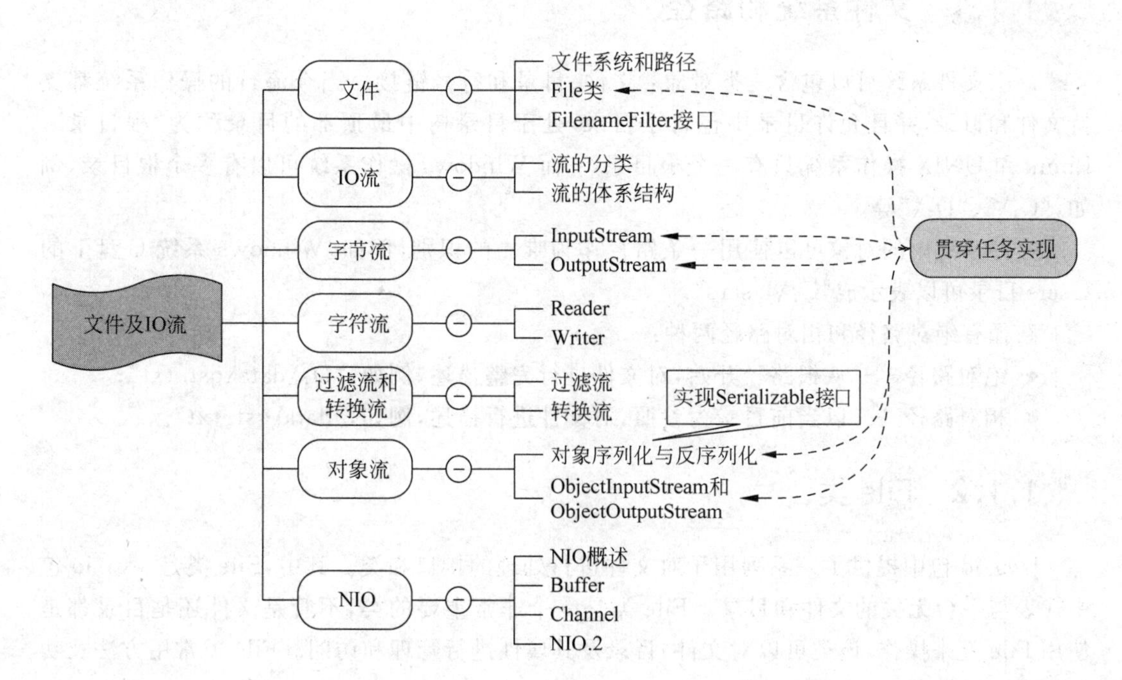

知 识 点	Listen(听)	Know(懂)	Do(做)	Revise(复习)	Master(精通)
文件	★	★	★	★	
IO 流的分类及体系结构	★	★			
字节流	★	★	★	★	★
字符流	★	★	★	★	★
过滤流和转换流	★	★	★		
对象流	★	★	★	★	★
NIO 和 NIO. 2	★	★	★		

1.1 文件

计算机文件是以计算机硬盘、光盘以及移动存储设备为载体的存储在计算机上的信息集合,其存储形式可以是文本文档、图片、程序等。文件通常具有文件扩展名,用于指示文件类型,例如,图片文件扩展名为 jpg,文本文件扩展名是 txt 等。

1.1.1 文件系统和路径

一个文件系统可以包含三类对象:文件、目录和符号链接。当今流行的操作系统都支持文件和目录,并且允许目录中包含子目录,处于目录树中最顶部的目录称为“根目录”。Linux 和 UNIX 操作系统只有一个根目录/;而 Windows 操作系统可以有多个根目录,例如,“C:\”、“D:\”等。

文件系统中的对象可以使用一条路径作为唯一的识别,例如,Windows 系统 C 盘下的 Users 目录可以表示成“C:\Users”。

路径有绝对路径和相对路径两种:

- 绝对路径——从根路径开始,对文件进行完整描述,例如,“D:\data\qst. txt”;
- 相对路径——以当前目录为参照,对文件进行描述,例如,“data\qst. txt”。

1.1.2 File 类

java. io 包中提供了一系列用于对文件进行处理的接口和类。其中,File 类是 java. io 包中代表与平台无关的文件和目录。File 类是一个非常重要的类,不管是文件还是目录都是使用 File 类来操作,该类可以对文件、目录及其属性进行管理和访问。File 类常用方法及功能如表 1-1 所示。

表 1-1 File 类的常用方法

分类	方法	功能描述
访问文件名或路径	String getName()	返回 File 对象所表示的文件名或目录的路径
	String getPath()	返回 File 对象所对应的路径名
	File getAbsoluteFile()	返回 File 对象的绝对路径文件
	String getAbsolutePath()	返回 File 对象所对应的绝对路径名
	String getParent()	返回此 File 对象所对应目录的父目录
	boolean renameTo(File dest)	重命名 File 对象对应的文件或目录
文件检测	boolean exists()	判断 File 对象所对应的文件或目录是否存在
	boolean canWrite()	判断 File 对象所对应的文件或目录是否可写
	boolean canRead()	判断 File 对象所对应的文件或目录是否可读
	boolean isDirectory()	判断 File 对象是否为一个目录
	boolean isFile()	判断 File 对象是否为一个文件
	booleanisAbsolute()	判断 File 对象是否采用绝对路径
文件信息	long length()	返回 File 对象所对应文件的长度(以字节为单位)
	long lastModified()	返回 File 对象的最后一次被修改的时间
文件操作	boolean createNewFile()	检查文件是否存在,当 File 对象所对应的文件不存在时新建一个文件
	boolean delete()	删除 File 对象所对应的文件或目录
目录操作	boolean mkdir()	创建一个 File 对象所对应的路径
	String[] list()	列出 File 对象所有的子文件名和路径名
	File[] listFile()	列出 File 对象所有的子文件和路径
	static File[] listRoots()	列出系统所有的根路径

下述代码使用 File 类对文件进行操作和管理。

【代码 1-1】 FileDemo.java

```
package com.qst.chapter01;
import java.io.File;
import java.io.IOException;

public class FileDemo {
    public static void main(String[] args) {
        // 以当前路径来创建一个 File 对象,"."代表当前路径
        File file = new File(".");
        // 直接获取文件名,输出"."
        System.out.println(file.getName());
        // 获取相对路径的父路径可能出错,下面代码输出 null
        System.out.println(file.getParent());
        // 获取绝对路径
        System.out.println(file.getAbsoluteFile());
        // 获取上一级路径
        System.out.println(file.getAbsoluteFile().getParent());
        // 以指定的文件名创建 File 对象
        File newFile = new File("C:\\qst.txt");
        System.out.println("newFile 对象是否存在: " + newFile.exists());
```

```
        try {
            // 以指定 newFile 对象来创建一个文件
            newFile.createNewFile();
        } catch (IOException e) {

            e.printStackTrace();
        }
        // 以 newFile 对象来创建一个目录,因为 newFile 已经存在
        // 所以下面方法返回 false,即无法创建该目录
        System.out.println("创建目录: " + newFile.mkdir());
        // 使用 list()方法来列出当前路径下的所有文件和路径
        String[] fileList = file.list();
        System.out.println("==== 当前路径下所有文件和路径如下 ====");
        for (String fileName : fileList) {
            System.out.println(fileName);
        }
        // listRoots()静态方法列出所有的磁盘根路径
        File[] roots = File.listRoots();
        System.out.println("==== 系统所有根路径如下 ====");
        for (File root : roots) {
            System.out.println(root);
        }
    }
}
```

上述代码使用 File 类对文件或目录进行操作,其中“.”代表当前目录;当获取相对路径的父路径时可能出错;当使用 createNewFile()创建新文件时,可能引发 IOException 异常,因此需要使用 try…catch 语句进行异常处理。

注意

在 Windows 操作系统下,路径的分隔符使用反斜杠\,而 Java 程序中的单反斜杠表示转义字符,所以路径分割符需要使用双反斜杠,例如,“C:\\qst.txt”。File 对象只是一个引用,可能指向一个存在的文件或目录,也可能指向一个不存在的文件或目录。

运行结果如下所示:

```
.
null
C:\Users\Administrator\workspace\chapter01\.
C:\Users\Administrator\workspace\chapter01
newFile 对象是否存在: false
创建目录: false
==== 当前路径下所有文件和路径如下 ====
.classpath
.project
.settings
bin
qst.txt
```

```
src
====系统所有根路径如下====
C:\
D:\
E:\
F:\
```

1.1.3 FilenameFilter 接口

FilenameFilter 是一个文件过滤器接口，该接口只提供一个 accept(File dir, String name)方法，该方法的返回值为 boolean 型。FilenameFilter 可以对文件进行过滤，将符合条件的文件筛选出来。

File 类的 list()方法可以接受 FileNameFilter 类型的参数，其功能说明如表 1-2 所示。

表 1-2　带 FilenameFilter 参数的 list()方法

方　法	功能描述
String[] list(FilenameFilter filter)	返回 File 对象所对应目录中满足指定过滤条件的文件名和子目录名
File[] listFiles(FilenameFilter filter)	返回 File 对象所对应目录中满足指定过滤条件的文件和子目录

使用 FilenameFilter 时，只需定义一个类实现该接口的 accept()方法，或者直接使用一个匿名类。下述代码演示 FilenameFilter 的使用。

【代码 1-2】　FilenameFilterDemo.java

```
package com.qst.chapter01;
import java.io.File;
import java.io.FilenameFilter;
public class FilenameFilterDemo {
    public static void main(String[] args) {
        // 根据路径名称创建 File 对象
        File file = new File("C:\\Program Files\\Java\\jdk1.8.0_05");
        // 得到文件名列表
        if (file.exists() && file.isDirectory()) {
            // 显示该目录下所有文件列表
            String[] allFileNames = file.list();
            for (String name : allFileNames) {
                System.out.println(name);
            }
            System.out.println("--------------------");
            // 创建 FileNameFilter 类型的匿名类,并作为参数传入到 list()方法中
            String[] filterFileNames = file.list(new FilenameFilter() {
                public boolean accept(File dir, String name) {
                    // 对文件名进行过滤,文件名的后缀为.zip 或.txt
                    return (name.endsWith(".zip") || name.endsWith(".txt"));
                }
            });
```

```
                System.out.println("过滤后的文件列表: ");
                for (String name : filterFileNames) {
                    System.out.println(name);
                }
            }
        }
    }
```

上述代码中定义一个 FileNameFilter 类型的匿名类，直接实现该接口中的 accept()方法，并对文件名进行过滤，将所有以.zip 或.txt 的文件都筛选出来。

运行结果如下所示：

```
bin
COPYRIGHT
db
include
javafx-src.zip
jre
lib
LICENSE
README.html
release
src.zip
THIRDPARTYLICENSEREADME-JAVAFX.txt
THIRDPARTYLICENSEREADME.txt
----------------------
过滤后的文件列表:
javafx-src.zip
src.zip
THIRDPARTYLICENSEREADME-JAVAFX.txt
THIRDPARTYLICENSEREADME.txt
```

1.2 IO 流

Java 的 IO 流是实现数据输入(Input)和输出(Output)的基础，可以对数据实现读/写操作。流(Stream)的优势在于使用统一的方式对数据进行操作或传递，简化了代码操作。可以将 IO 流比喻成水管，使用水管能够将城市中的家家户户与水库连接起来，这个水库就是“数据源”。在 Java 术语中，“数据源”可以是一个磁盘文件、一个网络套接字，甚至网络中的一个文件。

1.2.1 流的分类

按照不同的分类方式，可以将流分为不同的类型；从不同的角度对流进行分析，在概念上可能存在重叠的地方。

按照流的流向来分，可以将流分为输入流和输出流。

- 输入流：只能从输入流中读取数据，而不能向输入流中写入数据；
- 输出流：只能向输出流中写入数据，而不能从输出流中读取数据。

使用输入流可以从数据源中读取数据，使用输出流可以向数据源中写入数据，如图 1-1 所示。流的输入、输出都是从程序运行所在的内存角度来划分的，而不是从数据源角度进行划分。

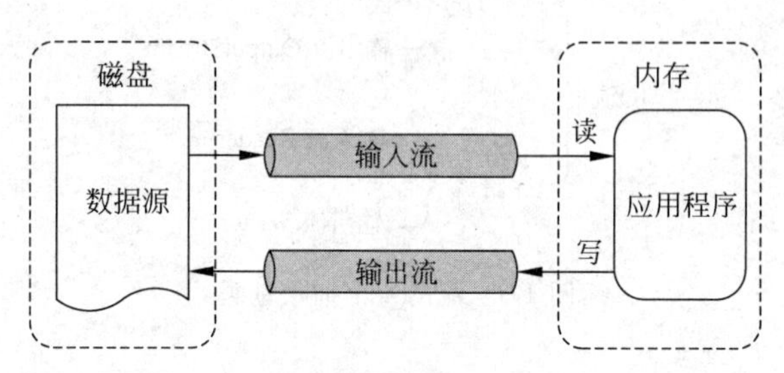

图 1-1 输入流和输出流

按照流所操作的基本数据单元来分，可以将流分为字节流和字符流。

- 字节流：所操作的基本数据单元是 8 位的字节(byte)，无论是输入还是输出，都是直接对字节进行处理；
- 字符流：所操作的基本数据单元是 16 位的字符(Unicode)，无论是输入还是输出，都是直接对字符进行处理。

按照流的角色来分，可以将流分为节点流和处理流。

- 节点流：用于从/向一个特定的 IO 设备(如磁盘、网络)读/写数据的流，这种流被称为节点流，节点流也称为低级流(Low Level Stream)，节点通常是指文件、内存或管道；
- 处理流：对一个已经存在的流进行连接或封装，通过封装后的流来实现数据的读/写功能，这种流被称为处理流，处理流也称为高级流。

节点流和处理流的示意图如图 1-2 所示。使用处理流进行输入输出时，程序不会直接连接到实际的数据源，而是对节点流进行包装，随着处理流所包装的节点流的变化，程序可以在不改变输入输出代码的情况下，灵活地访问不同的数据源。Java 中使用处理流来包装节点流是一种典型的使用模式，通过使用处理流来包装不同的节点流，消除了不同节点流实现的差异，提供了更便利的方法来完成输入输出功能。因此，处理流也被称为包装流。

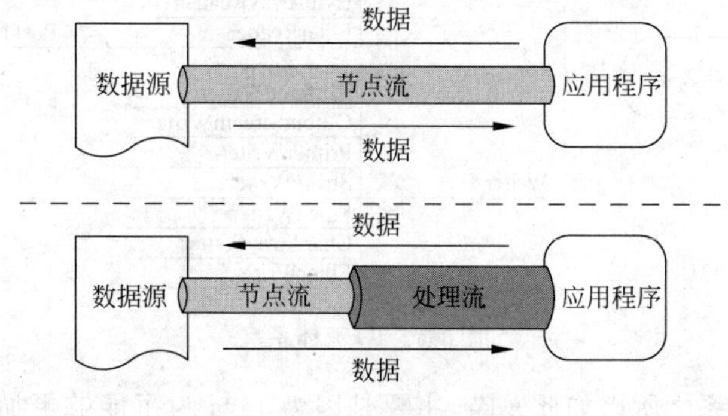

图 1-2 节点流和处理流

1.2.2 流的体系结构

Java 的 IO 流都是由 4 个抽象基类派生的，如图 1-3 所示。

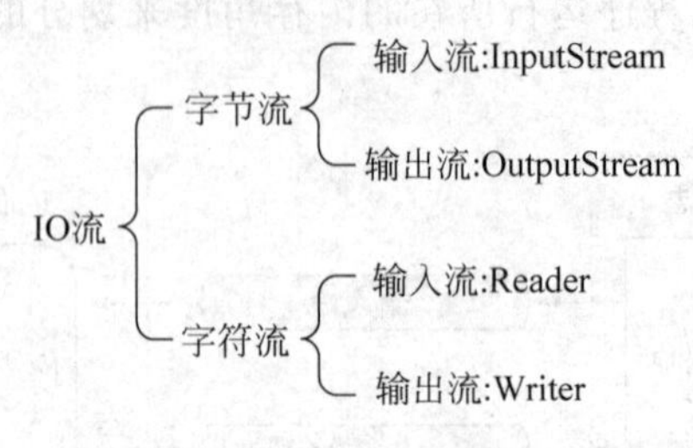

图 1-3　流的 4 个抽象基类

其中：

- InputStream/Reader——是所有输入流的基类，用于实现数据的读操作，前者是字节输入流，后者是字符输入流，只是处理的数据基本单位不同；
- OutputStream/Writer——是所有输出流的基类，用于实现数据的写操作，前者是字节输出流，后者是字符输出流，同样只是处理的数据基本单位不同。

Java 的 IO 流体系共涉及 40 多个类，这些类彼此之间联系紧密，非常有规律。Java 的 IO 流体系结构如图 1-4 所示。

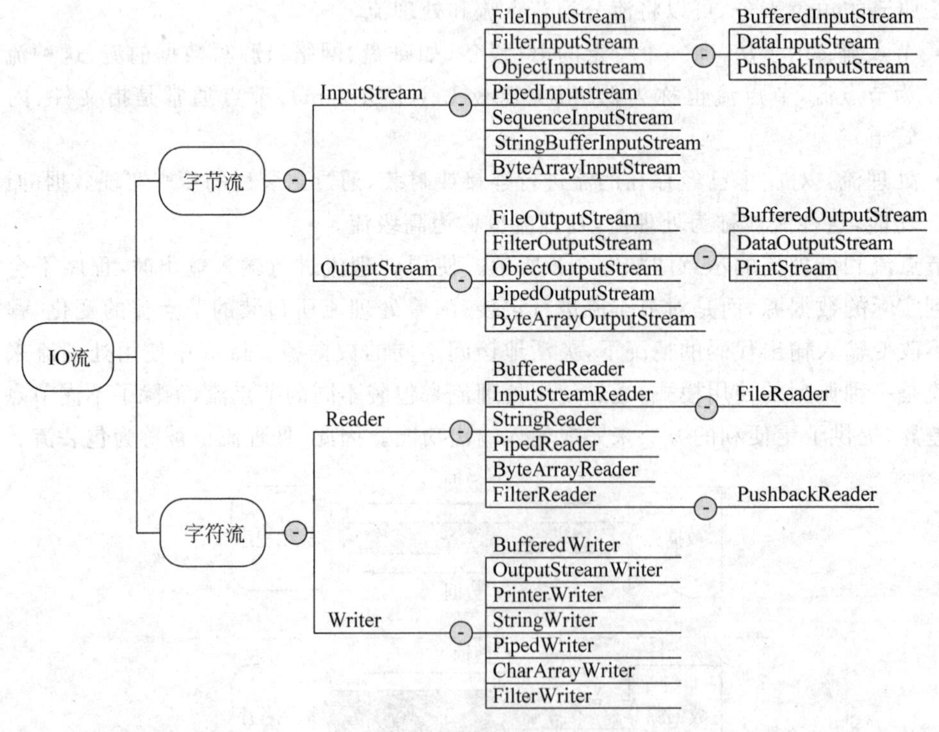

图 1-4　IO 流体系

Java 的 IO 流体系之所以如此复杂，主要是因为 Java 为了能够更加方便地使用流，将 IO 流按照功能分成了许多类，而每个类中又分别提供了字节流输入流、字节输出流、字符输入流和字符输出流。当然有些流没有提供字节流,有些流没有提供字符流。Java 的 IO 流体系按照功能分类,常用的流如表 1-3 所示。其中,访问文件、数组、管道和字符串的流都是节点流,必须直接与指定的物理节点关联。

表 1-3　IO 流按照功能分类的常用流

分　类	字节输入流	字节输出流	字符输入流	字符输出流
抽象基类	InputStream	OutputStream	Reader	Writer
访问文件	FileInputStream	FileOutputStream	FileReader	FileWriter
访问数组	ByteArrayInputStream	ByteArrayOutputStream	CharArrayReader	CharArrayWriter
访问管道	PipedInputStream	PipedOutputStream	PipedReader	PipedWriter
访问字符串			StringReader	StringWriter
缓冲流	BufferedInputStream	BufferedOutputStream	BufferedReader	BufferedWriter
转换流			InputStreamReader	OutputStreamWriter
对象流	ObjectInputStream	ObjectOutputStream		
过滤基类	FilterInputStream	FilterOutputStream	FilterReader	FilterWriter
打印流		PrintStream		PrintWriter
推回输入流	PushbackInputStream		PushbackReader	
特殊流	DataInputStream	DataOutputStream		

因为计算机中所有的数据都是以二进制的形式进行组织,而字节流可以处理所有二进制文件,所以通常字节流的功能比字符流的功能更强大。但是,如果使用字节流处理文本文件时,则需要使用合适的方式将字节转换成字符,从而增加了编程的复杂度。因此在使用 IO 流时注意一个规则:

- 如果进行输入输出的内容是文本内容,则使用字符流;
- 如果进行输入输出的内容是二进制内容,则使用字节流。

注意

计算机中的文件常被分为二进制文件和文本文件两大类,所有能用记事本打开并能看到其中字符内容的文件都称为文本文件,反之则称为二进制文件。其实,文件本质上都是二进制文件,文本文件只是二进制文件的一种特例,当二进制文件中的内容能被正常解析成字符时就是文本文件。

1.3　字节流

字节流所处理的数据基本单元是字节,其输入/输出操作都是在字节的基础上进行。字节流的两个抽象基类是 InputStream 和 OutputStream,其他字节流都是由这两个抽象类派生的,如图 1-5 所示。

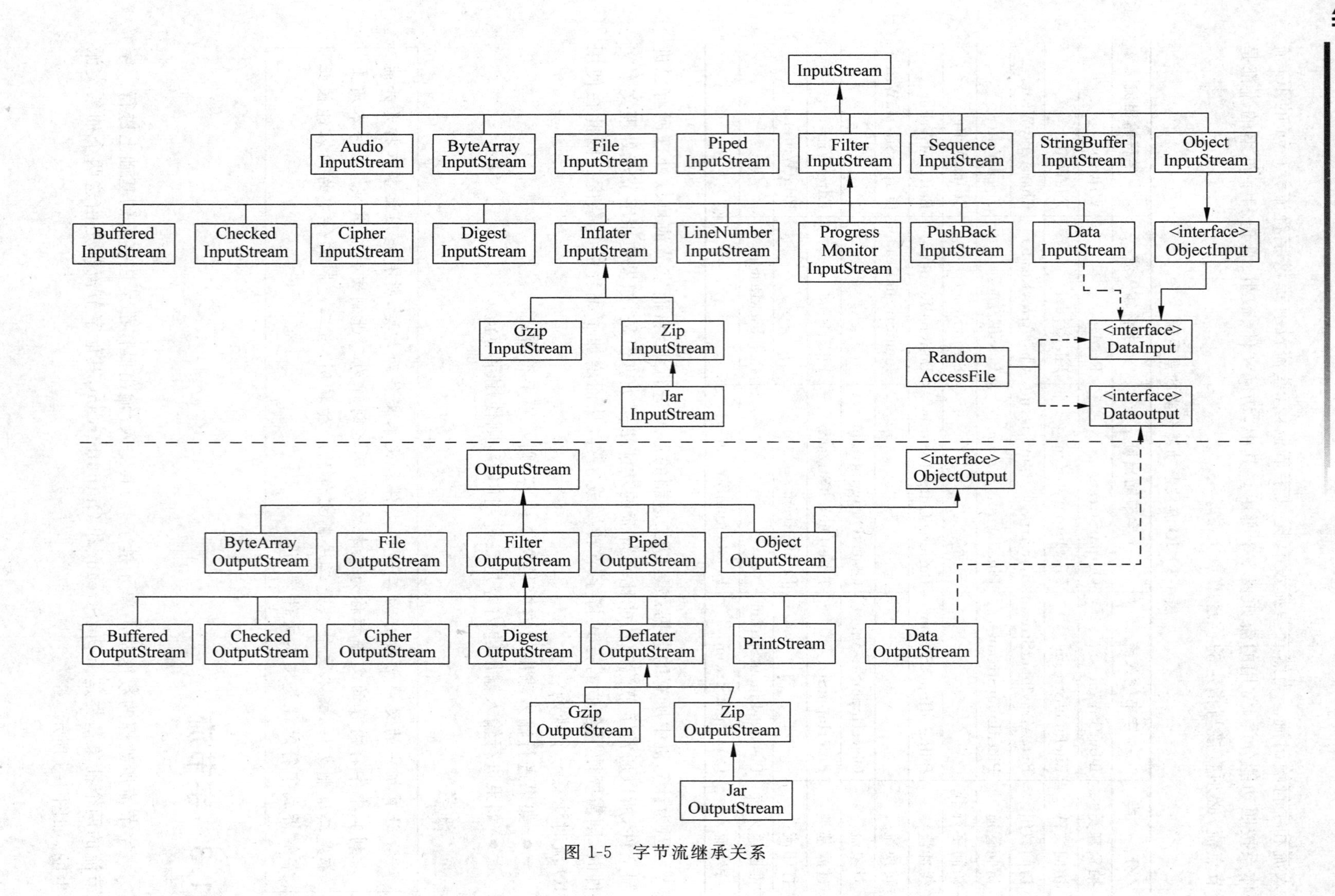
InputStream
Audio InputStream
ByteArray InputStream
File InputStream
Piped InputStream
Filter InputStream
Sequence InputStream
StringBuffer InputStream
Object InputStream
Buffered InputStream
Checked InputStream
Cipher InputStream
Digest InputStream
Inflater InputStream
LineNumber InputStream
Progress Monitor InputStream
PushBack InputStream
Data InputStream
<interface> ObjectInput
Gzip InputStream
Zip InputStream
Jar InputStream
Random AccessFile
<interface> DataInput
<interface> Dataoutput
OutputStream
<interface> ObjectOutput
ByteArray OutputStream
File OutputStream
Filter OutputStream
Piped OutputStream
Object OutputStream
Buffered OutputStream
Checked OutputStream
Cipher OutputStream
Digest OutputStream
Deflater OutputStream
PrintStream
Data OutputStream
Gzip OutputStream
Zip OutputStream
Jar OutputStream

图 1-5 字节流继承关系

1.3.1 InputStream

InputStream 是字节输入流，使用 InputStream 可以从数据源以字节为单位进行读取数据。InputStream 类中的常用方法如表 1-4 所示。

表 1-4 InputStream 常用方法

方法	功能描述
abstract int read()	读取一个字节并返回，如果遇到源的末尾，则返回－1
int read(byte[] b)	将数据读入到字节数组中，并返回实际读取的字节数； 当已经到达流的末尾而没有可用的字节时返回－1
int read(byte[] b, int offset, int len)	将数据读入到字节数组中，offset 表示在数组中存放数据的开始位置，len 表示所读取的最大字节数； 当已经到达流的末尾而没有可用的字节时返回－1
int available()	用于返回在不发生阻塞的情况下，从输入流中可以读取的字节数
void close()	关闭此输入流，并释放与该流关联的所有系统资源

InputStream 类是抽象类，不能直接实例化，因此使用其子类来完成具体功能。InputStream 类及其子类的关系如图 1-6 所示。

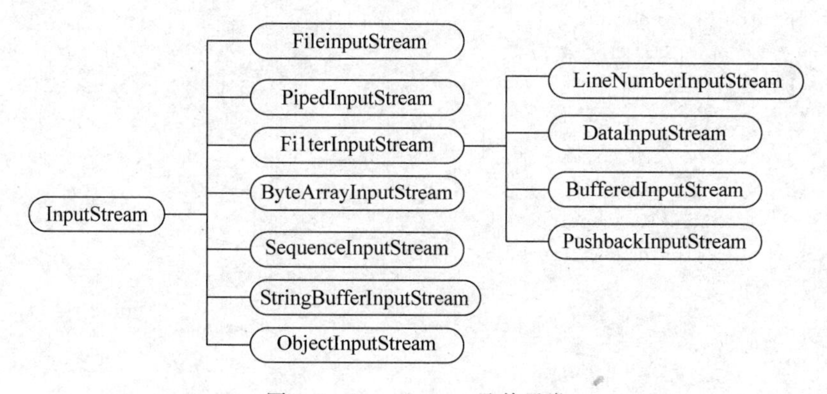

图 1-6 InputStream 及其子类

InputStream 常见子类及其功能描述如表 1-5 所示。

表 1-5 InputStream 常见子类

类名	功能描述
FileInputStream	文件输入流，从文件中读取二进制数据
ByteArrayInputStream	为读取字节数组设计的流，允许内存的一个缓冲区被当作 InputStream 使用
FilterInputStream	过滤输入流，用于将一个流连接到另外一个流的末端，将两种流连接起来
PipedInputStream	管道输入流，产生一份数据，能被写入到相应的 PipedOutputStream 中去
ObjectInputStream	对象输入流，用于将保存在磁盘或网络中的对象读取出来

下述代码使用 FileInputStream 读文件内容。

【代码 1-3】 FileInputStreamDemo.java

```
package com.qst.chapter01;
import java.io.FileInputStream;
import java.io.IOException;
public class FileInputStreamDemo {
    public static void main(String[] args) {
        // 声明文件字节输入流
        FileInputStream fis = null;
        try {
            // 实例化文件字节输入流
            fis = new FileInputStream(
                    "src\\com\\qst\\chapter01\\FileInputStreamDemo.java");
            // 创建一个长度为 1024 的字节数组作为缓冲区
            byte[] bbuf = new byte[1024];
            // 用于保存实际读取的字节数
            int hasRead = 0;
            // 使用循环重复读文件中的数据
            while ((hasRead = fis.read(bbuf)) > 0) {
                // 将缓冲区中的数据转换成字符串输出
                System.out.print(new String(bbuf, 0, hasRead));
            }
        } catch (IOException e) {
            e.printStackTrace();
        } finally {
            try {
                // 关闭文件输入流
                fis.close();
            } catch (IOException e) {
                e.printStackTrace();
            }
        }
    }
}
```

上述代码使用 FileInputStream 中的 read()方法循环从文件中读取数据并输出，因读取的内容是该程序的源代码，所以运行程序时会将上述代码原样输出。在读文件操作时可能会引发 IOException，因此需要将代码放在 try…catch 异常处理语句中。最后在 finally 块中，使用 close()方法将文件输入流关闭，从而释放资源。在 Eclipse 开发环境下，源代码都放在 src 目录下相应的包中，例如本程序的源代码文件路径是“src\com\qst\chapter01\FileInputStreamDemo.java”。

1.3.2 OutputStream

OutputStream 是字节输出流，使用 OutputStream 可以往数据源以字节为单位写入数据。OutputStream 常用方法如表 1-6 所示。

表 1-6　OutputStream 常用方法

方　法	功能描述
void write(int c)	将一个字节写入到文件输出流中
void write(byte[] b)	将字节数组中的数据写入到文件输出流中
void write(byte[] b, int offset, int len)	将字节数组中的 offset 开始的 len 个字节写到文件输出流中
void close()	关闭此输入流，并释放与该流关联的所有系统资源
void flush()	将缓冲区中的字节立即发送到流中，同时清空缓冲

OutputStream 与 InputStream 一样都是抽象类，不能直接实例化，因此都是使用其子类来完成具体功能。OutputStream 类及其子类如图 1-7 所示。

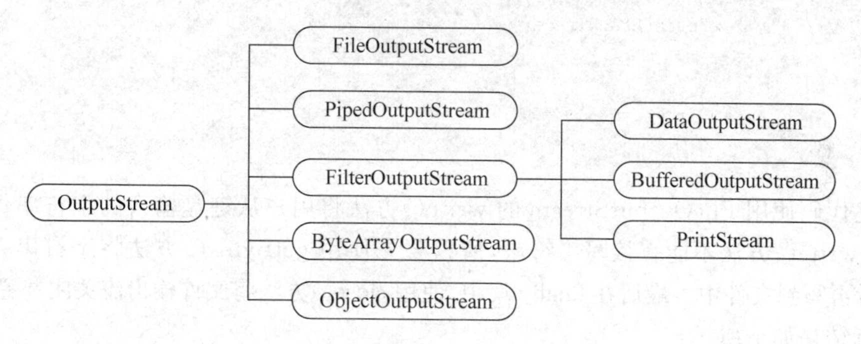

图 1-7　OutputStream 及其子类

OutputStream 常见子类及其功能描述如表 1-7 所示。

表 1-7　OutputStream 常见子类

类　名	功能描述
FileOutputStream	文件输出流，用于以二进制的格式把数据写入到文件中
ByteArrayOutputStream	按照字节数组的方式向设备中写出字节流的类
FilterOutputStream	过滤输出流，用于将一个流连接到另外一个流的末端，将两种流连接起来
PipedOutputStream	管道输出流，和 PipedInputStream 相对
ObjectOutputStream	对象输出流，将对象保存到磁盘或在网络中传递

下述代码使用 FileOutputStream 将用户输入的数据写到指定文件中。

【代码 1-4】　FileOutputStreamDemo.java

```
package com.qst.chapter01;
import java.io.FileOutputStream;
import java.io.IOException;
import java.util.Scanner;
public class FileOutputStreamDemo {
    public static void main(String[] args) {
        // 建立一个从键盘接收数据的扫描器
        Scanner scanner = new Scanner(System.in);
        // 声明文件字节输出流
        FileOutputStream fos = null;
        try {
            // 实例化文件字节输出流
            fos = new FileOutputStream("D:\\mytest.txt");
```

```
                System.out.println("请输入内容:");
                String str = scanner.nextLine();
                // 将数据写入文件中
                fos.write(str.getBytes());
                System.out.println("已保存!");
            } catch (IOException e) {
                e.printStackTrace();
            } finally {
                try {
                    // 关闭文件输出流
                    fos.close();
                    scanner.close();
                } catch (IOException e) {
                    e.printStackTrace();
                }
            }
        }
    }
```

上述代码使用 FileOutputStream 的 write()方法将用户从键盘输入的字符串保存到文件中，因 write()方法不能直接写字符串，所以要先使用 getBytes()方法将字符串转换成字节数组后再写到文件中。最后在 finally 块中，使用 close()方法将文件输出流关闭并释放资源。

运行结果如下所示：

```
请输入内容:
Hello,This is Java 8!
已保存!
```

上面运行结果中用户输入的"Hello,This is Java 8!"将保存到"D:\mytest.txt"文件中。如果D盘不存在 mytest.txt 文件，程序会先创建一个，再将输入内容写入文件；如果已存在，则先清空原来文件中的内容，再写入新的内容。打开D盘下的 mytest.txt 文件，其内容如图 1-8 所示。

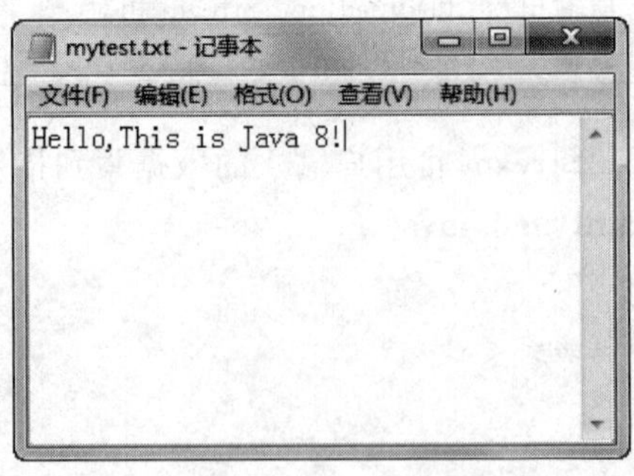

图 1-8 mytest.txt 文件内容

使用 FileOutputStream 向文件中写数据时，如果将新的内容追加到文件的末尾，需使用 FileOutputStream(String name,boolean append)构造方法创建一个文件输出流，其中设置 append 参数的值为 true。

1.4 字符流

字符流所处理的数据基本单元是字符，其输入/输出操作都是在字符的基础上进行。Java 语言中的字符采用 Unicode 字符编码，每个字符占 2 个字节空间，而文本文件有可能采用其他类型的编码，如 GBK 和 UTF-8 编码方式，因此在 Java 程序中使用字符流进行操作时需要注意字符编码之间的转换。

字符流的两个抽象基类是 Reader 和 Writer，其他字符流都是由这两个抽象类派生的，如图 1-9 所示。

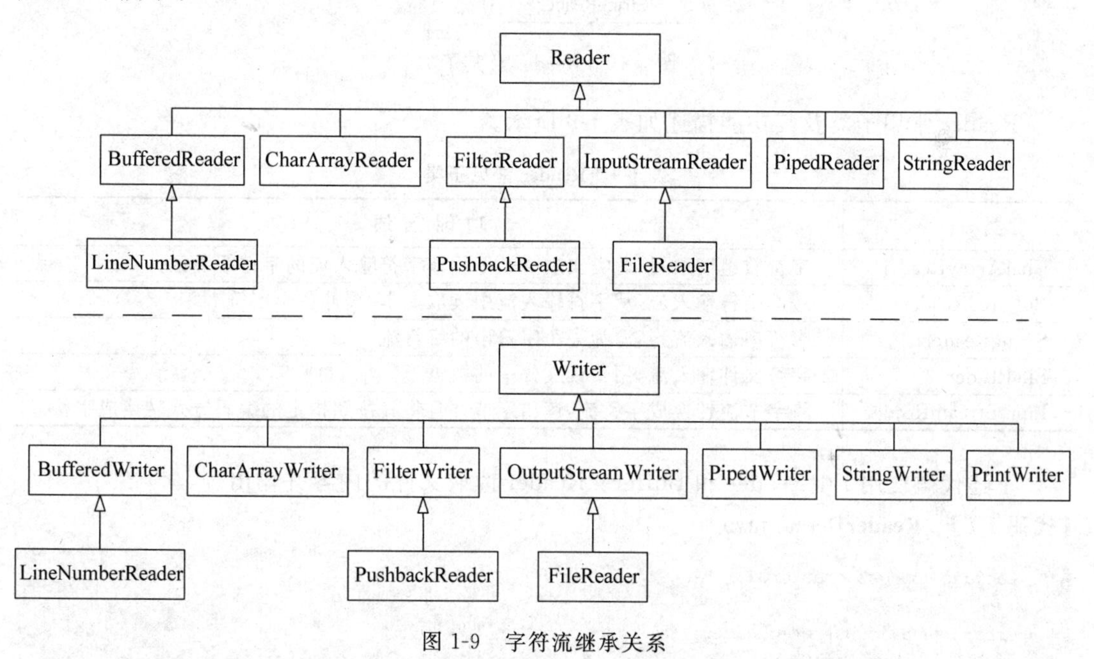

图 1-9 字符流继承关系

1.4.1 Reader

Reader 是字符输入流，用于从数据源以字符为单位进行读取数据。Reader 类中常用方法及功能描述如表 1-8 所示。

表 1-8 Reader 常用方法

方法	功能说明
int read()	用于从流中读出一个字符并返回
int read(char[] buffer)	将数据读入到字符数组中，并返回实际读取的字符数；如果已到达流的末尾而没有可用的字节时，则返回－1
int read(char[] buffer, int offset, int len)	将数据读入到一个字符数组，放到数组 offset 指定的位置开始，并用 len 来指定读取的最大字符数；当到达流的末尾时，则返回－1
void close()	关闭 Reader 流，并释放与该流关联的所有系统资源

Reader是抽象类，不能直接实例化，因此使用其子类来完成具体功能。Reader类及其子类的关系如图1-10所示。

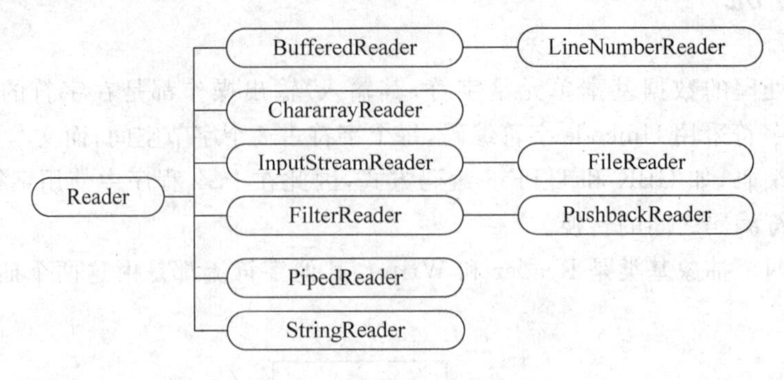

图1-10 Reader及其子类

Reader常用子类及其功能描述如表1-9所示。

表1-9 Reader常见子类

类 名	功能描述
CharArrayReader	字符数组读取器，此类实现一个可用作字符输入流的字符缓冲区
BufferedReader	缓冲字符输入流，从字符输入流中读取文本，缓冲各个字符
StringReader	字符串输入流，其源为一个字符串的字符流
FileReader	字符文件输入流，用于读文件中的数据
InputStreamReader	将字节流转换成字符流，读出字节并且将其按照指定的编码方式转换成字符

下述代码使用FileReader和BufferedReader读取文件的内容并输出。

【代码1-5】 ReaderDemo.java

```
package com.qst.chapter01;

import java.io.BufferedReader;
import java.io.FileReader;

public class ReaderDemo {
    public static void main(String[] args) {
        // 声明一个BufferedReader流的对象
        BufferedReader br = null;
        try {
            // 实例化BufferedReader流，连接FileReader流用于读文件
            br = new BufferedReader(new FileReader(
                    "src\\com\\qst\\chapter01\\ReaderDemo.java"));
            String result = null;
            //循环读文件，一次读一行
            while ((result = br.readLine()) != null) {
                //输出
                System.out.println(result);
            }
        } catch (Exception e) {
            e.printStackTrace();
        } finally {
            try {
                // 关闭缓冲流
```

```
                br.close();
            } catch (Exception ex) {
                ex.printStackTrace();
            }
        }
    }
}
```

上述代码中,首先声明了一个 BufferedReader 类型的对象,在实例化该缓冲字符流时创建一个 FileReader 流作为 BufferedReader 构造方法的参数,如此两个流就连接在一起,可以对文件进行操作;然后使用 BufferedReader 的 readLine()方法一次读取文件中的一行内容,循环读文件并显示。因读取的文件是该程序的源代码,所以运行结果会在控制台输出上面程序的源代码。

注意

BufferedReader 类中 readLine()方法是按行读取,当读取到流的末尾时返回 null,所以可以根据返回值是否为 null 来判断文件是否读取完毕。

1.4.2 Writer

Writer 是字符输出流,用于往数据源以字符为单位进行写数据。Writer 类的常用方法如表 1-10 所示。

表 1-10 Writer 的常用方法

方 法	功能描述
void write(int c)	写入单个字符
void write(char[] buffer)	写入字符数组
void write(char[] buffer, int offset, int len)	写入字符数组的某一部分,从 offset 开始的 len 个字符
void write(String str)	写入字符串

Writer 是抽象类,不能直接实例化,因此使用其子类来完成具体功能。Writer 类及其子类的关系如图 1-11 所示。

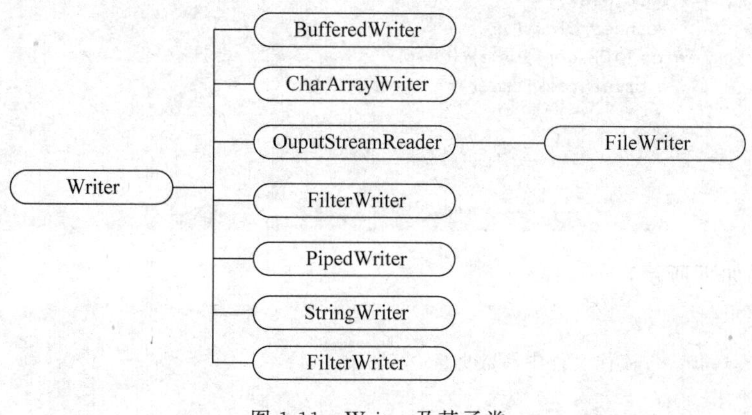

图 1-11 Writer 及其子类

Writer 常见子类及其功能描述如表 1-11 所示。

表 1-11　Writer 的常见子类

类　名	功能描述
CharArrayWriter	字符数组输出流，此类实现一个可用作字符输出流的字符缓冲区
BufferedWriter	缓冲字符输出流，往字符输出流中写文本，缓冲各个字符
StringWriter	字符串输出流
FileWriter	文件字符输出流，往文件中写内容
OutputStreamWriter	将字符流转换成字节流，将要写入流中的字符编码转换成字节

下述代码使用 FileWriter 将用户输入的数据写入指定的文件中。

【代码 1-6】　WriterDemo. java

```
package com.qst.chapter01;

import java.io.FileWriter;
import java.io.IOException;
import java.util.Scanner;

public class WriterDemo {
    public static void main(String[] args) {
        // 建立一个从键盘接收数据的扫描器
        Scanner scanner = new Scanner(System.in);
        // 声明文件字符输出流
        FileWriter fw = null;
        try {
            // 实例化文件字符输出流
            fw = new FileWriter("D:\\mytest2.txt");
            System.out.println("请输入内容：");
            String str = scanner.nextLine();
            // 将数据写入文件中
            fw.write(str);
            System.out.println("已保存!");
        } catch (IOException e) {
            e.printStackTrace();
        } finally {
            try {
                // 关闭文件字符输出流
                fw.close();
                scanner.close();
            } catch (IOException e) {
                e.printStackTrace();
            }
        }
    }
}
```

运行结果如下所示：

```
请输入内容：
这里使用 FileWriter 流往文件中写数据!
已保存!
```

上面运行结果中用户输入的“这里使用 FileWriter 流往文件中写数据!”将保存到“D:\mytest2.txt”文件中,如图 1-12 所示。

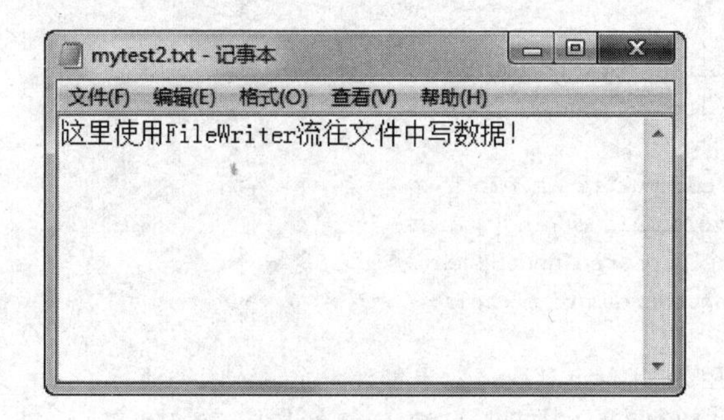

图 1-12 mytest2.txt 文件内容

1.5 过滤流和转换流

1.5.1 过滤流

过滤流用于对一个已有的流进行连接和封装处理,以更加便利的方式对数据进行读/写操作。过滤流又分为过滤输入流和过滤输出流。

FilterInputStream 为过滤输入流,该类的子类如图 1-13 所示。

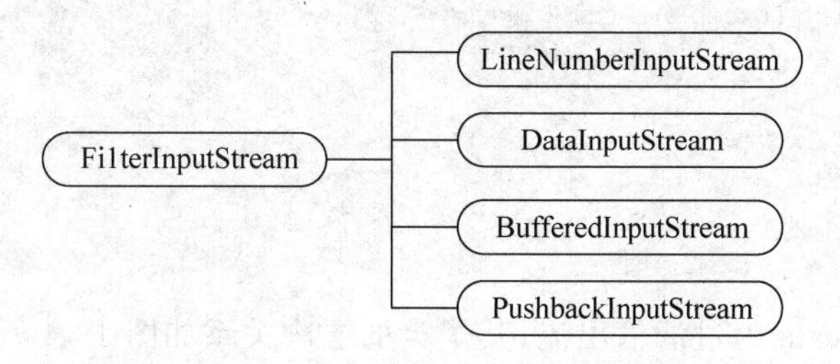

图 1-13 FilterInputStream 层次关系

FilterInputStream 各个子类的功能描述如表 1-12 所示。

表 1-12 FilterInputStream 常见子类

类　名	功能说明
DataInputStream	与 DataOutputStream 搭配使用,可以按照与平台无关的方式从流中读取基本类型(int、char 和 long 等)的数据
BufferedInputStream	利用缓冲区来提高读取效率
LineNumberInputStream	跟踪输入流的行号,该类已经被废弃
PushbackInputStream	能够把读取的一个字节压回到缓冲区中,通常用做编译器的扫描器,在程序中很少使用

下述代码演示 BufferedInputStream 的使用。

【代码 1-7】 **BufferedInputStreamDemo. java**

```
package com.qst.chapter01;

import java.io.BufferedInputStream;
import java.io.FileInputStream;

public class BufferedInputStreamDemo {
    public static void main(String[] args) {
        // 定义一个 BufferedInputStream 类型的变量
        BufferedInputStream bi = null;
        try {
            // 利用 FileInputStream 对象创建一个输入缓冲流
            bi = new BufferedInputStream(new FileInputStream(
                "src\\com\\qst\\chapter01\\BufferedInputStreamDemo.java"));
            int result = 0;
            //循环读数据
            while ((result = bi.read()) != -1) {
                //输出
                System.out.print((char) result);
            }
        } catch (Exception e) {
            e.printStackTrace();
        } finally {
            try {
                // 关闭缓冲流
                bi.close();
            } catch (Exception ex) {
                ex.printStackTrace();
            }
        }
    }
}
```

FilterOutputStream 为过滤输出流，其子类的层次关系如图 1-14 所示。

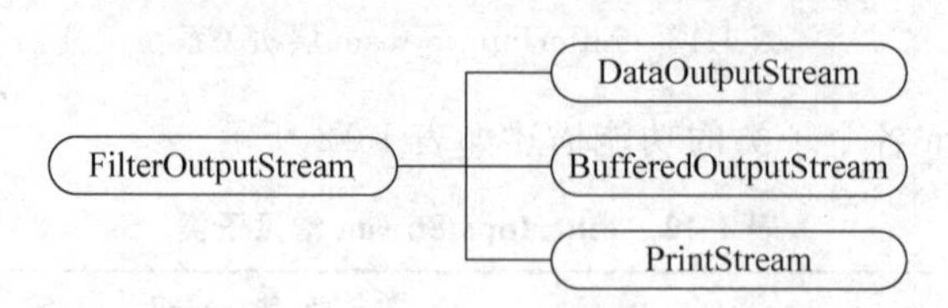

图 1-14 FilterOutputStream 层次图

FilterOutputStream 各个子类的功能如表 1-13 所示。

表 1-13 FilterOutputStream 的常见子类

类 名	功 能 描 述
DataOutputStream	与 DataInputStream 搭配使用，可以按照与平台无关的方式向流中写入基本类型(int、char 和 long 等)的数据
BufferedOutputStream	利用缓冲区来提高写效率
PrintStream	用于产生格式化输出

下述代码演示 PrintStream 打印流的使用。

【代码 1-8】 BufferedOutputStreamDemo. java

```
package com.qst.chapter01;
import java.io.FileOutputStream;
import java.io.IOException;
import java.io.PrintStream;
public class PrintStreamDemo {
    public static void main(String[] args) {
        try (PrintStream ps = new PrintStream(new FileOutputStream(
                "D:\\test.txt"))) {
            // 使用 PrintStream 打印一个字符串
            ps.println("这是 PrintStream 打印流往文件中写数据!");
        } catch (IOException ioe) {
            ioe.printStackTrace();
        }
    }
}
```

上述代码创建一个 PrintStream 打印流，并与 FileOutputStream 连接，往文件中写数据。运行程序后，再打开"D:\test. txt"文件，内容如图 1-15 所示。

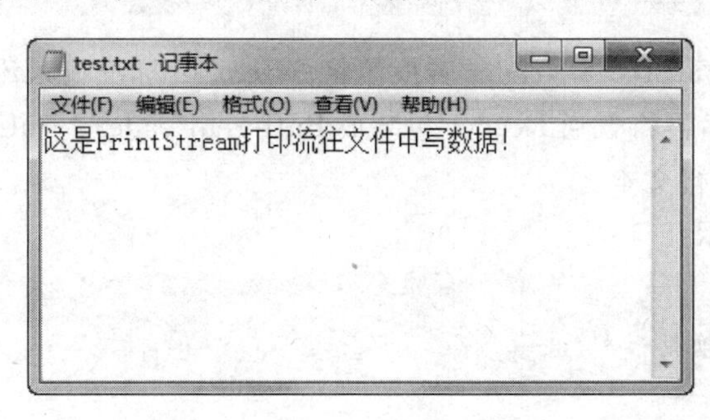

图 1-15　test. txt 文件的内容

1.5.2　转换流

Java 的 IO 流体系中提供了两个转换流：

- InputStreamReader——将字节输入流转换成字符输入流；
- OutputStreamWriter——将字符输出流转换成字节输出流。

下述代码演示转换流的使用，以 InputStreamReader 为例，将键盘 System. in 输入的字节流转换成字符流。

【代码 1-9】 InputStreamReaderDemo. java

```
package com.qst.chapter01;
import java.io.BufferedReader;
import java.io.IOException;
import java.io.InputStreamReader;
public class InputStreamReaderDemo {
```

```
    public static void main(String[ ] args) {
        try (
        // 将 Sytem.in 标准输入流 InputStream 字节流转换成 Reader 字符流
        InputStreamReader reader = new InputStreamReader(System.in);
                // 将普通 Reader 包装成 BufferedReader
                BufferedReader br = new BufferedReader(reader)) {
            String line = null;
            // 采用循环方式来一行一行的读取
            while ((line = br.readLine()) != null) {
                // 如果读取的字符串为"exit",程序退出
                if (line.equals("exit")) {
                    System.exit(1);
                }
                // 打印读取的内容
                System.out.println("输入内容为:" + line);
            }
        } catch (IOException ioe) {
            ioe.printStackTrace();
        }
    }
}
```

上述代码使用 InputStreamReader 转换流将 Sytem.in 标准输入流 InputStream 字节流转换成 Reader 字符流，再将普通 Reader 包装成 BufferedReader。BufferedReader 流具有缓冲功能，一次可以读一行文本。

运行结果如下所示：

```
这是转换流
输入内容为:这是转换流
```

1.6 对象流

在 Java 中，使用对象流可实现对象的序列化和反序列化操作。

1.6.1 对象序列化与反序列化

对象的序列化(Serialize)是指将对象数据写到一个输出流中的过程；而对象的反序列化是指从一个输入流中读取一个对象。将对象序列化后会转换成与平台无关的二进制字节流，从而允许将二进制字节流持久地保存在磁盘上，或通过网络将二进制字节流传输到另一个网络节点；其他程序从磁盘或网络中获取这种二进制字节流，并将其反序列化后恢复成原来的 Java 对象。

对象序列化功能非常简单、强大，被广泛应用于 RMI(Remove Method Invoke，远程方法调用)、Socket(套接字)、JMS(Java Message Service，Java 消息服务)、EJB(Enterprise Java Beans，企业 JavaBean)等各种技术中。

对象序列化具有以下两个特点：

- 对象序列化可以在分布式应用中进行使用，分布式应用需要跨平台、跨网络，因此要求所有传递的参数、返回值都必须实现序列化；
- 对象序列化不仅可以保存一个对象的数据，而且通过循环可以保存每个对象的数据。

对象的序列化和反序列化过程如图 1-16 所示。

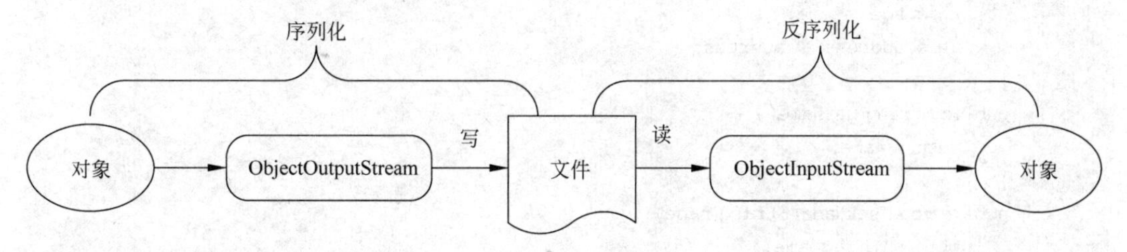

图 1-16 序列化与反序列化

在 Java 中，如果需要将某个对象保存到磁盘或通过网络传输，则该对象必须是可以序列化的(serializable)。一个类的对象是可序列化的，则该类必须实现 java.lang 包下的 Serializable 接口或 Externalizable 接口。

Java 中的很多类已经实现了 Serializable 接口，该接口只是一个标志接口，接口中没有任何方法。实现 Serializable 接口时无须实现任何方法，它只是用于表明该类的实例对象是可以序列化的。只有实现 Serializable 接口的对象才可以利用序列化工具保存和复原。

1.6.2 ObjectInputStream 和 ObjectOutputStream

ObjectOutputStream 是 OutputStream 的子类，该类也实现了 ObjectOutput 接口，其中 ObjectOutput 接口支持对象序列化。该类的一个构造方法如下：

```
ObjectOutputStream(OutputStream outStream) throws IOException
```

其中参数 outStream 是被写入序列化对象的输出流。

ObjectOutputStream 类的常用方法及功能如表 1-14 所示。

表 1-14 ObjectOutputStream 的方法列表

方 法	功能描述
final void writeObject(Object obj)	写入一个 obj 对象到调用的流中
void writeInt(int i)	写入一个 32 位 int 值到调用的流中
void writeBytes(String str)	以字节序列形式将字符串 str 写入到调用的流中
void writeChar(int c)	写入一个 16 位的 char 值到调用的流中

下述代码定义一个 Person 类，该类是一个可以序列化的实体类。

【代码 1-10】 Person.java

```
package com.qst.chapter01;
import java.io.Serializable;
//定义一个可以序列化的 Person 实体类
```

```
public class Person implements Serializable {
    private String name;
    private int age;
    private String address;
    public Person(String name, int age, String address) {
        this.name = name;
        this.age = age;
        this.address = address;
    }
    public String getName() {
        return name;
    }
    public void setName(String name) {
        this.name = name;
    }
    public int getAge() {
        return age;
    }
    public void setAge(int age) {
        this.age = age;
    }
    public String getAddress() {
        return address;
    }
    public void setAddress(String address) {
        this.address = address;
    }
    public String toString() {
        return "姓名: " + this.name + ",年龄: " + this.age + ",地址: " + this.address;
    }
}
```

上述代码定义的 Person 类并实现 Serializable 接口,从而保证 Person 类的对象都可以被序列化。

下述代码使用 ObjectOutputStream 演示对象的序列化过程。

【代码 1-11】 ObjectOutputStreamDemo.java

```
package com.qst.chapter01;
import java.io.FileOutputStream;
import java.io.ObjectOutputStream;
import java.io.Serializable;
//序列化
public class ObjectOutputStreamDemo {
    public static void main(String[] args) {
        // 创建一个 ObjectOutputStream 对象输出流
        try (ObjectOutputStream obs = new ObjectOutputStream(
                new FileOutputStream("D:\\PersonObject.txt"))) {
            // 创建一个 Person 类型的对象
            Person person = new Person("张三", 25, "青岛");
```

```
            // 把对象写入到文件中
            obs.writeObject(person);
            obs.flush();
            System.out.println("序列化完毕!");
        } catch (Exception ex) {
            ex.printStackTrace();
        }
    }
}
```

上述代码中，首先创建了一个 ObjectOutputStream 类型的对象，其中创建一个 FileOutputStream 类型的对象作为 ObjectOutputStream 构造方法的参数，然后创建了一个 Person 类型的对象，再利用 ObjectOutputStream 对象的 writeObject()方法将对象写入到"D:\\PersonObject.txt"文件中。

运行结果如下所示：

```
序列化完毕!
```

运行结束后，打开 D 盘下的 PersonObject.txt 文件，该文件的内容如图 1-17 所示。

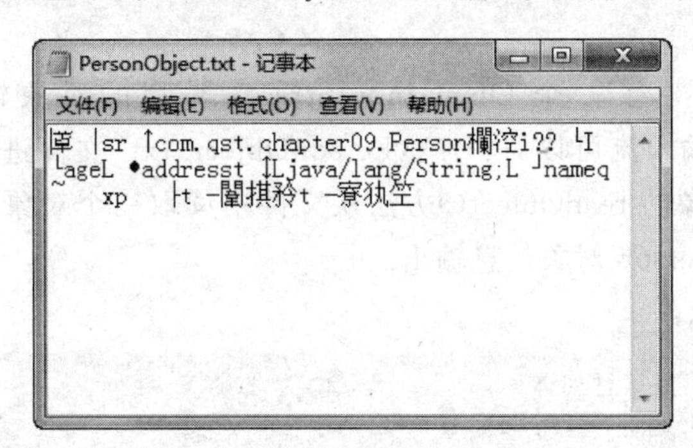

图 1-17 PersonObject.txt 文件的内容

ObjectInputStream 是 InputStream 的子类，该类也实现了 ObjectInput 接口，其中 ObjectInput 接口支持对象序列化。该类的一个构造方法如下：

```
ObjectInputStream(InputStream inputStream) throws IOException
```

其中参数 inputStream 是读取序列化对象的输入流。

ObjectInputStream 的常用方法及功能如表 1-15 所示。

表 1-15 ObjectInputStream 常用方法列表

方法	功能描述
finalObject readObject()	从流中读取对象
int readInt()	从流中读取一个整型值
String readUTF()	从流中读取 UTF-8 格式的字符串
char readChar()	读取一个16位的字符

下述代码使用 ObjectInputStream 演示反序列化的过程。

【代码 1-12】 ObjectInputStreamDemo. java

```
package com.qst.chapter01;
import java.io.FileInputStream;
import java.io.ObjectInputStream;
//反序列化
public class ObjectInputStreamDemo {
    public static void main(String[] args) {
        // 创建一个 ObjectInputStream 对象输入流
        try (ObjectInputStream ois = new ObjectInputStream(
                new FileInputStream("d:\\PersonObject.txt"))) {
            // 从 ObjectInputStream 对象输入流中读取一个对象,并强制转换成 Person 对象
            Person person = (Person)ois.readObject();
            System.out.println("序列化完毕!读出的对象信息如下: ");
            System.out.println(person);
        } catch (Exception ex) {
            ex.printStackTrace();
        }
    }
}
```

上述代码首先创建了一个 ObjectInputStream 类型的对象输入流,并连接一个 FileInputStream 文件输入流可以对“D:\\PersonObject. txt”文件进行读取操作;再利用 ObjectInputStream 对象的 readObject()方法从文件中读取一个对象并强制转换成 Person 对象;最后将读取的 Person 对象信息输出。

运行结果如下所示:

```
序列化完毕!读出的对象信息如下:
姓名: 张三,年龄: 25,地址: 青岛
```

1.7 NIO

Java 传统的 IO 流都是通过字节的移动进行处理的,即使不是直接去处理字节流,但其底层的实现还是依赖于字节处理。因此,Java 传统的 IO 流一次只能处理一个字节,从而造成系统的效率不高。从 JDK 1.4 开始,Java 提供了一系列改进功能的 IO 流,这些新的功能 IO 流被统称为 NIO(New IO,新 IO)。NIO 新增的类都放在 java. nio 包及子包下,这些新增的类对原来 java. io 包中的很多类都进行了改写,以满足 NIO 的功能需要。

1.7.1 NIO 概述

NIO 和传统的 IO 有相同的目的,都是用于数据的输入/输出,但 NIO 采用了内存映射文件这种与原来不同的方式来处理输入输出操作。NIO 将文件或文件的一段区域映射到内存中,这样就可以像访问内存一样来访问文件了。使用这种内存映射文件的方式访问文

件比传统的方式在效率上要快很多。

Java 中与 NIO 相关的有以下几个包：

- java.nio 包——主要包含各种与 Buffer(缓冲)相关的类；
- java.nio.channels 包——主要包含与 Channel(通道)和 Selector 相关的类；
- java.nio.charset 包——主要包含与字符集相关的类；
- java.nio.channels.spi 包——主要包含与 Channel 相关的服务提供者编程接口；
- java.nio.charset.spi 包——主要包含与字符集相关的服务提供者编程接口。

Buffer 和 Channel 是 NIO 中的两个核心对象：

- Buffer 可以被理解成一个容器，其本质是一个数组，往 Channel 中发送或读取的对象都必须先放到 Buffer 中；
- Channel 是对传统的 IO 系统的模拟，在 NIO 系统中所有数据都需要经过通道传输；Channel 与传统的 InputStream、OutputStream 最大的区别是提供一个 map()方法，通过该方法可以直接将一块数据映射到内存中。

传统的 IO 是面向流的处理，而 NIO 则是面向块的处理。除了 Buffer 和 Channel 之外，NIO 还提供了用于将 Unicode 字符串映射成字节序列以及映射操作的 Charset 类，也提供了支持非阻塞方式的 Selector 类。

1.7.2 Buffer

Buffer 是一个抽象类，其最常使用的子类是 ByteBuffer，用于在底层字节数组上进行 get/set 操作。除了布尔类型之外，其他基本数据类型都有对应的 Buffer 类，例如，CharBuffer、ShortBuffer、IntBuffer、LongBuffer、FloatBuffer 和 DoubleBuffer。这些 Buffer 类都没有提供构造方法，而是通过下面一个静态方法来获得一个 Buffer 对象。

- static XxxBuffer allocate(int capacity)：创建一个指定容量的 XxxBuffer 对象。

通常使用最多的是 ByteBuffer 和 CharBuffer，而其他 Buffer 则很少使用。其中，ByteBuffer 类还有一个名为“MappedByteBuffer”的子类，用于表示 Channel 将磁盘文件的部分或全部内容映射到内存中所得到的结果，通常 MappedByteBuffer 对象由 Channel 的 map()方法返回。

使用 Buffer 时涉及以下三个概念：

- 容量(capacity)——该 Buffer 的最大数据容量，创建后不能改变；
- 界限(limit)——第一个不应该被读出或者写入的缓冲区位置索引，位于 limit 后的数据既不能被读，也不能被写；
- 位置(position)——用于指明下一个可以被读出或者写入的缓冲区位置索引。

Buffer 还支持一个可选的标记 mark，Buffer 允许直接将 position 定位到该 mark 处。capacity、limit、position 和 mark 这些值之间满足以下关系：

```
0 <= mark <= position <= limit <= capacity
```

Buffer 读入数据后如图 1-18 所示。

Buffer 常用的方法如表 1-16 所示。

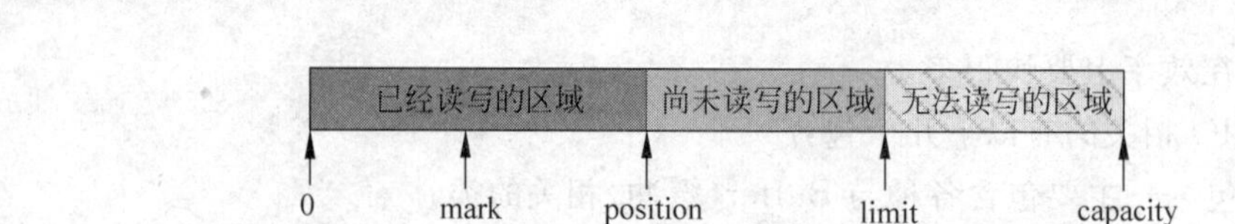

图 1-18　Buffer 读入数据后的示意图

表 1-16　Buffer 的常用方法

方　法	功 能 描 述
int capacity()	返回此缓冲区的容量
Buffer clear()	清除此缓冲区
Buffer flip()	反转此缓冲区
boolean hasRemaining()	告知在当前位置和限制之间是否有元素
intlimit()	返回此缓冲区的限制
Bufferlimit(int newLimit)	设置此缓冲区的限制
Buffer mark()	在此缓冲区的位置设置标记
int position()	返回此缓冲区的位置
Buffer position(int newPosition)	设置此缓冲区的位置
int remaining()	返回当前位置与限制之间的元素数
Buffer reset()	将此缓冲区的位置重置为以前标记的位置
Buffer rewind()	重绕此缓冲区

下述代码演示 Buffer 的使用。

【代码 1-13】　NIOBufferDemo. java

```
package com.qst.chapter01;
import java.nio.CharBuffer;
public class NIOBufferDemo {
    public static void main(String[] args) {
        // 创建 Buffer
        CharBuffer buff = CharBuffer.allocate(8);                    // ①
        System.out.println("capacity: "  + buff.capacity());
        System.out.println("limit: " + buff.limit());
        System.out.println("position: " + buff.position());
        // 放入元素
        buff.put('a');
        buff.put('b');
        buff.put('c');                                               // ②
        System.out.println("加入三个元素后,position = " + buff.position());
        // 调用 flip()方法
        buff.flip();                                                 // ③
        System.out.println("执行 flip()后,limit = " + buff.limit());
        System.out.println("position = " + buff.position());
        // 取出第一个元素
        System.out.println("第一个元素(position=0): " + buff.get());  // ④
        System.out.println("取出一个元素后,position = " + buff.position());
        // 调用 clear 方法
        buff.clear();                                                // ⑤
```

```
        System.out.println("执行 clear()后,limit = " + buff.limit());
        System.out.println("执行 clear()后,position = " + buff.position());
        System.out.println("执行 clear()后,缓冲区内容并没有被清除:"
            + "第三个元素为:" + buff.get(2));                    // ⑥
        System.out.println("执行绝对读取后,position = " + buff.position());
    }
}
```

上述程序在①处通过使用 CharBuffer 的一个静态方法 allocate()实例化一个容量为 8 的 CharBuffer;在②处使用 put()方法向 CharBuffer 中放入 3 个数值;在③处调用 flip()方法翻转此缓冲区,即将 limit 设为 position 处,将 position 设为 0;在④处使用 get()方法读取一个元素,取出后 position 向后移动一位;在⑤处调用 clear()方法清除此缓冲区,此时 position 为 0,limit 设为与 capacity 相等;在⑥处根据索引获取数据,此时不会影响 postion 的值。

运行结果如下所示:

```
capacity: 8
limit: 8
position: 0
加入三个元素后,position = 3
执行 flip()后,limit = 3
position = 0
第一个元素(position = 0): a
取出一个元素后,position = 1
执行 clear()后,limit = 8
执行 clear()后,position = 0
执行 clear()后,缓冲区内容并没有被清除:第三个元素为:c
执行绝对读取后,position = 0
```

1.7.3 Channel

Channel 与传统的 IO 流类似,但主要有以下两点区别:

- Channel 类可以直接将指定文件的部分或全部直接映射成 Buffer;
- 程序不能直接访问 Channel 中的数据,Channel 只能与 Buffer 进行交互。

Channel 是接口,其实现类包括 DatagramChannel、FileChannel、Pipe.SinkChannel、Pipe.SourceChannel、SelectableChannel、ServerSocketChannel、SocketChannel 等。本章以 FileChanel 为例,介绍如何使用 Channel 进行数据访问。

所有的 Channel 对象都不是通过构造器直接创建,而是通过传统的节点 InputStream 或 OutputStream 的 getChannel()方法来获取对应的 Channel 对象,不同的节点流所获取的 Channel 也是不一样的。例如,FileInputStream 和 FileOutputStream 的 getChannel()方法返回的是 FileChannel,而 PipeInputStream 和 PipeOutputStream 的 getChannel()方法返回的是 Pipe. SourceChannel。

FileChannel 类中常用的方法如表 1-17 所示。

表 1-17 FileChannel 常用方法

方　法	功能描述
MappedByteBuffer map（FileChannel.MapMode mode，long position，long size）	将此通道的文件区域直接映射到内存中
int read(ByteBuffer dst)	将字节序列从此通道读入给定的缓冲区
int write(ByteBuffer src)	将字节序列从给定的缓冲区写入此通道

下述代码演示将 FileChannel 的所有数据映射成 ByteBuffer。

【代码 1-14】 NIOFileChannelDemo.java

```
package com.qst.chapter01;

import java.io.File;
import java.io.FileInputStream;
import java.io.FileOutputStream;
import java.io.IOException;
import java.nio.CharBuffer;
import java.nio.MappedByteBuffer;
import java.nio.channels.FileChannel;
import java.nio.charset.Charset;
import java.nio.charset.CharsetDecoder;

public class NIOFileChannelDemo {
    public static void main(String[] args) {
        File f = new File("src\\com\\qst\\chapter01\\NIOFileChannelDemo.java");
        try (
            // 创建 FileInputStream,以该文件输入流创建 FileChannel
            FileChannel inChannel = new FileInputStream(f).getChannel();
            // 以文件输出流创建 FileBuffer,用以控制输出
            FileChannel outChannel = new FileOutputStream("D:\\channel.txt")
                    .getChannel()) {
            // 将 FileChannel 里的全部数据映射成 ByteBuffer
            MappedByteBuffer buffer = inChannel.map(
                    FileChannel.MapMode.READ_ONLY, 0, f.length());  // ①
            // 使用 GBK 的字符集来创建解码器
            Charset charset = Charset.forName("GBK");
            // 直接将 buffer 里的数据全部输出
            outChannel.write(buffer);                              // ②
            // 再次调用 buffer 的 clear()方法,复原 limit、position 的位置
            buffer.clear();
            // 创建解码器(CharsetDecoder)对象
            CharsetDecoder decoder = charset.newDecoder();
            // 使用解码器将 ByteBuffer 转换成 CharBuffer
            CharBuffer charBuffer = decoder.decode(buffer);
            // CharBuffer 的 toString 方法可以获取对应的字符串
            System.out.println(charBuffer);
        } catch (IOException ex) {
            ex.printStackTrace();
        }
    }
}
```

上述代码分别使用 FileInputStream、FileOutputStream 来获取 FileChannel，虽然 FileChannel 既可以读取也可以写入，但 FileInputStream 获取的 FileChannel 只能读，而 FileOutputStream 获取的则只能写。在代码①处使用 map()方法将 FileChannel 中的所有数据映射成 ByteBuffer；为了将内容显示出来，使用 Charset 和 CharsetDecoder 类将 ByteBuffer 转换成 CharBuffer；在②处直接将整个 ByteBuffer 全部数据写入一个输出 FileChannel 中。如图 1-19 所示，将改程序的源代码复制到“D:\\channel. txt”文件中。

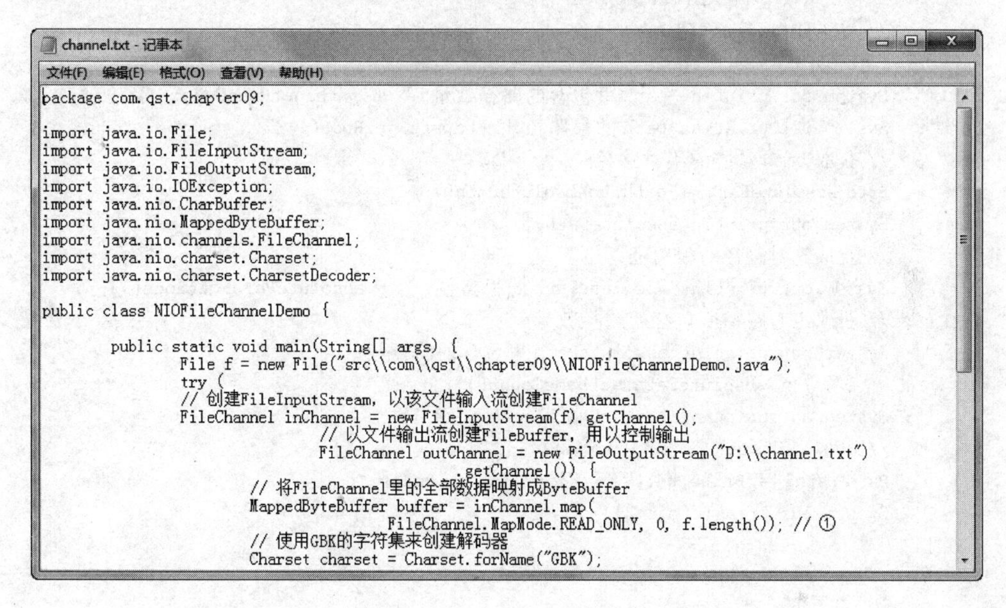


```
package com.qst.chapter09;

import java.io.File;
import java.io.FileInputStream;
import java.io.FileOutputStream;
import java.io.IOException;
import java.nio.CharBuffer;
import java.nio.MappedByteBuffer;
import java.nio.channels.FileChannel;
import java.nio.charset.Charset;
import java.nio.charset.CharsetDecoder;

public class NIOFileChannelDemo {

        public static void main(String[] args) {
                File f = new File("src\\com\\qst\\chapter09\\NIOFileChannelDemo.java");
                try (
                // 创建FileInputStream，以该文件输入流创建FileChannel
                FileChannel inChannel = new FileInputStream(f).getChannel();
                                // 以文件输出流创建FileBuffer，用以控制输出
                                FileChannel outChannel = new FileOutputStream("D:\\channel.txt")
                                                .getChannel()) {
                        // 将FileChannel里的全部数据映射成ByteBuffer
                        MappedByteBuffer buffer = inChannel.map(
                                        FileChannel.MapMode.READ_ONLY, 0, f.length()); // ①
                        // 使用GBK的字符集来创建解码器
                        Charset charset = Charset.forName("GBK");
```

图 1-19 channel. txt 文件的内容

1.7.4 NIO.2

Java 7 对原有的 NIO 进行重大改进，称为“NIO. 2”。NIO. 2 主要有以下两方面的改进：

- 提供了全面的文件 IO 和文件系统访问支持，新增了 java. nio. file 包及其子包；
- 新增了基于异步的 Channel 的 IO，在 java. nio. channels 包下增加了多个以 Asynchronous 开头的 Channel 接口和类。

NIO. 2 为了弥补原先 File 类的不足，引入了一个 Path 接口，该接口代表一个平台无关的文件路径。另外，NIO. 2 还提供了 Files 和 Paths 两个工具类。Files 工具类提供了大量的方法，读者可以查阅 JDK API 进行学习，此处不再介绍。Paths 工具类提供了 get()静态方法来创建 Path 实例对象，如表 1-18 所示。

表 1-18 Paths 静态方法

方 法	功能描述
public static Path get (String first,String...more)	将路径字符串，或多个字符串连接形成一个路径的字符串序列，转换成一个 Path 对象
public static Path get(URI uri)	将给定的 URI 转换成一个 Path 对象

下述代码演示 Paths 工具类、Path 对象的使用。

【代码 1-15】 NIO2PathDemo.java

```
package com.qst.chapter01;
import java.nio.file.Path;
import java.nio.file.Paths;
public class NIO2PathDemo {
    public static void main(String[] args) {
        // 以当前路径来创建 Path 对象
        Path path = Paths.get(".");
        System.out.println("path 里包含的路径数量: " + path.getNameCount());
        System.out.println("path 的根路径: " + path.getRoot());
        // 获取 path 对应的绝对路径.
        Path absolutePath = path.toAbsolutePath();
        System.out.println(absolutePath);
        // 获取绝对路径的根路径
        System.out.println("absolutePath 的根路径: " + absolutePath.getRoot());
        // 获取绝对路径所包含的路径数量
        System.out.println("absolutePath 里包含的路径数量: "
                + absolutePath.getNameCount());
        System.out.println(absolutePath.getName(3));
        // 以多个 String 来构建 Path 对象
        Path path2 = Paths.get("g:", "publish", "codes");
        System.out.println(path2);
    }
}
```

上述代码使用 Paths 类的 get()方法获取 Path 对象，然后打印 Path 对象中的路径数量、根路径以及绝对路径等信息；Paths 还可以将给定的多个字符串参数连接成一个路径，例如，Paths.get("g:", "publish", "codes")返回的路径是“g:\publish\codes”。

运行结果如下所示：

```
path 里包含的路径数量: 1
path 的根路径: null
C:\Users\Administrator\workspace\chapter01\.
absolutePath 的根路径: C:\
absolutePath 里包含的路径数量: 5
chapter01
g:\publish\codes
```

下述代码演示 Files 类的使用。

【代码 1-16】 NIO2FilesDemo.java

```
package com.qst.chapter01;

import java.io.FileNotFoundException;
import java.io.FileOutputStream;
import java.io.IOException;
import java.nio.charset.Charset;
```

```
import java.nio.file.FileStore;
import java.nio.file.Files;
import java.nio.file.Paths;
import java.util.ArrayList;
import java.util.List;

public class NIO2FilesDemo {
    public static void main(String[] args) {
        try {
            // 复制文件
            Files.copy(
                    Paths.get("src\\com\\qst\\chapter01\\NIO2FilesDemo.java"),
                    new FileOutputStream("a.txt"));
            // 判断 NIO2FilesDemo.java 文件是否为隐藏文件
            System.out.println("NIO2FilesDemo.java 是否为隐藏文件: "
                + Files.isHidden(Paths
                    .get("src/com/qst/chapter01/NIO2FilesDemo.java")));
            // 一次性读取 FilesTest.java 文件的所有行
            List<String> lines = Files.readAllLines(Paths.get("src", "com",
                    "qst", "chapter01", "NIO2FilesDemo.java"), Charset
                    .forName("gbk"));
            System.out.println("行数: " + lines.size());
            // 判断指定文件的大小
            System.out.println("a.txt 文件的大小为: " +
                    Files.size(Paths.get("a.txt")));
            List<String> poem = new ArrayList<>();
            poem.add("使用 NIO.2 技术");
            poem.add("往文件中写内容");
            // 直接将多个字符串内容写入指定文件中
            Files.write(Paths.get("pome.txt"), poem, Charset.forName("gbk"));
            FileStore cStore = Files.getFileStore(Paths.get("C:"));
            // 判断 C 盘的总空间,可用空间
            System.out.println("C:共有空间: " + cStore.getTotalSpace());
            System.out.println("C:可用空间: " + cStore.getUsableSpace());
        } catch (FileNotFoundException e) {
            e.printStackTrace();
        } catch (IOException e) {
            e.printStackTrace();
        }
    }
}
```

上述代码演示了 Files 工具类的使用，通过 Files 可以对文件进行复制、访问等操作。在使用 Paths.get()方法获取当前程序源代码的路径时，采用了三种不同的写法：

- Paths.get("src\\com\\qst\\chapter01\\NIO2FilesDemo.java")
- Paths.get("src/com/qst/chapter01/NIO2FilesDemo.java")
- Paths.get("src", "com","qst", "chapter01", "NIO2FilesDemo.java")

以上三种方式效果都是相同的。

1.8 贯穿任务实现

1.8.1 实现【任务 1-1】

下述代码实现 Q-DMS 贯穿项目中的【任务 1-1】升级实体类为可序列化的类，以便在文件保存或网络中传递。

修改 com. qst. dms. entity 包中的所有实体类，让每个实体类都实现 Serializable 可序列化接口，即在每个实体类名后面增加“implements Serializable”。如此修改之后，所有的实体类都变成可序列化的类。

【任务 1-1】 DataBase. java

```
package com.qst.dms.entity;
import java.io.Serializable;
import java.util.Date;
//数据基础类
public class DataBase implements Serializable{
    //...省略
}
```

【任务 1-1】 LogRec. java

```
package com.qst.dms.entity;
import java.io.Serializable;
import java.util.Date;
//用户登录日志记录
public class LogRec extends DataBase implements Serializable {
    //...省略
}
```

【任务 1-1】 MatchedLogRec. java

```
package com.qst.dms.entity;
import java.io.Serializable;
import java.util.Date;
//匹配日志记录,"登录登出对" 类型
public class MatchedLogRec implements Serializable {
    //...省略
}
```

【任务 1-1】 Transport. java

```
package com.qst.dms.entity;
import java.io.Serializable;
import java.util.Date;
//货运物流信息
public class Transport extends DataBase implements Serializable{
    //...省略
}
```

【任务 1-1】 MatchedTransport.java

```
package com.qst.dms.entity;
import java.io.Serializable;
public class MatchedTransport implements Serializable{
    //...省略
}
```

1.8.2 实现【任务 1-2】

下述代码实现 Q-DMS 贯穿项目中的【任务 1-2】实现匹配的日志信息的保存和读取功能。

修改日志业务类 LogRecService，在该类中增加两个方法，分别用于保存匹配的日志信息和读取匹配的日志信息。

【任务 1-2】 LogRecService.java

```
package com.qst.dms.service;

import java.io.FileInputStream;
import java.io.FileOutputStream;
import java.io.ObjectInputStream;
import java.io.ObjectOutputStream;
import java.util.ArrayList;
import java.util.Date;
import java.util.Scanner;

import com.qst.dms.entity.DataBase;
import com.qst.dms.entity.LogRec;
import com.qst.dms.entity.MatchedLogRec;
//日志业务类
public class LogRecService {
    //...省略
    // 匹配日志信息保存,参数是集合
    public void saveMatchLog(ArrayList<MatchedLogRec> matchLogs) {
        // 创建一个 ObjectOutputStream 对象输出流,并连接文件输出流
        // 以可追加的方式创建文件输出流,数据保存到 MatchLogs.txt 文件中
        try (ObjectOutputStream obs = new ObjectOutputStream(
                new FileOutputStream("MatchLogs.txt", true))) {
            // 循环保存对象数据
            for (MatchedLogRec e : matchLogs) {
                if (e != null) {
                    // 把对象写入到文件中
                    obs.writeObject(e);
                    obs.flush();
                }
            }
            //文件末尾保存一个 null 对象,代表文件结束
            obs.writeObject(null);
```

```
            obs.flush();
        } catch (Exception ex) {
            ex.printStackTrace();
        }
    }
    // 读匹配日志信息保存,参数是集合
    public ArrayList<MatchedLogRec> readMatchLog(){
        ArrayList<MatchedLogRec> matchLogs = new ArrayList<>();
        // 创建一个 ObjectInputStream 对象输入流,并连接文件输入流
        //读 MatchLogs.txt 文件中
        try (ObjectInputStream ois = new ObjectInputStream(
                new FileInputStream("MatchLogs.txt"))) {
            MatchedLogRec matchLog;
            //循环读文件中的对象
            while((matchLog = (MatchedLogRec)ois.readObject())!= null){
                //将对象添加到泛型集合中
                matchLogs.add(matchLog);
            }
        } catch (Exception ex) {
            ex.printStackTrace();
        }
        return matchLogs;
    }
}
```

1.8.3 实现【任务 1-3】

下述代码实现 Q-DMS 贯穿项目中的【任务 1-3】实现匹配的物流信息的保存和读取功能。

修改物流业务类 TransportService,在该类中增加两个方法,分别用于保存匹配的物流信息和读取匹配的物流信息。

【任务 1-3】 TransportService.java

```
package com.qst.dms.service;

import java.io.FileInputStream;
import java.io.FileOutputStream;
import java.io.ObjectInputStream;
import java.io.ObjectOutputStream;
import java.util.ArrayList;
import java.util.Date;
import java.util.Scanner;

import com.qst.dms.entity.DataBase;
import com.qst.dms.entity.MatchedLogRec;
import com.qst.dms.entity.MatchedTransport;
import com.qst.dms.entity.Transport;
```

```
public class TransportService {
    //...省略
    // 匹配物流信息保存,参数是集合
    public void saveMatchedTransport(ArrayList<MatchedTransport> matchTrans) {
        // 创建一个 ObjectOutputStream 对象输出流,并连接文件输出流
        // 以可追加的方式创建文件输出流,数据保存到 MatchedTransports.txt 文件中
        try (ObjectOutputStream obs = new ObjectOutputStream(
                new FileOutputStream("MatchedTransports.txt", true))) {
            // 循环保存对象数据
            for (MatchedTransport e : matchTrans) {
                if (e != null) {
                    // 把对象写入到文件中
                    obs.writeObject(e);
                    obs.flush();
                }
            }
            //文件末尾保存一个 null 对象,代表文件结束
            obs.writeObject(null);
            obs.flush();
        } catch (Exception ex) {
            ex.printStackTrace();
        }
    }
    // 读匹配物流信息保存,参数是集合
    public ArrayList<MatchedTransport> readMatchedTransport(){
        ArrayList<MatchedTransport> matchTrans = new ArrayList<>();
        // 创建一个 ObjectInputStream 对象输入流,
        //并连接文件输入流,读 MatchedTransports.txt 文件中
        try (ObjectInputStream ois = new ObjectInputStream(
                new FileInputStream("MatchedTransports.txt"))) {
            MatchedTransport matchTran;
            //循环读文件中的对象
            while((matchTran = (MatchedTransport)ois.readObject())!= null){
                //将对象添加到泛型集合中
                matchTrans.add(matchTran);
            }
        } catch (Exception ex) {
            ex.printStackTrace();
        }
        return matchTrans;
    }
}
```

1.8.4 实现【任务 1-4】

下述代码实现 Q-DMS 贯穿项目中的【任务 1-4】测试匹配的日志、物流信息的保存和读取功能。

【任务 1-4】 FileDemo. java

```
package com.qst.dms.dos;

import java.util.ArrayList;
import java.util.Date;

import com.qst.dms.entity.DataBase;
import com.qst.dms.entity.LogRec;
import com.qst.dms.entity.MatchedLogRec;
import com.qst.dms.entity.MatchedTransport;
import com.qst.dms.entity.Transport;
import com.qst.dms.service.LogRecService;
import com.qst.dms.service.TransportService;

public class FileDemo {
    public static void main(String[] args) {
        // 创建一个日志业务类
        LogRecService logService = new LogRecService();
        ArrayList<MatchedLogRec> matchLogs = new ArrayList<>();
        matchLogs.add(new MatchedLogRec(
            new LogRec(1001, new Date(), "青岛",DataBase.GATHER,
                    "zhangsan","192.168.1.1", 1),
            new LogRec(1002,new Date(),"青岛",DataBase.GATHER,
                    "zhangsan","192.168.1.1",0)
        ));
        matchLogs.add(new MatchedLogRec(
            new LogRec(1003, new Date(), "北京",DataBase.GATHER,
                "lisi", "192.168.1.6", 1),
            new LogRec(1004, new Date(), "北京", DataBase.GATHER,
                "lisi", "192.168.1.6", 0)));
        matchLogs.add(new MatchedLogRec(
            new LogRec(1005, new Date(), "济南",DataBase.GATHER,
                "wangwu", "192.168.1.89", 1),
            new LogRec(1006, new Date(),"济南",DataBase.GATHER,
                "wangwu","192.168.1.89",0)));
        //保存匹配的日志信息到文件中
        logService.saveMatchLog(matchLogs);
        //从文件中读取匹配的日志信息
        ArrayList<MatchedLogRec> logList = logService.readMatchLog();
        logService.showMatchLog(logList);

        // 创建一个物流业务类
        TransportService tranService = new TransportService();
        ArrayList<MatchedTransport> matchTrans = new ArrayList<>();
        matchTrans.add(new MatchedTransport(
            new Transport(2001, new Date(), "青岛",DataBase.GATHER,
                "zhangsan","zhaokel",1),
            new Transport(2002, new Date(), "北京",DataBase.GATHER,
                "lisi","zhaokel",2),
```

```
            new Transport(2003, new Date(), "北京",DataBase.GATHER,
                "wangwu","zhaokel",3)));
        matchTrans.add(new MatchedTransport(
            new Transport(2004, new Date(), "青岛",DataBase.GATHER,
                "maliu","zhaokel",1),
            new Transport(2005, new Date(), "北京",DataBase.GATHER,
                "sunqi","zhaokel",2),
            new Transport(2006, new Date(), "北京",DataBase.GATHER,
                "fengba","zhaokel",3)));
        //保存匹配的物流信息到文件中
        tranService.saveMatchedTransport(matchTrans);
        //从文件中读取匹配的物流信息
        ArrayList<MatchedTransport> transportList =
            tranService.readMatchedTransport();
        tranService.showMatchTransport(transportList);
    }
}
```

运行结果如下所示：

```
1001,Sat Dec 06 22:52:45 CST 2014,青岛,1,zhangsan,192.168.1.1,1 | 1002,Sat Dec 06 22:52:45
CST 2014,青岛,1,zhangsan,192.168.1.1,0
1003,Sat Dec 06 22:52:45 CST 2014,北京,1,lisi,192.168.1.6,1 | 1004,Sat Dec 06 22:52:45 CST
2014,北京,1,lisi,192.168.1.6,0
1005,Sat Dec 06 22:52:45 CST 2014,济南,1,wangwu,192.168.1.89,1 | 1006,Sat Dec 06 22:52:45
CST 2014,济南,1,wangwu,192.168.1.89,0
2001,Sat Dec 06 22:52:45 CST 2014,青岛,1,zhangsan,1|2002,Sat Dec 06 22:52:45 CST 2014,北京,
1,lisi,2|2003,Sat Dec 06 22:52:45 CST 2014,北京,1,wangwu,3
2004,Sat Dec 06 22:52:45 CST 2014,青岛,1,maliu,1|2005,Sat Dec 06 22:52:45 CST 2014,北京,1,
sunqi,2|2006,Sat Dec 06 22:52:45 CST 2014,北京,1,fengba,3
```

保存的文件 MatchLogs.txt 和 MatchedTransports.txt 内容如图 1-20 所示。

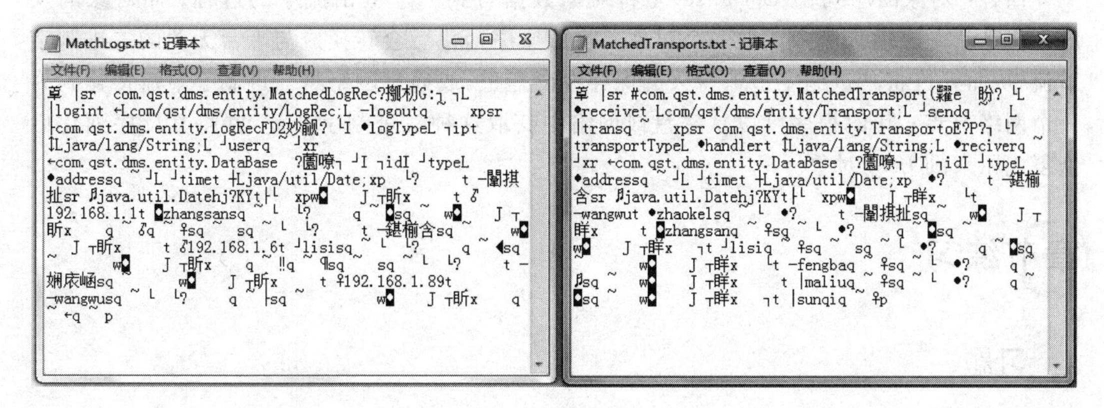

图 1-20 保存的文件

本章总结

小结

- File 类位于 java.io 包中,表示与平台无关的文件和目录。
- FilenameFilter 是文件过滤器接口,该接口只提供一个 accept()方法。
- 按照流的流向来分,可以将流分为输入流和输出流。
- 按照流所操作的基本数据单元来分,可以将流分为字节流和字符流。
- 按照流的角色来分,可以将流分为节点流和处理流。
- Java 的 IO 流都是由 InputStream、OutputStream、Reader 和 Writer 这 4 个抽象基类派生的。
- 过滤流用于对一个已有的流进行连接和封装处理。
- 转换流 InputStreamReader 能够将字节输入流转换成字符输入流。
- 转换流 OutputStreamWriter 能够将字符输出流转换成字节输出流。
- 对象的序列化(Serialize)是将对象数据写到一个输出流中的过程;而对象的反序列化是从一个输入流中读取一个对象。
- NIO 将文件或文件的一段区域映射到内存中,以便像访问内存一样来访问文件。
- Buffer 可以被理解成一个容器,其本质是一个数组,往 Channel 中发送或读取的对象都必须先放到 Buffer 中。
- Channel 是对传统的 IO 系统的模拟,在 NIO 系统中所有数据都需要经过通道传输。
- NIO.2 弥补了 NIO 的不足,并提供 Path、Paths 和 Files 类。

Q&A

问题:简述对象序列化及反序列化。

回答:对象的序列化(Serialize)是将对象数据写到一个输出流中的过程;而对象的反序列化是从一个输入流中读取一个对象。将对象序列化后会转换成与平台无关的二进制字节流,从而允许将二进制字节流持久的保存在磁盘上,或通过网络将二进制字节流传输到另一个网络节点;其他程序可以从磁盘或网络中获取这种二进制字节流,并将其反序列化后恢复成原来的 Java 对象。

章节练习

习题

1. 下列类中由 InputStream 类直接派生出的是________。

   A. BufferedInputStream　　B. PushbackInputStream

   C. ObjectInputStream　　D. DataInputStream

2. 以下方法中________方法不是 InputStream 类的方法。

A. int read(byte[] buffer)　　B. void flush()

C. void close()　　D. int available()

3. 下列________类可以作为 FilterInputStream 类的构造方法的参数。

A. InputStream　　B. File

C. FileOutputStream　　D. String

4. 在 FilenameFilter 接口中，提供了________两种类方法。

A. filter()　　B. list()

C. listFile()　　D. listFiles()

5. 以下方法中________方法不是 OutputStream 类的方法。

A. void write(int c)

B. void write(byte[] b)

C. void reset()

D. void write(byte[] b, int offset, int len)

E. void writeTo(OutPutStream out)

6. 下列关于 Reader 的说法中正确的是________。

A. Reader 是一个抽象类，不能直接实例化，可以通过继承类来完成具体功能

B. Reader 是一个接口，不能直接实例化，可以通过实现类来完成具体功能

C. Reader 是一个普通类，能够直接进行实例化

D. Reader 是字符输入流，用于从数据源以字符为单位进行读取数据

7. 下列关于 DataInputStream 的说法中错误的是________。

A. DataInputStream 是 FileInputStream 的子类

B. DataInputStream 是 DataInput 接口的实现类

C. DataInputStream 和 FilterInputStream 都是 InputStream 的子类

D. DataInputStream 使用缓冲区来提高读取效率

8. 下列关于序列化和反序列化的说法中正确的是________。

A. 只有实现 Serializable 接口的对象才可以利用序列化工具保存和复原

B. 对象的序列化是指将对象数据写到一个输出流中的过程

C. 如果一个类是可序列化的，则该类必须实现 java.lang 包下的 Serializable 接口或 Externalizable 接口

D. 对象的反序列化是指从一个输入流中读取一个对象

9. 下列关于 NIO 的说法中错误的是________。

A. NIO 和传统的 IO 有相同的目的，都是用于数据的输入/输出

B. NIO 新增的类都放在 java.nio 包及子包下

C. 传统的 IO 是面向流的处理，而 NIO 则是面向块的处理

D. Buffer 和 Channel 是 NIO 中的核心，两者都是抽象类，使用时需要通过子类来实现具体的功能

上机

1. 训练目标：写文件。

培养能力	输出流的使用		
掌握程度	★★★★★	难度	难
代码行数	300	实施方式	编码强化
结束条件	独立编写，不出错。		

参考训练内容

(1) 从键盘接收整数存入泛型集合中。

(2) 将集合中的数据保存到文件中。

2. 训练目标：读文件。

培养能力	输入流的使用。		
掌握程度	★★★★★	难度	中
代码行数	200	实施方式	编码强化
结束条件	独立编写，不出错。		

参考训练内容

(1) 从文件中读数据并放到泛型集合中。

(2) 循环显示泛型集合中的数据。

第2章 JDBC编程

本章任务是完成“Q-DMS数据挖掘”系统的数据记录功能：

- 【任务 2-1】 创建项目所需的数据库表，并搭建数据访问基础环境。
- 【任务 2-2】 实现匹配的日志信息的数据库保存和查询功能。
- 【任务 2-3】 实现匹配的物流信息的数据库保存和查询功能。
- 【任务 2-4】 测试匹配的日志、物流信息的数据库保存和查询功能。

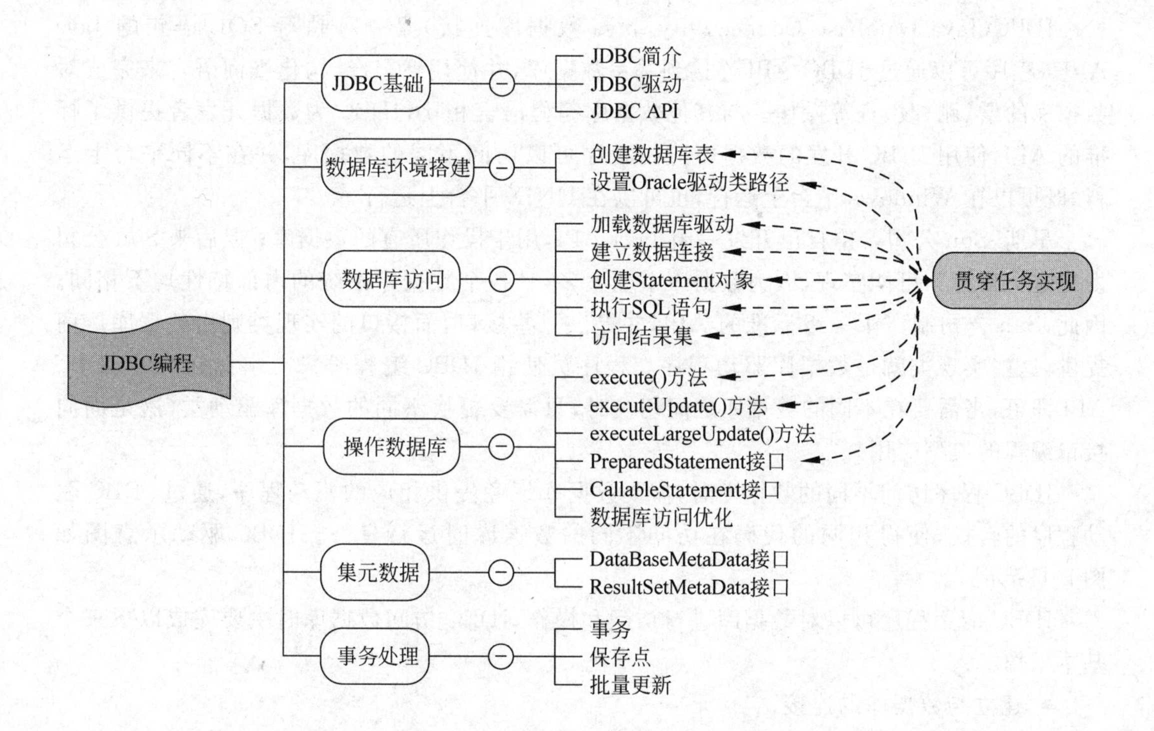

知　识　点	Listen(听)	Know(懂)	Do(做)	Revise(复习)	Master(精通)
JDBC 基础	★	★			
JDBC API	★	★	★	★	★
数据库环境搭建	★	★	★	★	
操作数据库	★	★	★	★	★
集元数据	★	★	★	★	
事务	★	★	★	★	

2.1 JDBC 基础

通过使用 JDBC，Java 程序可以轻松地操作各种主流数据库，例如，Oracle、MS SQL Server、MySQL 等。由于 Java 语言本身的跨平台性，所以使用 JDBC 编写的程序不仅可以实现跨数据库，还具有跨平台性和可移植性。使用 JDBC 访问数据库具有操作简单、获取方便且安全可靠等优势。

2.1.1 JDBC 简介

JDBC(Java Database Connectivity，Java 数据库连接)是一种执行 SQL 语句的 Java API。程序可以通过 JDBC API 连接到关系数据库，并使用 SQL 结构化查询语言来完成对数据库的增、删、改、查等操作。与其他数据库编程语言相比，JDBC 为数据开发者提供了标准的 API，使用 JDBC 开发的数据库应用程序可以访问不同的数据库，并在不同平台上运行，既可以在 Windows 平台上运行，也可以在 UNIX 平台上运行。

早期，Sun 公司希望自己开发一组 Java API，用于操作所有的数据库；但后来 Sun 公司发现这个目标不可能实现，因为数据库系统太多，且各个数据库系统的内部特性均不相同。因此，Sun 公司制定了一组标准的 API，并提供一些接口，而接口的实现类则由数据库厂商提供，这些实现类就是数据库驱动程序。程序员使用 JDBC 编程时只需掌握标准的 JDBC API 即可，当需要在不同的数据库之间切换时，只需要更换不同的数据库驱动类，这是面向接口编程的典型应用。

JDBC 程序访问不同的数据库时，需要数据库厂商提供相应的驱动程序，通过 JDBC 驱动程序的转换，使得相同的代码在访问不同的数据库时运行良好。JDBC 驱动示意图如图 2-1 所示。

JDBC 应用程序可以对数据库进行访问和操作，JDBC 访问数据库时主要完成以下三个基本工作：

- 建立与数据库的连接；
- 执行 SQL 语句；
- 获取执行结果。

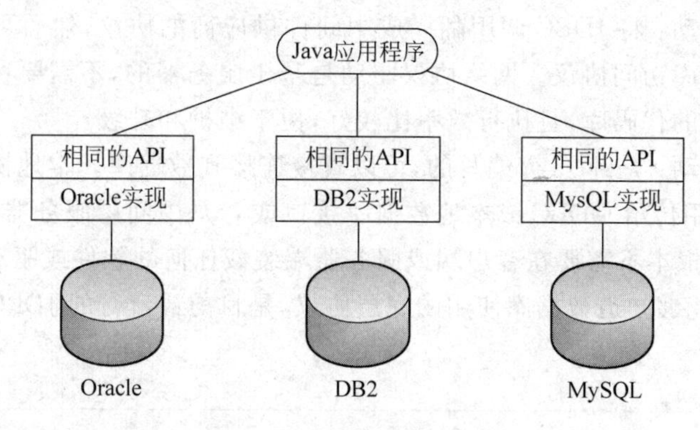

图 2-1 JDBC 驱动示意图

2.1.2 JDBC 驱动

数据库驱动程序是 JDBC 程序和数据库之间的转换层，数据库驱动程序负责将 JDBC 调用映射成特定的数据库调用，JDBC 访问示意图如图 2-2 所示。

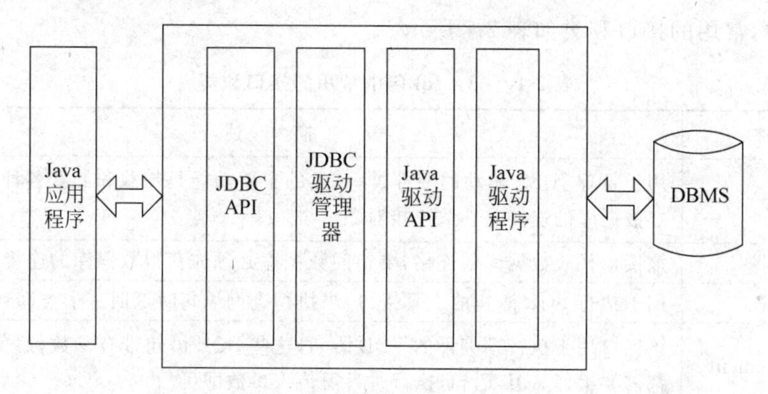

图 2-2 JDBC 访问示意图

当今市场上主流数据库都提供了 JDBC 驱动程序，例如 Oracle、MySQL 等数据库，甚至一些流行的数据库还会提供多种不同版本的 JDBC 驱动程序。

JDBC 驱动程序有以下 4 种类型。

- JDBC-ODBC 桥：是最早实现的 JDBC 驱动程序，主要目的是快速推广 JDBC。ODBC(Open Database Connectivity，开放数据库连接)是通过一组通用的 API 访问不同的数据库管理系统，也需要各数据库厂商提供相应的驱动程序，而 ODBC 则对这些驱动程序进行管理。JDBC-ODBC 桥驱动是将 JDBC API 映射到 ODBC API，驱动速度很慢，只适用于访问没有其他 JDBC 驱动的数据库。由于 Java 语言的广泛应用，所有数据库厂商都提供了 JDBC 驱动，因此在 Java 8 中不再支持 JDBC-ODBC 数据访问方式。
- 本地 API 驱动：直接将 JDBC API 映射成数据库特定的客户端 API，包含特定的数据库本地代码，用于访问特定数据库的客户端。本地 API 驱动比起 JDBC-ODBC 桥执行效率要高，但是仍然需要在客户端加载数据库厂商提供的代码库，不适合基于网络的应用，且虽然速度有所提升，但相对后面两种 JDBC 驱动还是不够高。

- 网络协议驱动：将 JDBC 调用翻译成中间件供应商的协议，然后再由中间件服务器翻译成数据库访问协议。网络协议驱动是基于服务器的，不需要在客户端加载数据库厂商提供的代码库，且执行效率比较好，便于维护和升级。
- 本地协议驱动：是纯 Java 编写的，可以直接连接到数据库。本地协议驱动不需要将 JDBC 的调用传给 ODBC 或本地数据库接口或者是中间层服务器，因此执行效率非常高；而且根本不需要在客户端或服务器端装载任何的软件或驱动。本地协议驱动是智能的，能够知道数据库使用的底层协议，是目前最流行的 JDBC 驱动。

注意

通常 JDBC 访问数据库时建议使用第 4 种本地协议驱动，该驱动使用纯 Java 编写，且避开了本地代码，减少了应用开发的复杂性，降低了产生冲突和出错的可能。

2.1.3 JDBC API

JDBC API 提供了一组用于与数据库进行通信的接口和类，这些接口和类都定义在 java.sql 包中，常用的接口和类如表 2-1 所示。

表 2-1 java.sql 包中常用的接口和类

名　称	描　述
DriverManager	用于管理 JDBC 驱动的服务类，该类的主要功能是加载和卸载各种驱动程序，建立数据库的连接并获取连接对象
Connection	该接口代表数据库的连接，要访问数据库必须先获得数据库的连接
Statement	用于执行 SQL 语句的工具接口，当执行查询语句时返回一个查询到的结果集
PreparedStatement	该接口用于执行预编译的 SQL 语句，这些 SQL 语句带有参数，避免数据库每次都需要编译 SQL 语句，执行时只需传入参数即可
CallableStatement	该接口用于调用 SQL 存储过程
ResultSet	该接口表示结果集，包含访问查询结果的各种方法

注意

使用 JDBC API 中的类或接口访问数据库时，容易引发 SQLException 异常，SQLException 异常类是检查型异常，需要放在 try…catch 语句中进行异常处理，SQLException 是 JDBC 中其他异常类型的基础。

1. DriverManager 类

DriverManager 是数据库驱动管理类，用于管理一组 JDBC 驱动程序的基本服务。应用程序和数据库之间可以通过 DriverManager 建立连接，其常用的静态方法如表 2-2 所示。

表 2-2 DriverManager 类常用的静态方法

方法	描述
static connection getConnection(String url, String user, String password)	获取指定 URL 的数据库连接,其中 url 为提供了一种标识数据库位置的方法,user 为用户名,password 为密码
static Driver getDriver(String url)	返回能够打开 url 所指定的数据库的驱动程序

2. Connection 接口

Connection 接口用于连接数据库,每个 Connection 对象代表一个数据库连接会话,要想访问数据库,必须先获得数据库连接。一个应用程序可与单个数据库建立一个或多个连接,也可以与多个数据库建立连接。通过 DriverManager 类的 getConnection()方法可以返回一个 Connection 对象,该对象中提供了创建 SQL 语句的方法,以完成基本的 SQL 操作,同时为数据库事务提供了提交和回滚的方法。Connection 接口中常用的方法如表 2-3 所示。

表 2-3 Connection 的常用方法

方法	描述
void close()	断开连接,释放此 Connection 对象的数据库和 JDBC 资源
Statement createStatement()	创建一个 Statement 对象来将 SQL 语句发送到数据库
void commit()	用于提交 SQL 语句,确认从上一次提交/回滚以来进行的所有更改
boolean isClosed()	用于判断 Connection 对象是否已经被关闭
CallableStatement prepareCall(String sql)	创建一个 CallableStatement 对象来调用数据库存储过程
PreparedStatement prepareStatement(String sql)	创建一个 PreparedStatement 对象来将参数化的 SQL 语句发送到数据库
void rollback()	用于取消 SQL 语句,取消在当前事务中进行的所有更改

3. Statement 接口

Statement 接口一般用于执行 SQL 语句。在 JDBC 中要执行 SQL 查询语句的方式有一般查询(Statement)、参数查询(PreparedStatement)和存储过程(CallableStatement)三种方式,Connection 接口中提供的 createStatement()、prepareStatement()和 prepareCall()方法分别返回一个用于执行 SQL 语句的 Statement 对象、PreparedStatement 对象和 CallableStatement 对象。

Statement、PreparedStatement 和 CallableStatement 三个接口具有继承关系,其中 PreparedStatement 是 Statement 的子接口,而 CallableStatement 又是 PreparedStatement 的子接口,三个接口之间的继承关系如图 2-3 所示。

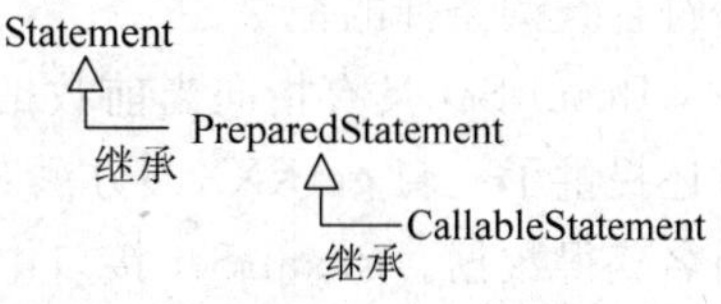

图 2-3 三个接口之间的继承关系

Statement 接口的主要功能是将 SQL 语句传送给数据库,并返回 SQL 语句的执行结果。Statement 提交的 SQL 语句是静态的,不需要接收任何参数,SQL 语句可以包括以下三种类型的语句:

- SELECT 查询语句;

- DML 语句，如 INSERT、UPDATE 或 DELETE；
- DDL 语句，如 CREATE TABLE 和 DROP TABLE。

Statement 接口中常用的方法及功能如表 2-4 所示。

表 2-4 Statement 接口中常用方法

方 法	描 述
void close()	关闭 Statement 对象
boolean execute(String sql)	执行给定的 SQL 语句，该语句可能返回多个结果
ResultSet executeQuery(String sql)	执行给定的 SQL 查询语句，该语句返回单个 ResultSet 对象
int executeUpdate(String sql)	执行给定 SQL 语句，该语句可能为 INSERT、UPDATE 或 DELETE 语句，或者不返回任何内容的 SQL 语句(如 SQL DDL 语句)
Connection getConnection()	获取生成此 Statement 对象的 Connection 对象
int getFetchSize()	获取结果集合的行数，该数是根据此 Statement 对象生成的 ResultSet 对象的默认获取大小
int getMaxRows()	获取由此 Statement 对象生成的 ResultSet 对象可以包含的最大行数
ResultSet getResultSet()	获取此 Statement 执行查询语句所返回的 ResultSet 对象
int getUpdateCount()	获取此 Statement 执行 DML 语句所影响的记录行数
void closeOnCompletion()	当所有依赖该 Statement 对象的 ResultSet 结果集关闭时，该 Statement 会自动关闭
boolean isCloseOnCompletion()	判断是否打开 closeOnCompletion()
long executeLargeUpdate (String sql)	增强版的 executeUpdate()方法，当 DML 语句影响的记录超过 Integer.MAX_VALUE 时，使用 executeLargeUpdate()方法，该方法的返回值为 long

注意

closeOnCompletion()和 isCloseOnCompletion()方法是从 Java 7 开始新增的方法，executeLargeUpdate()方法是从 Java 8 开始新增的方法，在开发过程中使用这几个方法时需要注意 JDK 的版本。考虑到目前应用程序所处理的数据量越来越大，使用 executeLargeUpdate()方法具有更好的适应性，但目前有的数据库驱动暂不支持该方法，例如 MySQL 驱动。

4. ResultSet 接口

ResultSet 接口用于封装结果集对象，该对象包含访问查询结果的方法。使用 Statement 中的 executeQuery()方法可以返回一个 ResultSet 结果集对象，该对象封装了所有符合查询条件的记录。

ResultSet 具有指向当前数据行的游标，并提供了许多方法来操作结果集中的游标，同时还提供了一套 getXXX()方法对结果集中的数据进行访问，这些方法可以通过列索引或列名获得数据。ResultSet 接口中常用的方法如表 2-5 所示。

表 2-5 ResultSet 接口中常用的方法

方法	描述
boolean absolute(int row)	将游标移动到第 row 条记录
boolean relative(int rows)	按相对行数(或正或负)移动游标
void beforeFirst()	将游标移动到结果集的开头(第一行之前)
boolean first()	将游标移动到结果集的第一行
boolean previous()	将游标移动到结果集的上一行
boolean next()	将游标从当前位置下移一行
boolean last()	将游标移动到结果集的最后一行
void afterLast()	将游标移动到结果集的末尾(最后一行之后)
boolean isAfterLast()	判断游标是否位于结果集的最后一行之后
boolean isBeforeFirst()	判断游标是否位于结果集的第一行之前
boolean isFirst()	判断游标是否位于结果集的第一行
boolean isLast()	判断游标是否位于结果集的最后一行
int getRow()	检索当前行编号
String getString(int x)	返回当前行第 x 列的值,类型为 String
int getInt(int x)	返回当前行第 x 列的值,类型为 int
Statement getStatement()	获取生成结果集的 Statement 对象
void close()	释放此 ResultSet 对象的数据库和 JDBC 资源
ResultSetMetaData getMetaData()	获取结果集的列的编号、类型和属性

ResultSet 对象具有指向当前数据行的游标。最初游标位于第一行之前,每调用一次 next()方法,游标就会向下移动一行,从而可以从上到下依次获取所有数据行。getXXX()方法用于对游标所指向的行的数据进行访问。在使用 getXXX()方法取值时,数据库的字段数据类型要与 Java 的数据类型相匹配,例如,数据库中的整数字段对应 Java 数据类型中的 int 类型,此时使用 getInt()方法来读取该字段中的数据。常用的 SQL 数据类型和 Java 数据类型之间的对应关系如表 2-6 所示。

表 2-6 SQL 数据类型和 Java 数据类型的对应关系

SQL 数据类型	Java 数据类型	对应的方法
integer/int	int	getInt()
smallint	short	getShort()
float	double	getDouble()
double	double	getDouble()
real	float	getFloat()
varchar/char/varchar2	java. lang. String	getString()
boolean	boolean	getBoolean()
date	java. sql. Date	getDate()
time	java. sql. Time	getTime()
blob	java. sql. Blob	getBlob()
clob	java. sql. Clob	getClob()

2.2 数据库环境搭建

2.2.1 创建数据库表

本章 JDBC 数据库访问基于 Oracle 11g 数据库，因此所有的代码及环境都是基于 Oracle 数据库的。在进行数据库访问操作之前，需要先创建数据表并录入测试数据。在 Scott 用户下创建 Userdetails 表，并添加测试数据，其 SQL 代码如下所示。

【代码 2-1】 userdetails. sql

```
create table Userdetails(
    id number primary key, -- 主键 id
    username varchar2(50) not null, -- 用户名
    password varchar2(50) not null, -- 密码
    sex char(1) not null, -- 性别,1: 男,0: 女
    hobby varchar2(200), -- 爱好
    address varchar2(100), -- 地址
    degree varchar2(50), -- 学历
    remark varchar2(500) -- 备注
);
-- 添加测试数据
insert into userdetails(id,username,password,sex)
         values(1,'zhansan','zs123',1);
insert into userdetails(id,username,password,sex)
         values(2,'lisi','lisi123',1);
insert into userdetails(id,username,password,sex)
         values(3,'wangwu','ww123',1);
insert into userdetails(id,username,password,sex)
         values(4,'maliu','ml123',1);
insert into userdetails(id,username,password,sex)
         values(5,'linghc','lhc123',1);
insert into userdetails(id,username,password,sex)
         values(6,'zhaokl','zkl123',1);
```

创建完 Userdetails 表，并添加测试数据后，如图 2-4 所示查看 Userdetails 表中的数据。

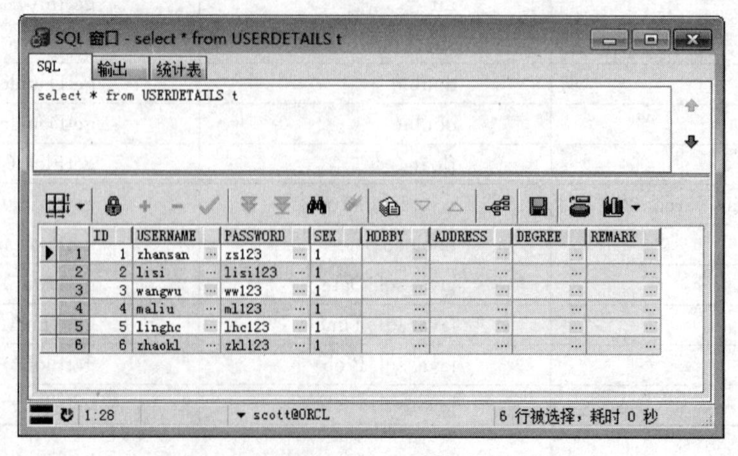

图 2-4　查看 Userdetails 表中的数据

2.2.2 设置 Oracle 驱动类路径

Java 项目在访问 Oracle 数据库时，需要在项目中设置 Oracle 驱动类路径，即将 Oracle 数据库所提供的 JDBC 驱动程序（ojdbc7.jar 文件）导入到工程中，或加入到环境变量 CLASSPATH 中即可。

ojdbc7.jar 驱动文件可以在 Oracle 的安装路径“product\X.1.0\dbhome_1\jdbc\lib”子目录下找到。先将 ojdbc7.jar 文件复制到工程项目的 libs 目录下；再配置项目的 Java Build Path 属性，如图 2-5 所示，单击 Add JARs 按钮，将 libs 目录中的 ojdbc7.jar 添加到 Libraries 列表中；最后单击 OK 按钮。

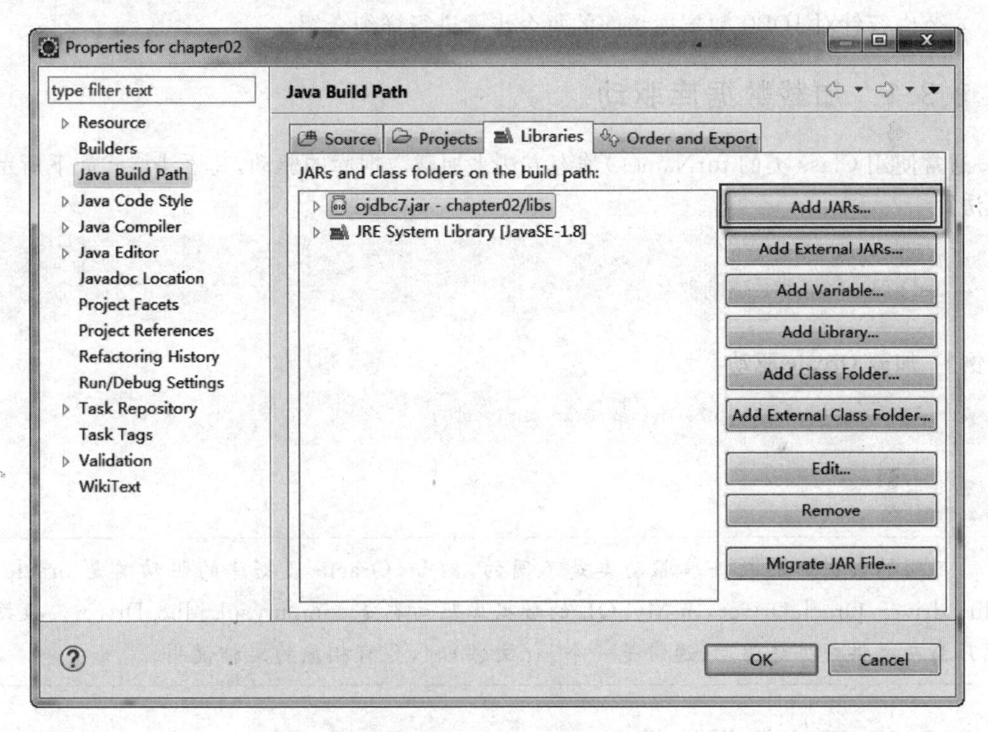

图 2-5 设置 Oracle 驱动类路径

配置完 Oracle 驱动类路径之后，项目的目录如图 2-6 所示，其中 libs 目录是一个普通文件夹，用来存放 ojdbc7.jar 文件，而 Referenced Libraries 中的 ojdbc7.jar 表示对该 jar 包的引用。

图 2-6 复制并引用 ojdbc7.jar

2.3 数据库访问

使用 JDBC 访问数据库的步骤如下：

(1) 加载数据库驱动；

(2) 建立数据连接；

(3) 创建 Statement 对象；

(4) 执行 SQL 语句；

(5) 访问结果集。

本节内容针对 JDBC 数据库访问的每个步骤进行详细介绍。

2.3.1 加载数据库驱动

通常使用 Class 类的 forName()静态方法来加载数据库的驱动，其语法格式如下所示。

【语法】

```
//加载驱动
Class.forName(数据库驱动类名);
```

【示例】 加载 Orcale 驱动

```
Class.forName("oracle.jdbc.driver.OracleDriver");
```

注意

> 不同的数据库其数据库驱动类是不同的，例如，Oracle 数据库的驱动类是 oracle.jdbc.driver.OracleDriver，而 MySQL 的数据库驱动类是 com.mysql.jdbc.Driver。数据库厂商在提供数据库驱动(通常是一个 jar 文件)时，会有相应的文档说明。

2.3.2 建立数据连接

在使用 JDBC 操作数据库之前，需要先创建一个数据库连接。使用 DriverManager 类的 getConnection()静态方法来获取数据库连接对象，其语法格式如下所示。

【语法】

```
DriverManager.getConnection(String url,String user,String pass);
```

其中 getConnection()方法的三个参数，具体如下：

- url——数据库连接字符串，遵循的格式是“jdbc:驱动:其他”，不同数据库连接的 URL 也有所不同，Oracle 数据库的 URL 是“jdbc:oracle:thin:@服务器:端口:数据库”，oracle 是子协议名称，thin 是 Oracle 数据库的一种连接方式，服务器可以使用域名或 IP 地址；
- user——连接数据库的用户名；

● pass——密码。

【示例】 **访问 Oracle 数据库 URL 连接字符串**

```
"jdbc:oracle:thin:@127.0.0.1:1521:orcl"
```

在上面的 URL 连接字符串中：

● “127.0.0.1”是服务器 IP 地址(此处代表本机)，也可以使用“localhost”；

● “1521”是 Oracle 数据库的默认端口号；

● “orcl”是数据库实例名。

通过 Oracle 驱动获取数据库连接的示例语句如下：

【示例】 **获取 Oracle 数据库连接对象**

```
Class.forName("oracle.jdbc.driver.OracleDriver");
Connection conn = DriverManager.getConnection(
    "jdbc:oracle:thin:@localhost:1521:orcl",      //URL连接字符串
    "scott",                                      //用户名
    "zkl123");                                    //密码
```

2.3.3 创建 Statement 对象

对数据库进行操作或访问时，需要使用 SQL 语句。在 Java 语言中，SQL 语句是通过 Statement 对象进行封装后，发送给数据库。Statement 对象不是通过 Statement 类直接创建的，而是通过 Connection 对象所提供的方法来创建各种 Statement 对象。

通过 Connection 对象来获得 Statement 的方法有以下三种：

● createStatement()方法——用于创建一个基本的 Statement 对象；

● prepareStatement(String sql)方法——根据参数化的 SQL 语句创建一个预编译的 PreparedStatement 对象；

● prepareCall(String sql)方法——根据 SQL 语句来创建一个 CallableStatement 对象，用于调用数据库的存储过程。

【示例】 **创建 Statement 对象**

```
Class.forName("oracle.jdbc.driver.OracleDriver");
Connection conn = DriverManager.getConnection(
    "jdbc:oracle:thin:@localhost:1521:orcl","scott","zkl123");
Statement smt = conn.createStatement();       //创建Statement对象
```

2.3.4 执行 SQL 语句

获取 Statement 对象之后，就可以调用该对象的不同方法来执行 SQL 语句。所有 Statement 都有以下三种执行 SQL 语句的方法，具体使用哪一种方法由 SQL 语句所产生的结果来决定。

● executeQuery()方法：只能执行查询语句，例如 SELECT 语句，用于产生单个结果集；

● executeUpdate()和 executeLargeUpdate()方法：用于执行 DML 和 DDL 语句，执行

DML 语句(INSERT、UPDATE 或 DELETE 语句)时返回受 SQL 语句所影响的行数(整数值),而执行 DDL 语句(CREATE TABLE、DROP TABLE 等)返回值总为 0;

- execute()方法:可以执行任何 SQL 语句,此方法比较特殊,也比较麻烦,返回结果为多个结果集、多个更新计数或二者的组合。通常不建议使用该方法,只有在不知道执行 SQL 语句会产生什么结果或可能有多种类型结果的情况下才会使用。

如果 SQL 语句运行后能产生结果集,Statement 对象则将结果集封装成 ResultSet 对象并返回。下述示例代码调用 Statement 对象的 executeQuery()方法来执行 SQL 查询语句,并返回一个 ResultSet 结果集对象。

【示例】 执行 SQL 查询语句并返回结果集

```
ResultSetrs = smt.executeQuery("SELECT sno,name,age FROM student");
```

2.3.5 访问结果集

SQL 的查询结果使用 ResultSet 封装,ResultSet 结果集中包含了满足 SQL 查询条件的所有的行,使用 getXXX()方法对结果集中的数据进行访问。

当使用 getXXX()方法访问结果集中的数据时,可通过列索引或列名来获取游标所指行中的列数据,其语法如下所示:

【语法】

```
getXXX(列索引)
```

或

```
getXXX("列名")
```

其中,列的索引号是从 1 开始,对列从左到右依次编号;列名不区分大小写。

【示例】 循环输出结果集中第 1 列数据

```
while (rs.next()) {
    System.out.println(rs.getString(1));
}
```

【示例】 循环输出结果集中指定列名的数据

```
while (rs.next()) {
    System.out.println(rs.getString("username"));
}
```

注意

在使用 getXXX()方法来获得数据库表中的对应字段的数据时,尽可能使用序列号参数,这样可以提高效率。除 Blob 类型外,其他任意类型的字段都可以通过 getString()方法来获取,因为所有数据类型都可以自动转换成字符串。

当数据库操作执行完毕或退出应用前，需将数据库访问过程中建立的对象按顺序关闭，防止系统资源浪费。关闭的次序是：

(1) 关闭结果集，rs.close()；

(2) 关闭 Statement 对象，stmt.close()；

(3) 关闭连接，conn.close()。

下述代码用于演示访问数据库的一般步骤。

【代码 2-2】 ConnectionDemo.java

```
package com.qst.chapter02;

import java.sql.Connection;
import java.sql.DriverManager;
import java.sql.ResultSet;
import java.sql.SQLException;
import java.sql.Statement;

public class ConnectionDemo {
    public static void main(String[] args) {
        try {
            // 加载 oracle 驱动
            Class.forName("oracle.jdbc.driver.OracleDriver");
            // 建立数据库连接
            Connection conn = DriverManager.getConnection(
                    "jdbc:oracle:thin:@localhost:1521:orcl",
                    "scott", "zkl123");
            System.out.println("连接成功!");
            // 创建 Statment 对象
            Statement stmt = conn.createStatement();
            // 获取查询结果集
            ResultSet rs = stmt
                    .executeQuery("SELECT id,username FROM userdetails");
            System.out.println("查询成功!");
            // 访问结果集中的数据
            while (rs.next()) {
                System.out.println(rs.getString(1)
                        + " " + rs.getString("username"));
            }
            // 关闭结果集
            rs.close();
            //关闭载体
            stmt.close();
            //关闭连接
            conn.close();
        } catch (ClassNotFoundException e) {
            e.printStackTrace();
        } catch (SQLException e) {
            e.printStackTrace();
        }
    }
}
```

上述代码按照访问数据库的步骤编写。

(1) 首先通过 Class.forName()方法加载 Oracle 驱动；

(2) 然后调用 DriverManager.getConnection()方法来建立 Oracle 数据库连接，在获取连接时需要指明数据库连接 URL、用户名、密码；

(3) 通过连接对象的 createStatement()方法来获取 Statement 对象，调用 Statement 对象的 executeQuery()方法执行 SQL 语句，并返回一个 ResultSet 结果集对象；

(4) 调用 ResultSet 结果集对象的 next()方法将游标移动到下一条记录，再通过 getXXX()方法来获取指定列中的数据，此处 getString(1)表示获取第 1 列中的数据；通过循环遍历结果集从而得到所有的记录并输出；

(5) 最后调用 close()方法关闭所有创建的对象。

执行结果如下：

```
连接成功!
查询成功!
1 zhansan
2 lisi
3 wangwu
4 maliu
5 linghc
6 zhaokl
```

2.4 操作数据库

JDBC 不仅可以执行查询，还可以执行 DDL、DML 等 SQL 语句，以便最大限度地操作数据库。

2.4.1 execute()方法

Statement 接口的 execute()方法几乎可以执行任何 SQL 语句，如果不清楚 SQL 语句的类型，则只能通过使用 execute()方法来执行 SQL 语句。

使用 execute()方法执行 SQL 语句的返回值是 boolean 值，表明执行该 SQL 语句是否返回了 ResultSet 对象：

- 当 execute()方法的返回值为 true 时，使用 Statement 的 getResultSet()方法来获取 execute()方法执行 SQL 查询语句所返回的 ResultSet 对象；
- 当返回值为 false 时，使用 getUpdateCount()方法来获取 execute()方法执行 DML 语句所影响的行数。

下述代码演示 Statement 的 execute()方法的使用。

【代码 2-3】 ExecuteDemo.java

```
package com.qst.chapter02;

import java.sql.Connection;
```

```
import java.sql.DriverManager;
import java.sql.ResultSet;
import java.sql.Statement;

public class ExecuteDemo {
    private String driver = "oracle.jdbc.driver.OracleDriver";
    private String url = "jdbc:oracle:thin:@localhost:1521:orcl";
    private String user = "scott";
    private String pass = "zkl123";
    public void executeSql(String sql) throws Exception {
        // 加载驱动
        Class.forName(driver);
        try (
        // 获取数据库连接
        Connection conn = DriverManager.getConnection(url, user, pass);
                // 使用 Connection 来创建一个 Statement 对象
                Statement stmt = conn.createStatement()) {
            // 执行 SQL,返回 boolean 值表示是否包含 ResultSet
            boolean hasResultSet = stmt.execute(sql);
            // 如果执行后有 ResultSet 结果集
            if (hasResultSet) {
                try (
                // 获取结果集
                ResultSet rs = stmt.getResultSet()) {
                    // 迭代输出 ResultSet 对象
                    while (rs.next()) {
                        // 依次输出第 1 列的值
                        System.out.print(rs.getString(1) + "\t");
                    }
                    System.out.println();
                }
            } else {
                System.out.println("该 SQL 语句影响的记录有"
                        + stmt.getUpdateCount() + "条");
            }
        }
    }
    public static void main(String[ ] args) throws Exception {
        ExecuteDemo executeObj = new ExecuteDemo();
        System.out.println("------执行建表的 DDL 语句-----");
        executeObj.executeSql("create table my_test"
                + "(test_id int primary key, "
                + "test_name varchar(255))");
        System.out.println("------执行插入数据的 DML 语句-----");
        executeObj.executeSql("insert into my_test(test_id,test_name) "
                + "select id,username from userdetails");
        System.out.println("------执行查询数据的查询语句-----");
        executeObj.executeSql("select test_name from my_test");
        System.out.println("------执行删除表的 DDL 语句-----");
        executeObj.executeSql("drop table my_test");
    }
}
```

上述代码先定义了一个 executeSql()方法，用于执行不同的 SQL 语句，当执行结果有 ResultSet 结果集时，则循环输出结果集中第 1 列的信息；否则输出该 SQL 语句所影响的记录条数。在 main()方法中，调用 executeSql()方法，分别执行“建表”、“插入”、“查询”和“删除表”四个 SQL 语句，运行结果如下所示：

```
------执行建表的 DDL 语句-----
该 SQL 语句影响的记录有 0 条
------执行插入数据的 DML 语句-----
该 SQL 语句影响的记录有 6 条
------执行查询数据的查询语句-----
zhansan   lisi   wangwu   maliu   linghc   zhaokl
------执行删除表的 DDL 语句-----
该 SQL 语句影响的记录有 0 条
```

注意

使用 Statement 执行 DDL 和 DML 语句的步骤与执行普通查询语句的步骤相似。区别在于执行 DDL 语句后返回值为 0，而执行了 DML 语句后返回值为受影响的行数。

2.4.2 executeUpdate()和 executeLargeUpdate()方法

executeUpdate()和 executeLargeUpdate()方法用于执行 DDL 和 DML 语句，其中 executeLargeUpdate()方法是 Java 8 新增的方法，是增强版的 executeUpdate()方法。executeLargeUpdate()方法的返回值的类型为 long，当 DML 语句影响的记录超过 Integer.MAX_VALUE 时，建议使用该方法。

下述代码仅演示 Statement 的 executeUpdate()方法的使用，目前 Oracle 数据库驱动暂不支持 executeLargeUpdate()方法功能，此处暂不演示。

【代码 2-4】 ExecuteUpdateDemo.java

```
package com.qst.chapter02;
import java.sql.Connection;
import java.sql.DriverManager;
import java.sql.Statement;
public class ExecuteUpdateDemo {
    private String driver = "oracle.jdbc.driver.OracleDriver";
    private String url = "jdbc:oracle:thin:@localhost:1521:orcl";
    private String user = "scott";
    private String pass = "zkl123";
    public void createTable(String sql) throws Exception {
        // 加载驱动
        Class.forName(driver);
        try (
        // 获取数据库连接
        Connection conn = DriverManager.getConnection(url, user, pass);
                // 使用 Connection 来创建一个 Statment 对象
                Statement stmt = conn.createStatement()) {
            // 执行 DDL,创建数据表
            stmt.executeUpdate(sql);
```

```
        }
    }
    public int insertData(String sql) throws Exception {
        // 加载驱动
        Class.forName(driver);
        try (
        // 获取数据库连接
        Connection conn = DriverManager.getConnection(url, user, pass);
                // 使用 Connection 来创建一个 Statment 对象
                Statement stmt = conn.createStatement()) {
            // 执行 DML,返回受影响的记录条数
            return stmt.executeUpdate(sql);
        }
    }
    public static void main(String[ ] args) throws Exception {
        ExecuteUpdateDemo elud = new ExecuteUpdateDemo();
        elud.createTable("create table my_test1"
                + "(test_id int primary key, test_name varchar(255))");
        System.out.println("----- 建表成功 -----");

        long result = elud.insertData("insert into my_test1(test_id,test_name) "
                + "select id,username from userdetails");
        System.out.println("-- 系统中共有" + result + "条记录受影响 --");
    }
}
```

上述代码定义了createTable()方法来创建表，insertData()方法用于插入数据，不管是执行DDL语句还是执行DML语句，最终都是通过调用Statement的executeUpdate()方法来实现的。

运行该程序，控制台输出结果如下：

```
----- 建表成功 -----
-- 系统中共有 6 条记录受影响 --
```

查询数据库中表的数据如图2-7所示。

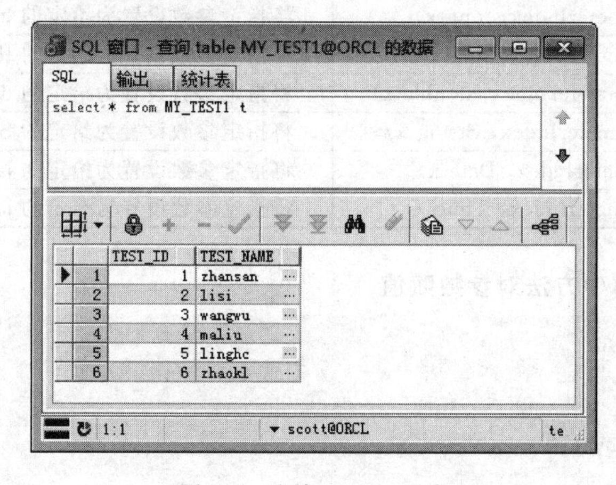

图2-7 查询my_test1表

2.4.3 PreparedStatement 接口

PreparedStatement 接口继承 Statement 接口，该接口具有以下两个特点：

- PreparedStatement 对象中所包含的 SQL 语句将进行预编译，当需要多次执行同一条 SQL 语句时，直接执行预先编译好的语句，其执行速度比 Statement 对象快；
- PreparedStatement 可用于执行动态的 SQL 语句，即在 SQL 语句中提供参数，大大提高了程序的灵活性和执行效率。

动态 SQL 语句使用"?"作为动态参数的占位符，示例如下所示。

【示例】 参数化的动态 SQL 语句

```
String insertSql = "INSERT INTO userdetails(id,username,password,sex)
                    VALUES(?,?,?,?)";
```

前面已介绍过 PreparedStatement 对象是通过 Connection 的 prepareStatement()方法来创建，示例如下所示。

【示例】 创建 PreparedStatement 对象

```
PreparedStatement pstmt = conn.prepareStatement(insertSql);
```

在执行带参数的 SQL 语句前，必须对"?"占位符参数进行赋值。PreparedStatement 接口中提供了大量的 setXXX()方法，通过占位符的索引完成对输入参数的赋值，根据参数的类型来选择对应的 setXXX()方法。PreparedStatement 接口中提供的常用 setXXX()方法如表 2-7 所示。

表 2-7 PreparedStatement 接口中常用的 setXXX()方法

方 法 名	描 述
void setArray(int parameterIndex, Array x)	将指定参数设置为给定的 java.sql.Array 对象
void setByte(int parameterIndex, byte x)	将指定参数设置为给定的 byte 值
void setShort(int parameterIndex, short x)	将指定参数设置为给定的 short 值
void setInt(int parameterIndex, int x)	将指定参数设置为给定的 int 值
void setLong(int parameterIndex, long x)	将指定参数设置为给定的 long 值
void setFloat(int parameterIndex, float x)	将指定参数设置为给定的 float 值
void setDouble(int parameterIndex, double x)	将指定参数设置为给定的 double 值
void setString(int parameterIndex, String x)	将指定参数设置为给定的 String 字符串
void setDate(int parameterIndex, Date x)	将指定参数设置为给定的 java.sql.Date 值
void setTime(int parameterIndex, Time x)	将指定参数设置为给定的 java.sql.Time 值

【示例】 使用 setXXX()方法对参数赋值

```
pstmt.setInt(1,7);
pstmt.setString(2,"Tom");
pstmt.setString(3,"123456");
pstmt.setByte(4,(byte)1);
```

下述代码演示 PreparedStatement 的使用。

【代码 2-5】 PreparedStatementDemo.java

```
package com.qst.chapter02;
import java.sql.Connection;
import java.sql.DriverManager;
import java.sql.PreparedStatement;
import java.sql.SQLException;
public class PreparedStatementDemo {
    public static void main(String[] args) {
        try {
            // 加载 oracle 驱动
            Class.forName("oracle.jdbc.driver.OracleDriver");
            // 建立数据库连接
            Connection conn = DriverManager.getConnection(
                    "jdbc:oracle:thin:@localhost:1521:orcl",
                    "scott",
                    "zkl123");
            // 定义带参数的 sql 语句
            String insertSql = "INSERT INTO userdetails(id,username,password,sex)
                                VALUES(?,?,?,?)";
            // 创建 PreparedStatement 对象
            PreparedStatement pstmt = conn.prepareStatement(insertSql);
            // 使用 setXXX()方法对参数赋值
            pstmt.setInt(1, 7);
            pstmt.setString(2, "Tom");
            pstmt.setString(3, "123456");
            pstmt.setByte(4, (byte) 1);
            // 执行
            int result = pstmt.executeUpdate();
            System.out.println("插入" + result + "行!");
            // 关闭载体
            pstmt.close();
            // 关闭连接
            conn.close();
        } catch (ClassNotFoundException e) {
            e.printStackTrace();
        } catch (SQLException e) {
            e.printStackTrace();
        }
    }
}
```

上述代码先定义一个带参数的 SQL 语句；再使用该语句来创建一个 PreparedStatement 对象；然后调用 PreparedStatement 对象的 setXXX()方法对参数进行赋值，并调用 PreparedStatement 对象的 executeUpdate()方法来执行 SQL 语句。

运行该程序，控制台输出结果如下：

```
插入 1 行!
```

查询数据库中 Userdetails 表的数据，查看是否插入了 1 条记录，如图 2-8 所示。

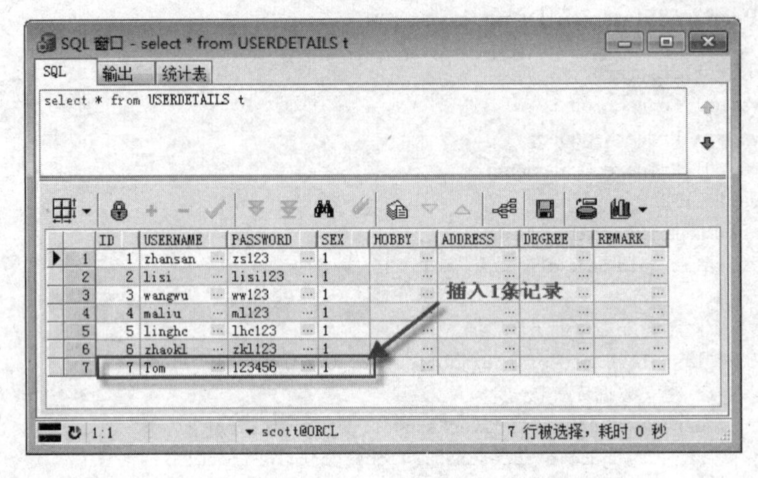

图 2-8　插入 Userdetails 表中的记录

2.4.4 CallableStatement 接口

JDBC 还提供了 CallableStatement 接口，用于执行数据库中的存储过程，存储过程是数据库中一种特殊的预编译的 SQL 语句。

CallableStatement 接口继承了 PreparedStatement 接口，可以处理一般的 SQL 语句，也可以处理以下三种带参数的存储过程：

- IN(输入)参数，该参数属于默认参数；
- OUT(输出)参数；
- IN OUT(输入输出)参数。

使用 Connection 类的 prepareCall(String sql)方法可以创建一个 CallableStatement 对象，方法的参数可以是一个调用存储过程的字符串，且按照规定格式书写。

【语法】 调用存储过程的 SQL

```
"{call 存储过程名([参数占位符?])}"
```

其中：

- call 关键字用于调用存储过程；
- 存储过程名与数据库中定义的存储过程名一致；
- 参数占位符"?"是 IN、OUT 还是 IN OUT 取决于存储过程定义，如果存储过程不带参数，则无须使用"?"，否则有几个参数就使用对应数量的"?"。

当存储过程有返回值时，调用存储过程的字符串格式如下。

【语法】 调用有返回值的存储过程

```
"{参数占位符? = call 存储过程名([参数占位符?])}"
```

下述示例代码演示如何创建一个 CallableStatement 对象。

【示例】 创建 CallableStatement 对象

```
//存储过程不带参数
CallableStatement cstmt1 = conn.prepareCall("{call proc_add}");
//存储过程带 2 个参数
CallableStatement cstmt2 = conn.prepareCall("{call proc_add(?,?)}");
//存储过程带 2 个参数且有返回值
CallableStatement cstmt3 = conn.prepareCall("{? = call proc_add(?,?)}");
```

CallableStatement 接口通过 setXXX()方法对 IN 参数进行赋值，registerOutParamenter()方法对 OUT 参数进行类型注册。

1. OUT 参数类型注册的方法

在执行一个存储过程之前，必须先使用 registerOutParamenter()方法对存储过程中的 OUT 参数进行类型注册，其语法格式如下。

【语法】 注册 OUT 输出参数的类型

```
registerOutParamenter(intindex, int sqlType);
```

其中：

- index 为对应参数占位符的序号；
- sqlType 为对应参数的类型，通常使用 java. sql. Types 的静态常量来指定，例如，Types. FLOAT、Types. INTEGER 等。

【示例】 注册第 2 个 OUT 输出参数是 varchar 类型

```
cstmt.registerOutParameter(2, java.sql.Types.VARCHAR);
```

2. 检索结果的获取

由于 CallableStatement 允许执行带 OUT 参数的存储过程，因此也提供了完善的 getXXX()方法来获取 OUT 参数的值。使用 getXXX()方法能够获取 OUT 参数的值，需要注意 XXX 所对应的 Java 类型必须与注册的 SQL 类型相符。

IN OUT 参数具有 IN 和 OUT 这两种参数的全部功能。需要先使用 setXXX()方法对 IN OUT 参数值进行设置；再对该 IN OUT 参数进行类型注册；执行后再使用 getXXX()方法来获取检索结果，即改变后的值。

下述示例代码创建一个 CallableStatement 对象，并对参数进行设置，执行后访问返回参数的值。

【示例】 创建带 IN 和 OUT 参数的 CallableStatement 对象

```
CallableStatement cstmt = conn.prepareCall("{? = call proc_add(?,?)}");
// 注册 OUT 参数的类型
cstmt.registerOutParameter(1, java.sql.Types.INTEGER);
// 为 IN 参数赋值
cstmt.setInt(2,8);
cstmt.setString(3, "zkl");
```

```
// 执行
cstmt.execute();
// 通过参数索引获取返回值
int sum = cstmt.getInt(1);
```

注意

> 在JDBC 3.0及以上版本中，使用CallableStatement的setXXX()/getXXX()方法来设置/获取参数值的时候，既可以使用索引，也可以使用参数名称。在JDBC 2.0及以下的版本中，只能使用索引。CallableStatement一般用于执行存储过程，执行结果可能为多个ResultSet，或多次修改记录或两者都有。所以对CallableStatement一般调用方法execute()执行SQL语句。

下述代码使用CallableStatement实现各种情形的存储过程的调用。

基于Userdetails表创建存储过程，其SQL代码如下所示。

【代码2-6】 userdetails_pro.sql

```
--1.插入用户信息
CREATE OR REPLACE PROCEDURE addUserdetails(uid userdetails.id%TYPE,
    uname userdetails.username%TYPE, upwd userdetails.password%TYPE,
    usex userdetails.sex%TYPE DEFAULT 1)
IS
BEGIN
    INSERT INTO userdetails(id,username,password,sex)
                VALUES(uid,uname,upwd,usex);
END;

--2.修改密码(函数有返回值)
CREATE OR REPLACE Function changePwd(uname userdetails.username%TYPE,
    upwd userdetails.password%TYPE)
    return number
IS
BEGIN
  if upwd is null then
    return 0;
  else
    update userdetails set password = upwd where username = uname;
    return 1;
  end if;
END;

--3.获取用户总数(输出参数out)
CREATE OR REPLACE PROCEDURE getUserCount(num out number)
IS
BEGIN
    SELECT count(*) INTO num FROM userdetails ;
END;
```

```
--4.求两个数的和与差(使用输入输出参数 in out)
CREATE OR REPLACE PROCEDURE addSub(num1 in out number,num2 in out number)
IS
BEGIN
    num1 := num1 + num2;
    num2 := num1 - num2 - num2;
END;
```

上述 SQL 代码中创建的 addUserdetails()存储过程用于插入一个用户信息；changePwd()函数有返回值，用于修改用户密码，当返回值为 1 时修改密码成功，返回值为 0 则失败；getUserCount()存储过程使用了 OUT 输出参数，用于获取用户总数；addSub()存储过程使用了 IN OUT 输入输出参数，用于求两个数的和与差。分别执行 SQL 语句进行创建，结果如图 2-9 所示。

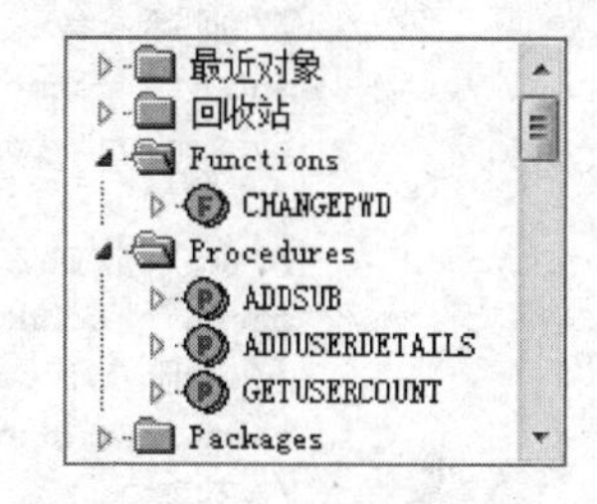

图 2-9 创建的存储过程和函数

下述代码演示了 CallableStatement 的使用。

【代码 2-7】 CallableStatementDemo.java

```
package com.qst.chapter02;

import java.sql.CallableStatement;
import java.sql.Connection;
import java.sql.DriverManager;

public class CallableStatementDemo {
    public static void main(String[] args) {
        try {
            // 加载 oracle 驱动
            Class.forName("oracle.jdbc.driver.OracleDriver");
            // 建立数据库连接
            Connection conn = DriverManager.getConnection(
                    "jdbc:oracle:thin:@localhost:1521:orcl",
                    "scott", "zkl123");
            System.out.println("连接成功!");
            // ////////////////////////////////////////////////////
            // 创建 CallableStatement 对象,调用带 IN 参数的存储过程
            CallableStatement cstmt = conn
                    .prepareCall("{call addUserdetails(?,?,?,?)}");
            // 为 IN 参数赋值
            cstmt.setInt(1, 8);
            cstmt.setString(2, "linghuchong");
            cstmt.setString(3, "123456");
            cstmt.setByte(4, (byte) 1);
            // 执行查询
            cstmt.execute();
            System.out.println("成功插入记录");
            // ////////////////////////////////////////////////////
```

```
            //调用有返回值的函数
            cstmt = conn.prepareCall("{? = call changePwd(?,?)}");
            //注册OUT参数的类型
            cstmt.registerOutParameter(1, java.sql.Types.INTEGER);
            //为IN参数赋值
            cstmt.setString(2, "linghuchong");
            cstmt.setString(3, "888888");
            //执行
            cstmt.execute();
            //通过参数索引获取返回值
            int r = cstmt.getInt(1);
            System.out.println("修改密码,返回值为: " + r);
            ////////////////////////////////////////////////////
            //调用带OUT参数的存储过程
            cstmt = conn.prepareCall("{call getUserCount(?)}");
            //注册OUT参数的类型
            cstmt.registerOutParameter(1, java.sql.Types.INTEGER);
            //执行
            cstmt.execute();
            int count = cstmt.getInt(1);
            System.out.println("总人数为:" + count);
            ////////////////////////////////////////////////////
            //调用带IN/OUT参数的存储过程
            cstmt = conn.prepareCall("{call addSub(?,?)}");
            //为IN参数赋值
            cstmt.setInt(1, 8);
            cstmt.setInt(2, 6);
            //注册OUT参数的类型
            cstmt.registerOutParameter(1, java.sql.Types.INTEGER);
            cstmt.registerOutParameter(2, java.sql.Types.INTEGER);
            cstmt.execute();
            //通过参数索引获取返回值
            int sum = cstmt.getInt(1);
            int sub = cstmt.getInt(2);
            System.out.println("和:" + sum + ",差:" + sub);
            //关闭
            cstmt.close();
            conn.close();
        } catch (Exception e) {
            e.printStackTrace();
        }
    }
}
```

上述代码在addUserdetails()、changePwd()、getUserCount()和addSub()方法中通过CallableStatement分别调用数据库中的存储过程，演示了如何设置IN、OUT和IN OUT三种不同参数，以及获取检索结果并显示。控制台执行结果如下：

```
连接成功!
成功插入记录
修改密码,返回值为: 1
总人数为:8
和:14,差:2
```

查询数据库中 Userdetails 表的数据，查看记录是否插入，如图 2-10 所示。

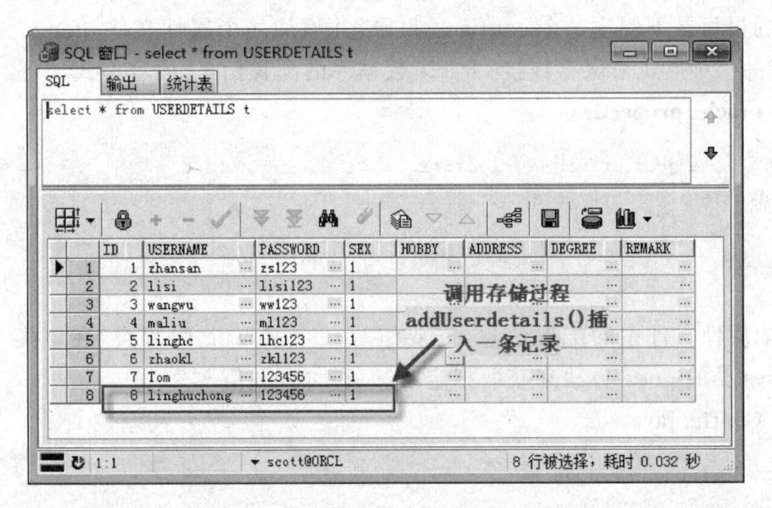

图 2-10　插入记录

修改密码后的结果如图 2-11 所示。

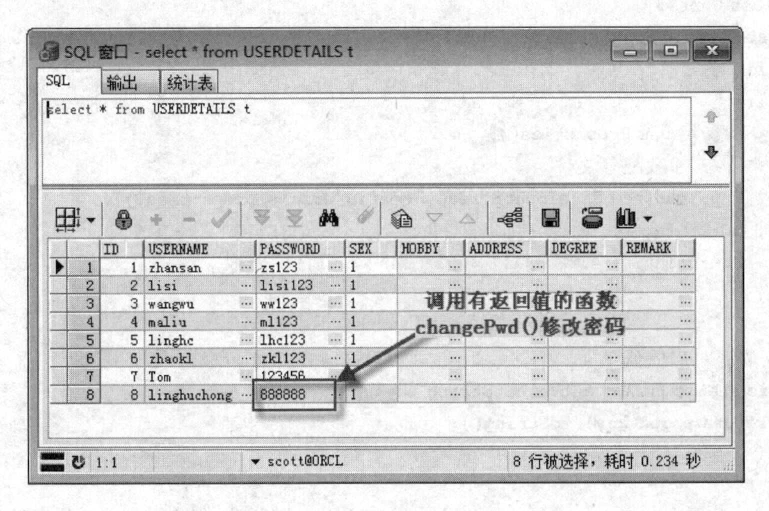

图 2-11　修改密码

2.4.5 数据库访问优化

通过前面的代码能够发现一个问题：在访问数据库时，执行步骤都是相同的，不同的是每次执行的 SQL 语句。因此，为了简化数据库访问操作、减少代码冗余、提高效率，需要将访问数据库时通用的基础代码进行封装，即程序员自己编写一个数据库访问工具类 DBUtil，用于提供访问数据库时所用到的连接、查询、更新和关闭等操作的基本方法，其他类通过调用 DBUtil 工具类来实现数据库的访问。

1. 编写属性文件

为了便于后期维护，在编写 DBUtil 工具类之前，通常将连接数据库的参数信息保存在属性文件中。

在项目的根目录下创建一个 config 子目录,并添加一个属性文件 oracle. properties,该文件是以"键-值"对形式来保存连接 Oracle 数据库的配置信息,内容格式如下。

【代码 2-8】 oracle. properties

```
driver = oracle.jdbc.driver.OracleDriver
url = jdbc:oracle:thin:@localhost:1521:orcl
user = scott
pwd = zkl123
```

为了读取属性文件中的配置信息,需要编写一个 Config 配置类,在该类中通过 java. util. Properties 类的 get()方法来获取指定"键"所对应的"值"。

【代码 2-9】 Config. java

```
package com.qst.chapter02.util;
import java.io.FileInputStream;
import java.util.Properties;
//配置类
public class Config {
    private static Properties p = null;
    static {
        try {
            p = new Properties();
            // 加载配置文件
            p.load(new FileInputStream("config/oracle.properties"));
        } catch (Exception e) {
            e.printStackTrace();
        }
    }
    // 获取键对应的值
    public static String getValue(String key) {
        return p.get(key).toString();
    }
}
```

上述代码定义了一个 Config 配置类,在该类中 Properties 对象是静态的,通过静态块直接加载指定目录下的配置文件"config/oracle. properties",并提供一个 getValues()静态方法用于根据 key 返回对应的 value 值。

2. 编写 DBUtil 工具类

编写访问数据库的 DBUtil 工具类,代码如下所示。

【代码 2-10】 DBUtil. java

```
package com.qst.chapter02.db;

import java.sql.Connection;
import java.sql.DriverManager;
```

```
import java.sql.PreparedStatement;
import java.sql.ResultSet;
import java.sql.SQLException;

public class DBUtil {
    Connection conn = null;
    PreparedStatement pstmt = null;
    ResultSet rs = null;
    /**
     * 得到数据库连接
     */
    public Connection getConnection() throws ClassNotFoundException,
            SQLException, InstantiationException, IllegalAccessException {
        // 通过 Config 获取 Oracle 数据库配置信息
        String driver = Config.getValue("driver");
        String url = Config.getValue("url");
        String user = Config.getValue("user");
        String pwd = Config.getValue("pwd");
        try {
            // 指定驱动程序
            Class.forName(driver);
            // 建立数据库连结
            conn = DriverManager.getConnection(url, user, pwd);
            return conn;
        } catch (Exception e) {
            // 如果连接过程出现异常,抛出异常信息
            throw new SQLException("驱动错误或连接失败!");
        }
    }
    /**
     * 释放资源
     */
    public void closeAll() {
        // 如果 rs 不空,关闭 rs
        if (rs != null) {
            try {
                rs.close();
            } catch (SQLException e) {
                e.printStackTrace();
            }
        }
        // 如果 pstmt 不空,关闭 pstmt
        if (pstmt != null) {
            try {
                pstmt.close();
            } catch (SQLException e) {
                e.printStackTrace();
            }
        }
        // 如果 conn 不空,关闭 conn
        if (conn != null) {
            try {
                conn.close();
```

```
            } catch (SQLException e) {
                e.printStackTrace();
            }
        }
    }
    /**
     * 执行SQL语句,可以进行查询
     */
    public ResultSet executeQuery(String preparedSql, String[] param) {
        // 处理SQL,执行SQL
        try {
            // 得到PreparedStatement对象
            pstmt = conn.prepareStatement(preparedSql);
            if (param != null) {
                for (int i = 0; i < param.length; i++) {
                    // 为预编译sql设置参数
                    pstmt.setString(i + 1, param[i]);
                }
            }
            // 执行SQL语句
            rs = pstmt.executeQuery();
        } catch (SQLException e) {
            // 处理SQLException异常
            e.printStackTrace();
        }
        return rs;
    }
    /**
     * 执行SQL语句,可以进行增、删、改的操作,不能执行查询
     */
    public int executeUpdate(String preparedSql, String[] param) {
        int num = 0;
        // 处理SQL,执行SQL
        try {
            // 得到PreparedStatement对象
            pstmt = conn.prepareStatement(preparedSql);
            if (param != null) {
                for (int i = 0; i < param.length; i++) {
                    // 为预编译sql设置参数
                    pstmt.setString(i + 1, param[i]);
                }
            }
            // 执行SQL语句
            num = pstmt.executeUpdate();
        } catch (SQLException e) {
            // 处理SQLException异常
            e.printStackTrace();
        }
        return num;
    }
}
```

上述代码中提供了数据库访问时所需的获取连接 getConnection()、释放资源 closeAll()、查询 executeQuery()和更新 executeUpdate()方法。其中 executeQuery()和 executeUpdate()方法都带两个参数：第一个参数是 SQL 语句,第二个参数是 SQL 语句中占位符所对应的参数数组；在这两个方法内部通过遍历参数数组的形式将参数的值设置到相应的参数中。

3. 使用 DBUtil 工具类

下述代码使用 DBUtil 类对 Userdetails 表实现数据的增、删、改、查等操作。

【代码 2-11】 DBDemo.java

```
package com.qst.chapter02;
import java.sql.ResultSet;
import com.qst.chapter02.db.DBUtil;
public class DBDemo {
    public static void main(String[] args) {
        String selectSql = "SELECT id,username,password,sex FROM userdetails";
        String insertSql = "INSERT INTO userdetails(id,username,password,sex)
                            VALUES(?,?,?,?)";
        String updateSql = "UPDATE userdetails SET password = ? WHERE username = ?";
        String deleteSql = "DELETE FROM userdetails WHERE username = ?";
        // 创建 DBUtil 对象
        DBUtil db = new DBUtil();
        try {
            // 连接数据库
            db.getConnection();
            ////////////////////////////////////////////////
            // 查询并显示原来的数据
            ResultSet rs = db.executeQuery(selectSql, null);
            System.out.println("---------原来的数据---------");
            while (rs.next()) {
                System.out.println("行 " + rs.getRow() + ":"
                        + rs.getInt(1) + "\t"
                        + rs.getString(2) + "\t"
                        + rs.getString(3) + "\t"
                        + (rs.getInt(4) == 1 ? "男" : "女"));
            }
            System.out.println("--------------------------");
            ////////////////////////////////////////////////
            // 执行添加
            int count = db.executeUpdate(insertSql, new String[] { "9", "Rose",
                    "123456", "0" });
            System.out.println("添加" + count + "行!");
            // 执行修改
            count = db.executeUpdate(updateSql, new String[] { "686868","Tom" });
            System.out.println("修改" + count + "行!");
            // 执行删除
            count = db.executeUpdate(deleteSql, new String[] { "lisi" });
            System.out.println("删除" + count + "行!");
            ////////////////////////////////////////////////
```

```
                // 查询并显示更新后的数据
                rs = db.executeQuery(selectSql, null);
                System.out.println("---------- 更新后的数据 ----------");
                while (rs.next()) {
                    System.out.println("行 " + rs.getRow() + ":"
                            + rs.getInt(1) + "\t"
                            + rs.getString(2) + "\t"
                            + rs.getString(3) + "\t"
                            + (rs.getInt(4) == 1 ? "男" : "女"));
                }
                System.out.println("--------------------------");
            } catch (Exception e) {

                e.printStackTrace();
            }finally{
                // 关闭连接
                db.closeAll();
            }
        }
    }
```

上述代码中，定义的 insertSql、updateSql 和 deleteSql 字符串都带有占位符，因此在调用 DBUtil 的 executeUpdate()方法来执行这些 SQL 语句时，需要对占位符进行赋值，此处通过字符串数组向 executeUpdate()方法中传递 SQL 语句所需的数据，代码如下：

```
int count = db.executeUpdate(insertSql,
                    new String[] { "9", "Rose","123456", "0" });
```

在 DBUtil 的 executeUpdate()方法中，通过循环方式将字符串数组中的值设置到对应的参数中，即给参数赋值，例如：

```
for (int i = 0; i < param.length; i++) {
    // 为预编译 sql 设置参数
    pstmt.setString(i + 1, param[i]);
}
```

运行结果如下所示，注意加粗部分的数据变化。

```
---------- 原来的数据 ----------
行 1:1    zhansan     zs123     男
行 2:2    lisi        lisi123   男
行 3:3    wangwu      ww123     男
行 4:4    maliu       ml123     男
行 5:5    linghc      lhc123    男
行 6:6    zhaokl      zkl123    男
行 7 Tom  123456      男
行 8:8    linghuchong 888888    男
--------------------------
添加 1 行!
```

```
修改 1 行!
删除 1 行!
---------更新后的数据---------
行  1:9    Rose          123456    女
行  2:1    zhansan       zs123     男
行  3:3    wangwu        ww123     男
行  4:4    maliu         ml123     男
行  5:5    linghc        lhc123    男
行  6:6    zhaokl        zkl123    男
行  7:7    Tom           686868    男
行  8:8    linghuchong   888888    男
--------------------------
```

2.5 集元数据

集元数据(Meta Data)是有关数据库和表结构的信息,例如,数据库中的表、列、索引、数据类型等信息,JDBC 提供了获取这些信息的 DatabaseMetaData 和 ResultSetMetaData 接口。

2.5.1 DatabaseMetaData 接口

DatabaseMetaData 接口主要用于获取数据库的相关信息,如数据库中所有表的列表、系统函数、关键字、数据库产品名以及驱动类型。

DatabaseMetaData 接口提供大量获取信息的方法,这些方法可分为两大类:

- 返回值为 boolean 型,多用以检查数据库或驱动器是否支持某项功能;
- 获取数据库或驱动器本身的某些特征值。

DatabaseMetaData 接口常用方法及使用说明见表 2-8。

表 2-8 DatabaseMetaData 的常用方法

方 法	功能描述
boolean supportsOuterJolns()	检查数据库是否支持外部连接
boolean supportsStoredProcedures()	检查数据库是否支持存储过程
String getURL()	返回用于连接数据库的 URL 地址
String getUserName()	获取当前用户名
String getDatabaseProductName()	获取使用的数据库产品名
String getDatabaseProductVersion()	获取使用的数据库版本号
String getDriverName()	获取用以连接的驱动类型名称
String getProductVerslon()	获取用以连接的驱动器版本号
ResultSet getTypeInfo()	获取数据库中可能取得的所有数据类型的描述

DatabaseMetaData 对象是通过 Connection 接口的 getMetaData()方法进行获取。下述代码使用 DatabaseMetaData 获取当前数据库连接的相关信息。

【代码 2-12】 DatabaseMetaDataDemo. java

```
package com.qst.chapter02;
import java.sql.Connection;
import java.sql.DatabaseMetaData;
import com.qst.chapter02.db.DBUtil;
public class DatabaseMetaDataDemo {
    public static void main(String[] args) {
        try {
            // 创建 DBUtil 对象
            DBUtil db = new DBUtil();
            // 通过工具类获取数据库连接
            Connection conn = db.getConnection();
            System.out.println("连接成功!");
            // 创建 DatabaseMetaData 对象
            DatabaseMetaData dmd = conn.getMetaData();
            System.out.println("数据库产品名: " + dmd.getDatabaseProductName());
            System.out.println("数据库版本号: " +
                            dmd.getDatabaseProductVersion());
            System.out.println("驱动类型名: " + dmd.getDriverName());
            System.out.println("数据库 URL: " + dmd.getURL());
            // 关闭连接
            db.closeAll();
        } catch (Exception e) {
            e.printStackTrace();
        }
    }
}
```

执行结果如下:

```
连接成功!
数据库产品名: Oracle
数据库版本号: Oracle Database 11g Enterprise Edition Release 11.2.0.1.0 - Production
With the Partitioning, OLAP, Data Mining and Real Application Testing options
驱动类型名: Oracle JDBC driver
数据库 URL: jdbc:oracle:thin:@localhost:1521:orcl
```

2.5.2 ResultSetMetaData 接口

ResultSetMetaData 接口用来获取结果集的结构,如结果集的列数和列名等信息。ResultSetMetaData 的常用方法及功能如表 2-9 所示。

表 2-9 ResultSetMetaData 的常用方法

方 法	功 能 描 述
int getColumnCount()	返回此 ResultSet 对象中的列数
String getColumnName(int column)	获取指定列的名称
int getColumnType(int column)	检索指定列的 SQL 类型
String getTableName(int column)	获取指定列所在表的名称

续表

方法	功能描述
int getColumnDisplaySize(int column)	指示指定列的最大标准宽度，以字符为单位
boolean isAutoIncrement(int column)	指示是否自动为指定列进行编号，这样这些列仍然是只读的
int isNullable(int column)	指示指定列中的值是否可以为 null
boolean isSearchable(int column)	指示是否可以在 where 子句中使用指定的列
boolean isReadOnly(int column)	指示指定的列是否明确不可写入

可以通过 ResultSet 的 getMetaData()方法来获得对应的 ResultSetMetaData 对象。下述代码使用 ResultSetMetaData 获取当前结果集的相关信息。

【代码 2-13】 ResultSetMetaDataDemo.java

```
package com.qst.chapter02;
import java.sql.ResultSet;
import java.sql.ResultSetMetaData;
import com.qst.chapter02.db.DBUtil;
public class ResultSetMetaDataDemo {
    public static void main(String[] args) {
        String selectSql = "SELECT id,username,password,sex FROM userdetails";
        // 创建 DBUtil 对象
        DBUtil db = new DBUtil();
        try {
            // 通过工具类获取数据库连接
            db.getConnection();
            System.out.println("连接成功!");
            // 执行查询
            ResultSet rs = db.executeQuery(selectSql, null);

            // 获取结果集元数据
            ResultSetMetaData rsmd = rs.getMetaData();
            System.out.println("总共有：" + rsmd.getColumnCount() + "列");

            for (int i = 1; i <= rsmd.getColumnCount(); i++) {
                System.out.println("列" + i + ":" + rsmd.getColumnName(i) + "\t"
                        + rsmd.getColumnTypeName(i) + "("
                        + rsmd.getColumnDisplaySize(i) + ")");
            }
            // 关闭连接
            db.closeAll();
        } catch (Exception e) {
            db.closeAll();
            e.printStackTrace();
        }
    }
}
```

上述代码调用 ResultSetMetaData 对象的 getColumnCount()方法来获取列数，getColumnName()方法获取列名，getColumnTypeName()方法获取列的类型名，getColumnDisplaySize()方法

获取列的大小。

运行结果如下所示：

```
连接成功!
总共有：4 列
列 1:ID  NUMBER(39)
列 2:USERNAME  VARCHAR2(50)
列 3:PASSWORD  VARCHAR2(50)
列 4:SEX  CHAR(1)
```

2.6 事务处理

事务是保证底层数据完整的重要手段，对于任何数据库都是非常重要的。

2.6.1 事务

事务是由一步或几步数据库操作序列组成的逻辑执行单元，这系列操作要么全部执行，要么全部放弃执行。

事务具有 ACID 四个特性。

- 原子性(Atomicity)：事务是应用中的最小执行单位，就如原子是自然界的最小颗粒，具有不可再分的特性，事务中的全部操作要么全部完成，要么都不执行。
- 一致性(Consistency)：事务执行之前和执行之后，数据库都必须处于一致性状态，即从执行前的一个一致状态变为另一个一致性的状态。
- 隔离性(Isolation)：各个事务的执行互不干扰，任意一个事务的内部操作对其他并发事务都是隔离的，即并发执行的事务之间不能看到对方的中间状态，并发事务之间是互不影响的。
- 持久性(Durability)：事务一旦提交，对数据库所做的任何改变都永久地记录到存储器中，即保存到物理数据库中，不被丢失。

事务处理过程中会涉及到事务的提交、中止和回滚三个概念。

- "事务提交"是指成功执行完毕事务，事务提交又分两种方式：显式提交(commit)和自动提交(正常执行完毕)；
- "事务中止"是指未能成功完成事务，执行中断；
- "事务回滚"对于中止事务所造成的变更需要进行撤销处理，即事务所做的修改全部失效，数据库返回到事务执行前的状态。事务回滚有两种方式：显式方式(rollback)和自动回滚(系统错误或强行退出)。

JDBC 对事务操作提供了支持，其事务支持由 Connection 提供。JDBC 的事务操作步骤如下：

(1) 开启事务；

(2) 执行任意多条 DML 语句；

(3) 执行成功，则提交事务；

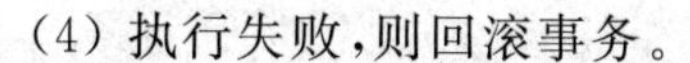

(4) 执行失败,则回滚事务。

Connection 在默认情况下会自动提交,即事务是关闭的,此种情况下,一条 SQL 语句更新成功后,系统会立即调用 commit()方法提交到数据库,而无法对其进行 rollback 回滚操作。

使用 Connection 对象的 setAutoCommit()方法可以开启或者关闭自动提交模式,其参数是一个布尔类型:

- 如果参数为 false,表示关闭自动提交;
- 如果参数为 true(默认),则表示打开自动提交。

因此,在 JDBC 中,开启事务时需要调用 Connection 对象的 setAutoCommit(false)来关闭自动提交,示例代码如下所示。

【示例】 开启事务(关闭自动提交)

```
conn.setAutoCommit(false);
```

注意

使用 Connection 对象的 getAutoCommit()方法能够获取该连接的自动提交状态,可以使用该方法来检查自动提交方式是否打开。

当所有的 SQL 语句都执行成功后,调用 Connection 的 commit()方法来提交事务,代码如下所示。

【示例】 提交事务

```
conn.commit();
```

如果任意一条 SQL 语句执行失败,则调用 Connection 的 rollback()方法来回滚事务,代码如下所示。

【示例】 回滚事务

```
conn.rollback();
```

注意

实际上,当程序遇到一个未处理的 SQLException 异常时,系统会非正常退出,事务也会自动回滚;但如果程序捕获该异常,则需要在异常处理块中显式地调用 Connection 的 rollback()方法进行事务回滚。

下述代码演示 JDBC 的事务处理过程。

【代码 2-14】 TransactionDemo java

```
package com.qst.chapter02;
import java.sql.Connection;
import java.sql.SQLException;
```

```
import java.sql.Statement;
import com.qst.chapter02.db.DBUtil;
public class TransactionDemo {
    public static void main(String args[]) throws ClassNotFoundException {
        // 创建 DBUtil 对象
        DBUtil db = new DBUtil();
        Connection conn = null;
        try {
            conn = db.getConnection();
            // 获取事务自动提交状态
            boolean autoCommit = conn.getAutoCommit();
            System.out.println("事务自动提交状态: " + autoCommit);
            if (autoCommit) {
                // 关闭自动提交,开启事务
                conn.setAutoCommit(false);
            }
            // 创建 Statement 对象
            Statement stmt = conn.createStatement();
            // 多条 DML 批处理语句
            stmt.executeUpdate("INSERT INTO
                                userdetails(id,username,password,sex)
                                VALUES(10,'user10','123456',0)");
            stmt.executeUpdate("INSERT INTO
                                userdetails(id,username,password,sex)
                                VALUES(11,'user11','123456',0)");
            // 由于主键约束,下述语句将抛出异常
            stmt.executeUpdate("INSERT INTO
                                userdetails(id,username,password,sex)
                                VALUES(11,'user11','123456',0)");
            // 如果顺利执行则在此提交
            conn.commit();
            // 恢复原有事务提交状态
            conn.setAutoCommit(autoCommit);
        } catch (Exception e) {
            // 出现异常
            if (conn != null) {
                try {
                    // 回滚
                    conn.rollback();
                } catch (SQLException se) {
                    se.printStackTrace();
                }
            }
            e.printStackTrace();
        }finally{
            // 关闭连接
            db.closeAll();
        }
    }
}
```

上述代码在执行多条 DML 批处理语句时，由于主键限制，将会在插入第三个用户时抛出主键约束异常，从而使程序转到 catch 语句中，通过调用：

```
conn.rollback();
```

回滚事务，撤销所有的操作。查询 Userdetails 表中的数据，可以发现前两个用户并没有插入到表中。如果将插入第三个用户的语句注释掉，则程序会正常执行，此时会调用事务的提交方法：

```
conn.commit();
```

提交事务，将插入的两个用户的信息保存到数据库中，查询 Userdetails 表中的数据如图 2-12 所示。

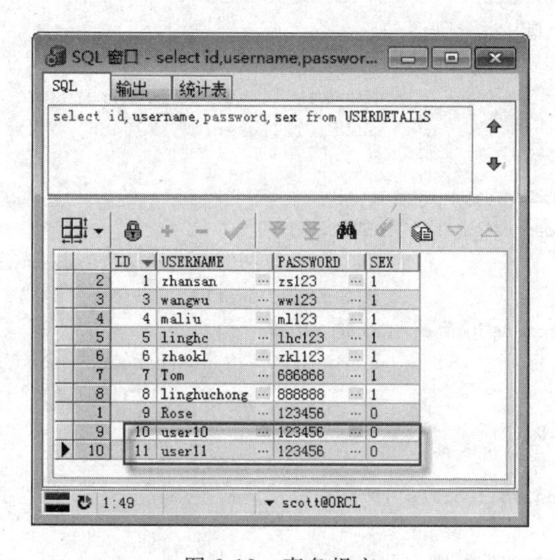

图 2-12　事务提交

2.6.2　保存点

JDBC 还支持保存点操作，通过保存点，可以更好地控制事务回滚。

下述代码在 JDBC 中通过设置保存点，用于控制事务的部分回滚。

【代码 2-15】　SavepointDemo.java

```
package com.qst.chapter02;
import java.sql.Connection;
import java.sql.SQLException;
import java.sql.Savepoint;
import java.sql.Statement;
import com.qst.chapter02.db.DBUtil;
public class SavepointDemo {
    public static void main(String[ ] args) {
        // 创建 DBUtil 对象
        DBUtil db = new DBUtil();
```

```
        Connection conn = null;
        // 声明保存点对象
        Savepoint s1 = null;
        try {
            conn = db.getConnection();
            // 获取事务自动提交状态
            boolean autoCommit = conn.getAutoCommit();
            System.out.println("事务自动提交状态：" + autoCommit);
            if (autoCommit) {
                // 关闭自动提交,开启事务
                conn.setAutoCommit(false);
            }
            // 创建 Statement 对象
            Statement stmt = conn.createStatement();
            // 多条 DML 批处理语句
            stmt.executeUpdate("INSERT INTO
                                userdetails(id,username,password,sex)
                                VALUES(12,'user12','123456',0)");
            // 设置保存点
            s1 = conn.setSavepoint();
            stmt.executeUpdate("INSERT INTO
                                userdetails(id,username,password,sex)
                                VALUES(13,'user13','123456',0)");
            stmt.executeUpdate("INSERT INTO
                                userdetails(id,username,password,sex)
                                VALUES(14,'user14','123456',0)");
            // 回滚保存点
            if (true) {
                conn.rollback(s1);
            }
            // 如果顺利执行则在此提交
            conn.commit();
            // 恢复原有事务提交状态
            conn.setAutoCommit(autoCommit);
            // 关闭连接
            db.closeAll();
        } catch (Exception e) {
            // 出现异常
            if (conn != null) {
                try {
                    // 回滚
                    conn.rollback();
                } catch (SQLException se) {
                    se.printStackTrace();
                }
            }
            e.printStackTrace();
        }
    }
}
```

上述代码先使用 Savepoint 类声明了一个保存点对象 s1，然后在执行第一条数据插入操作后调用 Connection 对象的 setSavepoint()设置该保存点，即实例化保存点对象 s1：

```
s1 = conn.setSavepoint();
```

在执行两条数据插入操作后，事务回滚到保存点 s1：

```
conn.rollback(s1);
```

查询 Userdetails 表中的数据，验证保存点 s1 之前执行的数据插入操作成功，而保存点 s1 之后执行的两条数据插入操作失效，如图 2-13 所示。

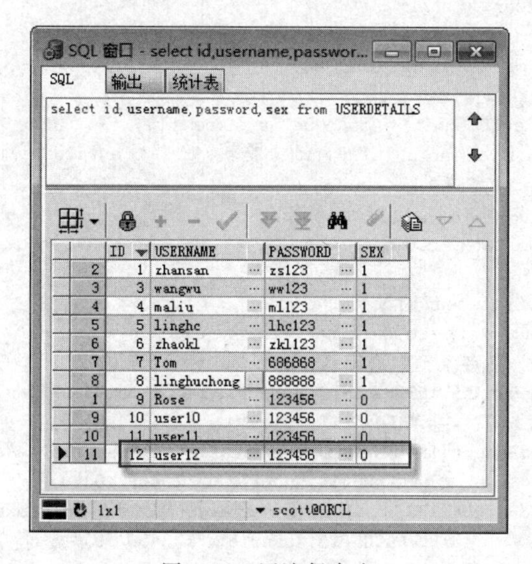

图 2-13 回滚保存点

2.6.3 批量更新

JDBC 提供了批量更新功能，多条 SQL 语句将被作为一批操作被同时收集，并同时提交。批量更新必须得到底层数据库的支持，通过调用 DatabaseMetaData 的 supports()方法来查看底层数据库是否支持批量更新。

JDBC 中使用批量更新的步骤如下：

(1) 创建一个 Statement 对象；

(2) 使用 Statement 对象的 addBatch()方法收集多条 SQL 语句；

(3) 调用 Statement 对象的 executeBatch()或 executeLargeBatch()方法同时执行所有 SQL 语句。

注意

executeLargeBatch()方法是 Java 8 新增的方法，只要批量操作中任何一条 SQL 语句所影响的记录条数超过 Integer.MAX_VALUE，就应该使用 executeLargeBatch()方法。

下述代码演示批量更新操作。

【代码 2-16】 BatchDemo. java

```
package com.qst.chapter02;
import java.sql.Connection;
import java.sql.SQLException;
import java.sql.Statement;
import com.qst.chapter02.db.DBUtil;
public class BatchDemo {
    public static void main(String[ ] args) {
        // 创建 DBUtil 对象
        DBUtil db = new DBUtil();
        Connection conn = null;
        try {
            conn = db.getConnection();
            // 获取事务自动提交状态
            boolean autoCommit = conn.getAutoCommit();
            System.out.println("事务自动提交状态: " + autoCommit);
            if (autoCommit) {
                // 关闭自动提交,开启事务
                conn.setAutoCommit(false);
            }
            // 创建 Statement 对象
            Statement stmt = conn.createStatement();
            // 同时收集多条 SQL 语句
            stmt.addBatch("INSERT INTO userdetails(id,username,password,sex)
                        VALUES(13,'user13','123456',0)");
            stmt.addBatch("INSERT INTO userdetails(id,username,password,sex)
                        VALUES(14,'user14','123456',0)");
            stmt.addBatch("INSERT INTO userdetails(id,username,password,sex)
                        VALUES(15,'user15','123456',0)");
            // 同时执行所有 SQL 语句
            stmt.executeBatch();
            // 如果顺利执行,则在此提交
            conn.commit();
            // 恢复原有事务提交状态
            conn.setAutoCommit(autoCommit);
        } catch (Exception e) {
            // 出现异常
            if (conn != null) {
                try {
                    // 回滚
                    conn.rollback();
                } catch (SQLException se) {
                    se.printStackTrace();
                }
            }
            e.printStackTrace();
        }finally{
            // 关闭连接
            db.closeAll();
        }
    }
}
```

运行程序代码后，查询 Userdetails 表，进行批量更新，结果如图 2-14 所示。

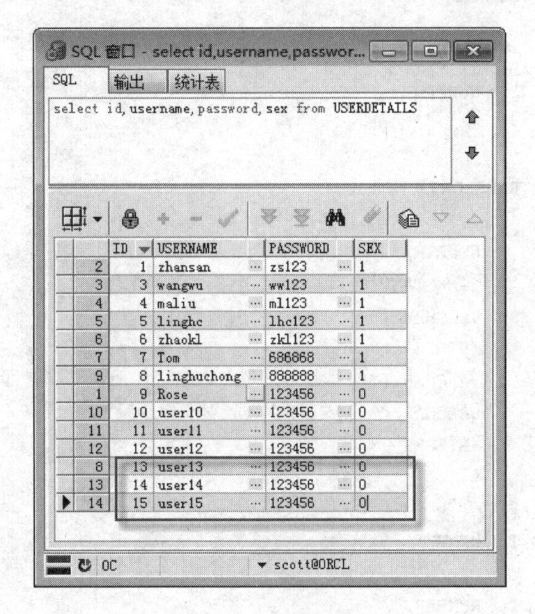

图 2-14　批量更新

2.7　贯穿任务实现

2.7.1　实现【任务 2-1】

下述内容实现 Q-DMS 贯穿项目中的【任务 2-1】创建项目所需的数据库表，并搭建数据访问基础环境，具体步骤如下。

1. 建表

在 Oracle 数据库中创建一个 qstdms 用户，并在该用户下创建项目所需的 4 个数据库表，具体的 SQL 代码如下所示。

【任务 2-1】　q_dms.sql

```
--创建日志记录表
create table GATHER_LOGREC
(
  id            INTEGER,
  time          TIMESTAMP(6),
  address       VARCHAR2(20),
  type          INTEGER,
  username      VARCHAR2(20),
  ip            VARCHAR2(20),
  logtype       INTEGER
);
--创建匹配的日志记录表
```

```
create table MATCHED_LOGREC
(
  loginid                INTEGER,
  logoutid               NUMBER
);
--创建物流信息表
create table GATHER_TRANSPORT
(
  id                     NUMBER,
  time                   TIMESTAMP(6),
  address                VARCHAR2(50),
  type                   INTEGER,
  handler                VARCHAR2(20),
  reciver                VARCHAR2(20),
  transporttype          INTEGER
);
--创建匹配的物流信息表
create table MATCHED_TRANSPORT
(
  sendid                 NUMBER,
  transid                NUMBER,
  receiveid              NUMBER
);
```

2. 加载 ojdbc7.jar 包

在项目中设置 Oracle 驱动类路径，即将 Oracle 数据库所提供的 JDBC 驱动程序(ojdbc7.jar 文件)导入到工程中。

3. 编写 oracle.properties 属性文件

在项目的根目录下创建一个 config 子目录，并添加一个属性文件 oracle.properties，该文件是以“键-值”对形式来保存连接 Oracle 数据库的配置信息，具体内容如下所示。

【任务 2-1】 oracle.properties

```
driver = oracle.jdbc.driver.OracleDriver
url = jdbc:oracle:thin:@localhost:1521:orcl
user = qstdms
password = qst123
```

4. 编写 Config 配置类

编写一个 Config 配置类来读取属性文件中的数据，该类通过 java.util.Properties 中 get()方法获取指定“键”所对应的“值”。

【任务 2-1】 Config.java

```
package com.qst.dms.util;
import java.io.FileInputStream;
```

```
import java.util.Properties;
//配置类
public class Config {
    private static Properties p = null;
    static {
        try {
            p = new Properties();
            //加载配置类
            p.load(new FileInputStream("config/oracle.properties"));
        } catch (Exception e) {
            e.printStackTrace();
        }
    }
    //获取配置类的参数
    public static String getValue(String key) {
        return p.get(key).toString();
    }
}
```

5. 编写 DBUtil 工具类

编写访问数据库的 DBUtil 工具类,代码如下所示。

【任务 2-1】 DBUtil.java

```
package com.qst.dms.db;
import java.sql.Connection;
import java.sql.DriverManager;
import java.sql.PreparedStatement;
import java.sql.ResultSet;
import java.sql.SQLException;
import com.qst.dms.util.Config;
public class DBUtil {
    Connection conn = null;
    PreparedStatement pstmt = null;
    ResultSet rs = null;
    /**
     * 得到数据库连接
     */
    public Connection getConnection() throws ClassNotFoundException,
            SQLException, InstantiationException, IllegalAccessException {
        // 通过 Config 获取 Oracle 数据库配置信息
        String driver = Config.getValue("driver");
        String url = Config.getValue("url");
        String user = Config.getValue("user");
        String pwd = Config.getValue("password");
        try {
            // 指定驱动程序
            Class.forName(driver);
            // 建立数据库连结
```

```
            conn = DriverManager.getConnection(url, user, pwd);
            return conn;
        } catch (Exception e) {
            // 如果连接过程出现异常,抛出异常信息
            throw new SQLException("驱动错误或连接失败!");
        }
    }
    /**
     * 释放资源
     */
    public void closeAll() {
        // 如果 rs 不空,关闭 rs
        if (rs != null) {
            try {
                rs.close();
            } catch (SQLException e) {
                e.printStackTrace();
            }
        }
        // 如果 pstmt 不空,关闭 pstmt
        if (pstmt != null) {
            try {
                pstmt.close();
            } catch (SQLException e) {
                e.printStackTrace();
            }
        }
        // 如果 conn 不空,关闭 conn
        if (conn != null) {
            try {
                conn.close();
            } catch (SQLException e) {
                e.printStackTrace();
            }
        }
    }
    /**
     * 执行 SQL 语句,可以进行查询操作     */
    public ResultSet executeQuery(String preparedSql, Object[] param) {
        // 处理 SQL,执行 SQL
        try {
            // 得到 PreparedStatement 对象
            pstmt = conn.prepareStatement(preparedSql);
            if (param != null) {
                for (int i = 0; i < param.length; i++) {
                    // 为预编译 sql 设置参数
                    pstmt.setObject(i + 1, param[i]);
                }
            }
```

```
            // 执行 SQL 语句
            rs = pstmt.executeQuery();
        } catch (SQLException e) {
            // 处理 SQLException 异常
            e.printStackTrace();
        }
        return rs;
    }
    /**
     * 执行 SQL 语句,可以进行增、删、改的操作,不能执行查询操作。
     */
    public int executeUpdate(String preparedSql, Object[] param) {
        int num = 0;
        // 处理 SQL,执行 SQL
        try {
            // 得到 PreparedStatement 对象
            pstmt = conn.prepareStatement(preparedSql);
            if (param != null) {
                for (int i = 0; i < param.length; i++) {
                    // 为预编译 sql 设置参数
                    pstmt.setObject(i + 1, param[i]);
                }
            }
            // 执行 SQL 语句
            num = pstmt.executeUpdate();
        } catch (SQLException e) {
            // 处理 SQLException 异常
            e.printStackTrace();
        }
        return num;
    }
}
```

以上步骤完成后,该项目的目录结构如图 2-15 所示。

```
q_dms_chapter02
    src
        com.qst.dms.db
            DBUtil.java
        com.qst.dms.dos
        com.qst.dms.entity
        com.qst.dms.exception
        com.qst.dms.gather
        com.qst.dms.service
        com.qst.dms.util
            Config.java
        q_dms.sql
    JRE System Library [JavaSE-1.8]
    Referenced Libraries
        ojdbc7.jar
    config
        oracle.properties
    libs
        ojdbc7.jar
```

图 2-15 Q-DMS 项目目录

2.7.2 实现【任务 2-2】

下述代码实现 Q-DMS 贯穿项目中的【任务 2-2】实现匹配的日志信息的数据库保存和查询功能。

修改日志业务类 LogRecService，在该类中增加两个方法，分别用于保存匹配的日志信息和查询匹配的日志信息。

【任务 2-2】 LogRecService. java

```
package com.qst.dms.service;

import java.io.FileInputStream;
import java.io.FileOutputStream;
import java.io.ObjectInputStream;
import java.io.ObjectOutputStream;
import java.sql.Connection;
import java.sql.PreparedStatement;
import java.sql.ResultSet;
import java.sql.Timestamp;
import java.util.ArrayList;
import java.util.Date;
import java.util.Scanner;

import com.qst.dms.db.DBUtil;
import com.qst.dms.entity.DataBase;
import com.qst.dms.entity.LogRec;
import com.qst.dms.entity.MatchedLogRec;

//日志业务类
public class LogRecService {
    //...省略
    // 匹配日志信息保存到数据库,参数是集合
    public void saveMatchLogToDB(ArrayList<MatchedLogRec> matchLogs) {
        DBUtil db = new DBUtil();
        try {
            // 获取数据库链接
            db.getConnection();
            for (MatchedLogRec matchedLogRec : matchLogs) {
                // 获取匹配的登录日志
                LogRec login = matchedLogRec.getLogin();
                // 获取匹配的登出日志
                LogRec logout = matchedLogRec.getLogout();
                // 保存匹配记录中的登录日志
                String sql = "INSERT INTO gather_logrec
                        (id,time,address,type,username,ip,logtype)
                        VALUES(?,?,?,?,?,?,?)";
                Object[] param = new Object[] { login.getId(),
                        new Timestamp(login.getTime().getTime()),
                        login.getAddress(), login.getType(), login.getUser(),
```

```
                    login.getIp(), login.getLogType() };
            db.executeUpdate(sql, param);
            // 保存匹配记录中的登出日志
            param = new Object[] { logout.getId(),
                    new Timestamp(logout.getTime().getTime()),
                    logout.getAddress(), logout.getType(),
                    logout.getUser(), logout.getIp(), logout.getLogType() };
            db.executeUpdate(sql, param);
            // 保存匹配日志的 ID
            sql = "INSERT INTO matched_logrec(loginid,logoutid) VALUES(?,?)";
            param = new Object[] { login.getId(), logout.getId() };
            db.executeUpdate(sql, param);
        }
        // 关闭数据库连接,释放资源
        db.closeAll();
    } catch (Exception e) {
        e.printStackTrace();
    }
}
// 从数据库读匹配日志信息,返回匹配日志信息集合
public ArrayList<MatchedLogRec> readMatchedLogFromDB() {
    ArrayList<MatchedLogRec> matchedLogRecs =
            new ArrayList<MatchedLogRec>();
    DBUtil db = new DBUtil();
    try {
        // 获取数据库链接
        db.getConnection();
        // 查询匹配的日志
        String sql = "SELECT i.id,i.time,i.address,i.type, i.username,
                i.ip,i.logtype,o.id,o.time,o.address,o.type,o.username,
                o.ip,o.logtype FROM matched_logrec m,gather_logrec i,
                gather_logrec o WHERE m.loginid=i.id AND m.logoutid=o.id";
        ResultSet rs = db.executeQuery(sql, null);
        while (rs.next()) {
            // 获取登录记录
            LogRec login = new LogRec(rs.getInt(1), rs.getDate(2),
                    rs.getString(3), rs.getInt(4), rs.getString(5),
                    rs.getString(6), rs.getInt(7));
            // 获取登出记录
            LogRec logout = new LogRec(rs.getInt(8), rs.getDate(9),
                    rs.getString(10), rs.getInt(11), rs.getString(12),
                    rs.getString(13), rs.getInt(14));
            // 添加匹配登录信息到匹配集合
            MatchedLogRec matchedLog = new MatchedLogRec(login, logout);
            matchedLogRecs.add(matchedLog);
        }
        // 关闭数据库连接,释放资源
        db.closeAll();
    } catch (Exception e) {
        e.printStackTrace();
    }
    // 返回匹配日志信息集合
    return matchedLogRecs;
}
}
```

2.7.3 实现【任务 2-3】

下述代码实现 Q-DMS 贯穿项目中的【任务 2-3】实现匹配的物流信息的数据库保存和查询功能。

修改物流业务类 TransportService，在该类中增加两个方法，分别用于保存匹配的物流信息和查询匹配的物流信息。

【任务 2-3】 TransportService.java

```
package com.qst.dms.service;

import java.io.FileInputStream;
import java.io.FileOutputStream;
import java.io.ObjectInputStream;
import java.io.ObjectOutputStream;
import java.sql.Connection;
import java.sql.PreparedStatement;
import java.sql.ResultSet;
import java.sql.Timestamp;
import java.util.ArrayList;
import java.util.Date;
import java.util.Scanner;

import com.qst.dms.db.DBUtil;
import com.qst.dms.entity.DataBase;
import com.qst.dms.entity.MatchedTransport;
import com.qst.dms.entity.Transport;

public class TransportService {
    //...省略
    // 匹配物流信息保存到数据库,参数是集合
    public void saveMatchTransportToDB(ArrayList<MatchedTransport> matchTrans){
        DBUtil db = new DBUtil();
        try {
            // 获取数据库连接
            db.getConnection();
            for (MatchedTransport matchedTransport : matchTrans) {
                // 获取匹配的发送物流
                Transport send = matchedTransport.getSend();
                // 获取匹配的运输物流
                Transport trans = matchedTransport.getTrans();
                // 获取匹配的接收物流
                Transport receive = matchedTransport.getReceive();
                // 保存匹配记录中的发送状态
                String sql = "INSERT INTO gather_transport
                        (id,time,address,type,handler,reciver,transporttype)
                        VALUES(?,?,?,?,?,?,?)";
                Object[] param = new Object[] { send.getId(),
                        new Timestamp(send.getTime().getTime()),
```

```
                    send.getAddress(), send.getType(), send.getHandler(),
                    send.getReciver(), send.getTransportType() };
            db.executeUpdate(sql, param);
            // 保存匹配记录中的运输状态
            param = new Object[] { trans.getId(),
                    new Timestamp(trans.getTime().getTime()),
                    trans.getAddress(), trans.getType(),
                    trans.getHandler(), trans.getReciver(),
                    trans.getTransportType() };
            db.executeUpdate(sql, param);
            // 保存匹配记录中的接收状态
            param = new Object[] { receive.getId(),
                    new Timestamp(receive.getTime().getTime()),
                    receive.getAddress(), receive.getType(),
                    receive.getHandler(), receive.getReciver(),
                    receive.getTransportType() };
            db.executeUpdate(sql, param);
            // 保存匹配日志的 ID
            sql = "INSERT INTO matched_transport(sendid,transid,receiveid)
                    VALUES(?,?,?)";
            param = new Object[] { send.getId(), trans.getId(),
                    receive.getId() };
            db.executeUpdate(sql, param);
        }
        // 关闭数据库连接,释放资源
        db.closeAll();
    } catch (Exception e) {
        e.printStackTrace();
    }
}
// 从数据库中读匹配物流信息,返回匹配物流信息集合
public ArrayList<MatchedTransport> readMatchedTransportFromDB() {
    ArrayList<MatchedTransport> matchedTransports =
            new ArrayList<MatchedTransport>();
    DBUtil db = new DBUtil();
    try {
        // 获取数据库链接
        db.getConnection();
        // 查询匹配的物流
        String sql = "SELECT s.ID,s.TIME,s.ADDRESS,s.TYPE,s.HANDLER,
                s.RECIVER,s.TRANSPORTTYPE,t.ID,t.TIME,t.ADDRESS,t.TYPE,
                t.HANDLER,t.RECIVER,t.TRANSPORTTYPE,r.ID,r.TIME,r.ADDRESS,
                r.TYPE,r.HANDLER,r.RECIVER,r.TRANSPORTTYPE
                FROM MATCHED_TRANSPORT m,GATHER_TRANSPORT s,
                GATHER_TRANSPORT t,GATHER_TRANSPORT r
                WHERE m.SENDID = s.ID AND m.TRANSID = t.ID AND m.RECEIVEID = r.ID";
        ResultSet rs = db.executeQuery(sql, null);
        while (rs.next()) {
            // 获取发送记录
            Transport send = new Transport(rs.getInt(1), rs.getDate(2),
```

```
                        rs.getString(3), rs.getInt(4), rs.getString(5),
                        rs.getString(6), rs.getInt(7));
                // 获取运输记录
                Transport trans = new Transport(rs.getInt(8), rs.getDate(9),
                        rs.getString(10), rs.getInt(11), rs.getString(12),
                        rs.getString(13), rs.getInt(14));
                // 获取接收记录
                Transport receive = new Transport(rs.getInt(15),
                        rs.getDate(16), rs.getString(17), rs.getInt(18),
                        rs.getString(19), rs.getString(20), rs.getInt(21));

                // 添加匹配登录信息到匹配集合
                MatchedTransport matchedTrans = new MatchedTransport(send,
                        trans, receive);
                matchedTransports.add(matchedTrans);
            }
            // 关闭数据库连接,释放资源
            db.closeAll();
        } catch (Exception e) {
            e.printStackTrace();
        }
        // 返回匹配物流信息集合
        return matchedTransports;
    }
}
```

2.7.4 实现【任务 2-4】

下述代码实现 Q-DMS 贯穿项目中的【任务 2-4】,测试匹配的日志、物流信息的数据库保存和查询功能。

【任务 2-4】 DBDemo.java

```
package com.qst.dms.dos;

import java.util.ArrayList;
import java.util.Date;

import com.qst.dms.entity.DataBase;
import com.qst.dms.entity.LogRec;
import com.qst.dms.entity.MatchedLogRec;
import com.qst.dms.entity.MatchedTransport;
import com.qst.dms.entity.Transport;
import com.qst.dms.service.LogRecService;
import com.qst.dms.service.TransportService;

public class DBDemo {
    public static void main(String[] args) {
        // 创建一个日志业务类
```

```
        LogRecService logService = new LogRecService();
        ArrayList<MatchedLogRec> matchLogs = new ArrayList<>();
        matchLogs.add(new MatchedLogRec(
                new LogRec(1001, new Date(), "青岛",DataBase.GATHER,
                    "zhangsan", "192.168.1.1", 1),
                new LogRec(1002, new Date(), "青岛", DataBase.GATHER,
                    "zhangsan","192.168.1.1", 0)));
        matchLogs.add(new MatchedLogRec(
                new LogRec(1003, new Date(), "北京",DataBase.GATHER,
                    "lisi", "192.168.1.6", 1),
                new LogRec(1004, new Date(), "北京", DataBase.GATHER,
                    "lisi", "192.168.1.6", 0)));
        matchLogs.add(new MatchedLogRec(
                new LogRec(1005, new Date(), "济南",DataBase.GATHER,
                    "wangwu", "192.168.1.89", 1),
                new LogRec(1006, new Date(), "济南", DataBase.GATHER,
                    "wangwu", "192.168.1.89", 0)));
        //保存匹配的日志信息到数据库中
        logService.saveMatchLogToDB(matchLogs);
        //从数据库中读取匹配的日志信息
        ArrayList<MatchedLogRec> logList = logService.readMatchedLogFromDB();
        logService.showMatchLog(logList);
        // 创建一个物流业务类
        TransportService tranService = new TransportService();
        ArrayList<MatchedTransport> matchTrans = new ArrayList<>();
        matchTrans.add(new MatchedTransport(
                new Transport(2001, new Date(), "青岛",
                    DataBase.GATHER,"zhangsan","zhaokel",1),
                new Transport(2002, new Date(), "北京",
                    DataBase.GATHER,"lisi","zhaokel",2),
                new Transport(2003, new Date(), "北京",
                    DataBase.GATHER,"wangwu","zhaokel",3)));
        matchTrans.add(new MatchedTransport(
                new Transport(2004, new Date(), "青岛",
                    DataBase.GATHER,"maliu","zhaokel",1),
                new Transport(2005, new Date(), "北京",
                    DataBase.GATHER,"sunqi","zhaokel",2),
                new Transport(2006, new Date(), "北京",
                    DataBase.GATHER,"fengba","zhaokel",3)));
        //保存匹配的物流信息到数据库中
        tranService.saveMatchTransportToDB(matchTrans);
        //从数据库中读取匹配的物流信息
        ArrayList<MatchedTransport> transportList =
            tranService.readMatchedTransportFromDB();
        tranService.showMatchTransport(transportList);
    }
}
```

运行程序，在控制台输出的结果如下所示：

```
1001,2016-04-19,青岛,1,zhangsan,192.168.1.1,1 | 1002,2016-04-19,青岛,1,zhangsan,192.
168.1.1,0
1005,2016-04-19,济南,1,wangwu,192.168.1.89,1 | 1006,2016-04-19,济南,1,wangwu,192.
168.1.89,0
1003,2016-04-19,北京,1,lisi,192.168.1.6,1 | 1004,2016-04-19,北京,1,lisi,192.168.1.
6,0
2001,2016-04-19,青岛,1,zhangsan,1|2002,2016-04-19,北京,1,lisi,2|2003,2016-04-19,
北京,1,wangwu,3
2004,2016-04-19,青岛,1,maliu,1|2005,2016-04-19,北京,1,sunqi,2|2006,2016-04-19,北
京,1,fengba,3
```

查看数据库中的 GATHER_LOGREC 表，如图 2-16 所示。

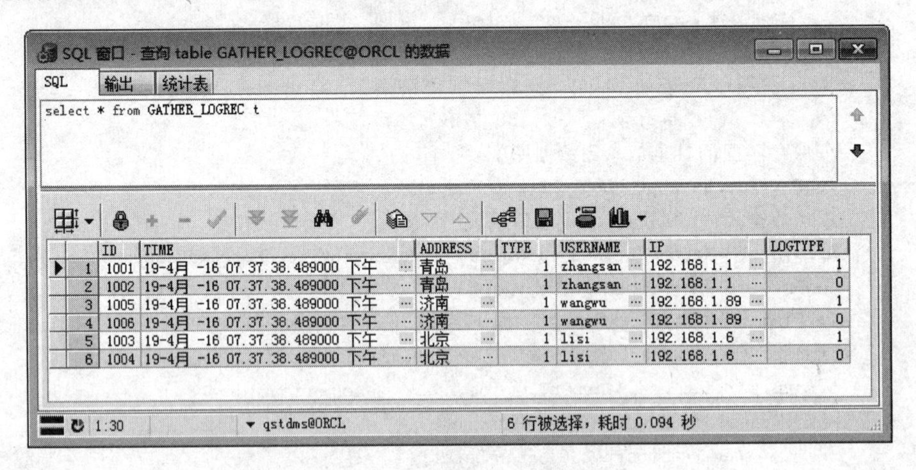

	ID	TIME	ADDRESS	TYPE	USERNAME	IP	LOGTYPE
1	1001	19-4月 -16 07.37.38.489000 下午	青岛	1	zhangsan	192.168.1.1	1
2	1002	19-4月 -16 07.37.38.489000 下午	青岛	1	zhangsan	192.168.1.1	0
3	1005	19-4月 -16 07.37.38.489000 下午	济南	1	wangwu	192.168.1.89	1
4	1006	19-4月 -16 07.37.38.489000 下午	济南	1	wangwu	192.168.1.89	0
5	1003	19-4月 -16 07.37.38.489000 下午	北京	1	lisi	192.168.1.6	1
6	1004	19-4月 -16 07.37.38.489000 下午	北京	1	lisi	192.168.1.6	0

图 2-16　GATHER_LOGREC 表

查看数据库中的 MATCHED_LOGREC 表，如图 2-17 所示。

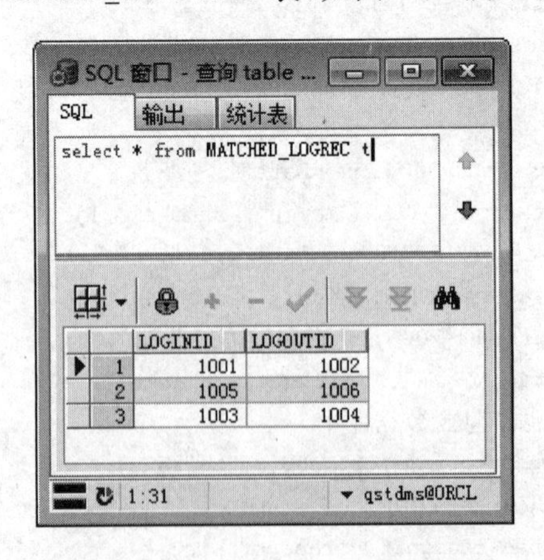

	LOGINID	LOGOUTID
1	1001	1002
2	1005	1006
3	1003	1004

图 2-17　MATCHED_LOGREC 表

查看数据库中的 GATHER_TRANSPORT 表，如图 2-18 所示。

查看数据库中的 MATCHED_TRANSPORT 表，如图 2-19 所示。

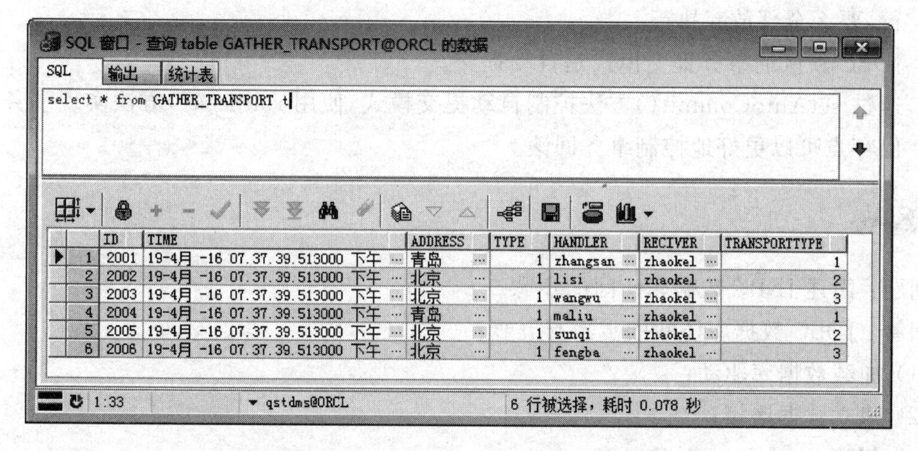

图 2-18　GATHER_TRANSPORT 表

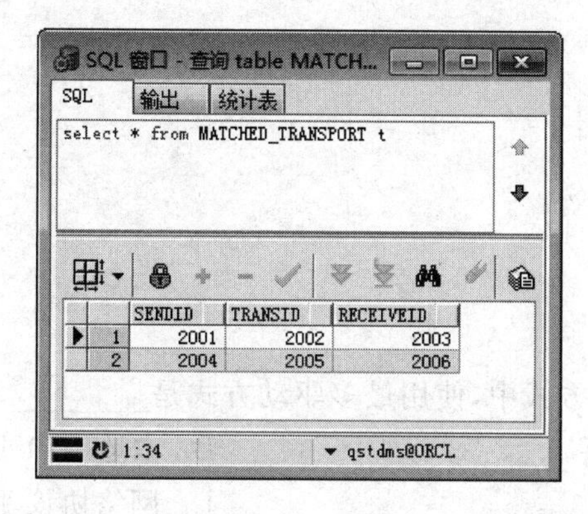

图 2-19　MATCHED_TRANSPORT 表

本章总结

小结

- JDBC 是 Java 应用与数据库通信的基础。
- JDBC 包含一组类与接口，用于连接各种数据库。
- JDBC 访问数据库的一般步骤是：加载 JDBC 驱动程序、建立数据库连接、创建 Statement 对象、执行 SQL 语句、处理返回结果、关闭创建的对象。
- JDBC 通过 ResultSet 维持查询结果集，并提供游标进行数据检索。
- 通过 Statement 实现静态 SQL 查询。
- 使用 PreparedStatement 实现动态 SQL 查询。
- 使用 CallableSatement 实现存储过程的调用。
- DatabaseMetaData 接口用于获取关于数据库的信息。
- ResultSetMetaData 接口主要用于获取结果集的结构。
- 事务是由一步或几步数据库操作序列组成的逻辑执行单元，这些操作要么全部执行，要么全部放弃执行。

- JDBC默认的事务提交模式是自动提交。
- 通过setAutoCommit()方法控制自动提交模式，使用rollback()方法实现事务回滚。
- 保存点可以更好地控制事务回滚。

Q&A

问题：简述JDBC数据库访问的步骤。

回答：JDBC数据库访问的步骤有五步：

(1) 加载数据库驱动；

(2) 建立数据连接；

(3) 创建Statement对象；

(4) 执行SQL语句；

(5) 访问结果集。

章节练习

习题

1. 在各种JDBC驱动方式中，使用最多驱动方式是________。

A. JDBC-ODBC桥　　B. 本地API驱动

C. 本地协议驱动　　D. 网络协议驱动

2. JDBC API提供了一组用于与数据库进行通信的接口和类，以下________用于执行SQL语句。

A. DriverManager　　B. ResultSet　　C. Connection　　D. Statement

3. 下列方法中，________不是Statement对象的方法。

A. execute()　　B. executeDelete()

C. executeUpdate()　　D. executeQuery()

4. 下列关于Statement的说法中错误的是________。

A. Statement是一个接口，所以Statement对象不能通过new方式创建

B. 通过Connection对象的getStatement()方法来获取Statement对象

C. PreparedStatement是Statement的子接口，而CallableStatement是PreparedStatement的子接口

D. prepareStatement()方法可以调用数据库中的存储过程或函数

5. 下列关于PreparedStatement的说法中错误的是________。

A. PreparedStatement可用于执行动态的SQL语句

B. 动态SQL语句使用"?"作为动态参数的占位符

C. Statement执行SQL语句时容易产生SQL注入，而PreparedStatement可以有效避免SQL注入

D. PreparedStatement 只提供了 getXxx()和 setXxx()方法，而没有提供 execute()、close()等方法

6. 下列关于集元数据的说法中正确的是________。
   A. 通过 Connection 接口的 getMetaData()方法可以获得 DatabaseMetaData 对象
   B. DatabaseMetaData 接口主要用于获取数据库的相关信息
   C. ResultSetMetaData 接口用来获取结果集的结构
   D. 通过 ResultSet 接口的 getMetaData()方法来获得 ResultSetMetaData 对象

7. 下列方法中，________用于事务提交。
   A. commit()　　B. rollback()
   C. setSavepoint()　　D. setAutoCommit(true)

8. 下列________方法不能获得一个 Statement 对象。
   A. createStatement()　　B. getStatement()
   C. prepareCall()　　D. prepareStatement ()

上机

1. 训练目标：数据库访问。

培养能力	使用 JDBC 操作数据库		
掌握程度	★★★★★	难度	难
代码行数	350	实施方式	编码强化
结束条件	独立编写，不出错。		
参考训练内容 (1) 创建一个学生表，学生有学号、姓名、年龄、班级和成绩信息。 (2) 定义学生实体类。 (3) 实现学生的添加和查询功能。			

2. 训练目标：事务。

培养能力	使用事务实现批量插入和修改。		
掌握程度	★★★★★	难度	中
代码行数	400	实施方式	编码强化
结束条件	独立编写，不出错。		
参考训练内容 (1) 创建员工表，员工有工号、姓名、部门和工资。 (2) 创建员工实体类。 (3) 使用事务批量插入 6 条员工记录。 (4) 使用事务实现每个员工的工资上涨 10%。			

第3章 Swing UI设计

任务驱动

本章任务是完成“Q-DMS数据挖掘”系统的UI设计及注册、登录功能：

- 【任务3-1】 创建用户数据库表、用户实体类和用户业务逻辑类。
- 【任务3-2】 创建用户注册窗口，并将用户注册信息保存到数据库。
- 【任务3-3】 创建用户登录窗口，登录成功则进入系统主界面。

学习路线

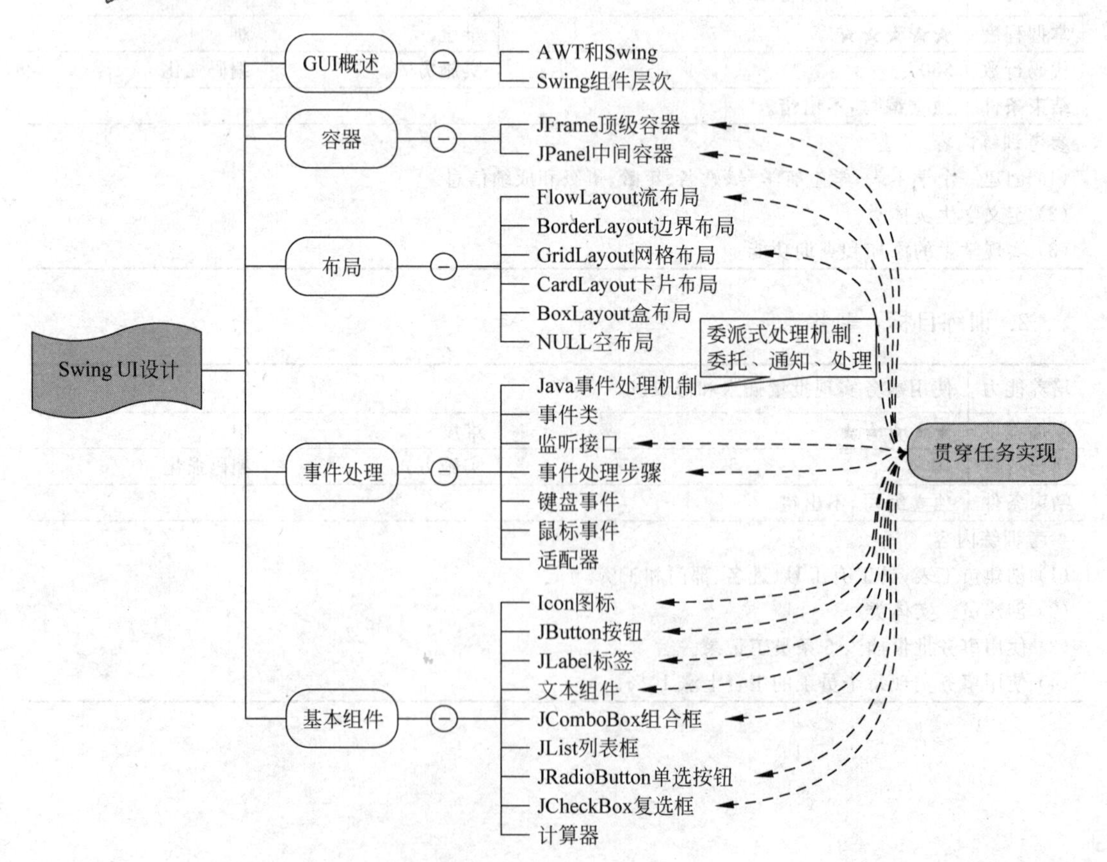

知　识　点	Listen(听)	Know(懂)	Do(做)	Revise(复习)	Master(精通)
GUI 概述	★	★			
JFrame 和 JPanel 容器	★	★	★	★	★
布局	★	★	★		
事件处理	★	★	★	★	★
基本组件	★	★	★	★	★

3.1 GUI 概述

用户喜欢功能丰富、操作简单且直观的应用程序。为了提高用户体验度,使系统的交互操作更加交好,大多数应用程序都采用图形用户界面(Graphical User Interface,GUI)的形式。Java 中提供了 AWT(Abstract Windows Tookit,抽象窗口工具集)和 Swing 来实现 GUI 图形用户界面编程。

3.1.1 AWT 和 Swing

在 JDK 1.0 发布时,Sun 提供了一套基本的 GUI 类库,这套基本类库被称为 AWT。AWT 是 Sun 公司最早提供的 GUI 库,为 Java 程序提供基本的图形组件,实现一些基本的功能,并希望在所有平台下都能运行。

使用 AWT 提供的组件所构建的 GUI 应用程序具有以下几个问题:

- 界面功能有限,且不美观;
- 运行在不同的平台上,呈现不同的外观效果,为保证界面的一致和可预见性,程序员需要在不同平台下进行测试;
- 编程模式笨拙,且并非面向对象。

1996 年,Netscape 公司开发了一套工作方式完全不同的 GUI 库,称为 IFC(Internet Foundation Class)。IFC 除了窗口本身需要借助操作系统的窗口来实现,其他的组件都是绘制在空白窗口中。IFC 能够真正地实现各平台界面的一致性,Sun 公司与 Netscape 公司合作完善了这种方案,并创建了一套新的用户界面库,并命名为 Swing。Swing 组件完全采用 Java 语言编写,不再需要使用那些平台所用的复杂的 GUI 功能,因此,使用 Swing 构建的 GUI 应用程序在不同平台上运行时,所显示的外观效果完全相同。

AWT、Swing、2D API、辅助功能 API 以及拖放 API 共同组成了 JFC(Java Foundation Class,Java 基础类库),其中 Swing 全面替代了 Java 1.0 中的 AWT 组件,但保留了 Java 1.1 中的 AWT 事件模型。总体上 Swing 替代了绝大部分 AWT 组件,但并没有完全替代 AWT,

而是在 AWT 的基础之上,进行了有力的补充和加强。

使用 Swing 组件进行 GUI 编程的优势有以下几点:

- Swing 用户界面组件丰富,使用便捷;
- Swing 组件对底层平台的依赖少,与平台相关的 Bug 也很少;
- 能够保证不同平台上用户一致的感观效果。

3.1.2 Swing 组件层次

大部分 Swing 组件都是 JComponent 抽象类的直接或间接子类,在 JComponent 抽象类中定义了所有子类组件的通用方法。JComponent 类位于 javax. swing 包中,javax 包是一个 Java 扩展包。要有效地使用 GUI 组件,必须理解 javax. swing 和 java. awt 包中组件之间的继承层次,尤其是要理解 Component 类、Container 类和 JComponent 类,其中声明了大多数 Swing 组件的通用特性。Swing 中的 JComponent 类是 AWT 中 java. awt. Container 类的子类,也是 Swing 和 AWT 的联系之一。JComponent 类的继承层次如图 3-1 所示:JComponent 类是 Container 的子类;Container 类是 Component 类的子类;而 Component 类又是 Object 类的子类。

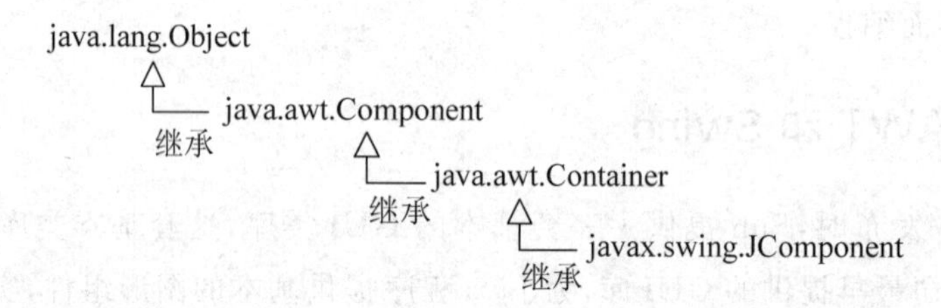

图 3-1 JComponent 类的继承层次

绝大部分的 Swing 组件位于 javax. swing 包中,且继承 Container 类。Swing 组件之间的继承层次如图 3-2 所示。

将 Swing 组件按功能进行划分,可以分为以下几类:

- 顶层容器——JFrame、JApplet、JDialog 和 JWindow;
- 中间容器——JPanel、JScrollPane、JSplitPane 和 JToolBar 等;
- 特殊容器——特殊作用的中间容器,如 JInternalFrame、JRootPane 和 JLayeredPane 等;
- 基本组件——与用户交互的组件,如 JButton、JComboBox、JList、JMenu 和 JSlider 等;
- 特殊对话框——直接产生特殊对话框组件,如 JColorChooser 和 JFileChooser 等;
- 不可编辑信息的显示组件——组件中的信息不可编辑,如 JLabel、JProgressBar 和 JToolTip 等;
- 可编辑信息的显示组件——组件中的信息可以编辑,如 JTextField、JTextArea 和 JTable 等。

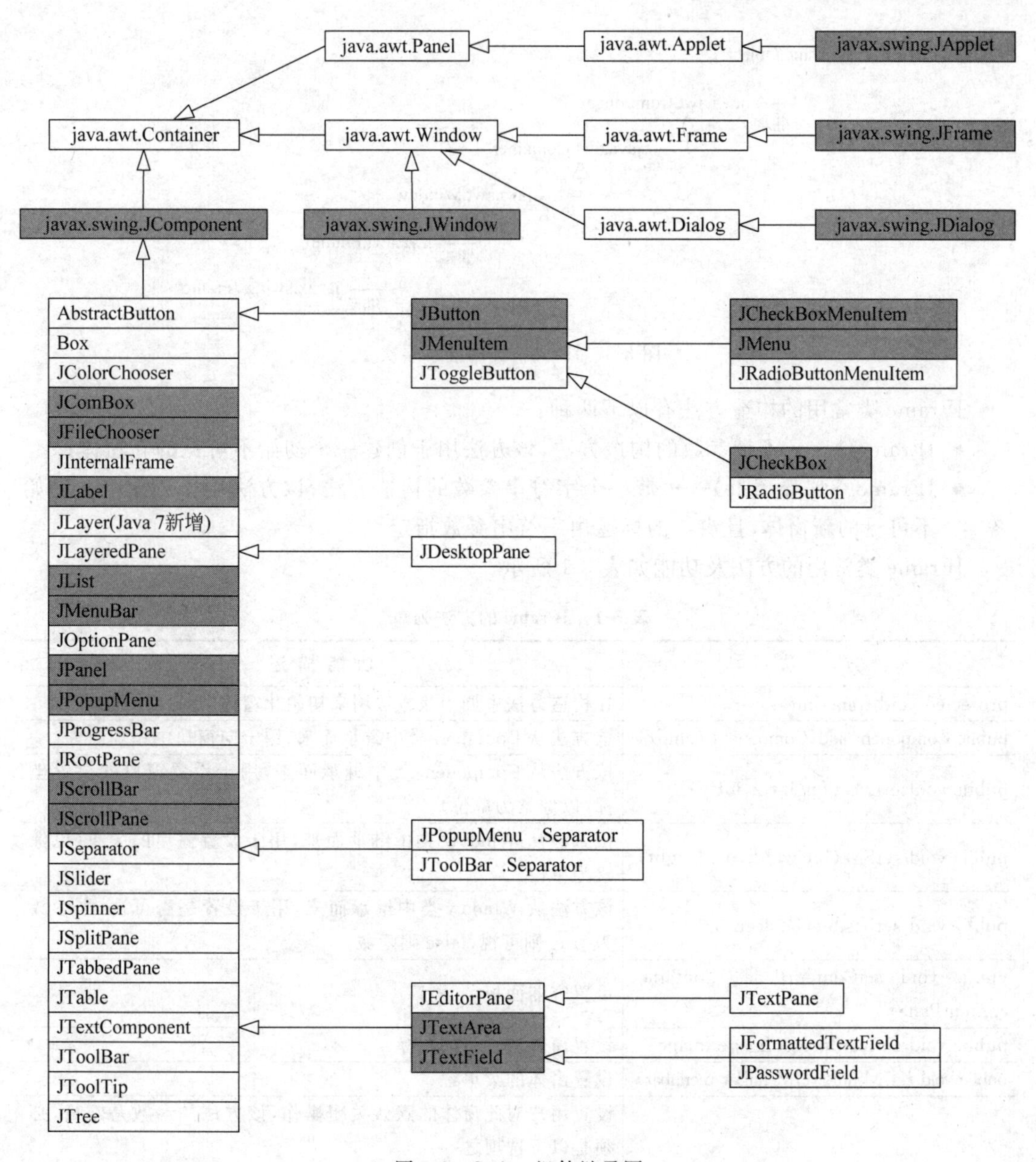

图 3-2 Swing 组件继承图

3.2 容器

容器可以用来存放其他组件，而容器的本身也是一个组件，属于 Component 的子类。容器具有组件的所有性质，同时还具备容纳其他组件的容器功能。

3.2.1 JFrame 顶级容器

JFrame(窗口框架)是可以独立存在的顶级窗口容器，能够包含其他子容器，但不能被其他容器所包含。JFrame 继承了 java.awt.Frame 类，该类的继承层次如图 3-3 所示。

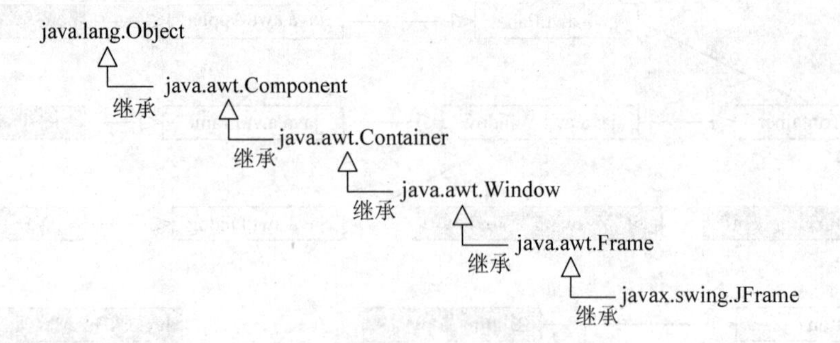

图 3-3　JFrame 类的继承层次

JFrame 类常用的构造方法有以下两种：

- JFrame()——不带参数的构造方法，该方法用于创建一个初始不可见的新窗体；
- JFrame(String title)——带一个字符串参数的构造方法，该方法用于创建一个初始不可见的新窗体，且窗口的标题由字符串参数指定。

JFrame 类常用的方法及功能如表 3-1 所示。

表 3-1　JFrame 的方法列表

方　　法	功 能 描 述
protected void frameInit()	在构造方法中调用该方法用来初始化窗体
public Component add(Component comp)	该方法从 Container 类中继承而来，用于向窗口中添加组件
public voidsetLocation(int x,int y)	该方法从 Component 类中继承而来，用于设置窗口的位置坐标(以像素为单位)
public void setSize(int width,int height)	该方法从 Window 类中继承而来，用于设置窗口的大小(以像素为单位)
public void setVisible(boolean b)	该方法从 Window 类中继承而来，用于设置是否可视，当参数为 true 则可视，false 则隐藏
public void setContentPane(Container contentPane)	设置容器面板
public void setIconImage(Image image)	设置窗体左上角的图标
public void setJMenuBar(JMenuBar menubar)	设置窗体的菜单栏
public void setDefaultCloseOperation(int operation)	设置用户对此窗体的默认关闭操作，该方法的参数是常量，必须是以下选项之一： • DO_NOTHING_ON_CLOSE——不执行任何操作； • HIDE_ON_CLOSE——自动隐藏该窗体； • DISPOSE_ON_CLOSE——自动隐藏并释放该窗体； • EXIT_ON_CLOSE——退出应用程序。
public void setTitle(String title)	该方法从 Frame 类中继承而来，用于设置窗口的标题

下述代码演示如何使用 JFrame 创建可视化窗体。

【代码 3-1】　JFrameDemo. java

```
package com.qst.chapter03;
import javax.swing.JFrame;
public class JFrameDemo extends JFrame {
```

```
    public JFrameDemo() {
        // 调用父类构造方法,并指定窗口标题
        super("QST 青软实训");
        // 设定窗口大小(宽度 400 像素,高度 300 像素)
        this.setSize(400, 300);
        // 设定窗口左上角坐标(X 轴 200 像素,Y 轴 100 像素)
        this.setLocation(200, 100);
        // 设定窗口默认关闭方式为退出应用程序
        this.setDefaultCloseOperation(JFrame.EXIT_ON_CLOSE);
        // 设置窗口可视(显示)
        this.setVisible(true);
    }
    public static void main(String[] args) {
        // 实例化一个 JFrameDemo 对象
        new JFrameDemo();
    }
}
```

上述代码创建一个窗口继承 JFrame 类,并调用不同方法对该窗口进行设置,运行结果如图 3-4 所示。

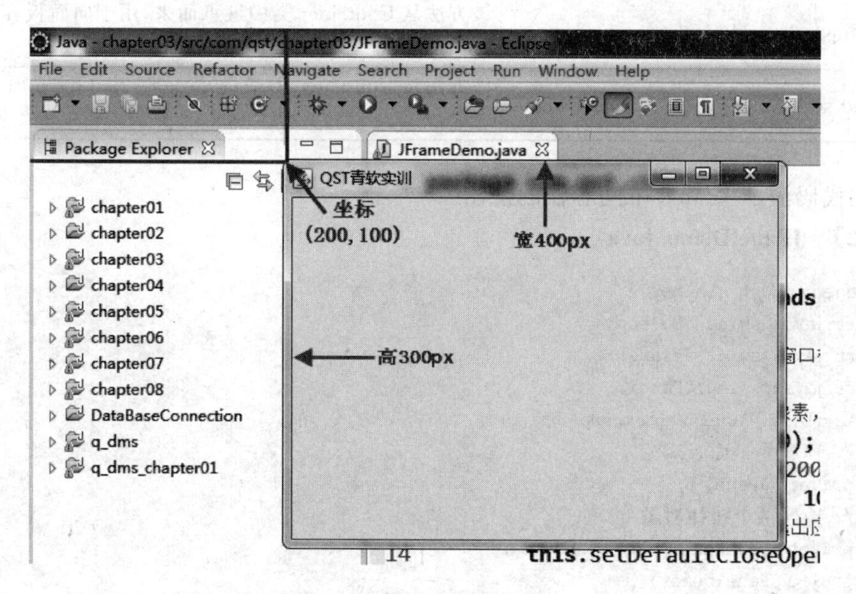

图 3-4 创建 JFrame 窗口

3.2.2 JPanel 中间容器

JPanel(面板)是一种中间容器,中间容器与顶级容器不同,不能独立存在,必须放在其他容器中。JPanel 中间容器的意义在于为其他组件提供空间。在使用 JPanel 时,通常先将其他组件添加到 JPanel 中间容器中,然后再将 JPanel 中间容器添加到 JFrame 顶级容器中。

JPanel 类继承 JComponent 类,其继承层次如图 3-5 所示。

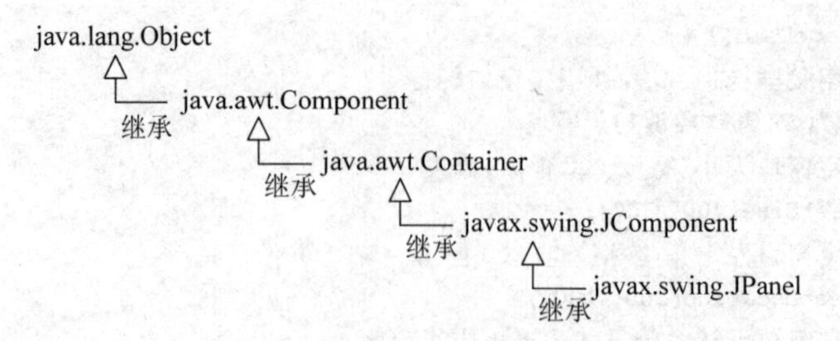

图 3-5　JPanel 类的继承层次

JPanel 类常用的构造方法有以下两种：

- JPanel ()——不带参数的构造方法，用于创建一个默认为流布局(FlowLayout)的面板；
- JPanel(LayoutManager layout)——带参数的构造方法，参数是一个布局管理器，用于创建一个指定布局的面板。

JPanel 类的常用的方法及功能如表 3-2 所示。

表 3-2　JPanel 的方法列表

方　　法	功能描述
public Component add(Component comp)	该方法从 Container 类中继承而来，用于向面板容器中添加其他组件
public void setLayout(LayoutManager mgr)	该方法从 Container 类中继承而来，用于设置面板的布局方式

下述代码演示 JPanel 中间容器的使用。

【代码 3-2】　JPanelDemo. java

```
package com.qst.chapter03;
import javax.swing.JButton;
import javax.swing.JFrame;
import javax.swing.JPanel;
public class JPanelDemo extends JFrame {
    // 声明一个面板对象
    private JPanel p;
    // 声明两个按钮对象
    private JButton btnOk, btnCancel;
    public JPanelDemo() {
        super("JPanelDemo");
        // 实例化面板对象 p(默认为流布局)
        p = new JPanel();
        // 实例化一个按钮对象,该按钮上的文本为"确认"
        btnOk = new JButton("确认");
        // 实例化一个按钮对象,该按钮上的文本为"取消"
        btnCancel = new JButton("取消");
        // 将按钮添加到面板中
        p.add(btnOk);
        p.add(btnCancel);
```

```
        // 将面板添加到窗体中
        this.add(p);
        // 设定窗口大小(宽度 400 像素,高度 300 像素)
        this.setSize(400, 300);
        // 设定窗口左上角坐标(X 轴 200 像素,Y 轴 100 像素)
        this.setLocation(200, 100);
        // 设定窗口默认关闭方式为退出应用程序
        this.setDefaultCloseOperation(JFrame.EXIT_ON_CLOSE);
        // 设置窗口可视(显示)
        this.setVisible(true);
    }
    public static void main(String[ ] args) {
        new JPanelDemo();
    }
}
```

上述代码先声明一个面板对象(p)和两个按钮对象(btnOk 和 btnCancel),在构造方法中先将面板容器和按钮对象实例化,再将两个按钮添加到面板容器中,最后将面板添加到窗口中。

此处为了效果演示,先简单了解 JButton 按钮组件的使用,有关 JButton 按钮类的详细介绍见 3.5.1 节。

运行结果如图 3-6 所示。

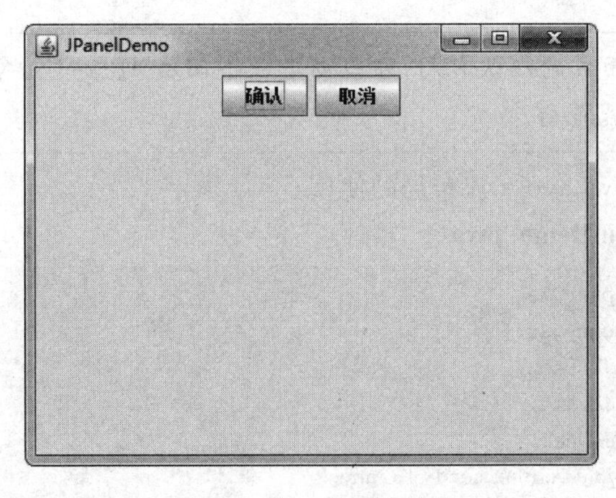

图 3-6 JPanel 中间容器

3.3 布局

布局管理器用来管理组件在容器中的布局格式。当容器中容纳多个组件时,可以使用布局管理器对这些组件进行排列和分布。AWT 提供了 FlowLayout、BorderLayout、GridLayout、GridBagLayout 和 CardLayout 五个常用的布局管理器,Swing 还提供了 BoxLayout

布局管理器。本节详细介绍 FlowLayout、BorderLayout、GridLayout、CardLayout、BoxLayout 以及 NULL 空布局。

3.3.1 FlowLayout 流布局

FlowLayout 流布局是将容器中的组件按照从左到右的顺序,流动地排列和分布,直到上方的空间被占满,才移动到下一行,继续从左到右流动排列。

FlowLayout 类的构造方法有如下三个:

- FlowLayout()——不带参数的构造方法,使用默认对齐方式(中间对齐)和默认间距(水平、垂直间距都为 5 像素)创建一个新的流布局管理器;
- FlowLayout(int align)——带有对齐方式参数的构造方法,用于创建一个指定对齐方式、默认间距为 5 像素的流布局管理器;
- FlowLayout(int align,int hgap,int vgap)——带有对齐方式、水平间距和垂直间距参数的构造方法,用于创建一个指定对齐方式、水平和垂直间距的流布局管理器。

FlowLayout 类提供了三个静态常量,用于指明布局的对齐方式,如表 3-3 所示。

表 3-3 FlowLayout 类中的对齐方式静态常量

常量	描述
FlowLayout.LEFT	左对齐
FlowLayout.CENTER	居中对齐,默认对齐方式
FlowLayout.RIGHT	右对齐

注意

> FlowLayout 是面板的默认布局,即当创建一个面板 JPanel 对象且没有设定其布局管理器时,默认使用流布局。

下述代码演示 FlowLayout 流布局的使用。

【代码 3-3】 FlowLayoutDemo.java

```
package com.qst.chapter03;
import java.awt.FlowLayout;
import javax.swing.JButton;
import javax.swing.JFrame;
import javax.swing.JPanel;
public class FlowLayoutDemo extends JFrame {
    //声明组件
    private JPanel p;
    private JButton btn1, btn2, btn3;
    public FlowLayoutDemo() {
        super("FlowLayout 流布局");
        //创建面板
        p = new JPanel();
        //创建一个流布局对象,对齐方式是左对齐,水平间距 10 像素,垂直间距 15 像素
        FlowLayout layout = new FlowLayout(FlowLayout.LEFT, 10, 15);
```

```
        // 设置面板的布局
        p.setLayout(layout);
        // 上面三行代码可以简化成下面一条语句
        // p = new JPanel(new FlowLayout(FlowLayout.LEFT, 10, 15));
        //创建按钮
        btn1 = new JButton("按钮 1");
        btn2 = new JButton("按钮 2");
        btn3 = new JButton("按钮 3");
        //将按钮添加到面板中
        p.add(btn1);
        p.add(btn2);
        p.add(btn3);
        // 将面板添加到窗体中
        this.add(p);
        // 设定窗口大小
        this.setSize(200, 200);
        // 设定窗口左上角坐标
        this.setLocation(200, 100);
        // 设定窗口默认关闭方式为退出应用程序
        this.setDefaultCloseOperation(JFrame.EXIT_ON_CLOSE);
        // 设置窗口可视(显示)
        this.setVisible(true);
    }
    public static void main(String[] args) {
        new FlowLayoutDemo();
    }
}
```

在上述代码中，在创建面板和流布局对象后，使用面板对象的 setLayout()方法为面板指定布局的方式，此过程使用了如下三条语句：

```
// 创建面板
p = new JPanel();
// 创建一个流布局对象,对齐方式是左对齐,水平间距 10 像素,垂直间距 15 像素
FlowLayout layout = new FlowLayout(FlowLayout.LEFT, 10, 15);
// 设置面板的布局
p.setLayout(layout);
```

实际上，可以在面板的构造方法中直接指定布局管理器对象。因此，上面三行代码可以简化成一条语句，形式如下：

```
p = new JPanel(new FlowLayout(FlowLayout.LEFT, 10, 15));
```

运行结果如图 3-7 所示。

注意

当容器采用 FlowLayout 流布局时，改变窗体的大小，可以发现各组件的位置会随着窗体的变化而变化，且各组件大小不变保持原来的“最合适”大小。

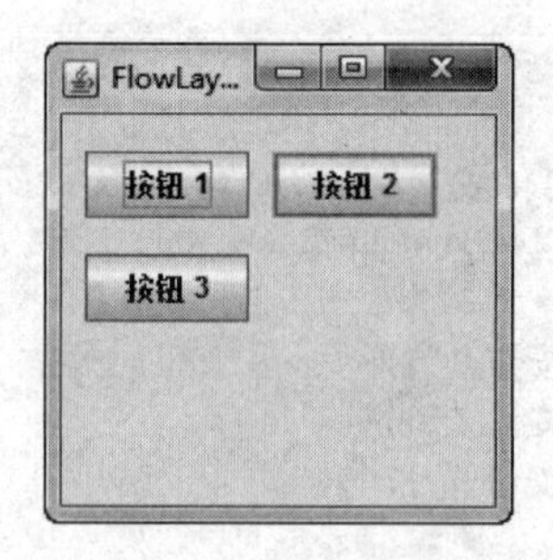

图 3-7 FlowLayout 布局效果

3.3.2 BorderLayout 边界布局

BorderLayout 边界布局允许将组件有选择地放置到容器的中部、北部、南部、东部、西部这五个区域,如图 3-8 所示。

BorderLayout 类的构造方法如下:

- BorderLayout()——不带参数的构造方法,用于创建一个无间距的边界布局管理器对象;
- BorderLayout(int hgap,int vgap)——带参数的构造方法,用于创建一个指定水平、垂直间距的边界布局管理器。

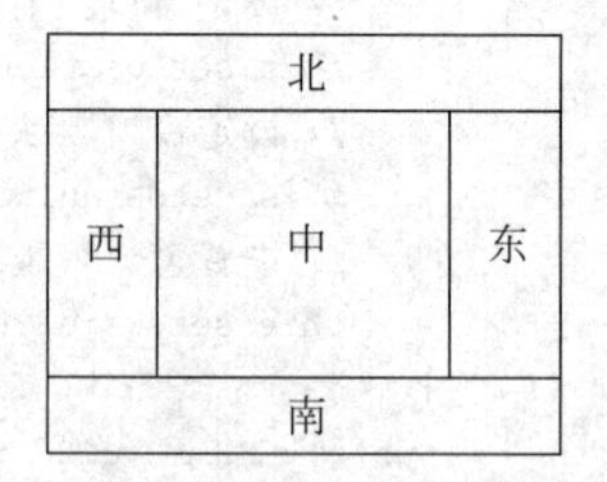

图 3-8 边界布局的五个区域

BorderLayout 类提供了五个静态常量,用于指明边界布局管理中的五个区域,如表 3-4 所示。

表 3-4 BorderLayout 类中的五个区域常量

常 量	描 述
BorderLayout. EAST	东部位置
BorderLayout. WEST	西部位置
BorderLayout. SOUTH	南部位置
BorderLayout. NORTH	北部位置
BorderLayout. CENTER	中央位置,该位置属于默认位置

一个容器使用 BorderLayout 边界布局后,当向容器中添加组件时,需要使用带两个参数的 add()方法,将指定组件添加到此容器的给定位置上。

【语法】

```
public Component add(Component comp, int index)
```

【示例】 将按钮添加到北部

```
p. add(btn, BorderLayout. NORTH);
```

当使用 BorderLayout 布局时,需要注意以下两点:

- 当向使用 BorderLayout 布局的容器中添加组件时,需要指定组件所放置的区域位

置,如果没有指定则默认放置到布局的中央位置;
- 通常一个区域位置只能添加一个组件,如果同一个区域中添加多个组件,则后放入的组件将会覆盖先放入的组件。

下述代码演示边界布局 BorderLayout 的使用。

【代码 3-4】 BorderLayoutDemo. java

```
package com.qst.chapter03;

import java.awt.BorderLayout;

import javax.swing.JButton;
import javax.swing.JFrame;
import javax.swing.JPanel;

public class BorderLayoutDemo extends JFrame {
    private JPanel p;
    private JButton btn1, btn2, btn3, btn4, btn5;
    public BorderLayoutDemo() {
        super("BorderLayout 边界布局");
        p = new JPanel();
        // 创建一个边界布局管理器对象,并将该布局设置到面板中
        p.setLayout(new BorderLayout());
        //创建按钮
        btn1 = new JButton("按钮 1");
        btn2 = new JButton("按钮 2");
        btn3 = new JButton("按钮 3");
        btn4 = new JButton("按钮 4");
        btn5 = new JButton("按钮 5");
        // 将按钮放置到面板中指定位置
        p.add(btn1, BorderLayout.EAST);
        p.add(btn2, BorderLayout.WEST);
        p.add(btn3, BorderLayout.SOUTH);
        p.add(btn4, BorderLayout.NORTH);
        p.add(btn5, BorderLayout.CENTER);
        // 将面板添加到窗体中
        this.add(p);
        // 设定窗口大小
        this.setSize(300, 200);
        // 设定窗口左上角坐标
        this.setLocation(200, 100);
        // 设定窗口默认关闭方式为退出应用程序
        this.setDefaultCloseOperation(JFrame.EXIT_ON_CLOSE);
        // 设置窗口可视(显示)
        this.setVisible(true);
    }
    public static void main(String[] args) {
        new BorderLayoutDemo();
    }
}
```

上述代码中,先创建了一个面板,并设置其布局方式为边界布局;再创建五个按钮,分别添加到面板的五个不同的区域。

运行结果如图 3-9 所示。

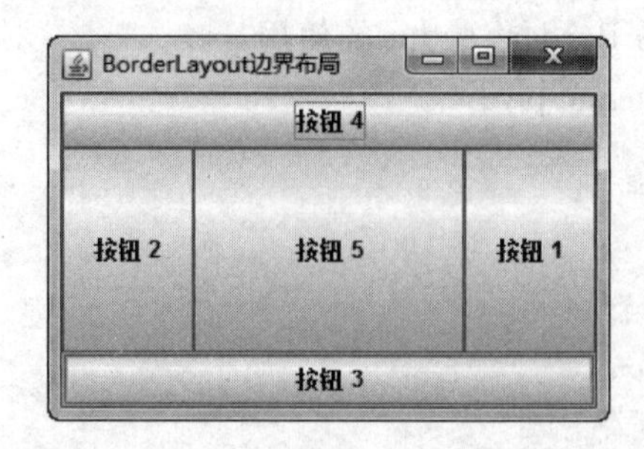

图 3-9 BorderLayout 布局效果

BorderLayout 边界布局是窗体(JFrame)的默认布局。当容器采用边界布局时,改变窗体的大小,可以发现东西南北四个位置上的组件长度进行拉伸,而中间位置的组件进行扩展。

3.3.3 GridLayout 网格布局

GridLayout 网格布局就像表格一样,将容器按照行和列分割成单元格,每个单元格所占的区域大小都一样。当向使用 GridLayout 布局的容器中添加组件时,默认是按照从左到右、从上到下的顺序,依次将组件添加到每个网格中。与 FlowLayout 不同,放置在 GridLayout 布局中的各组件的大小由所处区域来决定,即每个组件将自动占满整个区域。

GridLayout 类提供了两个构造方法:

- GridLayout(int rows,int cols)——用于创建一个指定行数和列数的网格布局管理器;
- GridLayout(int rows,int cols,int hgap,int vgap)——用于创建一个指定行数、列数、水平间距和垂直间距的网格布局管理器。

下述代码用于演示网格布局 GridLayout 的使用。

【代码 3-5】 GridLayoutDemo.java

```
package com.qst.chapter03;

import java.awt.GridLayout;

import javax.swing.JButton;
import javax.swing.JFrame;
import javax.swing.JPanel;

public class GridLayoutDemo extends JFrame {
    private JPanel p;
```

```
        // 声明按钮数组
        private JButton[] btns;
        public GridLayoutDemo() {
            super("网格布局");
            // 创建一个2行3列的网格布局管理器对象,并将该布局设置到面板中
            p = new JPanel(new GridLayout(2, 3));
            // 实例化按钮数组的长度
            btns = new JButton[6];
            // 循环实例化数组中的每个按钮对象
            for (int i = 0; i < btns.length; i++) {
                btns[i] = new JButton("按钮 " + (i + 1));
            }
            // 循环将数组中的按钮添加到面板中
            for (int i = 0; i < btns.length; i++) {
                p.add(btns[i]);
            }
            // 将面板添加到窗体中
            this.add(p);
            // 设定窗口大小
            this.setSize(300, 200);
            // 设定窗口左上角坐标
            this.setLocation(200, 100);
            // 设定窗口默认关闭方式为退出应用程序
            this.setDefaultCloseOperation(JFrame.EXIT_ON_CLOSE);
            // 设置窗口可视(显示)
            this.setVisible(true);
        }
        public static void main(String[] args) {
            new GridLayoutDemo();
        }
    }
```

上述代码使用“new GridLayout(2, 3)”创建一个2行3列的网格布局管理器对象,并定义了一个长度为6的按钮数组,然后使用了两次for循环:

- 第1个for循环分别实例化每个按钮对象;
- 第2个for循环将数组中的按钮添加到面板中。

运行结果如图3-10所示。

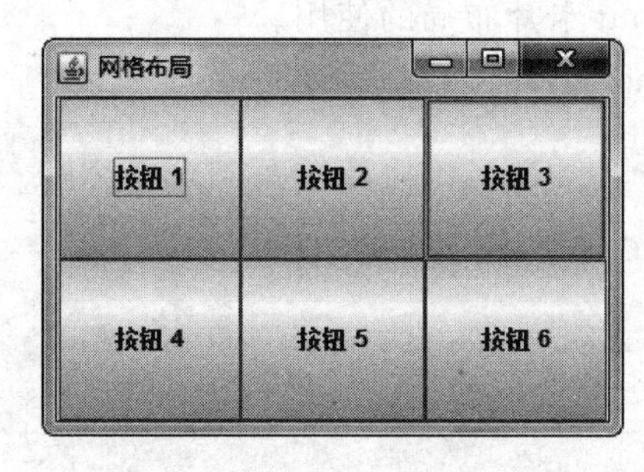

图3-10 GridLayout布局效果

注意

当容器采用网格布局时,改变窗体的大小,可以发现各组件的大小随着窗体的变化而均匀变化。

3.3.4 CardLayout 卡片布局

CardLayout 卡片布局将加入到容器中的组件看成一叠卡片,每次只能看见最上面的组件。因此,CardLayout 卡片布局是以时间而非空间来管理容器中的组件。

CardLayout 类提供了两个构造方法:

- CardLayout()——不带参数的构造方法,用于创建一个默认间距为 0 的新卡片布局管理器对象;
- CardLayout(int hgap,int vgap)——带参数的构造方法,用于创建一个指定水平和垂直间距的卡片布局管理器对象。

CardLayout 类中用于控制组件可见的 5 个常用方法如表 3-5 所示。

表 3-5 CardLayout 类中的显示方法

方　　法	功 能 描 述
first(Container parent)	显示容器中的第一张卡片
last(Container parent)	显示容器中的最后一张卡片
previous(Container parent)	显示容器中当前卡片的上一张卡片
next(Container parent)	显示容器中当前卡片的下一张卡片
show(Container parent,String name)	显示容器中指定名称的卡片

一个容器使用 CardLayout 卡片布局后,当向容器中添加组件时,需要使用带两个参数的 add()方法,给组件指定一个名称并将其添加到容器中。

【语法】

```
public Component add(String name,Component comp)
```

【示例】 给按钮指定名称并添加到面板中

```
p. add("第 1 个",btn1);
```

下述代码演示 CardLayout 卡片布局的使用。

【代码 3-6】 CardLayoutDemo. java

```
package com.qst.chapter03;

import java.awt.CardLayout;

import javax.swing.JButton;
import javax.swing.JFrame;
import javax.swing.JPanel;

public class CardLayoutDemo extends JFrame {
```

```
    private JPanel p;
    // 声明按钮数组
    private JButton[] btns;
    // 声明卡片布局管理器
    private CardLayout cl;
    public CardLayoutDemo() {
        super("CardLayout 卡片布局");
        // 实例化卡片布局管理器对象
        cl = new CardLayout();
        // 实例面板对象,其布局为卡片布局
        p = new JPanel(cl);
        // 实例化按钮数组的长度
        btns = new JButton[6];
        // 循环实例化数组中的每个按钮对象
        for (int i = 0; i < btns.length; i++) {
            btns[i] = new JButton("按钮 " + (i + 1));
        }
        // 循环将数组中的按钮添加到面板中
        for (int i = 0; i < btns.length; i++) {
            p.add("第" + (i + 1) + "张", btns[i]);
        }
        // 将面板添加到窗体中
        this.add(p);
        // 显示最后一张卡片
        //cl.last(p);
        // 显示名称是"第 3 张"的卡片
        // cl.show(p, "第 3 张");
        // 设定窗口大小
        this.setSize(300, 200);
        // 设定窗口左上角坐标
        this.setLocation(200, 100);
        // 设定窗口默认关闭方式为退出应用程序
        this.setDefaultCloseOperation(JFrame.EXIT_ON_CLOSE);
        // 设置窗口可视(显示)
        this.setVisible(true);
    }
    public static void main(String[] args) {
        new CardLayoutDemo();
    }
}
```

上述代码中使用 CardLayout 进行布局，通过 for 循环向容器中添加组件时 add()方法带两个参数，分别用来指明所添加的组件名称和组件对象。

运行结果如图 3-11 所示。

在代码中将已注释的行取消注释：

```
cl.last(p);
```

将显示 CardLayout 布局中的最后一张卡片，运行结果如图 3-12 所示。

图 3-11　CardLayout 显示第 1 张卡片的效果

图 3-12　CardLayout 显示最后一张卡片的效果

再将代码中已注释的行取消注释：

```
cl.show(p, "第 3 张");
```

将显示 CardLayout 布局中指定名称的卡片，运行结果如图 3-13 所示。

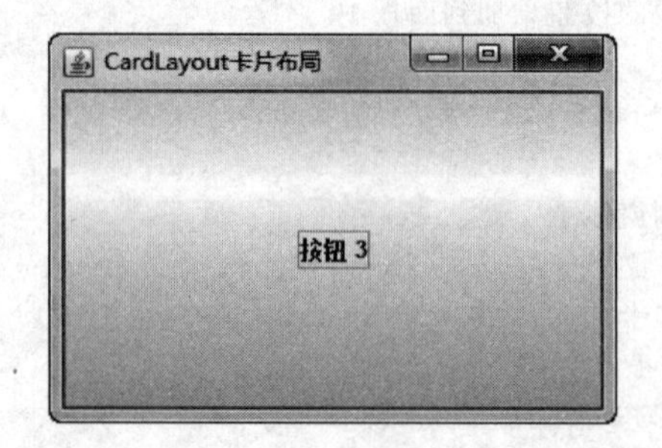

图 3-13　CardLayout 显示指定卡片的效果

注意

当容器采用卡片布局时，改变窗体的大小，可以发现卡片上的组件大小随着窗体的变化而变化，并始终占满整个窗口。

3.3.5　BoxLayout 盒布局

原来 AWT 中提供的 GridBagLayout 布局管理器虽然功能强大，但过于复杂，所以 Swing 引入了一个新的布局管理器——BoxLayout 盒布局。BoxLayout 盒布局保留了 GridBagLayout 的很多优点，使用起来也更加简单。

BoxLayout 可以在垂直和水平两个方向上摆放组件，构造方法如下：

```
BoxLayout(Container target, int axis)
```

其功能是创建一个基于 target 容器、沿给定轴放置组件的盒布局管理器对象。

BoxLayout 类提供的静态常量，用于指明组件的排列方向，如表 3-6 所示。

表 3-6 BoxLayout 类静态常量

常 量	描 述
BoxLayout. X_AXIS	X 轴(横向)排列
BoxLayout. Y_AXIS	Y 轴(纵向)排列
LINE_AXIS	根据容器的 ComponentOrientation 属性,按照文字在一行中的排列方式布置组件
PAGE_AXIS	根据容器的 ComponentOrientation 属性,按照文本行在一页中的排列方式布置组件

下述代码演示 BoxLayout 盒布局的使用。

【代码 3-7】 BoxLayoutDemo. java

```
package com.qst.chapter03;

import javax.swing.BoxLayout;
import javax.swing.JButton;
import javax.swing.JFrame;
import javax.swing.JPanel;

public class BoxLayoutDemo extends JFrame {
    private JPanel p;
    // 声明按钮数组
    private JButton[] btns;
    public BoxLayoutDemo() {
        super("BoxLayout 盒布局");
        // 实例面板对象
        p = new JPanel();
        // 设置面板的布局为盒布局
        p.setLayout(new BoxLayout(p, BoxLayout.Y_AXIS));
        // 实例化按钮数组的长度
        btns = new JButton[6];
        // 循环实例化数组中的每个按钮对象
        for (int i = 0; i < btns.length; i++) {
            btns[i] = new JButton("按钮 " + (i + 1));
        }
        // 循环将数组中的按钮添加到面板中
        for (int i = 0; i < btns.length; i++) {
            p.add(btns[i]);
        }
        // 将面板添加到窗体中
        this.add(p);
        // 设定窗口大小
        this.setSize(300, 300);
        // 设定窗口左上角坐标
        this.setLocation(200, 100);
        // 设定窗口默认关闭方式为退出应用程序
        this.setDefaultCloseOperation(JFrame.EXIT_ON_CLOSE);
        // 设置窗口可视(显示)
        this.setVisible(true);
    }
    public static void main(String[] args) {
        new BoxLayoutDemo();
    }
}
```

上述代码创建并使用了 BoxLayout 盒布局，运行结果如图 3-14 所示。

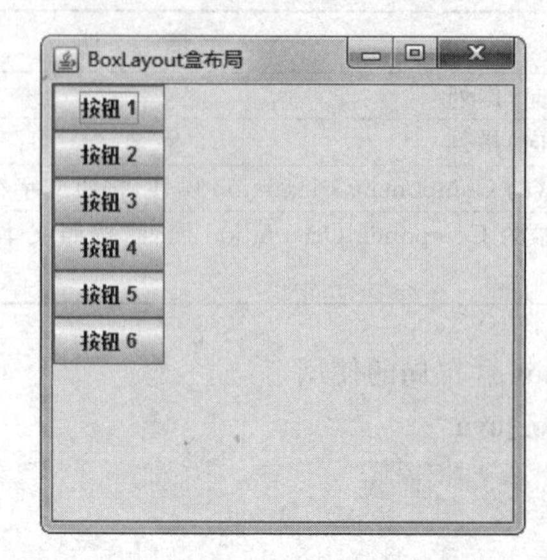

图 3-14　BoxLayout 显示效果

3.3.6　NULL 空布局

在实际开发过程中，用户界面比较复杂，而且要求美观，单一使用 FlowLayout、BorderLayout、GridLayout、CardLayout 或 BoxLayout 布局都很难满足要求。此时，可以采用混合布局（多种布局管理器结合使用），或者直接采用 NULL 空布局。空布局是指容器不采用任何布局，而是通过每个组件的绝对定位进行布局。

使用 NULL 空布局的步骤如下：

(1) 将容器中的布局管理器设置为 null(空)，即容器不采用任何布局，例如：

```
//设置面板对象的布局为空
p. setLayout(null);
```

(2) 调用 setBounds()设置组件的绝对位置坐标及大小，例如：

```
//设置按钮 x 轴坐标为 30,y 轴坐标为 60,宽度 40,高度 25(像素)
btn. setBounds(30,60,40,25);
```

或使用 setLocation()、setSize()分别设置组件的坐标和大小，例如：

```
//调用 setLocation()设置按钮的坐标
btn. setLocation(30,60);
//调用 setSize()设置按钮的大小
btn. setSize(40,25);
```

以上两种方式的效果是等价的。

(3) 将组件添加到容器中

```
//将按钮添加到面板中
p. add(b);
```

下述代码用于演示 NULL 空布局的使用。

【代码 3-8】 NullDemo. java

```
package com.qst.chapter03;

import javax.swing.JButton;
import javax.swing.JFrame;
import javax.swing.JPanel;

public class NULLLayoutDemo extends JFrame {
    private JPanel p;
    // 声明两个按钮对象
    private JButton btnOk, btnCancel;

    public NULLLayoutDemo() {
        super("NULL 空布局");
        p = new JPanel();
        // 设置面板布局为空
        p.setLayout(null);
        // 创建按钮
        btnOk = new JButton("确定");
        btnCancel = new JButton("取消");
        // 调用 setBounds()设置按钮的坐标和大小
        btnOk.setBounds(30, 60, 60, 25);
        // 调用 setLocation()设置按钮的坐标
        btnCancel.setLocation(100, 60);
        // 调用 setSize()设置按钮的大小
        btnCancel.setSize(60, 25);
        // 将按钮添加到面板中
        p.add(btnOk);
        p.add(btnCancel);
        // 将面板添加到窗体中
        this.add(p);
        // 设定窗口大小
        this.setSize(300, 300);
        // 设定窗口左上角坐标
        this.setLocation(200, 100);
        // 设定窗口默认关闭方式为退出应用程序
        this.setDefaultCloseOperation(JFrame.EXIT_ON_CLOSE);
        // 设置窗口可视(显示)
        this.setVisible(true);
    }
    public static void main(String[] args) {
        new NULLLayoutDemo();
    }
}
```

在上述代码中，两个按钮在面板中使用绝对位置进行定位：使用 setBounds()方法设置“确定”按钮的位置和大小，使用 setLocation()和 setSize()方法分别设置“取消”按钮的位置和大小。

运行结果如图 3-15 所示。

图 3-15　Null 空布局运行效果

注意

> NULL 空布局一般用于组件之间位置相对固定，并且窗口不允许随便变换大小的情况，否则当窗口大小发生变化时，因所有组件都使用绝对位置定位，所以会产生组件整体“偏移”的情况。

3.4　事件处理

前面介绍了如何摆放组件，从而得到不同的图形界面，但这些界面还不能响应用户的任何操作。对于图形用户界面的应用程序，如果要实现用户界面的交互，必须通过事件处理。事件处理是指在事件驱动机制中，应用程序为响应事件而执行的一系列操作。事件驱动机制是指在图形界面应用程序中由用户操作而产生“事件”，例如单击鼠标或按下键盘的某个键。这种基于事件驱动机制的事件处理是目前实现与用户交互的最好方式。

3.4.1　Java 事件处理机制

在图形用户界面中，当用户使用鼠标单击按钮、在列表框进行选择或者单击窗口右上角的“×”关闭按钮时，都会触发一个相应的事件。

在 Java 事件处理体系结构中，主要涉及三种对象。

- 事件(Event)：在 Event 对象中封装了 GUI 组件所发生的特定事情，通常由用户的一次操作产生，而不是通过 new 运算符创建。事件包括键盘事件、鼠标事件等。Event 对象一般作为事件处理方法的参数，以便事件处理程序从中获取 GUI 组件上所发生的事件相关信息；
- 事件源(Event Source)：事件发生的场所，通常就是各个 GUI 组件，例如窗口、按钮、菜单等；
- 事件监听器(Event Listener)：负责监听事件源所产生的事件，并对事件做出响应处理。事件监听器对象需要实现监听接口 Listener 中所定义的事件处理方法；当事件

触发时，直接调用该事件对应的处理方法对此事件进行响应和处理。

用户操作产生一个事件后，事件将被事件源所绑定的事件监听器进行监听并捕获，随后事件监听器调用相应的事件处理方法进行处理。这种事件处理机制是一种委派式的事件处理方式，实现步骤如下：

(1) 委托——组件(事件源)将事件处理委托给特定的事件处理对象(事件监听器)；

(2) 通知——当组件(事件源)触发指定的事件时，就通知所委托的事件处理对象(事件监听器)；

(3) 处理——事件处理对象(事件监听器)调用相应的事件处理方法来处理该事件。

这种受委托处理事件的对象被称为"事件监听对象"，图形界面中的每个组件均可以针对特定的事件指定一个或多个事件监听对象，并由这些事件监听对象负责监听并处理事件。

Java 的事件处理机制如图 3-16 所示。

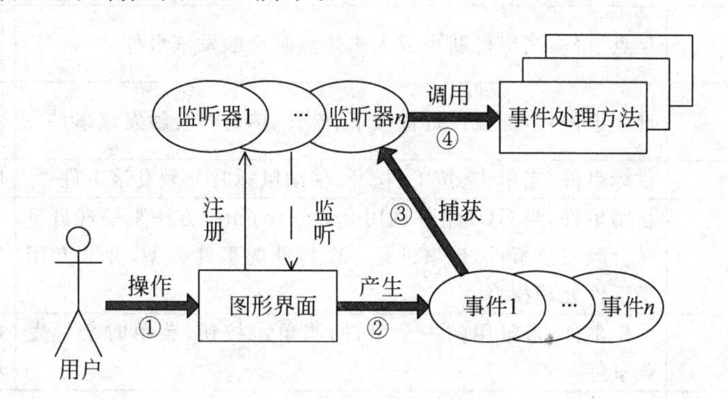

图 3-16 Java 事件处理机制

3.4.2 事件类

事件用于封装事件处理所必需的基本信息，包括事件源、事件信息等。AWT 中提供了丰富的事件类，用于封装不同组件上所发生的特定操作。所有 AWT 的事件类都是 AWTEvent 类的子类，而 AWTEvent 类又是 EventObject 类的子类。EventObject 类代表更广义的事件，其中包括 Swing 组件上所触发的事件、数据库连接所触发的事件。

AWTEvent 是所有 AWT 事件的根事件类，此类及其子类取代了原来的 java. awt. Event 类；AWTEvent 类的常用方法如表 3-7 所示。

表 3-7 AWTEvent 的常用方法列表

方　　法	功 能 描 述
int getID()	返回事件类型
String paramString()	返回此 Event 状态的字符串，此方法仅在进行调试的时候使用
Object getSource()	从 EventObject 类继承的方法，用于返回事件源的对象

AWT 事件可以分为两大类：

- 低级事件——基于特定动作的事件，例如，鼠标进入、单击、拖放等动作，组件获得焦点、失去焦点时所触发的焦点事件；

- 高级事件——基于语义的事件，不与特定的动作关联，而依赖于触发此事件的类。例如，单击按钮和菜单、滑动滑动条、选中单选按钮等。

AWT 事件包括低级事件类和高级事件类，常见的 AWT 事件类有 MouseEven、ActionEvent、ItemEvent 和 WindowEvent 等，具体如表 3-8 所示。

表 3-8 AWT 事件分类

分类	事件类	描述	事件源
低级事件	ComponentEvent	组件事件，当组件尺寸发生变化、位置发生移动、显示和隐藏状态发生改变时会触发该事件	所有组件
	ContainerEvent	容器事件，当往容器中添加组件、删除组件时会触发该事件	容器
	WindowEvent	窗口事件，当窗口状态发生改变，如打开、关闭、最大化、最小化窗口时会触发该事件	窗体
	FocusEvent	焦点事件，当组件获得或失去焦点时会触发该事件	能接受焦点的组件
	KeyEvent	键盘事件，当键盘按键被按下、松开、单击时会触发该事件	能接受焦点的组件
	MouseEvent	鼠标事件，当单击、按下、松开、移动鼠标时会触发该事件	所有组件
	PaintEvent	绘制事件，当 GUI 组件调用 update/paint()方法来呈现自身时会触发该事件，该事件是一个特殊的事件类型，并非专用于事件处理模型	所有组件
高级事件	ActionEvent	动作事件，最常用的一个事件，当单击按钮、菜单时会触发该事件	按钮、列表、菜单项等
	AdjustmentEvent	调节事件，当调节滚动条时会触发该事件	滚动条
	ItemEvent	选项事件，当选择不同的选项时会触发该事件	列表、组合框等
	TextEvent	文本事件，当文本框或文本域中的文本发生变化时会触发该事件	文本框、文本域等

AWT 事件类的继承层次关系如图 3-17 所示。

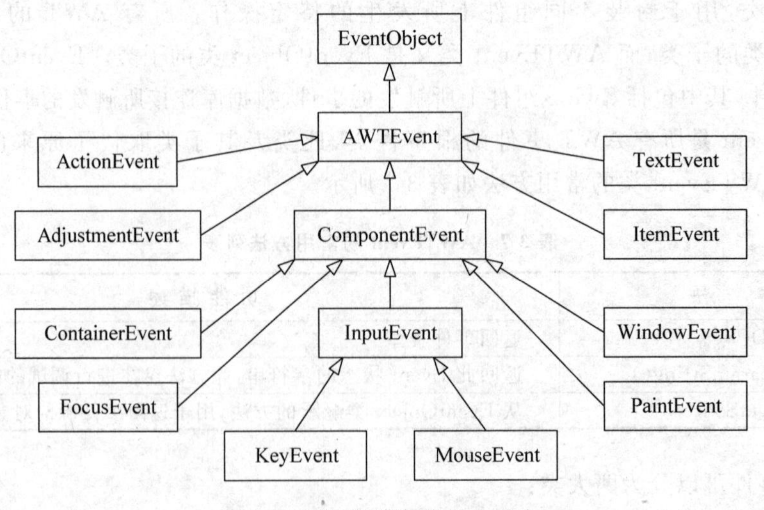

图 3-17 AWT 事件类继承层次

注意

开发过程中很少用到 EventObject、AWTEvent、InputEvent、PaintEvent 事件类，这些事件类通常作为事件的基类或系统内部类实现来使用。大多数事件类是 Swing 组件和 AWT 组件所共有的，这些事件类都定义在 java. awt. event 包中，而 javax. swing. event 包中的事件类是 Swing 组件所特有的事件类。

3.4.3 监听接口

对不同的事件需要使用不同的监听器进行监听，不同的监听器需要实现不同的监听接口。监听接口中定义了抽象的事件处理方法，这些方法能够针对不同的操作进行不同的处理。在程序中，通常使用监听类来实现监听接口中的事件处理方法。AWT 提供了大量的监听接口，用于实现不同类型的事件监听器，常用的监听接口及说明如表 3-9 所示。

表 3-9 常用的监听接口

监听接口	接口中声明的事件处理方法	功能描述
ActionListener	actionPerformed(ActionEvent e)	行为处理
AdjustmentListener	adjustmentValueChanged(AdjustmentEvent e)	调节值改变
ItemListener	itemStateChanged(ItemEvent e)	选项值状态改变
FocusListener	focusGained(FocusEvent e)	获得聚焦
	focusLost(FocusEvent e)	失去聚焦
KeyListener	keyPressed(KeyEvent e)	按下键盘
	keyReleased(KeyEvent e)	松开键盘
	keyTyped(KeyEvent e)	敲击键盘
MouseListener	mouseClicked(MouseEvent e)	鼠标单击
	mouseEntered(MouseEvent e)	鼠标进入
	mouseExited(MouseEvent e)	鼠标退出
	mousePressed(MouseEvent e)	鼠标按下
	mouseReleased(MouseEvent e)	鼠标松开
MouseMotionListener	mouseDragged(MouseEvent e)	鼠标拖动
	mouseMoved(MouseEvent e)	鼠标移动
WindowListener	windowActivated(WindowEvent e)	窗体激活
	windowClosed(WindowEvent e)	窗体关闭以后
	windowClosing(WindowEvent e)	窗体正在关闭
	windowDeactivated(WindowEvent e)	窗体失去激活
	windowDeiconified(WindowEvent e)	窗体非最小化
	windowIconified(WindowEvent e)	窗体最小化
	windowOpened(WindowEvent e)	窗体打开后

监听接口与事件一样，通常都定义在 java. awt. event 包中，该包提供了不同类型的事件类和监听接口。

3.4.4 事件处理步骤

在 Java 程序中，实现事件处理需要以下三个步骤：

(1) 创建监听类，实现监听接口并重写监听接口中的事件处理方法；

(2) 创建监听对象，即实例化上一步中所创建的监听类的对象；

(3) 注册监听对象，调用组件的 addXXXListener()方法将监听对象注册到相应组件上，以便监听对事件源所触发的事件。

此处需要注意监听类、事件处理方法和监听对象之间的区别与联系。

- 监听类：是一个自定义的实现监听接口的类，监听类可以实现一个或多个监听接口。

【示例】 定义一个监听类实现 ActionListener 监听接口

```
class MyListener implements ActionListener{
    …
}
```

- 事件处理方法：即监听接口中已经定义好的相应的事件处理方法，该方法是抽象方法，需要在创建监听类时重写接口中的事件处理方法，并将处理事件的业务代码放入到方法中。

【示例】 ActionListener 监听接口中的事件处理方法 actionPerformed()

```
class MyListener implements ActionListener {
        // 重写 ActionListener 接口中的事件处理方法 actionPerformed()
        public void actionPerformed(ActionEvent e) {
            …
        }
}
```

- 监听对象：就是监听类的一个实例对象，该对象具有监听功能，前提是先将监听对象注册到事件源组件上，当操作该组件产生事件时，该事件将会被此监听对象捕获并调用相应的事件方法进行处理。

【示例】 创建监听对象并注册

```
//创建一个监听对象
MyListener listener = new MyListener();
// 注册监听
button.addActionListener(listener);
```

下述代码通过创建监听类来实现单击按钮改变面板的背景颜色。

【代码 3-9】 ChangeColor.java

```
package com.qst.chapter03;


import java.awt.Color;
import java.awt.event.ActionEvent;
import java.awt.event.ActionListener;
```

```
import javax.swing.JButton;
import javax.swing.JFrame;
import javax.swing.JPanel;

public class ChangeColor extends JFrame {
    JPanel p;
    JButton btnRed, btnGreen, btnYellow;
    public ChangeColor() {
        super("事件测试-改变颜色");
        // 创建组件
        p = new JPanel();
        btnRed = new JButton("红色");
        btnGreen = new JButton("绿色");
        btnYellow = new JButton("黄色");
        //2. 创建一个监听对象
        ButtonListener btnListener = new ButtonListener();
        //3. 注册监听
        btnRed.addActionListener(btnListener);
        btnGreen.addActionListener(btnListener);
        btnYellow.addActionListener(btnListener);
        // 将按钮添加到面板中
        p.add(btnRed);
        p.add(btnGreen);
        p.add(btnYellow);
        // 将面板添加到窗体中
        this.add(p);
        // 设定窗口大小
        this.setSize(300, 300);
        // 设定窗口左上角坐标
        this.setLocation(200, 100);
        // 设定窗口默认关闭方式为退出应用程序
        this.setDefaultCloseOperation(JFrame.EXIT_ON_CLOSE);
        // 设置窗口可视(显示)
        this.setVisible(true);
    }
    // 1. 创建扩展 ActionListener 的监听类
    // 该监听类是一个内部类,以便可以直接对外部类中的资源进行访问
    class ButtonListener implements ActionListener {
        // 重写 ActionListener 接口中的事件处理方法 actionPerformed()
        public void actionPerformed(ActionEvent e) {
            // 获取事件源
            Object source = e.getSource();
            // 判断事件源,进行相应的处理
            if (source == btnRed) {
                // 设置面板的背景颜色是红色 Color.red
                p.setBackground(Color.red);
            } else if (source == btnGreen) {
                // 设置面板的背景颜色是绿色 Color.green
                p.setBackground(Color.green);
            } else {
                // 设置面板的背景颜色是黄色 Color.yellow
                p.setBackground(Color.yellow);
            }
```

```
        }
    }
    public static void main(String[ ] args) {
        new ChangeColor();
    }
}
```

对于上述代码应注意以下几点：

- 定义的 ButtonListener 类是一个监听类，实现了 ActionListener 监听接口。另外，需要注意的是，ButtonListener 定义在 ColorChange 类体内，是一个内部类，以便可以直接访问其所在外部类的成员变量，如 btnRed、btnGreen、btnYello 等；
- actionPerformed()方法是动作事件的处理方法，该方法先获取事件源（用户操作的按钮），判断后再进行相应的处理；
- java.awt.Color 是一个基于标准 RGB 的颜色类，内部定义了一些颜色常量，例如 Color.red 或 Color.RED 都表示红色；
- 通过调用 setBackground()方法来设置面板的背景颜色；
- 在 ChangeColor()构造方法中创建一个 ButtonListener 类的对象 btnListener，该对象就是监听对象；然后调用按钮的 addActionListener()方法来注册监听对象，此时监听对象将监视着按钮是否被单击；当用户单击按钮时，监听对象 btnListener 会自动调用其 actionPerformed()方法进行处理；
- 一个监听对象可以对多个组件进行监听，此处监听对象 btnListener 监听了 btnRed、btnGreen 和 btnYello 三个按钮。

图 3-18 改变颜色

运行结果如图 3-18 所示，单击不同的按钮，观察面板颜色的变化。

通过上面改变面板颜色的案例，再一次验证了事件的处理机制，其事件产生及处理的过程如图 3-19 所示。

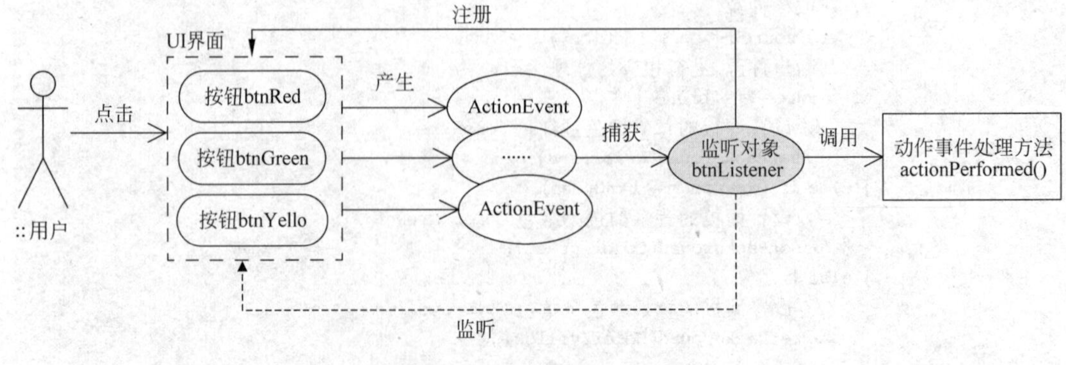

图 3-19 事件产生及处理过程

在事件处理的方式上，除了采用上面的这种通过定义事件监听器类的方式，还可以采用另外一种匿名的方式，即无须为事件监听器类进行命名，只需在注册的同时实现监听器接口及其方法即可。

下述代码通过匿名监听类的方式来实现单击按钮改变面板的背景颜色。

【代码 3-10】 ChangeColorAnonymous. java

```
package com.qst.chapter03;

import java.awt.Color;
import java.awt.event.ActionEvent;
import java.awt.event.ActionListener;

import javax.swing.JButton;
import javax.swing.JFrame;
import javax.swing.JPanel;

public class ChangeColorAnonymous extends JFrame {
    JPanel p;
    JButton btnRed, btnGreen, btnYellow;
    public ChangeColorAnonymous() {
        super("事件测试 - 改变颜色");
        // 创建组件
        p = new JPanel();
        btnRed = new JButton("红色");
        btnGreen = new JButton("绿色");
        btnYellow = new JButton("黄色");
        // 使用匿名监听类的方式注册监听
        btnRed.addActionListener(new ActionListener() {
            // 重写 ActionListener 接口中的事件处理方法 actionPerformed()
            public void actionPerformed(ActionEvent e) {
                // 设置面板的背景颜色是红色 Color.red
                p.setBackground(Color.red);
            }
        });
        btnGreen.addActionListener(new ActionListener() {
            // 重写 ActionListener 接口中的事件处理方法 actionPerformed()
            public void actionPerformed(ActionEvent e) {
                // 设置面板的背景颜色是绿色 Color.green
                p.setBackground(Color.green);
            }
        });
        btnYellow.addActionListener(new ActionListener() {
            // 重写 ActionListener 接口中的事件处理方法 actionPerformed()
            public void actionPerformed(ActionEvent e) {
                // 设置面板的背景颜色是黄色 Color.yellow
                p.setBackground(Color.yellow);
            }
        });
        // 将按钮添加到面板中
```

```
            p.add(btnRed);
            p.add(btnGreen);
            p.add(btnYellow);
            // 将面板添加到窗体中
            this.add(p);
            // 设定窗口大小
            this.setSize(300, 300);
            // 设定窗口左上角坐标
            this.setLocation(200, 100);
            // 设定窗口默认关闭方式为退出应用程序
            this.setDefaultCloseOperation(JFrame.EXIT_ON_CLOSE);
            // 设置窗口可视(显示)
            this.setVisible(true);
        }
        public static void main(String[ ] args) {
            new ChangeColorAnonymous();
        }
    }
```

上述代码在给按钮注册监听对象时，直接 new 一个 ActionListener 对象，但因为接口不能直接实例化，所以在 new 一个对象的同时必须实现该接口中的 actionPerformed()事件处理方法。这种既没有给监听类进行命名，又没有给监听对象命名的方式，被称为匿名处理方式。

ChangeColorAnonymous.java 程序代码与 ChangeColor.java 程序代码所实现的功能效果是一致的，运行结果不再演示。

3.4.5 键盘事件

大多数窗体程序都是通过响应键盘事件来处理键盘输入。键盘事件 KeyEvent 的事件处理也是应用程序中经常用到的，例如用户敲击键盘的回车键下移光标位置等。

下述代码使用键盘方向键控制按钮移动。

【代码 3-11】 KeyEventDemo.java

```
package com.qst.chapter03;

import java.awt.event.KeyEvent;
import java.awt.event.KeyListener;

import javax.swing.JButton;
import javax.swing.JFrame;
import javax.swing.JPanel;

public class KeyEventDemo extends JFrame {
    private JPanel p;
    private JButton btnMove;
    public KeyEventDemo() {
        super("键盘事件 - 方向控制");
```

```
        // 创建组件
        p = new JPanel();
        btnMove = new JButton("走动");
        // 注册键盘监听
        btnMove.addKeyListener(new MyListener());
        // 将组件添加到面板中
        p.add(btnMove);
        // 将面板添加到窗体中
        this.add(p);
        // 设定窗口大小
        this.setSize(300, 300);
        // 设定窗口左上角坐标
        this.setLocation(200, 100);
        // 设定窗口默认关闭方式为退出应用程序
        this.setDefaultCloseOperation(JFrame.EXIT_ON_CLOSE);
        // 设置窗口可视(显示)
        this.setVisible(true);
    }
    // 定义一个监听类,实现键盘监听接口 KeyListener
    class MyListener implements KeyListener {
        // 敲击键盘的事件处理方法
        public void keyTyped(KeyEvent e) {
        }
        // 键盘按下的事件处理方法
        public void keyPressed(KeyEvent e) {
            // 获取按下键盘的码值
            int key = e.getKeyCode();
            // 获得按钮当前的 x,y 轴坐标
            int x = btnMove.getX();
            int y = btnMove.getY();
            if (key == KeyEvent.VK_RIGHT) {
                // 向右,x 轴坐标增加
                btnMove.setLocation(x + 5, y);
            } else if (key == KeyEvent.VK_LEFT) {
                // 向右,x 轴坐标减少
                btnMove.setLocation(x - 5, y);
            } else if (key == KeyEvent.VK_UP) {
                // 向右,y 轴坐标减少
                btnMove.setLocation(x, y - 5);
            } else if (key == KeyEvent.VK_DOWN) {
                // 向右,y 轴坐标增加
                btnMove.setLocation(x, y + 5);
            }
        }
        // 键盘松开的事件处理方法
        public void keyReleased(KeyEvent e) {
        }
    }
    public static void main(String[] args) {
        new KeyEventDemo();
    }
}
```

上述代码定义了一个监听内部类 MyListener，该类对 KeyListener 接口进行扩展，并重写 KeyListener 接口中的 keyTyped()、keyPressed()和 keyReleased()三个事件处理方法。需要注意的是，虽然只有 keyPressed()方法中有处理代码，其他两个方法没有处理代码，但这两个空的方法也必须保留。这是因为当一个非抽象类在实现一个接口时，该类必须重写所实现接口中的所有方法，哪怕有些方法不需要也必须重写；否则，该类就成为一个抽象类，不能被实例化。

KeyEvent 类是键盘事件类，该类对每个键盘按键都定义了一个整型常量与之对应，其中：

- KeyEvent.VK_UP 代表"↑"键；
- KeyEvent.VK_DOWN 代表"↓"键；
- KeyEvent.VK_RIGHT 代表方向键"→"键；
- KeyEvent.VK_LEFT 代表"←"键。

此外，KeyEvent 类还提供了以下两个常用的方法：

- intgetKeyCode()——获取键盘按键的码值，返回一个 int 类型的整数值，可以直接跟 KeyEvent 类中定义的整型常量进行比较，如 KeyEvent.VK_UP 等；
- chargetKeyChar()——获取键盘按键上的字符值，返回一个 char 类型的字符值，例如'A'、'M'等。

运行程序，使用键盘的方向键控制按钮移动，观察按钮位置的变化，结果如图 3-20 所示。

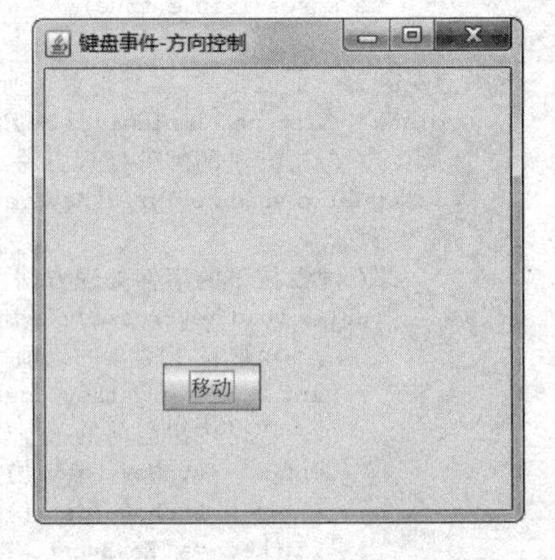

图 3-20　键盘方向键控制按钮移动

3.4.6　鼠标事件

鼠标事件 MouseEvent 有两个监听接口 MouseListener 和 MouseMotionListener，具体如下：

- MouseListener 监听接口专门用于监听鼠标的按下、松开、单击等操作；
- MouseMotionListener 监听接口则用于监听鼠标移动和拖动方面的操作。

下述代码演示鼠标拖动事件处理。

【代码 3-12】　MouseEventDemo.java

```
package com.qst.chapter03;

import java.awt.Color;
import java.awt.Graphics;
import java.awt.event.MouseEvent;
import java.awt.event.MouseListener;
import java.awt.event.MouseMotionListener;

import javax.swing.JFrame;
```

```
import javax.swing.JPanel;
public class MouseEventDemo extends JFrame {
    private JPanel p;
    // 鼠标上一次的坐标
    int pre_x = -1, pre_y = -1;
    // 鼠标当前坐标
    int x, y;
    public MouseEventDemo() {
        super("画板");
        p = new JPanel();
        // 注册鼠标监听
        p.addMouseMotionListener(new PaintListener());
        p.addMouseListener(new ResetListenter());
        // 将面板添加到窗体中
        this.add(p);
        // 设定窗口大小
        this.setSize(400, 300);
        // 设定窗口左上角坐标
        this.setLocation(200, 100);
        // 设定窗口默认关闭方式为退出应用程序
        this.setDefaultCloseOperation(JFrame.EXIT_ON_CLOSE);
        // 设置窗口可视(显示)
        this.setVisible(true);
    }
    // 重写JFrame的paint()方法,此方法用于在窗体中画图
    public void paint(Graphics g) {
        // 设置画笔的颜色
        g.setColor(Color.red);
        // 历史坐标>0
        if (pre_x > 0 && pre_y > 0) {
            // 绘制一条线段,从上一次鼠标拖动事件点到本次鼠标拖动事件点
            g.drawLine(pre_x, pre_y, x, y);
        }
        // 保存当前鼠标坐标,称为上一次的历史坐标
        pre_x = x;
        pre_y = y;
    }
    // 定义鼠标拖动监听类
    class PaintListener implements MouseMotionListener {
        // 鼠标移动的处理方法
        public void mouseMoved(MouseEvent e) {
        }
        // 鼠标拖动的处理方法,负责画画工作
        public void mouseDragged(MouseEvent e) {
            // 获取鼠标当前的坐标
            x = e.getX();
            y = e.getY();
            // 重画,repaint()触发paint()
            MouseEventDemo.this.repaint();
        }
    }
```

```
    // 定义鼠标监听类
    class ResetListenter implements MouseListener {
        // 鼠标单击事件处理
        public void mouseClicked(MouseEvent e) {
        }
        // 鼠标按下事件处理
        public void mousePressed(MouseEvent e) {
            // 获取鼠标按键,判断是否是右键
            if (e.getButton() == MouseEvent.BUTTON3) {
                // 重画面板(擦除原来的轨迹)
                MouseEventDemo.this.p.repaint();
            }
        }
        // 鼠标松开事件处理,重置历史坐标
        public void mouseReleased(MouseEvent e) {
            // 鼠标松开时,将历史坐标重设为 -1(重置)
            pre_x = -1;
            pre_y = -1;
        }
        // 鼠标进入事件处理
        public void mouseEntered(MouseEvent e) {
        }
        // 鼠标退出事件处理
        public void mouseExited(MouseEvent e) {
        }
    }
    public static void main(String[ ] args) {
        new MouseEventDemo();
    }
}
```

上述代码定义了两个监听类,这两个监听类都是内部类,其中:

- PaintListener 监听类实现了 MouseMotionListener 接口,并重写该接口中的 mouseDragged()事件处理方法,实现拖动鼠标可以画画的功能;
- ResetListenter 监听类实现了 MouseListener 接口,并重写该接口中的 mousePressed() 和 mouseReleased()事件处理方法,实现按下鼠标右键能够擦除原来轨迹、松开鼠标按键能够重置历史坐标的功能。

调用 MouseEvent 类的 getButton()方法可以获取用户所单击的鼠标按键。此外,MouseEvent 类还提供了三个静态常量来标识鼠标的按键:

- MouseEvent.BUTTON1——鼠标左键;
- MouseEvent.BUTTON2——鼠标中间键(滑轮);
- MouseEvent.BUTTON3——鼠标右键。

上面这两个监听类需要实现监听接口中的所有方法,虽然只是使用了部分方法,但其他的方法依然需要重写,这种情况也可以采用适配器进行简化(参见 3.4.7 节的内容)。

当在窗体容器中画图时,需要重写窗体的 paint()方法,该方法的参数是 Graphics 类的对象。Graphics 类的对象 g 相当于一支画笔,能够设置其颜色,并提供了绘制直线、椭圆、图像和多边形等功能。repaint()方法会自动触发 paint()方法，进行重画。

程序运行结果如图 3-21 所示。

图 3-21 鼠标画图

3.4.7 适配器

在实现监听接口时，虽然有些事件处理方法不是必需的，但也必须重写该接口中所有的方法。出于简化代码的目的，在 java.awt.event 包中还提供了一套抽象适配器类，分别来实现各事件处理的监听接口。通过继承适配器类，创建的监听类可以仅重写需要的事件处理方法，其他未用到的事件处理方法不需要重写，使代码更加简洁。

常见的适配器类如表 3-10 所示。

表 3-10 适配器类

适配器类	实现的监听接口
FocusAdapter	FocusListener
KeyAdapter	KeyListener
MouseAdapter	MouseListener
MouseMotionAdapter	MouseMotionListener
WindowAdapter	WindowListener

下述代码通过使用适配器简化 3.4.6 节中实现画图功能的 MouseEventDemo 程序。

【代码 3-13】 MouseEventAdapterDemo.java

```
package com.qst.chapter03;

import java.awt.Color;
import java.awt.Graphics;
import java.awt.event.MouseAdapter;
import java.awt.event.MouseEvent;
import java.awt.event.MouseMotionAdapter;

import javax.swing.JFrame;
import javax.swing.JPanel;
```

```
public class MouseEventAdapterDemo extends JFrame {
    private JPanel p;
    // 鼠标上一次的坐标
    int pre_x = -1, pre_y = -1;
    // 鼠标当前坐标
    int x, y;
    public MouseEventAdapterDemo() {
        super("画板");
        p = new JPanel();
        // 注册鼠标监听
        p.addMouseMotionListener(new PaintListener());
        p.addMouseListener(new ResetListenter());
        // 将面板添加到窗体中
        this.add(p);
        // 设定窗口大小
        this.setSize(400, 300);
        // 设定窗口左上角坐标
        this.setLocation(200, 100);
        // 设定窗口默认关闭方式为退出应用程序
        this.setDefaultCloseOperation(JFrame.EXIT_ON_CLOSE);
        // 设置窗口可视(显示)
        this.setVisible(true);
    }
    // 重写 JFrame 的 paint()方法,此方法用于在窗体中画图
    public void paint(Graphics g) {
        // 设置画笔的颜色
        g.setColor(Color.red);
        // 历史坐标>0
        if (pre_x > 0 && pre_y > 0) {
            // 绘制一条线段,从上一次鼠标拖动事件点到本次鼠标拖动事件点
            g.drawLine(pre_x, pre_y, x, y);
        }
        // 保存当前鼠标坐标,称为上一次的历史坐标
        pre_x = x;
        pre_y = y;
    }
    // 定义鼠标拖动监听类
    class PaintListener extends MouseMotionAdapter{
        // 鼠标拖动的处理方法,负责画画工作
        public void mouseDragged(MouseEvent e) {
            // 获取鼠标当前的坐标
            x = e.getX();
            y = e.getY();
            // 重画,repaint()触发 paint()
            MouseEventAdapterDemo.this.repaint();
        }
    }
    // 定义鼠标监听类
    class ResetListenter extends MouseAdapter {
        // 鼠标按下事件处理
```

```
        public void mousePressed(MouseEvent e) {
            // 获取鼠标按键,判断是否是右键
            if (e.getButton() == MouseEvent.BUTTON3) {
                // 重画面板(擦除原来的轨迹)
                MouseEventAdapterDemo.this.p.repaint();
            }
        }
        // 鼠标松开事件处理,重置历史坐标
        public void mouseReleased(MouseEvent e) {
            // 鼠标松开时,将历史坐标重设为 -1(重置)
            pre_x = -1;
            pre_y = -1;
        }
    }
    public static void main(String[] args) {
        new MouseEventAdapterDemo();
    }
}
```

上述代码定义的两个监听类直接继承了适配器类,只需重写所需的事件处理方法,简化了程序代码。运行结果一样,此处不再展示。

3.5 基本组件

GUI 图形界面是由一些基本的组件在布局管理器的统一控制下组合而成的,常用的基本组件包括图标、按钮、标签、文本组件、列表框、单选按钮、复选框和组合框等。

3.5.1 Icon 图标

Icon 是一个图标接口,用于加载图片。ImageIcon 类是 Icon 接口的一个实现类,用于加载指定的图片文件,通常加载的图片文件为 gif、jpg、png 等格式。

ImageIcon 类常用的构造方法如下:

- ImageIcon()——创建一个未初始化的图标对象;
- ImageIcon(Image image)——根据图像创建图标对象;
- ImageIcon(String filename)——根据指定的图片文件创建图标对象。

ImageIcon 类常用的方法如表 3-11 所示。

表 3-11 ImageIcon 类的常用方法

方 法	功能描述
public int getIconWidth()	获得图标的宽度
public int getIconHeight()	获得图标的高度
public Image getImage()	返回此图标的 Image 图像对象
public void setImage(Image image)	设置图标所显示的 Image 图像
public void paintIcon(Component c,Graphics g,int x,int y)	绘制图标

在 Eclipse 项目中，当使用到图片文件时通常先将图片文件复制到自定的一个文件目录中，如图 3-22 所示，将图片文件复制到 images 目录下。

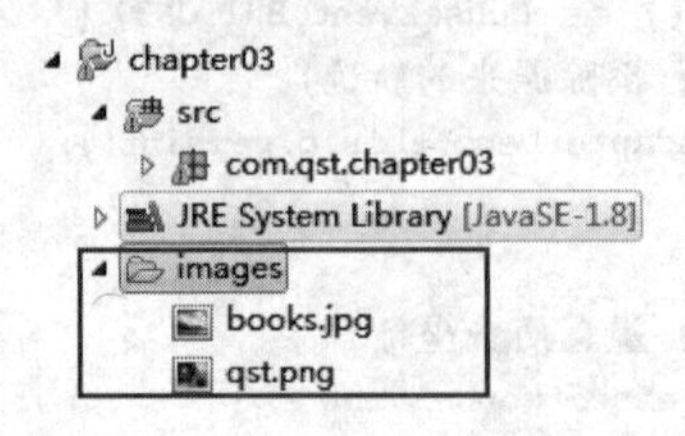

图 3-22　images 目录存放图片

下述代码演示 ImageIcon 的使用。

【代码 3-14】　ImageIconDemo. java

```
package com.qst.chapter03;

import java.awt.Graphics;

import javax.swing.ImageIcon;
import javax.swing.JFrame;

public class ImageIconDemo extends JFrame {
    public ImageIconDemo() {
        super("ImageIcon 图标");
        //创建 ImageIcon 图标
        ImageIcon qstIcon = new ImageIcon("images\\qst.png");
        //设置窗体的 Icon
        this.setIconImage(qstIcon.getImage());
        // 设定窗口大小(宽度 400 像素,高度 300 像素)
        this.setSize(400, 300);
        // 设定窗口左上角坐标(X 轴 200 像素,Y 轴 100 像素)
        this.setLocation(200, 100);
        // 设定窗口默认关闭方式为退出应用程序
        this.setDefaultCloseOperation(JFrame.EXIT_ON_CLOSE);
        // 设置窗口可视(显示)
        this.setVisible(true);
    }
    public void paint(Graphics g) {
         //创建 ImageIcon 图标
        ImageIcon booksIcon  = new ImageIcon("images\\books.jpg");
        //在窗体中画图标
        g.drawImage(booksIcon.getImage(), 0, 20, this);
        //显示图标的宽度和高度
        g.drawString("宽:" + booksIcon.getIconWidth()
                + "px,高:" + booksIcon.getIconHeight() + "px", 20,210);
    }
    public static void main(String[ ] args) {
        new ImageIconDemo();
    }
}
```

在上述代码中，使用 ImageIcon 创建了两个图片对象，其中 qstIcon 对象用于设置窗口左上角的图标；而 booksIcon 对象则被绘制到 JFrame 窗口中。

注意

> 对 JFrame 窗口的 paint()方法进行重写，实现在窗口中绘制图片和字符串。图片文件名中包含路径，其中"\\"是转义字符，代表"\"。

运行结果如图 3-23 所示。

图 3-23 显示图标

3.5.2 JButton 按钮

JButton 类提供一个可接受单击操作的按钮功能，单击按钮会使其处于"下压"形状，松开后按钮会又恢复原状。在按钮中可以显示字符串、图标或两者同时显示。

JButton 类的构造方法如下：

- JButton(String str)——参数 str 是字符串，用于创建一个指定文本的按钮对象；
- JButton(Icon icon)——参数 icon 是一个图标对象，用于创建一个指定图标的按钮对象；
- JButton(String str,Icon icon)——该构造方法带有字符串和图标两个参数，用于创建一个指定文本和图标的按钮对象。

JButton 类常用的方法如表 3-12 所示。

表 3-12 JButton 类的常用方法

方 法	功能描述
String getText()	获取按钮上的文本内容
void setText(String str)	设置按钮上的文本内容
void setIcon(Icon icon)	设置按钮上的图标

下述代码演示 JButton 类的使用。

【代码 3-15】 JButtonDemo.java

```
package com.qst.chapter03;

import java.awt.event.ActionEvent;
import java.awt.event.ActionListener;
import java.awt.event.MouseAdapter;
import java.awt.event.MouseEvent;

import javax.swing.ImageIcon;
import javax.swing.JButton;
import javax.swing.JFrame;
import javax.swing.JPanel;

public class JButtonDemo extends JFrame {
    // 声明组件
    private JPanel p;
    private JButton btnTxt, btnImg;
    private int num = 0;
    public JButtonDemo() {
        super("JButton 类");
        // 实例化面板对象p(默认为流布局)
        p = new JPanel();
        // 实例化一个按钮对象,该按钮上显示文字
        btnTxt = new JButton("您单击了 0 次按钮!");
        // 实例化一个按钮对象,该按钮上显示图标
        btnImg = new JButton(new ImageIcon("images\\configure.png"));
        // 注册监听
        btnTxt.addActionListener(new ActionListener() {
            // 行为事件处理方法
            public void actionPerformed(ActionEvent e) {
                // 统计单击按钮的此书
                num++;
                // 改变按钮的文本
                btnTxt.setText("您单击了" + num + "次按钮!");
            }
        });
        btnImg.addMouseListener(new MouseAdapter() {
            // 鼠标按下事件处理,按下左右键加载不同的图片
            public void mousePressed(MouseEvent e) {
                // 获取鼠标按键,判断是否是左键
                if (e.getButton() == MouseEvent.BUTTON1) {
                    // 改变按钮的 Icon
                    btnImg.setIcon(new ImageIcon("images\\download.png"));
                }
                // 获取鼠标按键,判断是否是右键
                if (e.getButton() == MouseEvent.BUTTON3) {
                    // 改变按钮的 Icon
                    btnImg.setIcon(new ImageIcon("images\\configure.png"));
                }
            }
        });
```

```
        // 将按钮添加到面板中
        p.add(btnTxt);
        p.add(btnImg);
        // 将面板添加到窗体中
        this.add(p);
        // 设定窗口大小
        this.setSize(600, 640);
        // 设定窗口左上角坐标
        this.setLocation(200, 100);
        // 设定窗口默认关闭方式为退出应用程序
        this.setDefaultCloseOperation(JFrame.EXIT_ON_CLOSE);
        // 设置窗口可视(显示)
        this.setVisible(true);
    }
    public static void main(String[ ] args) {
        new JButtonDemo();
    }
}
```

上述代码定义了两个按钮：一个用于显示文本，另一个显示图片。两个按钮都添加了事件处理，当单击 btnTxt 按钮时，按钮上的文本会显示按钮被单击的次数；当在 btnImg 按钮上单击鼠标的左右按键时，会加载不同的图片。

运行结果如图 3-24 所示，操作两个按钮，注意文本和图片的变化。

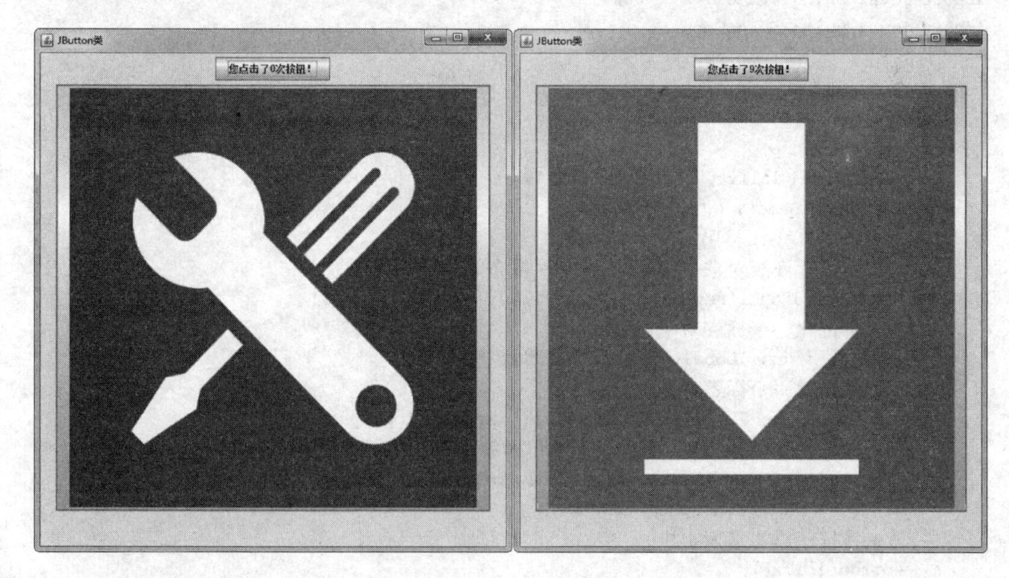

图 3-24　操作按钮

3.5.3　JLabel 标签

JLabel 标签具有标识和提示作用，可以显示文字或图标。标签没有边界，也不会响应用户操作，即单击标签是没有反应的。在 GUI 编程中，标签通常放在文本框、文本域、组合框等不带标签的组件前，对用户进行提示。

JLabel 类的构造方法如下：

- JLabel(String text)——用于创建一个指定文本的标签对象；
- JLabel(Icon icon)——用于创建一个指定图标的标签对象；
- JLabel(String text，Icon icon，int horizontalAlignment)——用于创建一个指定文本、图标和对齐方式的标签对象。

JLabel 类的常用的方法如表 3-13 所示。

表 3-13　JLabel 类的常用方法

方　法	功能描述
void setText(String txt)	设置标签中的文本内容
void setIcon(Icon icon)	设置标签中的图标
String getText()	获取标签中的文本内容

【代码 3-16】 JLabelDemo.java

```
package com.qst.chapter03;

import java.awt.GridLayout;

import javax.swing.ImageIcon;
import javax.swing.JFrame;
import javax.swing.JLabel;
import javax.swing.JPanel;
import javax.swing.SwingConstants;

public class JLabelDemo extends JFrame {
    //声明组件
    private JPanel p;
    private JLabel lblTxt, lblImg, lblTxtImg;
    public JLabelDemo() {
        super("JLabel 类");
        //实例化面板对象 p,面板布局是网格布局(3 行 1 列)
        p = new JPanel(new GridLayout(3, 1));
        //实例化一个标签对象,显示文字
        lblTxt = new JLabel("这是一个文本标签");
        //实例化一个标签对象,显示图标
        lblImg = new JLabel(new ImageIcon("images\\logo.png"));
        //实例化一个标签对象,显示文本和标签
        lblTxtImg = new JLabel("商标", new ImageIcon("images\\logo.png"),
                SwingConstants.CENTER);
        //将按钮添加到面板中
        p.add(lblTxt);
        p.add(lblImg);
        p.add(lblTxtImg);
        //将面板添加到窗体中
        this.add(p);
        //设定窗口大小
        this.setSize(400, 300);
        //设定窗口左上角坐标
        this.setLocation(200, 100);
```

```
        // 设定窗口默认关闭方式为退出应用程序
        this.setDefaultCloseOperation(JFrame.EXIT_ON_CLOSE);
        // 设置窗口可视(显示)
        this.setVisible(true);
    }
    public static void main(String[] args) {
        new JLabelDemo();
    }
}
```

上述代码使用 JLabel 类的不同构造方法实例化了三个标签对象，分别用于显示文本标签、图片标签以及文本图片标签。运行结果如图 3-25 所示。

图 3-25　标签显示

3.5.4 文本组件

文本组件可以接收用户输入的文本内容。

Swing 常用的文本组件有以下三种：

- JTextField——文本框，该组件只能接收单行的文本输入；
- JTextArea——文本域，该组件可以接收多行的文本输入；
- JPasswordField——密码框，不显示原始字符，用于接收用户输入的密码。

JTextField 和 JTextArea 都属于 JTextComponent 类的子类。JTextComponent 是一个抽象类，该类定义了文本组件通用的方法及特性。

JTextField 类常用的构造方法及其他方法如表 3-14 所示。

表 3-14　JTextField 的方法列表

方　法	功能描述
JTextField(int cols)	构造方法，用于创建一个内容是空的、指定长度的文本框
JTextField(String str)	构造方法，用于创建一个指定文本内容的文本框
JTextField(String s, int cols)	构造方法，用于创建一个指定文本内容的、指定长度的文本框
String getText()	获取文本框中用户输入的文本内容
void setText(String str)	设置文本框中的文本内容为指定字符串内容

JTextArea 文本域组件可以编辑多行多列文本，且具有换行能力。JTextArea 类常用的构造方法及其他方法如表 3-15 所示。

表 3-15 JTextArea 的方法列表

方　法	功能说明
JTextArea(int rows,int columns)	构造方法，用于创建一个内容是空的、指定行数及列数的文本域
JTextArea(String text)	构造方法，用于创建一个指定文本内容的文本域
JTextArea(String text, int rows, int columns)	构造方法，用于添加组件创建一个指定文本内容的、指定行数及列数的文本域
String getText()	获取文本域中用户输入的文本内容
void setText(String str)	设置文本域中的文本内容为指定字符串内容

JPasswordField 是 JTextField 类的子类，允许编辑单行文本，密码框用于接收用户输入的密码，但不显示原始字符，而是以特殊符号(掩码)形式显示。JPasswordField 类常用的构造方法及其他方法如表 3-16 所示。

表 3-16 JPasswordField 的方法列表

方　法	功能说明
JPasswordField (int cols)	构造方法，用于创建一个内容是空的、指定长度的密码框
JPasswordField (String str)	构造方法，用于创建一个指定密码信息的密码框
JPasswordField (String s, int cols)	构造方法，用于创建一个指定密码信息的、指定长度的密码框
char[] getPassword()	获取密码框中用户输入的密码，以字符型数组形式返回
setEchoChar(char c)	设置密码框中显示的字符为指定的字符

下述代码创建一个用户注册界面，以此对所学的文本组件进行练习。

【代码 3-17】 Login.java

```
package com.qst.chapter03;

import java.awt.Color;
import java.awt.event.ActionEvent;
import java.awt.event.ActionListener;

import javax.swing.JButton;
import javax.swing.JFrame;
import javax.swing.JLabel;
import javax.swing.JPanel;
import javax.swing.JPasswordField;
import javax.swing.JTextArea;
import javax.swing.JTextField;

//文本组件
public class TextComponentDemo extends JFrame {
    // 声明组件
    private JPanel p;
    private JLabel lblName, lblPwd, lblRePwd, lblAddress, lblMsg;
    // 声明一个文本框
```

```
private JTextField txtName;
// 声明两个密码框
private JPasswordField txtPwd, txtRePwd;
// 声明一个文本域
private JTextArea txtAddress;
private JButton btnReg, btnCancel;
public TextComponentDemo() {
    super("注册新用户");
    // 创建面板,面板的布局为 NULL
    p = new JPanel(null);
    // 实例化 5 个标签
    lblName = new JLabel("用户名");
    lblPwd = new JLabel("密 码");
    lblRePwd = new JLabel("确认密码");
    lblAddress = new JLabel("地 址");
    // 显示信息的标签
    lblMsg = new JLabel();
    // 设置标签的文字颜色是红色
    lblMsg.setForeground(Color.red);
    // 创建一个长度为 20 的文本框
    txtName = new JTextField(20);
    // 创建两个密码框,长度 20
    txtPwd = new JPasswordField(20);
    txtRePwd = new JPasswordField(20);
    // 设置密码框显示的字符为 *
    txtPwd.setEchoChar('*');
    txtRePwd.setEchoChar('*');
    // 创建一个文本域
    txtAddress = new JTextArea(20, 2);
    // 创建两个按钮
    btnReg = new JButton("注册");
    btnCancel = new JButton("清空");
    // 注册确定按钮的事件处理
    btnReg.addActionListener(new ActionListener() {
        public void actionPerformed(ActionEvent e) {
            // 设置信息标签为空,清空原来历史信息
            lblMsg.setText("");
            // 获取用户输入的用户名
            String strName = txtName.getText();
            if (strName == null || strName.equals("")) {
                lblMsg.setText("用户名不能为空!");
                return;
            }
            // 获取用户输入的密码
            String strPwd = new String(txtPwd.getPassword());
            if (strPwd == null || strPwd.equals("")) {
                lblMsg.setText("密码不能为空!");
                return;
            }
            // 获取用户输入的确认密码
```

```
                String strRePwd = new String(txtRePwd.getPassword());
                if (strRePwd == null || strRePwd.equals("")) {
                    lblMsg.setText("确认密码不能为空!");
                    return;
                }
                // 判断确认密码是否跟密码相同
                if (!strRePwd.equals(strPwd)) {
                    lblMsg.setText("确认密码与密码不同!");
                    return;
                }
                // 获取用户输入的地址
                String strAddress = new String(txtAddress.getText());
                if (strAddress == null || strAddress.equals("")) {
                    lblMsg.setText("地址不能为空!");
                    return;
                }
                lblMsg.setText("注册成功!");
            }
        });
        // 取消按钮的事件处理
        btnCancel.addActionListener(new ActionListener() {
            public void actionPerformed(ActionEvent e) {
                // 清空所有文本组件中的文本
                txtName.setText("");
                txtPwd.setText("");
                txtRePwd.setText("");
                txtAddress.setText("");
                // 设置信息标签为空
                lblMsg.setText("");
            }
        });
        // 定位所有组件
        lblName.setBounds(30, 30, 60, 25);
        txtName.setBounds(95, 30, 120, 25);
        lblPwd.setBounds(30, 60, 60, 25);
        txtPwd.setBounds(95, 60, 120, 25);
        lblRePwd.setBounds(30, 90, 60, 25);
        txtRePwd.setBounds(95, 90, 120, 25);
        lblAddress.setBounds(30, 120, 60, 25);
        txtAddress.setBounds(95, 120, 120, 50);
        lblMsg.setBounds(60, 185, 180, 25);
        btnReg.setBounds(60, 215, 60, 25);
        btnCancel.setBounds(125, 215, 60, 25);
        // 将组件添加到面中
        p.add(lblName);
        p.add(txtName);
        p.add(lblPwd);
        p.add(txtPwd);
        p.add(lblRePwd);
        p.add(txtRePwd);
```

```
        p.add(lblAddress);
        p.add(txtAddress);
        p.add(lblMsg);
        p.add(btnReg);
        p.add(btnCancel);
        // 将面板添加到窗体中
        this.add(p);
        // 设定窗口大小
        this.setSize(280, 300);
        // 设定窗口左上角坐标(X轴200像素,Y轴100像素)
        this.setLocation(200, 100);
        // 设定窗口默认关闭方式为退出应用程序
        this.setDefaultCloseOperation(JFrame.EXIT_ON_CLOSE);
        // 设置窗口可视(显示)
        this.setVisible(true);
    }
    public static void main(String[ ] args) {
        new TextComponentDemo();
    }
}
```

上述代码实现了用户注册界面,面板采用NULL空布局,因此需要对各组件进行定位。注册信息包括用户名、密码、确认密码和地址。另外,还定义了一个用于显示提示信息的标签lblMsg对象,为了让提示信息更醒目,通过setForeground()方法来设置该标签的文字颜色为红色。"注册"和"清空"按钮都采用匿名方式注册了监听:当单击btnReg注册按钮时,获取用户输入的信息,并对信息进行验证;当单击btnCancel取消按钮时,清空所有文本组件中的文本内容和提示信息。

运行结果如图3-26所示,在文本控件中输入信息,单击按钮,观察提示信息。

图3-26　注册窗口中的文本组件

3.5.5 JComboBox组合框

JComboBox组合框是一个文本框和下拉列表的组合,用户可以从下拉列表选项中选择一个选项。JComboBox类常用的构造方法如下:

- JComboBox()——不带参数的构造方法,用于创建一个没有选项的组合框;
- JComboBox(Object[] listData)——构造方法的参数是对象数组,用于创建一个选项列表为对象数组中的元素的组合框;
- JComboBox(Vector<?> listData)——构造方法的参数是泛型向量,用于创建一个选项列表为向量集合中的元素的组合框。

JComboBox类常用的方法及功能如表3-17所示。

表 3-17　JComboBox 类的常用方法

方　法	功能说明
intgetSelectedIndex()	获取用户选中的选项的下标(从 0 开始)
ObjectgetSelectedValue()	获得用户选中的选项值
void addItem(Object obj)	添加一个新的选项内容
void removeAllItems()	从项列表中移除所有项

下述代码演示组合框的使用。

【代码 3-18】　JComboBoxDemo.java

```
package com.qst.chapter03;

import java.awt.event.ItemEvent;
import java.awt.event.ItemListener;

import javax.swing.JComboBox;
import javax.swing.JFrame;
import javax.swing.JLabel;
import javax.swing.JPanel;

public class JComboBoxDemo extends JFrame {
    private JPanel p;
    private JLabel lblProvince, lblCity;
    private JComboBox cmbProvince, cmbCity;
    public JComboBoxDemo() {
        super("组合框联动");
        p = new JPanel();
        lblProvince = new JLabel("省份");
        lblCity = new JLabel("城市");
        // 创建组合框,并使用字符串数组初始化其选项列表
        cmbProvince = new JComboBox(new String[] { "北京", "上海", "山东", "安徽" });
        // 创建一个没有选项的组合框
        cmbCity = new JComboBox();
        // 注册监听
        cmbProvince.addItemListener(new ItemListener() {
            public void itemStateChanged(ItemEvent e) {
                // 获取用户选中的选项下标
                int i = cmbProvince.getSelectedIndex();
                // 清空组合框中的选项
                cmbCity.removeAllItems();
                // 根据用户选择的不同省份,组合框中添加不同的城市
                switch (i) {
                case 0:
                    cmbCity.addItem("北京");
                    break;
                case 1:
                    cmbCity.addItem("上海");
                    break;
```

```
                case 2:
                    cmbCity.addItem("济南");
                    cmbCity.addItem("青岛");
                    cmbCity.addItem("烟台");
                    cmbCity.addItem("潍坊");
                    cmbCity.addItem("威海");
                    break;
                case 3:
                    cmbCity.addItem("合肥");
                    cmbCity.addItem("芜湖");
                    cmbCity.addItem("淮北");
                    cmbCity.addItem("蚌埠");
                    break;
                }
            }
        });
        p.add(lblProvince);
        p.add(cmbProvince);
        p.add(lblCity);
        p.add(cmbCity);
        // 将面板添加到窗体中
        this.add(p);
        // 设定窗口大小
        this.setSize(300, 200);
        // 设定窗口左上角坐标
        this.setLocation(200, 100);
        // 设定窗口默认关闭方式为退出应用程序
        this.setDefaultCloseOperation(JFrame.EXIT_ON_CLOSE);
        // 设置窗口可视(显示)
        this.setVisible(true);
    }
    public static void main(String[] args) {
        new JComboBoxDemo();
    }
}
```

上述代码创建了两个组合框：第一个组合框是省份列表，第二个组合框是城市类别；根据用户选择省份的不同，城市列表相应的进行变化，即实现两个组合框之间的联动效果。调用 addItemListener()方法能够在组合框中注册选项监听，当选项改变时会触发选项事件处理。

运行结果如图 3-27 所示。

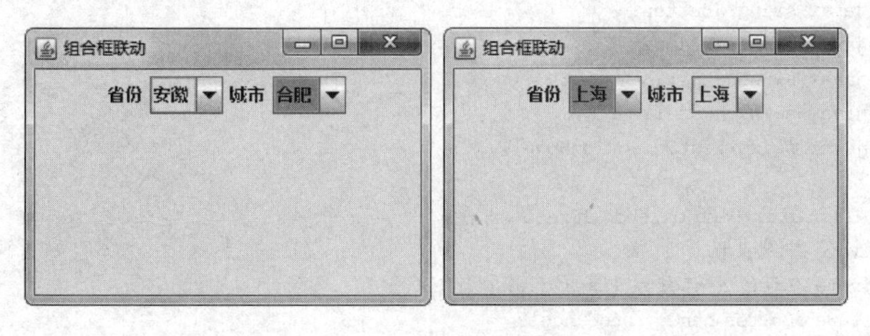

图 3-27　组合框联动

3.5.6 JList 列表框

JList 列表框中的选项以列表的形式都显示出来,用户在列表框中可以选择一个或多个选项(按住 Ctrl 键才能选中多个)。

JList 类常用的构造方法如下:

- JList()——不带参数的构造方法,用于创建一个没有选项的列表框;
- JList(Object[] listData)——构造方法的参数是对象数组,用于创建一个选项列表为对象数组中的元素的列表框;
- JList(Vector<? > listData)——构造方法的参数是泛型向量,用于创建一个选项列表为向量集合中的元素的列表框。

JList 类的常用的方法如表 3-18 所示。

表 3-18　JList 类的常用方法

方　法	功能描述
intgetSelectedIndex()	获得选中选项的下标,此时用户选择一个选项
ObjectgetSelectedValue()	获得列表中用户选中的选项的值
Object[]getSelectedValues()	以对象数组的形式返回所有被选中选项的值
void setModel(ListModel m)	设置表示列表内容或列表"值"的模型
voidsetSelectionMode (int selectionMode)	设置列表的选择模式,三种选择模式: • ListSelectionModel. SINGLE_SELECTION 单选 • ListSelectionModel. SINGLE_INTERVAL_SELECTION 一次只能选择一个连续间隔 • ListSelectionModel. MULTIPLE_INTERVAL_SELECTION 多选(默认)

下述代码演示列表框的使用。

【代码 3-19】　JListDemo. java

```
package com.qst.chapter03;

import java.awt.GridLayout;
import java.awt.event.ActionEvent;
import java.awt.event.ActionListener;

import javax.swing.DefaultListModel;
import javax.swing.JButton;
import javax.swing.JFrame;
import javax.swing.JList;
import javax.swing.JPanel;
import javax.swing.ListSelectionModel;

public class JListDemo extends JFrame {
    private JPanel p;
    private JList listLeft, listRight;
    private JButton btnOk, btnCancel;
    DefaultListModel model;
```

```
    public JListDemo() {
        super("JList 列表");
        this.setLayout(new GridLayout(1, 3));
        // 创建组件
        p = new JPanel(new GridLayout(2, 1));
        // 创建列表,并使用一个字符串数组初始化其选项列表
        listLeft = new JList(
                new String[] { "看书", "写字", "画画", "爬山", "跑步", "游泳" });
        // 设置列表的选择模式为单选
        listLeft.setSelectionMode(ListSelectionModel.SINGLE_SELECTION);
        // 创建一个空的列表
        listRight = new JList();
        // 定义一个默认的列表值模型
        model = new DefaultListModel();
        // 设置列表的值模型
        listRight.setModel(model);
        btnOk = new JButton("——>");
        btnCancel = new JButton("<——");
        // 注册监听
        btnOk.addActionListener(new ActionListener() {
            public void actionPerformed(ActionEvent e) {
                // 获取用户在左侧列表中选中的选项
                String strSelect = listLeft.getSelectedValue().toString();
                // 添加到右侧
                model.addElement(strSelect);
            }
        });
        btnCancel.addActionListener(new ActionListener() {
            public void actionPerformed(ActionEvent e) {
                // 移除用户在右侧列表选中的选项
                model.remove(listRight.getSelectedIndex());
            }
        });
        // 将组件添加到容器中
        p.add(btnOk);
        p.add(btnCancel);
        this.add(listLeft);
        this.add(p);
        this.add(listRight);

        // 设定窗口大小
        this.setSize(300, 200);
        // 设定窗口左上角坐标
        this.setLocation(200, 100);
        // 设定窗口默认关闭方式为退出应用程序
        this.setDefaultCloseOperation(JFrame.EXIT_ON_CLOSE);
        // 设置窗口可视(显示)
        this.setVisible(true);
    }
    public static void main(String[] args) {
        new JListDemo();
    }
}
```

上述代码中创建了两个列表，其中在创建右侧的列表对象时，使用到了列表的值模型类DefaultListModel。DefaultListModel类用于创建一个默认的列表值模型，使用值模型可以对列表中的选项内容进行添加或删除操作：

- addElement()方法可以向列表中添加一个新的选项；
- remove()方法可以移除列表中选中的选项。

整个界面使用了嵌套的网格布局来组织所有的组件，运行结果如图3-28所示，操作左右两侧的列表，观察添加和删除操作的效果。

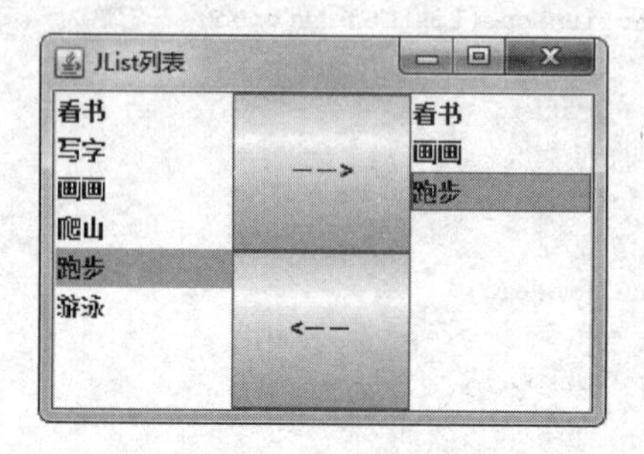

图3-28　添加和删除列表框中的选项

3.5.7　JRadioButton单选按钮

JRadioButton单选按钮可被选择或被取消选择。JRadioButton类常用的构造方法如下：

- JRadioButton(String str)——用于创建一个具有指定文本的单选按钮；
- JRadioButton(String str,boolean state)——创建一个具有指定文本和选择状态的单选按钮；当选择状态为true时，表示单选按钮被选中；状态为false时表示未被选中。

JRadioButton类常用的方法如表3-19所示。

表3-19　JRadioButton类常用的方法

方　法	功能描述
void setSelected(boolean state)	设置单选按钮的选中状态
boolean isSelected()	判断单选按钮是否被选中，返回一个布尔值

单选按钮一般成组出现，且需与ButtonGroup按钮组配合使用后，才能实现单选规则，即一次只能选择按钮组中的一个按钮。因此，使用单选按钮要经过以下两个步骤：

(1) 先实例化所有的JRadioButton单选按钮对象；

(2) 再创建一个ButtonGroup按钮组对象，并用其add()方法将所有的单选按钮添加到该组中，实现单选规则。

【示例】　创建单选按钮，并使用按钮组实现单选规则

```
//创建单选按钮
JRadioButton rbMale = new JRadioButton("男", true);
JRadioButton rbFemale = new JRadioButton("女");
//创建按钮组
```

```
ButtonGroup bg = new ButtonGroup();
// 将 rb1 和 rb2 两个单选按钮添加到按钮组中,这两个单选按钮只能选中其一
bg.add(rbMale);
bg.add(rbFemale);
```

注意

> ButtonGroup 只是为了实现单选规则的逻辑分组,而不是物理上的分组,因此仍要将 JRadioButton 单选按钮对象添加到容器对象中。

3.5.8 JCheckBox 复选框

JCheckBox 复选框可以控制选项的开启或关闭；在复选框上单击时,可以改变复选框的状态,复选框可以被单独使用或作为一组使用。

JCheckBox 类的构造方法如下：

- JCheckBox(String str)——创建一个带文本的、最初未被选定的复选框；
- JCheckBox(String str, boolean state)——创建一个带文本的复选框,并指定其最初是否处于选定状态。

JCheckBox 类常用的方法如表 3-20 所示。

表 3-20 JCheckBox 类常用的方法

方　法	功能描述
void setSelected(boolean state)	设置复选框的选中状态
boolean isSelected()	获得复选框是否被选中

下述代码演示单选按钮和复选框的使用。

【代码 3-20】 RadioCheckDemo.java

```
package com.qst.chapter03;

import java.awt.FlowLayout;
import java.awt.GridLayout;

import javax.swing.ButtonGroup;
import javax.swing.JCheckBox;
import javax.swing.JFrame;
import javax.swing.JLabel;
import javax.swing.JPanel;
import javax.swing.JRadioButton;

public class RadioCheckDemo extends JFrame {
    private JPanel p1, p2;
    private JLabel lblSex, lblLike;
    private JRadioButton rbMale, rbFemale;
    private ButtonGroup bg;
```

```
    private JCheckBox ckbRead, ckbNet, ckbSwim, ckbTour;
    public RadioCheckDemo() {
        super("单选和复选");
        this.setLayout(new GridLayout(2, 1));
        p1 = new JPanel(new FlowLayout(FlowLayout.LEFT));
        p2 = new JPanel(new FlowLayout(FlowLayout.LEFT));
        lblSex = new JLabel("性别:");
        lblLike = new JLabel("爱好:");
        // 创建单选按钮
        rbMale = new JRadioButton("男", true);
        rbFemale = new JRadioButton("女");
        // 创建按钮组
        bg = new ButtonGroup();
        // 将 rb1 和 rb2 两个单选按钮添加到按钮组中,这两个单选按钮只能选中其一
        bg.add(rbMale);
        bg.add(rbFemale);
        // 创建复选框
        ckbRead = new JCheckBox("阅读");
        ckbNet = new JCheckBox("上网");
        ckbSwim = new JCheckBox("游泳");
        ckbTour = new JCheckBox("旅游");

        // 性别相关的组件添加到 p1 子面板中
        p1.add(lblSex);
        p1.add(rbMale);
        p1.add(rbFemale);
        this.add(p1);

        // 爱好相关的组件添加到 p2 子面板中
        p2.add(lblLike);
        p2.add(ckbRead);
        p2.add(ckbNet);
        p2.add(ckbSwim);
        p2.add(ckbTour);
        this.add(p2);

        // 设定窗口大小
        this.setSize(300, 100);
        // 设定窗口左上角坐标
        this.setLocation(200, 100);
        // 设定窗口默认关闭方式为退出应用程序
        this.setDefaultCloseOperation(JFrame.EXIT_ON_CLOSE);
        // 设置窗口可视(显示)
        this.setVisible(true);
    }
    public static void main(String[] args) {
        new RadioCheckDemo();
    }
}
```

上述代码采用了网格和流布局相结合的混合布局，运行结果如图3-29所示。

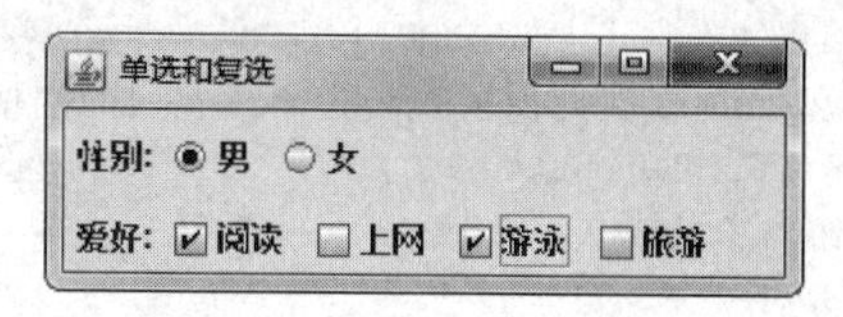

图3-29 单选按钮和复选框

3.5.9 计算器

下述代码实现一个计算器功能，用户操作按钮或键盘都能进行算术运算。

【代码3-21】 Calculator.java

```
package com.qst.chapter03;

import java.awt.BorderLayout;
import java.awt.GridLayout;
import java.awt.event.ActionEvent;
import java.awt.event.ActionListener;
import java.awt.event.KeyAdapter;
import java.awt.event.KeyEvent;

import javax.swing.JButton;
import javax.swing.JFrame;
import javax.swing.JPanel;
import javax.swing.JTextField;

public class Calculator extends JFrame {
    // 声明一个文本栏控件，用于显示计算结果
    private JTextField txtResult;
    private JPanel p;
    // 定义一个字符串数组，将计算器中按钮的文字都放在该数组中
    private String name[] = { "7", "8", "9", "+", "4", "5", "6", "-", "1", "2",
            "3", "*", "0", ".", "=", "/" };
    // 声明一个按钮数组，该数组的长度以字符串数组的长度为准
    private JButton button[] = new JButton[name.length];
    // 定义一个存放计算结果的变量，初始为0
    private double result = 0;
    // 存放最后一个操作符，初始为"="
    private String lastCommand = "=";
    // 标识是否是开始
    private boolean start = true;
    public Calculator() {
        super("计算器");
        // 实例化文本栏控件
        txtResult = new JTextField(20);
        // 设置文本框不是焦点状态
        txtResult.setFocusable(false);
```

```
        // 将文本栏控件放置在窗体框架的上方(北部)
        this.add(txtResult, BorderLayout.NORTH);
        // 实例化面板对象,同时设置此面板布局为 4 行 4 列的网格布局
        p = new JPanel(new GridLayout(4, 4));
        // 循环实例化按钮对象数组
        // 实例化按钮监听对象
        ButtonAction ba = new ButtonAction();
        // 实例化键盘监听对象
        KeyAction ka = new KeyAction();
        for (int i = 0; i < button.length; i++) {
            button[i] = new JButton(name[i]);
            // 注册监听
            button[i].addActionListener(ba);
            button[i].addKeyListener(ka);
            p.add(button[i]);
        }
        this.add(p, BorderLayout.CENTER);
        // 设定窗口大小
        this.setSize(200, 200);
        // 设定窗口左上角坐标
        this.setLocation(200, 100);
        // 设定窗口默认关闭方式为退出应用程序
        this.setDefaultCloseOperation(JFrame.EXIT_ON_CLOSE);
        // 设置窗口可视(显示)
        this.setVisible(true);
    }
    // 计算
    public void calculate(double x) {
        if (lastCommand.equals("+"))
            result += x;
        else if (lastCommand.equals("-"))
            result -= x;
        else if (lastCommand.equals("*"))
            result *= x;
        else if (lastCommand.equals("/"))
            result /= x;
        else if (lastCommand.equals("="))
            result = x;
        // 将结果显示在文本栏
        txtResult.setText("" + result);
    }
    // 单击按钮监听
    private class ButtonAction implements ActionListener {
        public void actionPerformed(ActionEvent e) {
            String input = e.getActionCommand();
            // 单击操作符号按钮
            if (input.equals("+") || input.equals("-") || input.equals("*")
                    || input.equals("/") || input.equals("=")) {
                if (start) {
                    if (input.equals("-")) {
```

```
                    txtResult.setText(input);
                    start = false;
                } else
                    lastCommand = input;
            } else {
                calculate(Double.parseDouble(txtResult.getText()));
                lastCommand = input;
                start = true;
            }
        } else {
            if (start) {
                txtResult.setText("");
                start = false;
            }
            txtResult.setText(txtResult.getText() + input);
        }
    }
}
// 键盘监听
private class KeyAction extends KeyAdapter {
    public void keyTyped(KeyEvent e) {
        char key = e.getKeyChar();
        // 敲击的键盘是数字
        if (key == '0' || key == '1' || key == '2' || key == '3'
                || key == '4' || key == '5' || key == '6' || key == '7'
                || key == '8' || key == '9' || key == '9') {
            if (start) {
                txtResult.setText("");
                start = false;
            }
            txtResult.setText(txtResult.getText() + key);
        }
        // 敲击的键盘是操作符号
        else if (key == '+' || key == '-' || key == '*' || key == '/'
                || key == '=') {
            if (start) {
                if (key == '-') {
                    txtResult.setText(String.valueOf(key));
                    start = false;
                } else
                    lastCommand = String.valueOf(key);
            } else {
                calculate(Double.parseDouble(txtResult.getText()));
                lastCommand = String.valueOf(key);
                start = true;
            }
        }
    }
}
public static void main(String[] args) {
    new Calculator();
}
}
```

上述代码不仅要对单击按钮的行为事件进行处理，还要对敲击键盘的键盘事件进行处理。因此，创建了两个监听类，分别监听单击按钮的行为事件和敲击键盘的事件。进行事件处理时“数字”和“操作符”需要分别处理，其中“-”有两种意思：“负”和“减”，当在算式开始时代表负号，否则是减法符号。

运行结果如图 3-30 所示，操作按钮或键盘检验运算器的计算效果。

图 3-30　计算器

3.6　贯穿任务实现

3.6.1　实现【任务 3-1】

下述内容实现 Q-DMS 贯穿项目中的【任务 3-1】创建用户数据库表、用户实体类和用户业务逻辑类，为后期实现用户的注册和登录功能打下基础。

1. 创建用户表

在 Oracle 数据库中创建用户信息表，具体的 SQL 代码如下所示。

【任务 3-1】　q_dms.sql

```
--创建用户表
create table USERDETAILS
(
  id          NUMBER primary key,
  username    VARCHAR2(50) not null,
  password    VARCHAR2(50),
  sex         NUMBER,
  hobby       VARCHAR2(500),
  address     VARCHAR2(50),
  degree      VARCHAR2(50)
);
--创建序列
create sequence SEQ_USER
start with 1001
increment by 1;
```

2. 编写用户实体类

编写用户实体类 User，以便封装用户数据，代码如下所示。

【任务 3-1】　User.java

```
package com.qst.dms.entity;

//用户实体
```

```java
public class User {
    // 用户 id
    private int id;
    // 用户名
    private String username;
    // 密码
    private String password;
    // 性别
    private int sex;
    // 爱好
    private String hobby;
    // 地址
    private String address;
    // 学历
    private String degree;

    //...省略 getter/setter 方法
    public User() {
    }
    public User(String username, String password, int sex, String hobby,
            String address, String degree) {
        this.username = username;
        this.password = password;
        this.sex = sex;
        this.hobby = hobby;
        this.address = address;
        this.degree = degree;
    }
    public User(int id, String username, String password, int sex,
            String hobby, String address, String degree) {
        this.id = id;
        this.username = username;
        this.password = password;
        this.sex = sex;
        this.hobby = hobby;
        this.address = address;
        this.degree = degree;
    }
}
```

3. 编写用户业务类

编写用户业务逻辑类 UserService,代码如下所示。

【任务 3-1】 UserService.java

```java
package com.qst.dms.service;

import java.sql.ResultSet;
```

```
import com.qst.dms.db.DBUtil;
import com.qst.dms.entity.User;

public class UserService {
    // 根据用户名查询用户
    public User findUserByName(String userName) {
        DBUtil db = new DBUtil();
        User user = null;
        try {
            // 获取数据库链接
            db.getConnection();
            // 使用 PreparedStatement 发送 sql 语句
            String sql = "SELECT * FROM userdetails WHERE username = ?";
            // 设置参数
            Object[] param = new Object[] { userName };
            // 执行查询
            ResultSet rs = db.executeQuery(sql, param);
            if (rs.next()) {
                // 将结果集中的数据封装到对象中
                user = new User(rs.getInt(1), rs.getString(2), rs.getString(3),
                        rs.getInt(4), rs.getString(5), rs.getString(6),
                        rs.getString(7));
            }
        } catch (Exception e) {
            e.printStackTrace();
        } finally {
            //释放数据库资源
            db.closeAll();
        }
        // 返回用户对象
        return user;
    }
    // 保存用户信息
    public boolean saveUser(User user) {
        // 定义一个布尔返回值,初始值为 false
        boolean r = false;
        DBUtil db = new DBUtil();
        try {
            // 获取数据库连接
            db.getConnection();
            // 使用 PreparedStatement 发送 sql 语句
            String sql = "INSERT INTO userdetails
                (id,username,password,sex,hobby,address,degree)
                VALUES (SEQ_USER.NEXTVAL,?,?,?,?,?,?)";
            // 设置参数
            Object[] param = new Object[] { user.getUsername(),
                    user.getPassword(), user.getSex(), user.getHobby(),
                    user.getAddress(), user.getDegree() };
            // 判断数据是否保存成功
            if (db.executeUpdate(sql, param) > 0) {
```

```
                    // 保存成功,设置返回值为 true
                    r = true;
                }
            } catch (Exception e) {
                e.printStackTrace();
            } finally {
                //释放数据库资源
                db.closeAll();
            }
            // 返回
            return r;
        }
    }
```

在上述代码中实现了两个业务方法,其中 findUserByName()方法用于根据用户名查找指定的用户,而 saveUser()方法用于将用户的信息保存到数据库。

3.6.2 实现【任务 3-2】

下述内容实现 Q-DMS 贯穿项目中的【任务 3-2】创建用户注册窗口,并将用户注册信息保存到数据库。

编写用户注册窗口 RegistFrame,代码如下所示。

【任务 3-2】 RegistFrame. java

```
package com.qst.dms.ui;

import java.awt.FlowLayout;
import java.awt.GridLayout;
import java.awt.event.ActionEvent;
import java.awt.event.ActionListener;

import javax.swing.ButtonGroup;
import javax.swing.ImageIcon;
import javax.swing.JButton;
import javax.swing.JCheckBox;
import javax.swing.JComboBox;
import javax.swing.JFrame;
import javax.swing.JLabel;
import javax.swing.JPanel;
import javax.swing.JPasswordField;
import javax.swing.JRadioButton;
import javax.swing.JTextArea;
import javax.swing.JTextField;

import com.qst.dms.entity.User;
import com.qst.dms.service.UserService;
//注册窗口
public class RegistFrame extends JFrame {
```

```
    // 主面板
    private JPanel p;
    // 标签
    private JLabel lblName, lblPwd, lblRePwd, lblSex, lblHobby, lblAdress,
            lblDegree;
    // 用户名,文本框
    private JTextField txtName;
    // 密码和确认密码,密码框
    private JPasswordField txtPwd, txtRePwd;
    // 性别,单选按钮
    private JRadioButton rbMale, rbFemale;
    // 爱好,多选框
    private JCheckBox ckbRead, ckbNet, ckbSwim, ckbTour;
    // 地址,文本域
    private JTextArea txtAdress;
    // 学历,组合框
    private JComboBox<String> cmbDegree;
    // 确认和取消,按钮
    private JButton btnOk, btnCancle;
    // 注册的用户
    private static User user;
    // 用户业务类
    private UserService userService;
    // 构造方法
    public RegistFrame() {
        super("用户注册");
        // 实例化用户业务类对象
        userService = new UserService();
        // 设置窗体的 icon
        ImageIcon icon = new ImageIcon("images\\dms.png");
        this.setIconImage(icon.getImage());
        // 设置面板布局,网格布局
        p = new JPanel(new GridLayout(8, 1));
        // 实例化组件
        lblName = new JLabel("用　户　名：");
        lblPwd = new JLabel("密　　码：");
        lblRePwd = new JLabel("确认密码：");
        lblSex = new JLabel("性　　别：");
        lblHobby = new JLabel("爱　　好：");
        lblAdress = new JLabel("地　　址：");
        lblDegree = new JLabel("学　　历：");
        txtName = new JTextField(16);
        txtPwd = new JPasswordField(16);
        txtRePwd = new JPasswordField(16);
        rbMale = new JRadioButton("男");
        rbFemale = new JRadioButton("女");
        // 性别的单选逻辑
        ButtonGroup bg = new ButtonGroup();
        bg.add(rbMale);
        bg.add(rbFemale);
```

```
ckbRead = new JCheckBox("阅读");
ckbNet = new JCheckBox("上网");
ckbSwim = new JCheckBox("游泳");
ckbTour = new JCheckBox("旅游");
txtAdress = new JTextArea(3, 20);
// 组合框显示的学历数组
String str[] = { "小学", "初中", "高中", "本科", "硕士", "博士" };
cmbDegree = new JComboBox<String>(str);
// 设置组合框可编辑
cmbDegree.setEditable(true);
btnOk = new JButton("确定");
// 注册监听器,监听确定按钮
btnOk.addActionListener(new RegisterListener());
btnCancle = new JButton("重置");
// 注册监听器,监听重置按钮
btnCancle.addActionListener(new ResetListener());
// 将组件分组放入面板,然后将小面板放入主面板
JPanel p1 = new JPanel(new FlowLayout(FlowLayout.LEFT));
p1.add(lblName);
p1.add(txtName);
p.add(p1);
JPanel p2 = new JPanel(new FlowLayout(FlowLayout.LEFT));
p2.add(lblPwd);
p2.add(txtPwd);
p.add(p2);
JPanel p3 = new JPanel(new FlowLayout(FlowLayout.LEFT));
p3.add(lblRePwd);
p3.add(txtRePwd);
p.add(p3);
JPanel p4 = new JPanel(new FlowLayout(FlowLayout.LEFT));
p4.add(lblSex);
p4.add(rbMale);
p4.add(rbFemale);
p.add(p4);
JPanel p5 = new JPanel(new FlowLayout(FlowLayout.LEFT));
p5.add(lblHobby);
p5.add(ckbRead);
p5.add(ckbNet);
p5.add(ckbSwim);
p5.add(ckbTour);
p.add(p5);
JPanel p6 = new JPanel(new FlowLayout(FlowLayout.LEFT));
p6.add(lblAdress);
p6.add(txtAdress);
p.add(p6);
JPanel p7 = new JPanel(new FlowLayout(FlowLayout.LEFT));
p7.add(lblDegree);
p7.add(cmbDegree);
p.add(p7);
JPanel p8 = new JPanel(new FlowLayout(FlowLayout.CENTER));
```

```
        p8.add(btnOk);
        p8.add(btnCancle);
        p.add(p8);
        // 主面板放入窗体中
        this.add(p);
        // 设置窗体大小和位置居中
        this.setSize(310, 350);
        this.setLocationRelativeTo(null);
        // 设置窗体不可改变大小
        this.setResizable(false);
        // 设置窗体初始可见
        this.setVisible(true);
    }
    // 监听类,负责处理确认按钮的业务逻辑
    private class RegisterListener implements ActionListener {
        // 重写 actionPerFormed()方法,事件处理方法
        public void actionPerformed(ActionEvent e) {
            // 获取用户输入的数据
            String userName = txtName.getText().trim();
            String password = new String(txtPwd.getPassword());
            String rePassword = new String(txtRePwd.getPassword());
            // 将性别"男""女"对应转化为"1""0"
            int sex = Integer.parseInt(rbFemale.isSelected() ? "0" : "1");
            String hobby = (ckbRead.isSelected() ? "阅读" : "")
                    + (ckbNet.isSelected() ? "上网" : "")
                    + (ckbSwim.isSelected() ? "游泳" : "")
                    + (ckbTour.isSelected() ? "旅游" : "");
            String address = txtAdress.getText().trim();
            String degree = cmbDegree.getSelectedItem().toString().trim();
            // 判断两次输入密码是否一致
            if (password.equals(rePassword)) {
                // 将数据封装到对象中
                user = new User(userName, password, sex, hobby, address, degree);
                // 保存数据
                if (userService.saveUser(user)) {
                    // 输出提示信息
                    System.out.println("注册成功!");
                } else {
                    // 输出提示信息
                    System.out.println("注册失败!");
                }
            } else {
                // 输出提示信息
                System.out.println("两次输入的密码不一致!");
            }
        }
    }
    // 监听类,负责处理重置按钮
    public class ResetListener implements ActionListener {
        // 重写 actionPerFormed()方法,重置组件内容事件处理方法
```

```
        public void actionPerformed(ActionEvent e) {
            // 清空姓名、密码、确认密码内容
            txtName.setText("");
            txtPwd.setText("");
            txtRePwd.setText("");
            // 重置单选按钮为未选择
            rbMale.setSelected(false);
            rbFemale.setSelected(false);
            // 重置所有的复选按钮为未选择
            ckbRead.setSelected(false);
            ckbNet.setSelected(false);
            ckbSwim.setSelected(false);
            ckbTour.setSelected(false);
            // 清空地址栏
            txtAdress.setText("");
            // 重置组合框为未选择状态
            cmbDegree.setSelectedIndex(0);
        }
    }
    public static void main(String[] args) {
        new RegistFrame();
    }
```

在上述代码中，声明了用户对象 user 和用户业务类 userService，并在构造方法中先实例化 userService 业务对象。当用户单击"注册"按钮时，先获取界面中的信息，然后封装到 user 对象中，再调用 userService.saveUser()方法将 user 对象中的数据保存到数据库中。

运行结果如图 3-31 所示。

单击"注册"按钮，注册多个用户信息后，查看数据库中保存的数据，如图 3-32 所示。

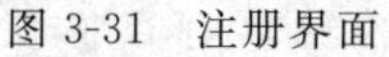
图 3-31　注册界面

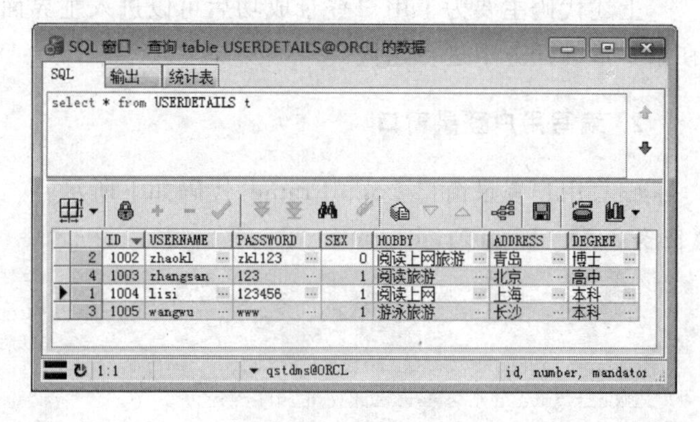

	ID	USERNAME	PASSWORD	SEX	HOBBY	ADDRESS	DEGREE
2	1002	zhaokl	zkl123	0	阅读上网旅游	青岛	博士
4	1003	zhangsan	123	1	阅读旅游	北京	高中
1	1004	lisi	123456	1	阅读上网	上海	本科
3	1005	wangwu	www	1	游泳旅游	长沙	本科

图 3-32　用户表

3.6.3　实现【任务 3-3】

下述内容实现 Q-DMS 贯穿项目中的【任务 3-3】创建用户登录窗口，登录成功则进入系统主界面。

1. 编写主窗口

主窗口 MainFrame 的代码如下所示。

【任务 3-3】 MainFrame.java

```
package com.qst.dms.ui;

import javax.swing.ImageIcon;
import javax.swing.JFrame;

//主窗口
public class MainFrame extends JFrame {
    // 构造方法
    public MainFrame() {
        // 调用父类的构造方法
        super("Q - DMS 系统客户端");
        // 设置窗体的 icon
        ImageIcon icon = new ImageIcon("images\\dms.png");
        this.setIconImage(icon.getImage());
        // 设置窗体初始可见
        this.setVisible(true);
        // 设置窗体大小
        this.setSize(600, 400);
        // 设置窗口在屏幕中央
        this.setLocationRelativeTo(null);
        // 设置默认的关闭按钮操作为退出程序
        this.setDefaultCloseOperation(EXIT_ON_CLOSE);
    }
}
```

上述代码主要为了用户登录成功后可以进入主界面，仅为了显示而用，更具体的内容会在第 4 章的任务中进行迭代。

2. 编写用户登录窗口

编写用户登录窗口 LoginFrame，代码如下所示。

【任务 3-3】 LoginFrame.java

```
package com.qst.dms.ui;

import java.awt.event.ActionEvent;
import java.awt.event.ActionListener;

import javax.swing.ImageIcon;
import javax.swing.JButton;
import javax.swing.JFrame;
import javax.swing.JLabel;
import javax.swing.JPanel;
import javax.swing.JPasswordField;
```

```
import javax.swing.JTextField;

import com.qst.dms.entity.User;
import com.qst.dms.service.UserService;

//登录窗口
public class LoginFrame extends JFrame {
    // 主面板
    private JPanel p;
    // 标签
    private JLabel lblName, lblPwd;
    // 用户名,文本框
    private JTextField txtName;
    // 密码,密码框
    private JPasswordField txtPwd;
    // 确认、取消和注册,按钮
    private JButton btnOk, btnCancle, btnRegist;
    // 登录用户
    private static User user;
    // 用户业务类
    private UserService userService;
    // 构造方法
    public LoginFrame() {
        super("登录");
        // 实例化用户业务类对象
        userService = new UserService();
        // 设置窗体的 icon
        ImageIcon icon = new ImageIcon("images\\dms.png");
        this.setIconImage(icon.getImage());
        // 实例化组件
        p = new JPanel();
        // 使用 null 布局
        p.setLayout(null);
        lblName = new JLabel("用户名:");
        lblPwd = new JLabel("密 码:");
        txtName = new JTextField(20);
        txtPwd = new JPasswordField(20);
        txtPwd.setEchoChar('*');

        btnOk = new JButton("登录");
        btnOk.addActionListener(new LoginListener());

        btnCancle = new JButton("重置");
        btnCancle.addActionListener(new ResetListener());

        btnRegist = new JButton("注册");
        btnRegist.addActionListener(new RegistListener());

        lblName.setBounds(30, 30, 60, 25);
        lblPwd.setBounds(30, 60, 60, 25);
```

```
        txtName.setBounds(95, 30, 120, 25);
        txtPwd.setBounds(95, 60, 120, 25);
        btnOk.setBounds(30, 90, 60, 25);
        btnCancle.setBounds(95, 90, 60, 25);
        btnRegist.setBounds(160, 90, 60, 25);

        p.add(lblName);
        p.add(txtName);
        p.add(lblPwd);
        p.add(txtPwd);
        p.add(btnOk);
        p.add(btnCancle);
        p.add(btnRegist);

        // 主面板放入窗体中
        this.add(p);
        // 设置窗体大小和位置
        this.setSize(250, 170);
        // 设置窗口在屏幕中央
        this.setLocationRelativeTo(null);
        // 设置窗体不能改变大小
        this.setResizable(false);
        // 设置窗体的默认关闭按钮
        this.setDefaultCloseOperation(JFrame.EXIT_ON_CLOSE);
        // 设置窗体初始可见
        this.setVisible(true);
    }
    // 监听类,负责处理登录按钮
    public class LoginListener implements ActionListener {
        // 重写 actionPerformed()方法,事件处理逻辑
        public void actionPerformed(ActionEvent e) {
            // 根据用户名查询用户
            user = userService.findUserByName(txtName.getText().trim());
            // 判断用户是否存在
            if (user != null) {
                // 判断输入的密码是否正确
                if (user.getPassword().equals(new String(txtPwd.getPassword()))) {
                    // 登录成功,隐藏登录窗口
                    LoginFrame.this.setVisible(false);
                    // 显示主窗口
                    new MainFrame();
                } else {
                    // 输出提示信息
                    System.out.println("密码错误!请重新输入!");
                    // 清空密码框
                    txtPwd.setText("");
                }
            } else {
                // 输出提示信息
                System.out.println("该用户不存在,请先注册!");
```

```
            }
        }
    }
    // 监听类,负责处理重置按钮
    public class ResetListener implements ActionListener {
        // 重写 actionPerFormed()方法,事件处理方法
        public void actionPerformed(ActionEvent e) {
            // 清空文本框
            txtName.setText("");
            txtPwd.setText("");
        }
    }
    // 监听类,负责处理注册按钮
    public class RegistListener implements ActionListener {
        // 重写 actionPerFormed()方法,事件处理方法
        public void actionPerformed(ActionEvent e) {
            // 创建注册窗口
            new RegistFrame();
        }
    }
    // 主程序,整个应用程序的入口
    public static void main(String[] args) {
        new LoginFrame();
    }
}
```

在上述代码中,声明了用户对象 user 和用户业务类 userService,并在构造方法中先实例化 userService 业务对象。当用户单击“登录”按钮时,调用 userService. findUserByName()方法根据用户名查询数据库中的 user 对象,再判断用户输入的密码是否正确,如果正确,则进入主窗口中。当用户单击“注册”按钮时,则显示注册窗口。如此,登录窗口 LoginForm 可以作为整个项目的入口。

运行结果如图 3-33 所示。

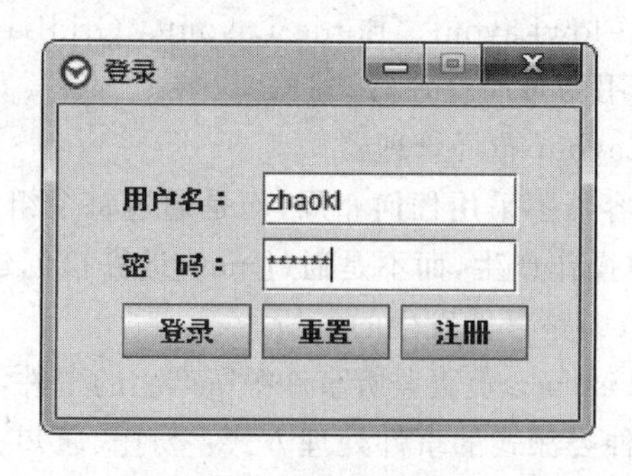

图 3-33 登录窗口

登录成功后进入的主窗口如图 3-34 所示。

图 3-34　主窗口

本章总结

小结

- AWT(Abstract Windows Tookit,抽象窗口工具集)界面功能有限,在不同的平台上外观效果不同且不美观。
- Swing 用户界面组件丰富,在不同平台上外观效果一致。
- 大部分 Swing 组件都是 JComponent 抽象类的直接或间接子类。
- JFrame(窗口框架)是可以独立存在的顶级窗口容器,能够包含其他子容器,其默认布局为 BorderLayout。
- JPanel(面板)是一种中间容器,其默认布局为 FlowLayout。
- AWT 提供了 FlowLayout、BorderLayout、GridLayout、GridBagLayout 和 CardLayout 五个常用的布局管理器。
- Swing 提供了 BoxLayout 布局管理器。
- NULL 空布局是指容器不采用任何布局,而是通过每个组件的绝对定位进行布局。
- 事件(Event)由用户操作产生,而不是通过 new 运算符创建。
- 事件源(Event Source)是事件发生的场所。
- 事件监听器(Event Listener)负责监听事件源所产生的事件,并对事件做出响应处理。
- 事件处理机制是一种委派式的事件处理方式:委托、通知、处理。
- AWT 的事件类都是 AWTEvent 类的子类。
- 常见的 AWT 事件类有 MouseEven、ActionEvent、ItemEvent 和 WindowEvent 等。
- AWT 提供了大量的监听接口,用于实现不同类型的事件监听器。
- ActionListener、KeyListener、MouseListener 和 MouseMotionListener 都是常用的

监听接口。

- 适配器用于简化程序编码。
- Icon、JButton、JLabel、JTextField、JTextArea、JPasswordField、JComboBox、JList、JRadioButton 和 JCheckBox 都是常用的 GUI 基本组件。

Q&A

1. 问题：简述 Java 事件处理机制。

回答：事件处理机制是一种委派式的事件处理方式，实现步骤如下：

(1) 委托——组件(事件源)将事件处理委托给特定的事件处理对象(事件监听器)；

(2) 通知——当组件(事件源)触发指定的事件时，就通知所委托的事件处理对象(事件监听器)；

(3) 处理——事件处理对象(事件监听器)调用相应的事件处理方法来处理该事件。

2. 问题：简述 Java 程序中实现事件处理的具体步骤。

回答：在 Java 程序中，实现事件处理需要以下三个步骤：

(1) 创建监听类，实现监听接口并重写监听接口中的事件处理方法；

(2) 创建监听对象，即实例化上一步中所创建的监听类的对象；

(3) 注册监听对象，调用组件的 addXXXListener()方法将监听对象注册到相应组件上，以便监听对事件源所触发的事件。

3. 问题：简述使用 NULL 空布局的步骤。

回答：使用 NULL 空布局需要以下三步：

(1) 将容器中的布局管理器设置为 null(空)，即容器不采用任何布局；

(2) 调用 setBounds()设置组件的绝对位置坐标及大小，或使用 setLocation()、setSize()分别设置组件的坐标和大小；

(3) 将组件添加到容器中。

章节练习

习题

1. 下列关于 AWT 和 Swing 说法的中正确的是________。

   A. AWT 是 Sun 公司提供的一套基本的抽象窗口工具集

   B. AWT 运行在不同的平台上，会呈现不同的外观效果

   C. Swing 能够保证不同平台上用户一致的感观效果

   D. Swing 中的 JComponent 类是 AWT 中 java.awt.Container 类的子类

2. 下列________不是 Swing 中的顶层容器。

   A. JFrame　　B. JApplet　　C. JDialog　　D. JPanel

   E. JWindow

3. 布局管理器用来管理组件在容器中的布局格式，下列关于布局的说法中错误的

是________。

A. FlowLayout 流布局是将容器中的组件按照从左到右的顺序,流动地排列和分布

B. CardLayout 网格布局就像表格一样,将容器按照行和列分割成单元格,每个单元格所占的区域大小都一样

C. BorderLayout 边界布局允许将组件有选择地放置到容器的中部、北部、南部、东部、西部这五个区域

D. 空布局是指容器不采用任何布局,而是通过每个组件的绝对定位进行布局

4. AWT 事件分为低级事件和高级事件,其中低级事件不包括________。

A. ItemEvent　　B. WindowEvent

C. MouseEvent　　D. KeyEvent

5. AWT 事件分为低级事件和高级事件,其中高级事件不包括________。

A. ActionEvent　　B. AdjustmentEvent

C. MouseEvent　　D. TextEvent

6. 下列关于 Icon 接口的说法中错误的是________。

A. Icon 是一个图标接口,用于加载图片

B. ImageIcon 类是 Icon 接口的一个实现类

C. Icon 类型的对象可以作为 JButton 的构造方法的参数,在创建 JButton 对象的同时指定按钮对应的图标

D. Icon 类型的对象可以作为 JRadioButton 的构造方法的参数,在创建 JRadioButton 对象的同时指定按钮对应的图标

7. 下列组件中,不允许多选的是________。

A. JComboBox　　B. JRadioButton

C. JCheckBox　　D. JList

上机

训练目标:GUI 界面编程。

培养能力	使用 Swing 组件创建 GUI 界面		
掌握程度	★★★★★	难度	难
代码行数	350	实施方式	编码强化
结束条件	独立编写,不出错。		

参考训练内容

(1) 创建一个学生信息录入界面,学生有学号、姓名、年龄、班级和成绩信息。

(2) 实现事件处理,单击"确定"按钮将学生信息封装到对象中并保存到数据库;单击"重置"按钮清空界面中用户输入的信息。

高级UI组件

本章任务是完成“Q-DMS 数据挖掘”系统的主窗口界面及其功能：

- 【任务 4-1】 使用对话框优化登录、注册窗口中的错误提示。
- 【任务 4-2】 实现主窗口中的菜单和工具栏。
- 【任务 4-3】 实现主窗口中的数据采集界面及其功能。
- 【任务 4-4】 实现主窗口中的数据匹配、保存及显示功能。

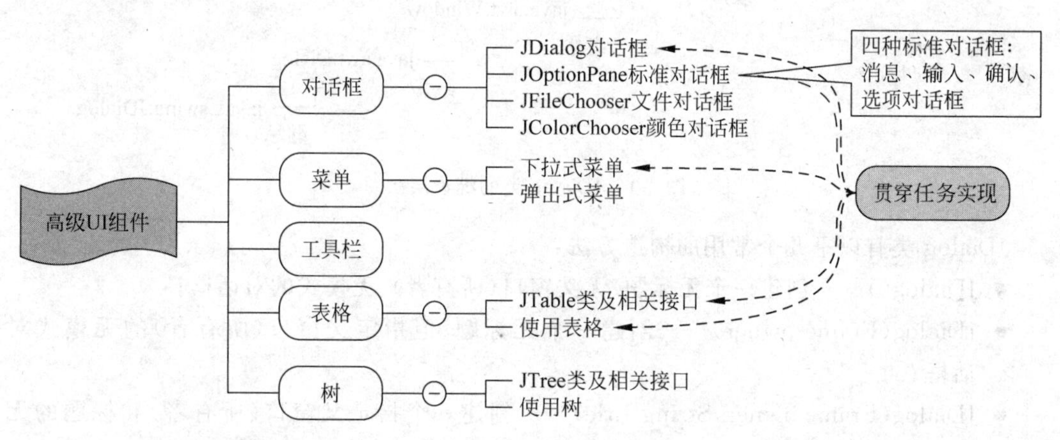

知　识　点	Listen(听)	Know(懂)	Do(做)	Revise(复习)	Master(精通)
对话框的使用	★	★	★	★	
菜单	★	★	★	★	★
工具栏	★	★	★	★	★
表格	★	★	★		
树	★	★	★		

4.1 对话框

对话框属于特殊组件，与窗口一样是一种可以独立存在的顶级容器。AWT 中的 Dialog 类是 Window 类的子类，因此对话框的用法与普通窗口的用法几乎完全一样。对话框通常依赖于其他窗口，即对话框通常有一个父窗口。

对话框有“模式对话框”和“非模式对话框”两种类型。

- 模式(modal)对话框：模式对话框打开之后，总是位于其所依赖的父窗口之上，在该模式对话框被关闭之前，其父窗口无法获得焦点；
- 非模式(non-modal)对话框：非模式对话框与普通窗口类似。

4.1.1 JDialog 对话框

JDialog 类是 Swing 中提供的对话框类，用于实现一个自定义的对话框对象。JDialog 类是 Dialog 类的子类，其继承层次如图 4-1 所示。

java.lang.Object
继承 java.awt.Component
继承 java.awt.Container
继承 java.awt.Window
继承 java.awt.Dialog
继承 javax.swing.JDialog

图 4-1 JDialog 类的继承层次

JDialog 类有以下几个常用的构造方法：

- JDialog()——创建一个无标题、无父窗口(所有者)、无模式的对话框；
- JDialog(Frame owner)——创建一个无标题、但指定父窗口(所有者)的无模式对话框；
- JDialog(Frame owner,String title)——创建一个指定父窗口(所有者)和标题的无模式对话框；
- JDialog(Frame owner,String title, boolean modal)——创建一个指定父窗口(所有者)、标题和模式的对话框；当 modal 为 true 时，创建一个模式对话框，否则创建一个非模式对话框。

注意

对话框所依赖的父窗口，既可以是窗口，也可以是对话框。

JDialog 类常用的方法如表 4-1 所示。

表 4-1　JDialog 类的常用方法

方　　法	功能描述
public Component add(Component comp)	该方法从 Container 类中继承而来，用于向窗口中添加组件
protected void dialogInit()	构造方法调用此方法来初始化对话框
public void setDefaultCloseOperation (int operation)	设置用户对此对话框的默认关闭操作，该方法的参数必须是 WindowConstants 中定义的以下常量之一： • DO_NOTHING_ON_CLOSE——不执行任何操作； • HIDE_ON_CLOSE——自动隐藏该窗体； • DISPOSE_ON_CLOSE——自动隐藏并释放该窗体
public void setJMenuBar (JMenuBar menubar)	设置对话框的菜单栏

自定义一个对话框的步骤如下：

(1) 定义一个类继承 JDialog 类；

(2) 创建用户界面组件，并添加到对话框中；

(3) 添加用户界面的事件处理；

(4) 设置对话框大小并显示。

下述代码演示对话框的使用。

【代码 4-1】 JDialogDemo. java

```
package com.qst.chapter04;

import java.awt.GridLayout;
import java.awt.event.ActionEvent;
import java.awt.event.ActionListener;

import javax.swing.JButton;
import javax.swing.JComboBox;
import javax.swing.JDialog;
import javax.swing.JFrame;
import javax.swing.JLabel;
import javax.swing.JPanel;
import javax.swing.JPasswordField;
import javax.swing.JTextField;

public class JDialogDemo extends JFrame {
    JPanel p;
    JButton btnMod, btnNon, btnMy;
    // 声明两个对话框组件
    JDialog modDialog, nonDialog;
    // 声明自定义的对话框组件
    MyDialog myDialog;

    public JDialogDemo() {
        super("测试对话框");
        p = new JPanel();
```

```
        btnMod = new JButton("模式对话框");
        btnNon = new JButton("非模式对话框");
        btnMy = new JButton("自定义对话框");
        // 创建模式对话框
        modDialog = new JDialog(this, "模式对话框", true);
        // 设置对话框的坐标和大小
        modDialog.setBounds(250, 200, 200, 100);
        // 创建非模式对话框
        nonDialog = new JDialog(this, "非模式对话框", false);
        // 设置对话框的坐标和大小
        nonDialog.setBounds(250, 200, 200, 100);
        // 创建自定义对话框
        myDialog = new MyDialog(this);
        btnMod.addActionListener(new ActionListener() {
            public void actionPerformed(ActionEvent e) {
                // 显示模式对话框
                modDialog.setVisible(true);
            }
        });
        btnNon.addActionListener(new ActionListener() {
            public void actionPerformed(ActionEvent e) {
                // 显示非模式对话框
                nonDialog.setVisible(true);
            }
        });
        btnMy.addActionListener(new ActionListener() {
            public void actionPerformed(ActionEvent e) {
                // 显示自定义对话框
                myDialog.setVisible(true);
            }
        });
        p.add(btnMod);
        p.add(btnNon);
        p.add(btnMy);
        this.add(p);
        // 设定窗口大小(宽度 400 像素,高度 300 像素)
        this.setSize(400, 300);
        // 设定窗口左上角坐标(X 轴 200 像素,Y 轴 100 像素)
        this.setLocation(200, 100);
        // 设定窗口默认关闭方式为退出应用程序
        this.setDefaultCloseOperation(JFrame.EXIT_ON_CLOSE);
        // 设置窗口可视(显示)
        this.setVisible(true);
    }
    public static void main(String[] args) {
        new JDialogDemo();
    }
}
//创建一个对话框类,继承 JDialog 类
```

```
class MyDialog extends JDialog {
    // 声明对话框中的组件
    JPanel p;
    JLabel lblNum;
    JTextField txtNum;
    JButton btnOK;
    public MyDialog(JFrame f) {
        super(f, "我的对话框", true);
        // 创建对话框中的组件
        p = new JPanel();
        lblNum = new JLabel("请输入一个数：");
        txtNum = new JTextField(10);
        btnOK = new JButton("确定");
        // 注册监听
        btnOK.addActionListener(new ActionListener() {
            public void actionPerformed(ActionEvent e) {
                try {
                    int num = Integer.parseInt(txtNum.getText().trim());
                    System.out.println(num + " * " + num + " = " + (num * num));
                } catch (NumberFormatException e1) {
                    System.out.println(txtNum.getText() + "不是数字,请重新输入!");
                    // 清空文本框
                    txtNum.setText("");
                }
            }
        });
        // 将组件添加到面板中
        p.add(lblNum);
        p.add(txtNum);
        p.add(btnOK);
        // 将面板添加到对话框中
        this.add(p);
        // 设置对话框合适的大小
        this.pack();
        // 设置对话框的坐标
        this.setLocation(250, 200);
    }
}
```

上述代码自定义一个MyDialog对话框类，该类继承JDialog类。通过自定义的对话框发现创建对话框与创建窗体的步骤相似。在父窗口中有三个按钮，单击三个按钮显示不同的对话框。

运行程序，在父窗口中单击“模式对话框”按钮，显示一个模式对话框，如图4-2所示；此时无法操作父窗口中的组件，即在关闭模式对话框之前，操作父窗口中的其他按钮是没有反应的。

在父窗口中单击“非模式对话框”按钮，显示一个非模式对话框，如图4-3所示；此时允许操作父窗口中的其他按钮。

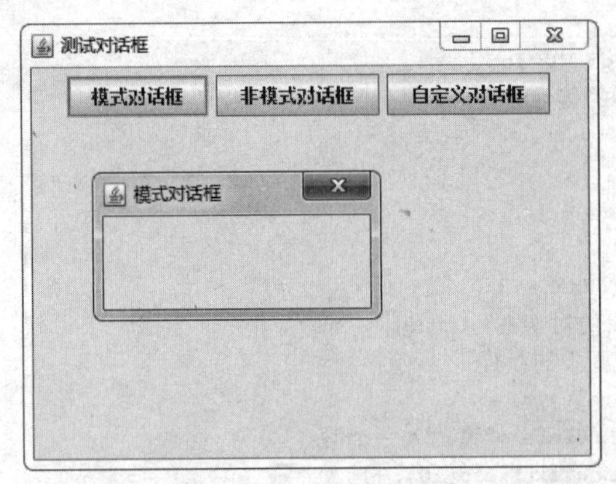

图 4-2　显示模式对话框

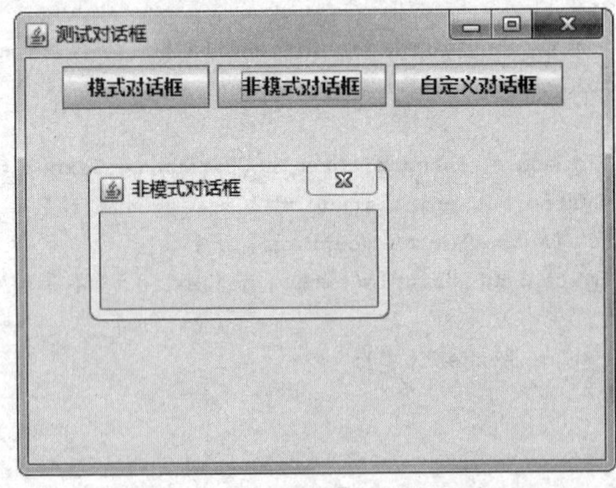

图 4-3　显示非模式对话框

在父窗口中单击“自定义对话框”按钮，显示一个自定义的对话框，如图 4-4 所示，该对话框用于接收一个数据。

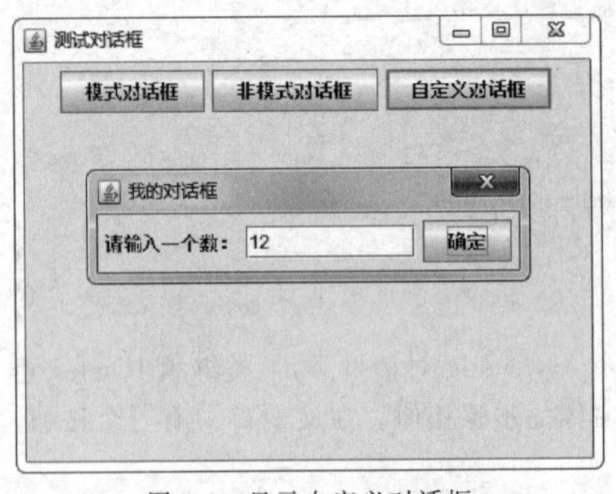

图 4-4　显示自定义对话框

当在自定义对话框中输入的内容是非数字时，控制台会有错误提示；如果输入的内容是数字时，则求其平方并显示。例如：

```
we 不是数字,请重新输入!
12 * 12 = 144
```

4.1.2 JOptionPane 标准对话框

除了 JDialog 可以创建对话框外，Swing 还提供了 JOptionPane 标准对话框组件，用于显示消息或获取信息。JOptionPane 类主要提供了四个静态方法用于显示不同类型的对话框，如表 4-2 所示。

表 4-2 JOptionPane 中的四个静态方法

静态方法	功能描述
showConfirmDialog()	显示确认对话框，等待用户确认(OK/Cancle)
showInputDialog()	显示输入对话框，等待用户输入信息，并以字符串形式返回用户输入的信息
showMessageDialog()	显示消息对话框，等待用户单击 OK 按钮
showOptionDialog()	显示选择对话框，等待用户在一组选项中选择，并返回用户选择的选项下标值

1. 消息对话框

JOptionPane. showMessageDialog()静态方法用于显示消息对话框，该方法有以下几种常用的重载方式：

- voidshowMessageDialog(Component parentComponent, Object message)——显示一个指定信息的消息对话框，该对话框的标题为“Message”；
- voidshowMessageDialog(Component parentComponent, Object message, String title, int messageType)——显示一个指定信息、标题和消息类型的消息对话框；
- showMessageDialog(Component parentComponent, Object message, String title, int messageType, Icon icon)——显示一个指定信息、标题、消息类型和图标的消息对话框。

关于 showMessageDialog()方法所使用到的参数说明如下：

- parentComponent 参数——用于指定对话框的父组件；如果为 null，则对话框将显示在屏幕中央，否则根据父组件所在窗体来确定位置；
- message 参数——用于指定对话框中所显示的信息内容；
- title 参数——用于指定对话框的标题；
- messageType 参数——用于指定对话框的消息类型。对话框左边显示的图标取决于对话框的消息类型，不同的消息类型显示不同的图标。在 JOptionPane 中提供了有五种消息类型：ERROR_MESSAGE(错误)、INFORMATION_MESSAGE(通知)、WARNING_MESSAGE(警告)、QUESTION_MESSAGE(疑问)、PLAIN_MESSAGE(普通)；
- icon——用于指定对话框所显示的图标。

【示例】 消息对话框

```
JOptionPane.showMessageDialog(null,
        "您输入的数据不正确,请重新输入!",
        "错误提示",
        JOptionPane.ERROR_MESSAGE);
```

2. 输入对话框

JOptionPane. showInputDialog()静态方法用于显示输入对话框,该方法有以下几种常用的重载方式:

- StringshowInputDialog(Object message)——显示一个指定提示信息的输入对话框,该对话框的类型为 QUESTION_MESSAGE;
- StringshowInputDialog(Component parentComponent,Object message)——显示一个指定父组件、提示信息的 QUESTION_MESSAGE 类型的输入对话框;
- StringshowInputDialog(Component parentComponent,Object message,String title, int messageType)——显示一个指定父组件、提示信息、标题以及消息类型的输入对话框。

【示例】 输入对话框

```
JOptionPane.showInputDialog(null, "请输入一个数字: ");
```

3. 确认对话框

JOptionPane. showConfirmDialog()静态方法用于显示确认对话框,该方法有以下几种常用的重载方式:

- intshowConfirmDialog(Component parentComponent,Object message)——显示一个指定父组件、提示信息、选项类型为 YES_NO_CANCEL_OPTION、标题为“Select an Option”的确认对话框;
- intshowConfirmDialog(Component parentComponent,Object message,String title, int optionType)——显示一个指定父组件、提示信息、标题和选项类型的确认对话框;
- showConfirmDialog(Component parentComponent, Object message, String title, int optionType, int messageType)——显示一个指定父组件、提示信息、标题、选项类型和消息图标类型的确认对话框。

其中,optionType 参数代表选项类型,用于设置对话框中所提供的按钮选项。在 JOptionPane 类中提供了四种选项类型的静态变量:

- DEFAULT_OPTION——默认选项;
- YES_NO_OPTION——Yes 和 No 选项;
- YES_NO_CANCEL_OPTION——Yes、No 和 Cancel 选项;
- OK_CANCEL_OPTION——Ok 和 Cancel 选项。

【示例】 确认对话框

```
JOptionPane.showConfirmDialog(null,
        "您确定要删除吗?",
        "删除",
        JOptionPane.YES_NO_OPTION);
```

4. 选项对话框

JOptionPane.showOptionDialog()静态方法用于显示选项对话框，该方法的参数是固定的，具体如下：

```
int showOptionDialog(ComponentparentComponent, Object message, String title, int optionType,
int messageType, Icon icon, Object[ ] options, Object initialValue)
```

其功能是创建一个指定各参数的选项对话框，其中选项数由 optionType 参数确定，初始选择由 initialValue 参数确定。

【示例】 选项对话框

```
Object[] options = { "Red", "Green", "Blue" };
JOptionPane.showOptionDialog(null,
        "选择颜色：",
        "选择",
        JOptionPane.DEFAULT_OPTION,
        JOptionPane.WARNING_MESSAGE,
        null,
        options,
        options[0]);
```

下述代码演示使用 JOptionPane 显示不同的标准对话框。

【代码 4-2】 JOptionPaneDemo.java

```
package com.qst.chapter04;

import java.awt.BorderLayout;
import java.awt.event.ActionEvent;
import java.awt.event.ActionListener;

import javax.swing.JButton;
import javax.swing.JFrame;
import javax.swing.JOptionPane;
import javax.swing.JPanel;
import javax.swing.JTextArea;

public class JOptionPaneDemo extends JFrame {
    private JPanel p;
    private JTextArea txtContent;
    private JButton btnInput, btnMsg, btnConfirm, btnOption;

    public JOptionPaneDemo() {
        super("JOptionPane 标准对话框");
        p = new JPanel();
        btnInput = new JButton("输入");
        btnMsg = new JButton("消息");
        btnConfirm = new JButton("确认");
```

```
btnOption = new JButton("选项");
txtContent = new JTextArea(20, 10);
// 注册监听
btnInput.addActionListener(new ActionListener() {
    public void actionPerformed(ActionEvent e) {
        // 显示输入对话框,并返回用户输入的字符串
        String strIn = JOptionPane
                .showInputDialog(btnInput, "请输入一个数字: ");
        try {
            int num = Integer.parseInt(strIn.trim());
            // 在文本域中追加内容
            txtContent.append(num + " * " + num + " = " + (num * num)
                    + "\n");
        } catch (NumberFormatException e1) {
            txtContent.append(strIn + "不是数字,请重新输入!\n");
        }
    }
});
btnMsg.addActionListener(new ActionListener() {
    public void actionPerformed(ActionEvent e) {
        // 显示消息对话框
        JOptionPane.showMessageDialog(btnMsg,
                "下午两点开 QST 员工大会!",
                "消息",
                JOptionPane.INFORMATION_MESSAGE);
        txtContent.append("显示消息对话框!\n");
    }
});
btnConfirm.addActionListener(new ActionListener() {
    public void actionPerformed(ActionEvent e) {
        // 显示确认对话框
        int r = JOptionPane.showConfirmDialog(btnConfirm,
                "您确定要删除吗?",
                "确认",
                JOptionPane.YES_NO_OPTION);
        if (r == JOptionPane.YES_OPTION) {
            txtContent.append("显示确认对话框!您选择了'是'\n");
        } else {
            txtContent.append("显示确认对话框!您选择了'否'\n");
        }
    }
});
btnOption.addActionListener(new ActionListener() {
    public void actionPerformed(ActionEvent e) {
        Object[] options = { "Red", "Green", "Blue" };
        // 显示选择对话框
        int sel = JOptionPane.showOptionDialog(btnOption,
                "选择颜色: ",
                "选择",
                JOptionPane.DEFAULT_OPTION,
```

```
                    JOptionPane.WARNING_MESSAGE,
                    null, options, options[0]);
            if (sel != JOptionPane.CLOSED_OPTION) {
                txtContent.append("显示选择对话框!颜色: "
                    + options[sel] + "\n");
            }
        }
    });

    // 将按钮添加到面板中
    p.add(btnInput);
    p.add(btnMsg);
    p.add(btnConfirm);
    p.add(btnOption);
    // 将文本域添加到窗口中央
    this.add(txtContent);
    // 将面板添加到窗体南面
    this.add(p, BorderLayout.SOUTH);
    // 设定窗口大小(宽度 400 像素,高度 300 像素)
    this.setSize(400, 300);
    // 设定窗口左上角坐标(X 轴 200 像素,Y 轴 100 像素)
    this.setLocation(200, 100);
    // 设定窗口默认关闭方式为退出应用程序
    this.setDefaultCloseOperation(JFrame.EXIT_ON_CLOSE);
    // 设置窗口可视(显示)
    this.setVisible(true);
  }
  public static void main(String[] args) {
    new JOptionPaneDemo();
  }
}
```

上述代码定义了一个窗体,在该窗体中央是文本域,底部(南面)有 4 个按钮,单击不同的按钮将调用 JOptionPane 的不同的方法显示 4 种不同的对话框。

运行结果如图 4-5 所示。

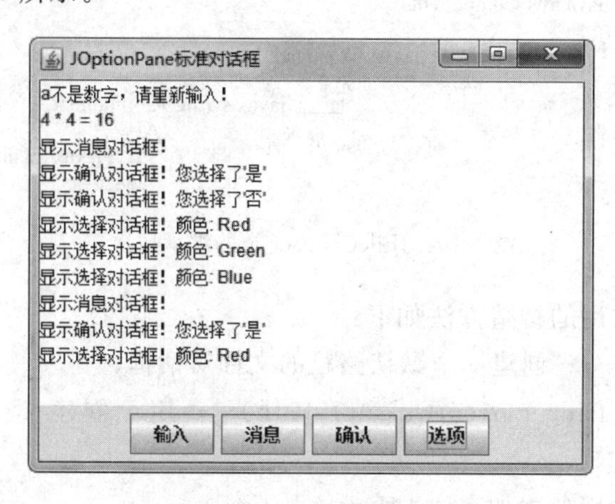

图 4-5 窗口界面

单击“输入”按钮，将调用 JOptionPane. showInputDialog()来显示输入对话框，如图 4-6 所示。

单击“消息”按钮，将调用 JOptionPane. showMessageDialog()来显示消息对话框，如图 4-7 所示。

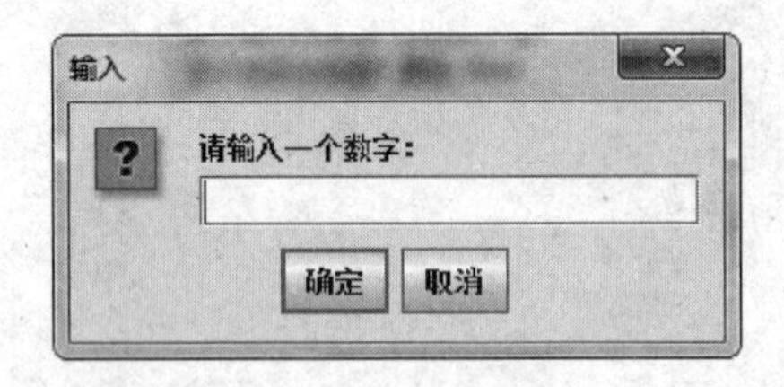

图 4-6　输入对话框

图 4-7　消息对话框

单击“确认”按钮，将调用 JOptionPane. showConfirmDialog()来显示确认对话框，如图 4-8 所示。

单击“选项”按钮，将调用 JOptionPane. showOptionDialog()来显示选项对话框，如图 4-9 所示。

图 4-8　确认对话框

图 4-9　选项对话框

4.1.3　JFileChooser 文件对话框

JFileChooser 类用于打开和保存文件时所显示的对话框，为用户选择文件提供了一种简单的机制，使文件操作变得更加方便。JFileChooser 类的继承层次如图 4-10 所示。

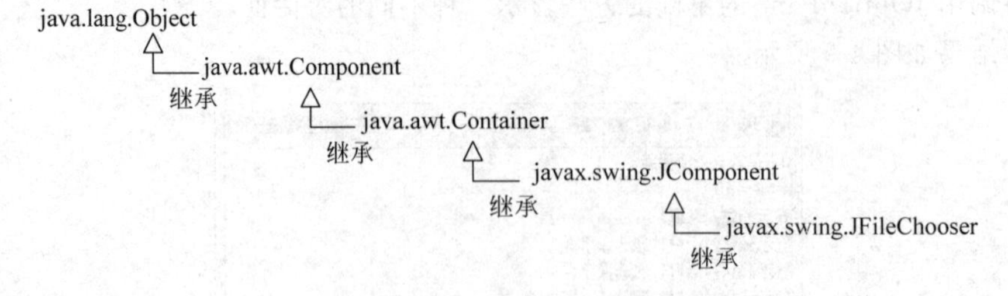

图 4-10　JFileChooser 类的继承层次

JFileChooser 类常用的构造方法如下：

- JFileChooser()——创建一个默认路径的文件对话框；
- JFileChooser(String currentDirectoryPath)——用于创建一个指定路径的文件对话框。

JFileChooser 类常用方法如表 4-3 所示。

表 4-3 JFileChooser 类常用方法

方　法	功能描述
int showOpenDialog(Component parent)	显示打开文件对话框
int showSaveDialog(Component parent)	显示保存文件对话框
File getSelectedFile()	获取选中的文件对象
File getCurrentDirectory()	获取当前文件路径

下述代码演示 JFileChooser 文件对话框的使用。

【代码 4-3】 JFileChooserDemo.java

```
package com.qst.chapter04;

import java.awt.BorderLayout;
import java.awt.event.ActionEvent;
import java.awt.event.ActionListener;
import java.io.BufferedReader;
import java.io.FileReader;
import java.io.FileWriter;

import javax.swing.JButton;
import javax.swing.JFileChooser;
import javax.swing.JFrame;
import javax.swing.JPanel;
import javax.swing.JScrollPane;
import javax.swing.JTextArea;

public class JFileChooserDemo extends JFrame {
    private JPanel p;
    private JScrollPane sp;
    private JTextArea txtContent;
    private JButton btnOpen, btnSave, btnClear;
    public JFileChooserDemo() {
        super("JFileChooser 文件对话框");
        p = new JPanel();
        btnOpen = new JButton("打开");
        btnSave = new JButton("保存");
        btnClear = new JButton("清空");
        txtContent = new JTextArea(20, 10);
        // 创建加载文本域的滚动面板
        sp = new JScrollPane(txtContent);
        // 注册监听
        btnOpen.addActionListener(new ActionListener() {
            public void actionPerformed(ActionEvent e) {
                openFile();
            }
        });
        btnSave.addActionListener(new ActionListener() {
            public void actionPerformed(ActionEvent e) {
```

```
                saveFile();
            }
        });
        btnClear.addActionListener(new ActionListener() {
            public void actionPerformed(ActionEvent e) {
                // 清空文本域
                txtContent.setText("");
            }
        });
        // 将按钮添加到面板中
        p.add(btnOpen);
        p.add(btnSave);
        p.add(btnClear);
        // 将滚动面板添加到窗口中央
        this.add(sp);
        // 将面板添加到窗体南面
        this.add(p, BorderLayout.SOUTH);
        // 设定窗口大小
        this.setSize(600, 500);
        // 设定窗口左上角坐标(X轴200像素,Y轴100像素)
        this.setLocation(200, 100);
        // 设定窗口默认关闭方式为退出应用程序
        this.setDefaultCloseOperation(JFrame.EXIT_ON_CLOSE);
        // 设置窗口可视(显示)
        this.setVisible(true);
    }
    // 打开文件的方法
    private void openFile() {
        // 实例化一个文件对话框对象
        JFileChooser fc = new JFileChooser();
        // 显示文件打开对话框
        int rVal = fc.showOpenDialog(this);
        // 如果单击确定(Yes/OK)
        if (rVal == JFileChooser.APPROVE_OPTION) {
            // 获取文件对话框中用户选中的文件名
            String fileName = fc.getSelectedFile().getName();
            // 获取文件对话框中用户选中的文件所在的路径
            String path = fc.getCurrentDirectory().toString();
            try {
                // 创建一个文件输入流,用于读文件
                FileReader fread = new FileReader(path + "/" + fileName);
                // 创建一个缓冲流
                BufferedReader bread = new BufferedReader(fread);
                // 从文件中读一行信息
                String line = bread.readLine();
                // 循环读文件中的内容,并显示到文本域中
                while (line != null) {
                    txtContent.append(line + "\n");
                    // 读下一行
                    line = bread.readLine();
```

```
            }
            bread.close();
            fread.close();
        } catch (Exception e) {
            e.printStackTrace();
        }
    }
}
// 保存文件的方法
private void saveFile() {
    // 实例化一个文件对话框对象
    JFileChooser fc = new JFileChooser();
    // 显示文件保存对话框
    int rVal = fc.showSaveDialog(this);
    // 如果单击确定(Yes/OK)
    if (rVal == JFileChooser.APPROVE_OPTION) {
        // 获取文件对话框中用户选中的文件名
        String fileName = fc.getSelectedFile().getName();
        // 获取文件对话框中用户选中的文件所在的路径
        String path = fc.getCurrentDirectory().toString();
        try {
            // 创建一个文件输出流,用于写文件
            FileWriter fwriter = new FileWriter(path + "/" + fileName);
            // 将文本域中的信息写入文件中
            fwriter.write(txtContent.getText());
            fwriter.close();
        } catch (Exception e) {
            e.printStackTrace();
        }
    }
}
public static void main(String[] args) {
    new JFileChooserDemo();
}
}
```

上述代码定义了一个用于打开文件的openFile()方法，在该方法中调用JFileChooser对象的showOpenDialog()方法可以显示文件打开对话框，当单击对话框中的“打开”按钮时，将所选中的文件内容在窗口的文本域显示；而在定义的用于保存文件的saveFile()方法中，则调用JFileChooser对象的showSaveDialog()方法来显示文件保存对话框，单击对话框中的“保存”按钮时将窗口的文本域内容保存到指定的文件中。使用文件打开或保存对话框进行提示，增强界面的友好性。

执行结果如图4-11所示。

单击“打开”按钮，则弹出文件打开对话框，如图4-12所示。

在文本域中输入信息后，单击“保存”按钮，则弹出文件保存对话框，如图4-13所示。

单击“清空”按钮，则清除文本域中的文本。

在此程序代码中，使用了一种特殊面板——JScrollPane滚动面板，将文本域加载到滚

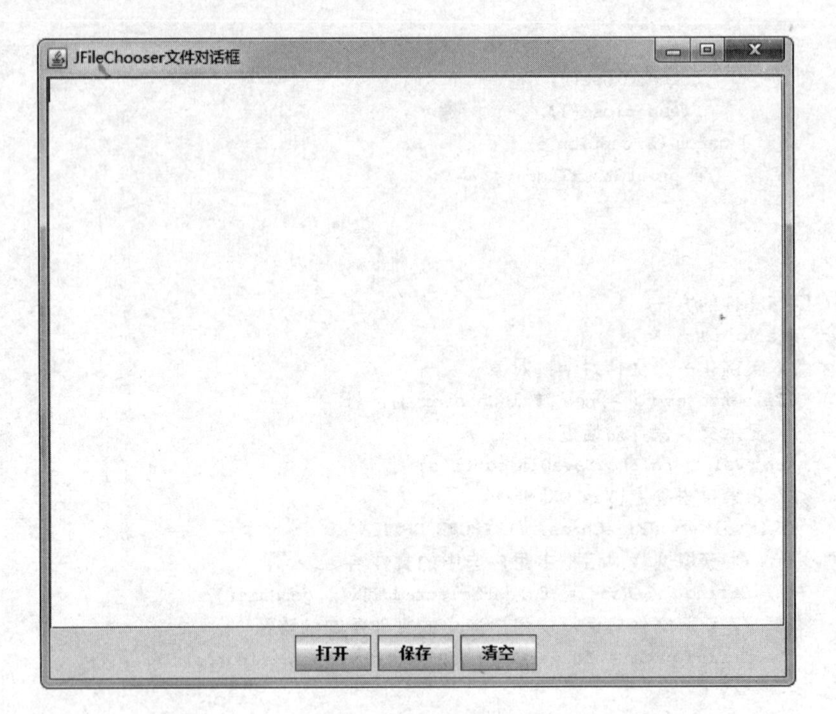

图 4-11　窗口界面

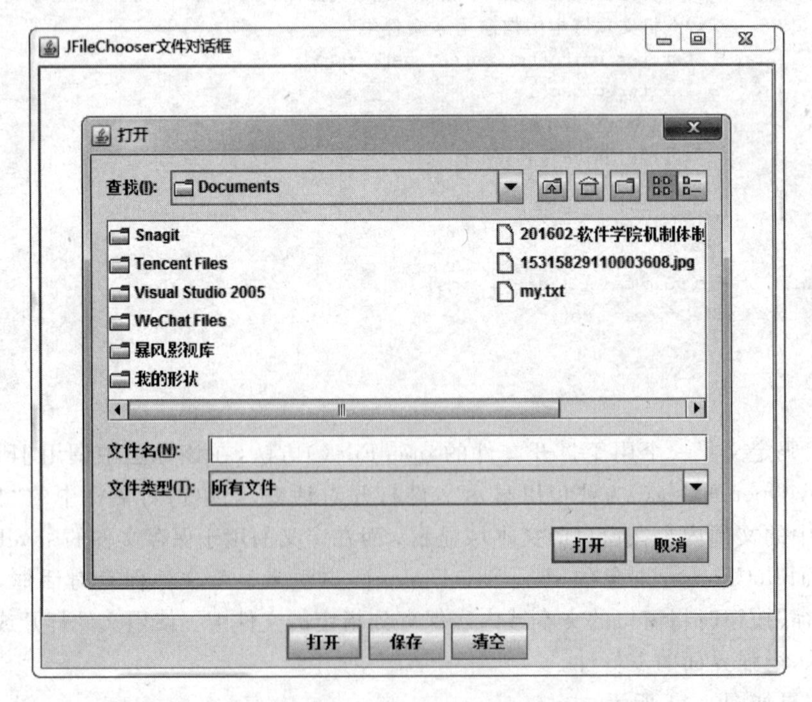

图 4-12　文件打开对话框

动面板后，当文本域中的内容显示不开时，会出现滚动条(横向或竖向)进行滚动显示，如图 4-14 所示。

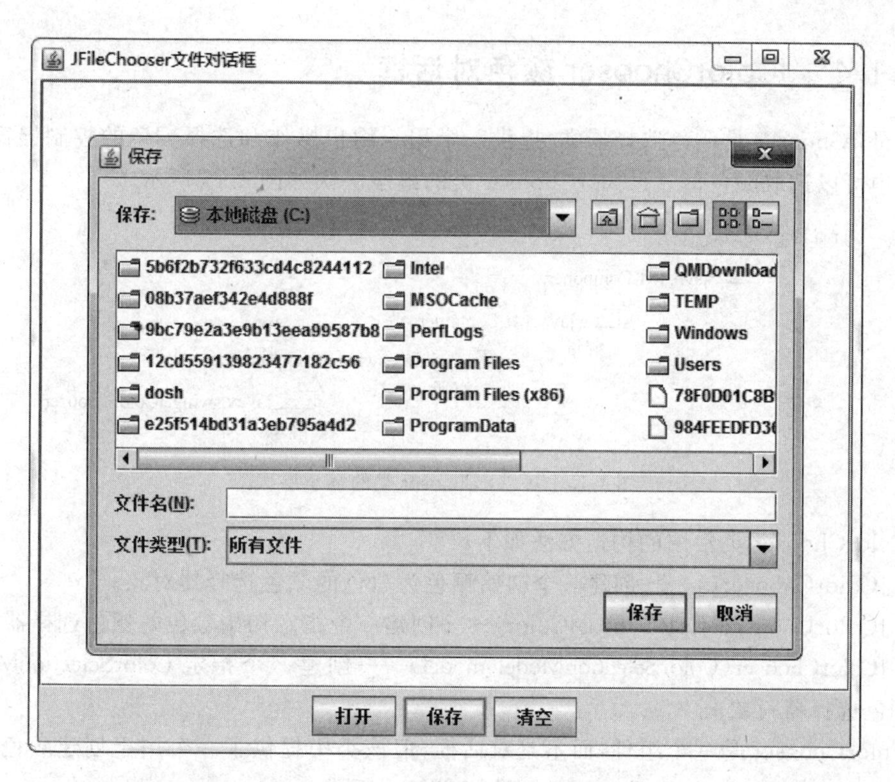

图 4-13　文件保存对话框

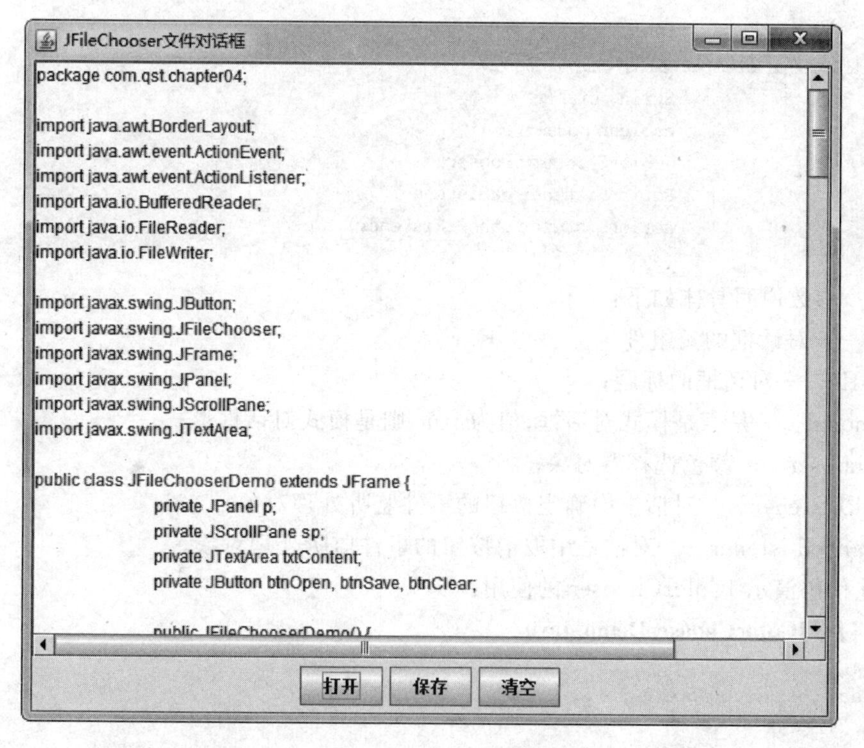

图 4-14　JScrollPane 滚动面板

4.1.4 JColorChooser 颜色对话框

JColorChooser 是颜色选择器类，提供一个用于用户操作和选择颜色的控制器窗格，在此窗格中可以选取颜色值。JColorChooser 类的继承层次如图 4-15 所示。

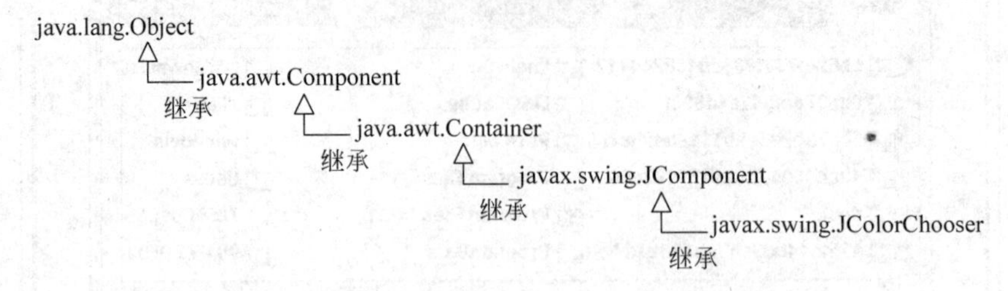

图 4-15 JColorChooser 类的继承层次

JColorChooser 类常用的构造方法如下：

- JColorChooser()——创建一个初始颜色为白色的颜色选择器对象；
- JColorChooser(Color initialColor)——创建一个指定初始颜色的颜色选择器对象；
- JColorChooser(ColorSelectionModel model)——创建一个指定 ColorSelectionModel 颜色选择器对象。

JColorChooser 是一个组件，而不是对话框，但该类中提供了一个用于创建颜色对话框的静态方法 createDialog()，该方法的语法定义如下所示。

【语法】

```
staticJDialog createDialog(Component c,
                    String title,
                    boolean modal,
                    JColorChooser chooser,
                    ActionListener okListener,
                    ActionListener cancelListener)
```

其中，参数说明具体如下：

- c——对话框的父组件；
- title——对话框的标题；
- modal——是否是模式对话框，值为 true 则是模式对话框形式；
- chooser——颜色选择器对象；
- okListener——对话框中确定按钮的事件监听处理对象；
- cancelListener——对话框中取消按钮的事件监听处理对象。

下述代码演示 JColorChooser 的使用。

【代码 4-4】 JColorChooserDemo.java

```
package com.qst.chapter04;

import java.awt.event.ActionEvent;
import java.awt.event.ActionListener;
```

```
import javax.swing.JButton;
import javax.swing.JColorChooser;
import javax.swing.JDialog;
import javax.swing.JFrame;
import javax.swing.JPanel;

public class JColorChooserDemo extends JFrame {
    private JPanel p;
    // 声明颜色选取器
    private JColorChooser ch;
    // 声明一个存放颜色的对话框
    private JDialog colorDialog;
    private JButton btnChange;
    public JColorChooserDemo() {
        super("颜色对话框");
        p = new JPanel();
        // 实例化颜色选取器对象
        ch = new JColorChooser();
        // 创建一个颜色对话框,颜色选取器对象作为其中的一个参数
        colorDialog = JColorChooser.createDialog(this, "选取颜色", true, ch, null,
                null);
        btnChange = new JButton("改变面板背景颜色");
        btnChange.addActionListener(new ActionListener() {
            public void actionPerformed(ActionEvent e) {
                // 显示颜色对话框
                colorDialog.setVisible(true);
                // 设置面板背景颜色为用户选取的颜色
                p.setBackground(ch.getColor());
            }
        });
        p.add(btnChange);
        // 将面板添加到窗体
        this.add(p);
        // 设定窗口大小
        this.setSize(800, 600);
        // 设定窗口左上角坐标(X轴200像素,Y轴100像素)
        this.setLocation(200, 100);
        // 设定窗口默认关闭方式为退出应用程序
        this.setDefaultCloseOperation(JFrame.EXIT_ON_CLOSE);
        // 设置窗口可视(显示)
        this.setVisible(true);
    }
    public static void main(String[] args) {
        new JColorChooserDemo();
    }
}
```

上述代码先使用 JColorChooser 的构造方法实例化颜色选择器对象；再调用 JColorChooser.createDialog()静态方法创建颜色对话框，调用 setVisible(true)可以显示该

颜色对话框；用户可以在颜色对话框中选择不同的颜色，通过调用颜色选择器对象的getColor()方法获取所选择的Color类型的颜色值；最后调用面板的setBackground()方法来改变面板的背景颜色。

执行结果如图4-16所示。

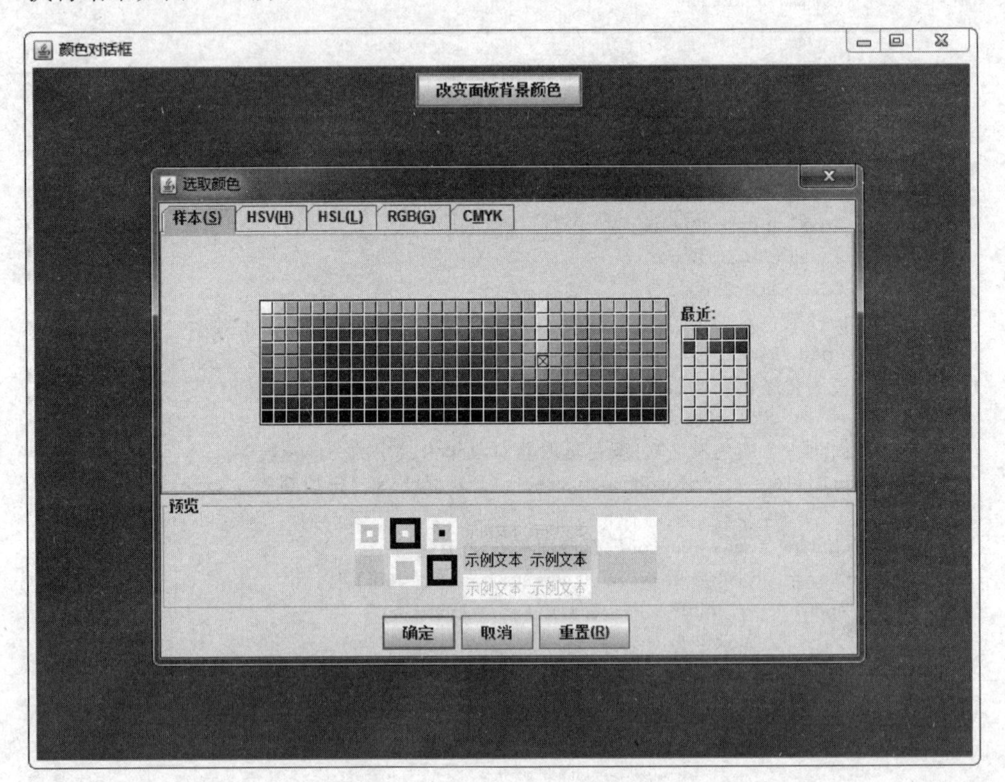

图4-16 JColorChooser颜色对话框

4.2 菜单

菜单是常见的GUI组件，且占用空间少、使用方便。创建菜单组件时只需将菜单栏、菜单和菜单项组合在一起即可。

Swing中的菜单由如下几个类组合而成。

- JMenuBar：菜单栏，菜单容器；
- JMenu：菜单，菜单项的容器；
- JPopupMenu：弹出式菜单，单击鼠标右键可以弹出的上下文菜单；
- JMenuItem：菜单项，菜单系统中最基本的组件。

JMenuBar、JMenu和JPopupMenu类都实现了菜单容器接口MenuContainer，因此都可以当做容器来盛放其他菜单组件。其中，JMenuBar是盛放JMenu的容器；JMenu和JPopupMenu是盛放JMenuItem的容器。使用JPopupMenu弹出式菜单则无须JMenuBar容器。菜单类之间的继承和组合关系如图4-17所示。

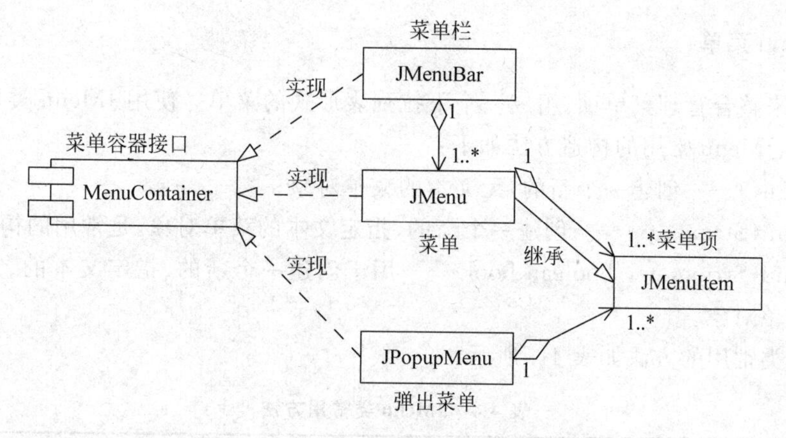

图 4-17　菜单类之间的继承和组合关系

常用的菜单有两种样式：

- 下拉式菜单——由 JMenuBar、JMenu 和 JMenuItem 组合而成的下拉式菜单；
- 弹出式菜单——由 JPopupMenu 和 JMenuItem 组合而成的右键弹出式菜单。

4.2.1　下拉式菜单

下拉式菜单是常用的菜单样式，由 JMenuBar 菜单栏、JMenu 菜单和 JMenuItem 菜单项组合而成，先将 JMenuItem 添加到 JMenu 中，再将 JMenu 添加到 JMenuBar 中。菜单允许嵌套，即一个菜单中不仅可以添加菜单项，还可以添加另外一个菜单对象，从而形成多级菜单。

1. JMenuBar 菜单栏

菜单栏是一个水平栏，用来管理菜单，可以位于 GUI 容器的任何位置，但通常放置在顶级窗口的顶部。Swing 中的菜单栏是通过使用 JMenuBar 类来创建，示例代码如下所示。

【示例】　创建菜单栏

```
//创建菜单栏对象
JMenuBarmenuBar = new JMenuBar();
```

创建一个 JMenuBar 对象后，再通过 JFrame 类的 setJMenuBar()方法将菜单栏对象添加到窗口的顶部，示例代码如下所示。

【示例】　添加菜单栏到窗口顶部

```
frame.setJMenuBar(menuBar);
```

注意

在 Swing GUI 图形界面中，顶级窗口可以是 JFrame 和 JDialog，这两个类中都提供了 setJMenuBar()方法，用于添加菜单栏对象。

2. JMenu 菜单

菜单用来整合管理菜单项,组成一个下拉列表形式的菜单。使用 JMenu 类可以创建一个菜单对象,JMenu 常用的构造方法如下:

- JMenu()——创建一个新的、无文本的菜单对象;
- JMenu(String str)——创建一个新的、指定文本的菜单对象,是常用的构造方法;
- JMenu(String str, boolean bool)——用于创建一个新的、指定文本的、是否分离式的菜单对象。

JMenu 类常用的方法如表 4-4 所示。

表 4-4 JMenu 类常用方法

方　法	功能描述
Component add(Component c)	在菜单末尾添加组件,通常添加 JMenuItem 菜单项,也可以添加子菜单
voidaddSeparator()	在菜单末尾添加分隔线
void addMenuListener(MenuListener l)	添加菜单监听
JMenuItem getItem(int pos)	返回指定索引处的菜单项,索引从 0 开始
int getItemCount()	返回菜单项的数目
JMenuItem insert(JMenuItem mi,int pos)	在指定索引处插入菜单项
void insertSeparator(int pos)	在指定索引处插入分割线
void remove(int pos)	从菜单中移除指定索引处的菜单项
void remove(Component c)	从菜单中移除指定组件
void removeAll()	移除菜单中的所有组件

创建菜单的示例代码如下所示。

【示例】 创建菜单

```
//菜单的文本为"开始"
JMenu menuFile = new JMenu("开始");
```

3. JMenuItem 菜单项

菜单项是菜单系统中最基本的组件,其本质是位于菜单列表中的按钮;当用户选择菜单项时,则执行与菜单项所关联的操作。使用 JMenuItem 类可以创建一个菜单选项对象,而 JMenuItem 类继承自 AbstractButton 类,因此可以将其看成一个按钮。菜单项对象可以添加到菜单中。

JMenuItem 常用的构造方法如下:

- JMenuItem ()——创建一个新的、无文本和图标的菜单项;
- JMenuItem(Icon icon)——创建一个新的、指定图标的菜单项;
- JMenuItem(String text)——创建一个新的、指定文本的菜单项;
- JMenuItem(String text, Icon icon)——创建一个新的、指定文本和指定图标的菜单项。

JMenuItem 类常用方法如表 4-5 所示。

表 4-5 JMenuItem 类常用方法

方 法	功能描述
voidaddActionListener(ActionListener l)	从 AbstractButton 类中继承的方法,将监听对象添加到菜单项中
void setIcon(Icon icon)	设置图标
void setText(String text)	设置文本

创建菜单项的示例代码如下所示。

【示例】 创建菜单项

```
//菜单项的文本为"退出"
JMenuItem menuFile = new JMenuItem("退出");
```

使用 JMenuBar、JMenu 和 JMenuItem 实现下拉式菜单的具体步骤如下:

(1) 创建一个 JMenuBar 菜单栏对象,调用顶级窗口的 setJMenuBar()方法将其添加到窗体顶部;

(2) 创建若干个 JMenu 菜单对象,调用 JMenuBar 的 add()方法将菜单添加到菜单栏中,如果创建的是子菜单,则可以添加到上一级菜单对象中;

(3) 创建若干个 JMenuItem 菜单项,调用 JMenu 的 add()方法将菜单项添加到菜单中。

下述代码使用 JMenuBar、JMenu 和 JMenuItem 实现下拉式三级菜单。

【代码 4-58】 JMenuDemo. java

```
package com.qst.chapter04;

import javax.swing.JFrame;
import javax.swing.JMenu;
import javax.swing.JMenuBar;
import javax.swing.JMenuItem;
import javax.swing.JPanel;

public class JMenuDemo extends JFrame {
    private JPanel p;
    // 声明菜单栏
    private JMenuBar menuBar;
    // 声明菜单
    private JMenu menuFile, menuEdit, menuHelp, menuNew;
    // 声明菜单项
    private JMenuItem miSave, miExit, miCopy, miPost, miAbout, miC, miJava,
            miOther;
    public JMenuDemo() {
        super("下拉菜单");
        p = new JPanel();
        // 创建菜单栏对象
        menuBar = new JMenuBar();
        // 将菜单栏设置到窗体中
```

```
            this.setJMenuBar(menuBar);
            // 创建菜单
            menuFile = new JMenu("File");
            menuEdit = new JMenu("Edit");
            menuHelp = new JMenu("Help");
            menuNew = new JMenu("New");
            // 将菜单添加到菜单栏
            menuBar.add(menuFile);
            menuBar.add(menuEdit);
            menuBar.add(menuHelp);
            // 将新建菜单添加到文件菜单中
            menuFile.add(menuNew);
            // 在菜单中添加分隔线
            menuFile.addSeparator();
            // 创建菜单选项
            miSave = new JMenuItem("Save");
            miExit = new JMenuItem("Exit");
            miCopy = new JMenuItem("Copy");
            miPost = new JMenuItem("Post");
            miAbout = new JMenuItem("About");
            miC = new JMenuItem("Class");
            miJava = new JMenuItem("Java Project");
            miOther = new JMenuItem("Other...");
            // 将菜单项添加到菜单中
            menuFile.add(miSave);
            menuFile.add(miExit);
            menuEdit.add(miCopy);
            menuEdit.add(miPost);
            menuHelp.add(miAbout);
            menuNew.add(miC);
            menuNew.add(miJava);
            menuNew.add(miOther);
            // 将面板添加到窗体
            this.add(p);
            // 设定窗口大小
            this.setSize(400, 300);
            // 设定窗口左上角坐标(X 轴 200 像素,Y 轴 100 像素)
            this.setLocation(200, 100);
            // 设定窗口默认关闭方式为退出应用程序
            this.setDefaultCloseOperation(JFrame.EXIT_ON_CLOSE);
            // 设置窗口可视(显示)
            this.setVisible(true);
        }
        public static void main(String[] args) {
            new JMenuDemo();
        }
    }
```

在上述代码中,调用 addSeparator()方法可以在菜单中添加分割线。

运行结果如图 4-18 所示。

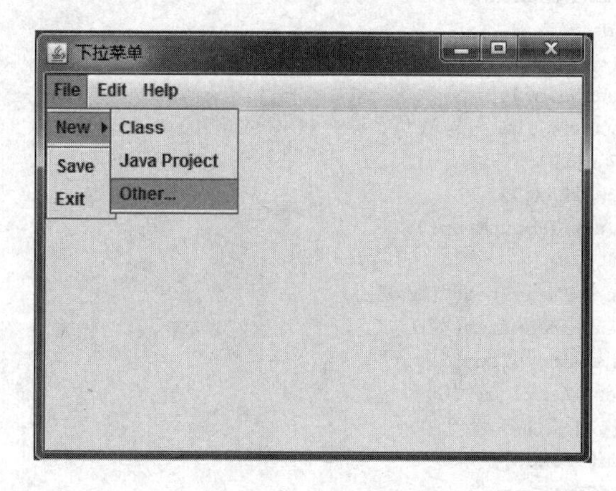

图 4-18 下拉式三级菜单

4.2.2 弹出式菜单

弹出式菜单不是固定在菜单栏中，而是在 GUI 界面的任意位置右击时所弹出一个菜单。JPopupMenu 的常用构造方法如下：

- JPopupMenu()——创建一个默认无文本的菜单对象；
- JPopupMenu(String label)——创建一个指定文本的菜单对象。

JPopupMenu 类及功能如表 4-6 所示。

表 4-6 JPopupMenu 类方法列表

方 法 名	功 能 描 述
Component add(Component c)	在菜单末尾添加组件
voidaddSeparator()	在菜单末尾添加分隔线
void show(Component invoker,int x,int y)	在组件调用者中的指定位置显示弹出菜单

下述代码演示了创建弹出式菜单的过程。

【代码 4-6】 JPopupMenuDemo.java

```
package com.qst.chapter04;

import java.awt.event.MouseAdapter;
import java.awt.event.MouseEvent;

import javax.swing.JFrame;
import javax.swing.JMenuItem;
import javax.swing.JPanel;
import javax.swing.JPopupMenu;

public class JPopupMenuDemo extends JFrame {
    private JPanel p;
    // 声明弹出菜单
```

```
    private JPopupMenu popMenu;
    // 声明菜单选项
    private JMenuItem miUndo, miCopy, miPost, miCut;
    public JPopupMenuDemo() {
        super("JPopupMenu 弹出菜单");
        p = new JPanel();
        // 创建弹出菜单对象
        popMenu = new JPopupMenu();
        // 创建菜单选项
        miUndo = new JMenuItem("Undo");
        miCopy = new JMenuItem("Copy");
        miPost = new JMenuItem("Post");
        miCut = new JMenuItem("Cut");
        // 将菜单选项添加到菜单中
        popMenu.add(miUndo);
        popMenu.addSeparator();
        popMenu.add(miCopy);
        popMenu.add(miPost);
        popMenu.add(miCut);
        // 注册鼠标监听
        p.addMouseListener(new MouseAdapter() {
            // 重写鼠标单击事件处理方法
            public void mouseClicked(MouseEvent e) {
                // 如果单击鼠标右键
                if (e.getButton() == MouseEvent.BUTTON3) {
                    int x = e.getX();
                    int y = e.getY();
                    // 在面板鼠标所在位置显示弹出菜单
                    popMenu.show(p, x, y);
                }
            }
        });
        // 将面板添加到窗体
        this.add(p);
        // 设定窗口大小
        this.setSize(400, 300);
        // 设定窗口左上角坐标
        this.setLocation(200, 100);
        // 设定窗口默认关闭方式为退出应用程序
        this.setDefaultCloseOperation(JFrame.EXIT_ON_CLOSE);
        // 设置窗口可视(显示)
        this.setVisible(true);
    }
    public static void main(String[] args) {
        new JPopupMenuDemo();
    }
}
```

上述代码中使用 JPopupMenu 创建一个弹出式菜单,然后在弹出菜单中添加菜单选项。使用鼠标监听,当在面板中右击时显示弹出式菜单。JPopupMenu 中的 show()方法用于显示弹出式菜单。

执行结果如图 4-19 所示。

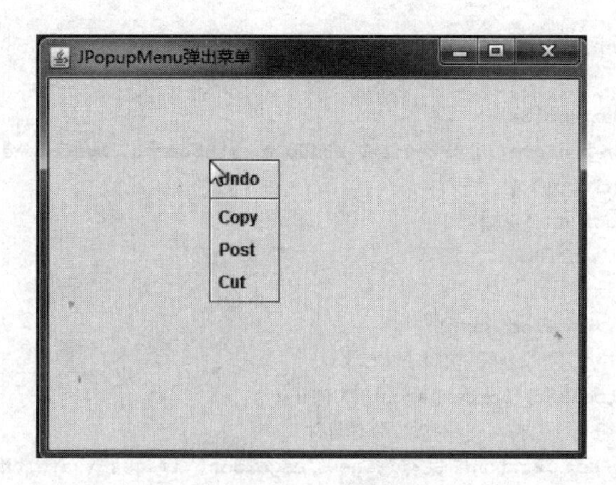

图 4-19　弹出式菜单

4.3　工具栏

工具栏是应用程序所提供的快速访问常用命令的按钮栏。Swing 中提供了 JToolBar 类，用于实现工具栏的功能，其构造方法如下：

- JToolBar()——创建默认方向为 HORIZONTAL(水平)的工具栏；
- JToolBar(int orientation)——创建一个指定方向的工具栏；
- JToolBar(String name)——创建一个指定名称的工具栏；
- JToolBar(String name, int orientation)——创建一个指定名称和方向的工具栏。

JToolBar 类常用方法如表 4-7 所示。

表 4-7　JToolBar 类常用方法

方　法	功能描述
publicComponent add(Component c)	在工具栏中添加组件
public void addSeparator()	将分隔线添加到工具栏的末尾
public void setMargin(Insets m)	设置工具栏边框与按钮之间的空白
public Insets getMargin()	返回工具栏边框与按钮之间的空白

下述代码演示 JToolBar 的使用。

【代码 4-7】 JToolBarDemo.java

```
package com.qst.chapter04;

import java.awt.BorderLayout;

import javax.swing.ImageIcon;
import javax.swing.JButton;
import javax.swing.JFrame;
import javax.swing.JPanel;
import javax.swing.JToolBar;
public class JToolBarDemo extends JFrame {
```

```
    private JPanel p;
    // 声明工具栏
    private JToolBar toolBar;
    private JButton btnSave, btnPreview, btnDown, btnSearch, btnDelete;
    public JToolBarDemo() {
        super("JToolBar 工具栏");
        p = new JPanel();
        // 创建工具栏
        toolBar = new JToolBar();
        // 将工具栏对象添加到窗体的北部(上方)
        this.add(toolBar, BorderLayout.NORTH);
        // 创建按钮对象,按钮上有文字和图片
        btnSave = new JButton("保存", new ImageIcon("images\\save.png"));
        btnPreview = new JButton("预览", new ImageIcon("images\\preview.png"));
        btnDown = new JButton("下载", new ImageIcon("images\\down.png"));
        btnSearch = new JButton("查询", new ImageIcon("images\\search.png"));
        btnDelete = new JButton("删除", new ImageIcon("images\\delete.png"));
        // 设置按钮的工具提示文本
        btnSave.setToolTipText("保存");
        btnPreview.setToolTipText("预览");
        btnDown.setToolTipText("下载");
        btnSearch.setToolTipText("查询");
        btnDelete.setToolTipText("删除");
        // 将按钮添加到工具栏中
        toolBar.add(btnSave);
        toolBar.add(btnPreview);
        toolBar.add(btnDown);
        toolBar.add(btnSearch);
        toolBar.add(btnDelete);
        // 将面板添加到窗体
        this.add(p);
        // 设定窗口大小
        this.setSize(400, 300);
        // 设定窗口左上角坐标(X轴 200 像素,Y轴 100 像素)
        this.setLocation(200, 100);
        // 设定窗口默认关闭方式为退出应用程序
        this.setDefaultCloseOperation(JFrame.EXIT_ON_CLOSE);
        // 设置窗口可视(显示)
        this.setVisible(true);
    }
    public static void main(String[] args) {
        new JToolBarDemo();
    }
}
```

上述代码使用 JToolBar 创建工具栏,然后创建按钮并添加到工具栏中。工具栏的特殊之处在于可以将其移动到任何地方,即可以将工具栏拖曳到窗体的四个边上或从窗体中脱离出来。

运行结果如图 4-20 所示。

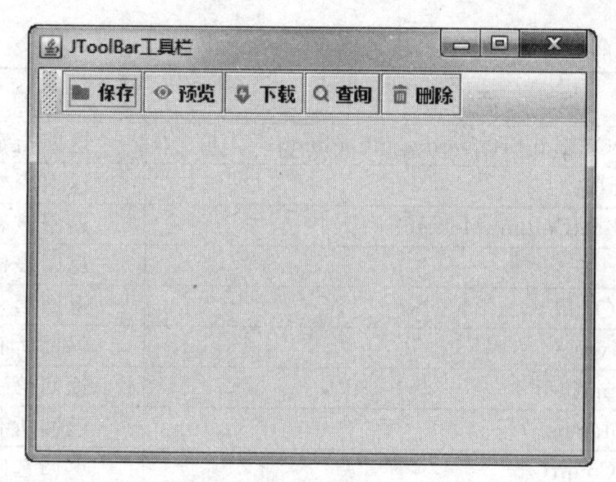

图 4-20 工具栏

4.4 表格

表格是GUI程序中常见的组件，是由多行和多列组成的一个二维显示区。Swing中对表格提供了支持，使用JTable及相关类可以轻松创建一个二维表格，此外还可以对表格定制外观和编辑特性。

4.4.1 JTable类及相关接口

1. JTable类

JTable类用于创建一个表格对象，显示和编辑常规二维单元表。

JTable类的构造方法如下：

- JTable()——创建一个默认模型的表格对象；
- JTable(int numRows, int numColumns)——创建一个指定行数和列数的默认表格；
- JTable(Object[][] rowData, Object[]columnNames)——创建一个具有指定列名和二维数组数据的默认表格；
- JTable(TableModel dm)——创建一个指定表格模型的表格对象；
- JTable(TableModel dm, TableColumnModel cm)——创建一个指定表格模型、列模型的表格对象；
- JTable(Vector rowData, Vector columnNames)——创建一个指定列名并以Vector为输入来源的数据表格。

JTable类的常用方法如表4-8所示。

表 4-8 JTable类的常用方法

方　法	功能描述
void addColumn(TableColumn aColumn)	添加列
void removeColumn(TableColumn aColumn)	移除列
TableCellEditor getCellEditor()	返回活动单元格编辑器

续表

方　法	功能描述
TableCellEditor getCellEditor(int row,int column)	返回指定单元格的编辑器
int getColumnCount()	返回表格的列数
TableColumnModel getColumnModel()	返回该表的列模型对象
int getRowCount()	返回表格的行数
int getSelectedRow()	返回第一个选定行的索引
int[] getSelectedRows()	返回所有选定行的索引
int getSelectedColumn()	返回第一个选定列的索引
int[] getSelectedColumns()	返回所有选定列的索引
int getSelectedRowCount()	返回选定行数
getSelectedColumnCount()	返回选定列数
void setValueAt(Object aValue,int row,int column)	设置指定单元格值

2. TableModel 接口

在创建一个指定表格模型的 JTable 对象时，需要使用 TableModel 类型的参数来指定表格模型。TableModel 表格模型是一个接口，此接口定义在 javax. swing. table 包中。TableModel 接口中定义了许多表格操作方法，如表 4-9 所示。

表 4-9　TableModel 接口中的方法

方　法	功能描述
void addTableModelListener(TableModelListener l)	注册 TableModelEvent 监听
Class getColumnClass(int columnIndex)	返回列数据类型的类名称
int getColumnCount()	返回列的数量
String getColumnName(int columnIndex)	返回指定下标列的名称
int getRowCount()	返回行数
Object getValueAt(int rowIndex,int columnIndex)	返回指定单元格(cell)的值
boolean isCellEditable(int row,int column)	返回单元格是否可编辑
void removeTableModelListener(TableModelListener l)	移除一个监听
void setValueAt(Object aValue,int row,int column)	设置指定单元格的值

通过直接实现 TableModel 接口来创建表格是非常烦琐的，因此 Java 提供了实现 TableModel 接口的两个类：

- AbstractTableModel 类——是一个抽象类，其中实现 TableModel 接口中的大部分方法，通过 AbstractTableModel 类可以灵活地构造出自己所需的表格模式；
- DefaultTableModel 类——是一个默认的表格模式类，该类继承 AbstractTableModel 抽象类。

3. TableColumnModel 接口

在创建一个指定表格列模型的 JTable 对象时，需要使用 TableColumnModel 类型的参数来指定表格的列模型。TableColumnModel 接口中提供了有关表格列模型的方法，如

表 4-10 所示。

表 4-10 TableColumnModel 接口中的方法

方　　法	功能描述
voidaddColumn(TableColumn aColumn)	添加一列
void moveColumn(int columnIndex,int newIndex)	将指定列移动到其他位置
void removeColumn(TableColumn column)	删除指定的列
TableColumn getColumn(int columnIndex)	获取指定下标的列
int getColumnCount()	获得表格的列数
int getSelectedColumnCount()	获取选中的列数

TableColumnModel 接口通常不需要直接实现，而是通过调用 JTable 对象中的 getColumnModel()方法来获取 TableColumnModel 对象，再使用该对象对表格的列进行设置。

【示例】 使用表格列模型获取选中的列

```
//获取表格列模型
TableColumnModel columnModel = table.getColumnModel();
//获取选中的表格列
TableColumn column = columnModel.getColumn(table.getSelectedColumn());
```

4. ListSelectionModel 接口

JTable 使用 ListSelectionModel 来表示表格的选择状态，程序可以通过 ListSelectionModel 来控制表格的选择模式。ListSelectionModel 接口提供了以下三种不同的选择模式：

- ListSelectionModel. SINGLE_SELECTION——单一选择模式，只能选择单个表格单元；
- ListSelectionModel. SINGLE_INTERVAL_SELECTION——连续区间选择模式，用于选择单个连续区域，在选择多个单元格时单元格之间必须是连续的(通过 Shift 辅助键的帮助来选择连续区域)；
- ListSelectionModel. MULTIPLE_INTERVAL_SELECTION——多重选择模式，没有任何限制，可以选择任意表格单元(通过 Shift 和 Ctrl 辅助键的帮助选择多个单元格)，该模式是默认的选择模式。

ListSelectionModel 接口通常不需要直接实现，而是通过调用 JTable 对象的 getSelectionModel()方法来获取 ListSelectionModel 对象，然后通过该对象的 setSelectionModel()方法来设置表格的选择模式。

当用户选择表格内的数据时会产生 ListSelectionEvent 事件，要处理此类事件，就必须实现 ListSelectionListener 监听接口，在该接口中只定义了一个事件处理方法：

```
voidvalueChanged(ListSelectionEvent e)
```

其功能是当所选取的单元格数据发生改变时，将自动调用该方法来处理 ListSelectionEvent 事件。

4.4.2 使用表格

下述代码使用JTable显示数据库中Userdetails表的数据。

【代码 4-8】 JTableDemo.java

```
package com.qst.chapter04;

import java.awt.BorderLayout;
import java.awt.event.ActionEvent;
import java.awt.event.ActionListener;
import java.sql.ResultSet;
import java.sql.ResultSetMetaData;
import java.util.Vector;

import javax.swing.JButton;
import javax.swing.JFrame;
import javax.swing.JOptionPane;
import javax.swing.JPanel;
import javax.swing.JScrollPane;
import javax.swing.JTable;
import javax.swing.ListSelectionModel;
import javax.swing.table.DefaultTableModel;

import com.qst.chapter04.db.DBUtil;

public class JTableDemo extends JFrame {
    // 声明滚动面板
    private JScrollPane spTable;
    // 声明一个盛放按钮的面板
    private JPanel pButtons;
    private JButton bthDelete, btnFlush;
    // 声明默认表格模式
    private DefaultTableModel model;
    // 声明表格
    private JTable table;
    public JTableDemo() {
        super("用户表");
        // 创建默认表格模式
        model = new DefaultTableModel();
        // 创建表格
        table = new JTable(model);
        // 设置表格选择模式为单一选择
        table.setSelectionMode(ListSelectionModel.SINGLE_SELECTION);
        // 创建一个滚动面板,包含表格
        spTable = new JScrollPane(table);
        // 将滚动面板添加到窗体中央
        this.add(spTable, BorderLayout.CENTER);
        // 创建按钮
```

```
        bthDelete = new JButton("删除");
        btnFlush = new JButton("刷新");
        // 创建面板
        pButtons = new JPanel();
        // 将按钮添加到面板中
        pButtons.add(bthDelete);
        pButtons.add(btnFlush);
        // 将盛放按钮的面板添加到窗体的南部(下面)
        this.add(pButtons, BorderLayout.SOUTH);
        // 注册监听
        bthDelete.addActionListener(new ActionListener() {
            public void actionPerformed(ActionEvent e) {
                // 调用删除数据的方法
                deleteData();
            }
        });
        btnFlush.addActionListener(new ActionListener() {
            public void actionPerformed(ActionEvent e) {
                // 调用显示数据的方法
                showData();
            }
        });
        // 初始化显示表格数据
        this.showData();
        // 设定窗口大小
        this.setSize(500, 400);
        // 设定窗口左上角坐标(X轴200像素,Y轴100像素)
        this.setLocation(200, 100);
        // 设定窗口默认关闭方式为退出应用程序
        this.setDefaultCloseOperation(JFrame.EXIT_ON_CLOSE);
        // 设置窗口可视(显示)
        this.setVisible(true);
    }
    // 查看userdetails表,并显示到表格中
    private void showData() {
        // 查询userdetails表
        String sql = "select id as ID号,username as 用户名,
                case when sex = '0' then '女' when sex = '1' then '男' end  as 性别
                from userdetails";
        // 数据库访问
        DBUtil db = new DBUtil();
        try {
            db.getConnection();
            ResultSet rs = db.executeQuery(sql, null);
            ResultSetMetaData rsmd = rs.getMetaData();
            // 获取列数
            int colCount = rsmd.getColumnCount();
            // 存放列名
            Vector<String> title = new Vector<String>();
            // 列名
```

```
            for (int i = 1; i <= colCount; i++) {
                title.add(rsmd.getColumnLabel(i));
            }
            // 表格数据
            Vector<Vector<String>> data = new Vector<Vector<String>>();
            int rowCount = 0;
            while (rs.next()) {
                rowCount++;
                // 行数据
                Vector<String> rowdata = new Vector<String>();
                for (int i = 1; i <= colCount; i++) {
                    rowdata.add(rs.getString(i));
                }
                data.add(rowdata);
            }
            if (rowCount == 0) {
                model.setDataVector(null, title);
            } else {
                model.setDataVector(data, title);
            }
        } catch (Exception ee) {
            System.out.println(ee.toString());
            JOptionPane.showMessageDialog(this,
                    "系统出现异常错误。请检查数据库。系统即将退出!!!",
                    "错误", 0);
        } finally {
            db.closeAll();
        }
    }
    // 删除数据
    public void deleteData() {
        int index[] = table.getSelectedRows();
        if (index.length == 0) {
            JOptionPane.showMessageDialog(this, "请选择要删除的记录", "提示",
                    JOptionPane.PLAIN_MESSAGE);
        } else {
            try {
                int k = JOptionPane.showConfirmDialog(this,
                            "您确定要从数据库中删除所选的数据吗 ?",
                            "删除",JOptionPane.YES_NO_OPTION,
                            JOptionPane.QUESTION_MESSAGE);
                if (k == JOptionPane.YES_OPTION) {
                    DBUtil db = new DBUtil();
                    try {
                        db.getConnection();
                        String id = table.getValueAt(index[0], 0).toString();
                        String sql = "delete userdetails where id = ?";
                        int count = db.executeUpdate(sql, new String[] { id });
                        if (count == 1) {
                            JOptionPane.showMessageDialog(this,
```

```
                                    "删除操作成功完成!",
                                    "成功", JOptionPane.PLAIN_MESSAGE);
                            showData();
                        } else {
                            JOptionPane.showMessageDialog(this,
                                    "抱歉! 删除数据失败!", "失败:", 0);
                        }
                    } catch (Exception e) {
                        e.printStackTrace();
                    } finally {
                        db.closeAll();
                    }
                }
            } catch (Exception ee) {
                JOptionPane.showMessageDialog(this,
                        "抱歉!删除数据失败!【系统异常!】", "失败:",0);
            }
        }
    }
    public static void main(String[] args) {
        new JTableDemo();
    }
}
```

上述代码将 userdetails 表中的数据填充到 JTable 中并进行显示,实现了数据的单行选择。执行结果如图 4-21 所示。

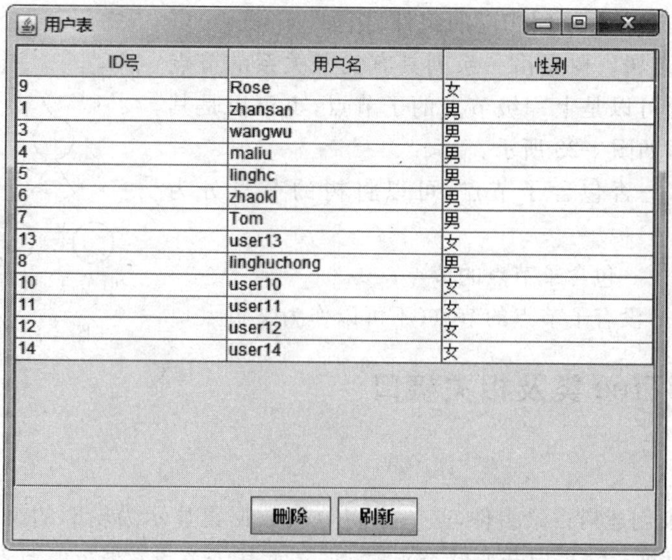

用户表

ID号	用户名	性别
9	Rose	女
1	zhansan	男
3	wangwu	男
4	maliu	男
5	linghc	男
6	zhaokl	男
7	Tom	男
13	user13	女
8	linghuchong	男
10	user10	女
11	user11	女
12	user12	女
14	user14	女

删除　刷新

图 4-21　表格数据显示

当选中一行时,单击"删除"按钮会弹出确认对话框;单击"是"按钮,则会删除当前用户选中的该行记录,如图 4-22 所示。

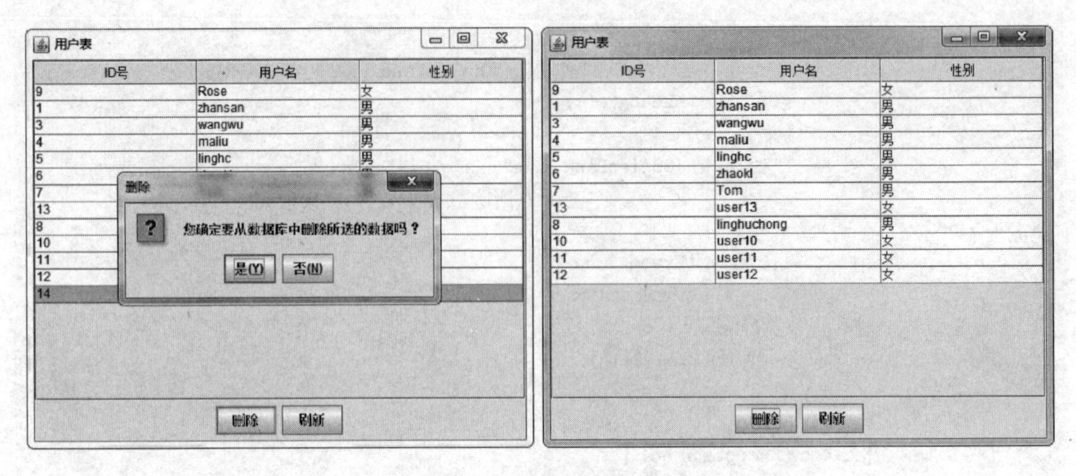

图 4-22　删除表格数据

注意

> 通常将 JTable 对象放在 JScrollPane 中显示，使用 JScrollPane 盛放 JTable 时不仅可以为 JTable 增加滚动条，还可以让 JTable 的列标题显示出来；如果不将 JTable 放在 JScrollPane 中显示，JTable 默认不会显示对应的列标题。

4.5　树

树也是 GUI 程序中使用广泛的组件，例如 Windows 资源管理器中的目录树。树是由一系列具有父子关系的节点组成，每个节点既可以是上一级节点的子节点，也可以是其下一级的父节点，如图 4-23 所示。

根据节点中是否包含子节点，可以将树的节点分为两种：

- 普通节点——包含子节点的节点；
- 叶节点——没有子节点的节点(不可以作为父节点)。

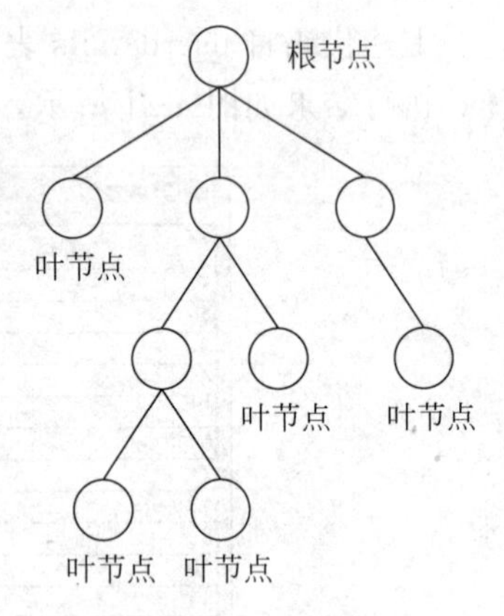

图 4-23　树中的节点

4.5.1　JTree 类及相关接口

1. JTree 类

JTree 类用来创建树目录组件，是一个将分层数据集显示为轮廓的组件。树中的节点可以展开，也可以折叠。当展开非叶节点时，将显示其子节点；当折叠节点时，将其子节点隐藏。

JTree 类常用构造方法及其他方法如表 4-11 所示。

表 4-11 JTree 类常用方法

方 法	功能描述
JTree()	构造方法，创建一个缺省模型的 Swing 树对象
JTree(Object[] value)	构造方法，根据指定的数组创建一棵不显示根节点的树对象
JTree(Vector value)	构造方法，根据指定的向量创建了一棵不显示根节点的树对象
TreePath getSelectionPath()	返回首选节点的路径
void setModel(TreeModel mdl)	用于设置树的模型
void updateUI()	更新 UI

2. TreeModel 树模型

TreeModel 是树的模型接口，可以触发相关的树事件，处理树可能产生的一些变动。TreeModel 接口中常用的方法如表 4-12 所示。

表 4-12 TreeModel 接口中的方法

方 法	功能描述
void addTreeModelListener(TreeModelListener l)	注册树监听
Object getChild(Object parent, int index)	返回子节点
int getChildCount(Object parent)	返回子节点数量
int getIndexOfChild(Object parent, Object child)	返回子节点的索引值
Object getRoot()	返回根节点
boolean isLeaf(Object node)	判断是否为树叶节点
void removeTreeModelListener(TreeModelListener l)	删除 TreeModelListener
void valueForPathChanged(TreePath path, Object newValue)	改变 Tree 上指定节点的值

通过实现 TreeModel 接口中的八种方法，可以构造出用户所需 JTree 树，但此种方式相对比较烦琐。Java 提供了一个 DefaultTreeModel 默认模式类，该类实现了 TreeModel 接口，并提供了许多实用的方法，能够方便快捷地构造出 JTree 树。

DefaultTreeModel 类的构造方法如下：

- DefaultTreeModel(TreeNode root)——创建一个 DefaultTreeModel 对象，并指定根节点；
- DefaultTreeModel(TreeNode root, Boolean asksAllowsChildren)——创建一个指定根节点的、是否具有子节点的 DefaultTreeModel 对象。

3. TreeNode 树节点

TreeNode 接口用于表示树节点，该接口提供树的相关节点的操作方法，如表 4-13 所示。

表 4-13 TreeNode 接口中常用方法

方 法	功能描述
Enumeration children()	获取子节点
TreeNode getChildAt(int childIndex)	返回指定下标的子节点对象
int getChildCount()	返回子节点数量

续表

方　　法	功能描述
TreeNode getParent()	返回父节点对象
int getIndex(TreeNode node)	返回指定节点的下标
boolean getAllowsChildren()	获取是否有子节点
boolean isLeaf()	获取是否为叶节点(无子节点的节点)

DefaultMutableTreeNode 类是一个实现 TreeNode 和 MutableTreeNode 接口的类，该类中提供了许多实用的方法，并增加了一些关于节点的处理方式。DefaultMutableTreeNode 类常用的方法如表 4-14 所示。

表 4-14　DefaultMutableTreeNode 类的常用方法

方　　法	功能描述
DefaultMutableTreeNode()	构造方法，用于创建一个空的树节点对象
DefaultMutableTreeNode(Object userObject)	构造方法，用于建立一个指定内容的树节点
DefaultMutableTreeNode(Object userObject, Boolean allowsChildren)	构造方法，用于建立一个指定内容的、是否有子节点的树节点
voidadd(MutableTreeNode newChild)	添加一个树节点
voidinsert(MutableTreeNode newChild, int childIndex)	插入一个树节点
voidremove(MutableTreeNode aChild)	删除一个树节点
voidsetUserObject(Object userObject)	设置树节点的内容对象

4. 树事件

树事件是当对树进行操作时所触发的事件，其类型有两种：TreeModelEvent 事件和 TreeSelectionEvent 事件。

当树的结构改变时，例如，改变节点值、新增节点、删除节点等，都会触发 TreeModelEvent 事件。处理 TreeModelEvent 事件的监听接口是 TreeModelListener，该接口中定义的事件处理方法如表 4-15 所示。

表 4-15　TreeModelListener 接口中的事件处理方法

方　　法	功能描述
void treeNodesChanged(TreeModelEvent e)	节点改变时，调用此事件处理方法
void treeNodesInserted(TreeModelEvent e)	插入节点时，调用此事件处理方法
void treeNodesRemoved(TreeModeEvent e)	删除节点时，调用此事件处理方法
void treeStructureChanged(TreeModelEvent e)	树结构改变时，调用此事件处理方法

当在 JTree 树中选择任何一个节点时，都会触发 TreeSelectionEvent 事件。处理 TreeSelectionEvent 事件的监听接口是 TreeSelectionListener，该接口中定义的事件处理方法如表 4-16 所示。

表 4-16 TreeSelectionListener 接口中的事件处理方法

方　法	功能说明
void valueChanged(TreeSelectionEvent e)	当选择的节点改变时,自动调用此方法进行事件处理

4.5.2 使用树

下述代码演示 JTree 的使用。

【代码 4-9】 JTreeDemo.java

```
package com.qst.chapter04;

import java.awt.GridLayout;

import javax.swing.JFrame;
import javax.swing.JPanel;
import javax.swing.JScrollPane;
import javax.swing.JTextArea;
import javax.swing.JTree;
import javax.swing.event.TreeSelectionEvent;
import javax.swing.event.TreeSelectionListener;
import javax.swing.tree.DefaultMutableTreeNode;
import javax.swing.tree.DefaultTreeModel;
import javax.swing.tree.TreePath;
import javax.swing.tree.TreeSelectionModel;

public class JTreeDemo extends JFrame {
    private DefaultMutableTreeNode root;
    private DefaultTreeModel model;
    private JTree tree;
    private JTextArea textArea;
    private JPanel p;
    public JTreeDemo() {
        super("JTree 树");
        // 实例化树的根节点
        root = makeSampleTree();
        // 实例化的树模型
        model = new DefaultTreeModel(root);
        // 实例化一棵树
        tree = new JTree(model);
        // 设置树的选择模式是单一节点的选择模式(一次只能选中一个节点)
        tree.getSelectionModel().setSelectionMode(
                TreeSelectionModel.SINGLE_TREE_SELECTION);
        // 注册树的监听对象,监听选择不同的树节点
        tree.addTreeSelectionListener(new TreeSelectionListener() {
            // 重写树的选择事件处理方法
            public void valueChanged(TreeSelectionEvent event) {
                // 获取选中节点的路径
```

```
                TreePath path = tree.getSelectionPath();
                if (path == null)
                    return;
                // 获取选中的节点对象
                DefaultMutableTreeNode selectedNode =
                        (DefaultMutableTreeNode) path.getLastPathComponent();
                // 获取选中节点的内容,并显示到文本域中
                textArea.setText(selectedNode.getUserObject().toString());
            }
        });
        // 实例化一个面板对象,布局是 1 行 2 列
        p = new JPanel(new GridLayout(1, 2));
        // 在面板的左侧放置树
        p.add(new JScrollPane(tree));
        textArea = new JTextArea();
        // 面板右侧放置文本域
        p.add(new JScrollPane(textArea));
        // 将面板添加到窗体
        this.add(p);
        // 设定窗口大小
        this.setSize(400, 300);
        // 设定窗口左上角坐标(X 轴 200 像素,Y 轴 100 像素)
        this.setLocation(200, 100);
        // 设定窗口默认关闭方式为退出应用程序
        this.setDefaultCloseOperation(JFrame.EXIT_ON_CLOSE);
        // 设置窗口可视(显示)
        this.setVisible(true);
    }
    // 创建一棵树对象的方法
    public DefaultMutableTreeNode makeSampleTree() {
        // 实例化树节点,并将节点添加到相应节点中
        DefaultMutableTreeNode root = new DefaultMutableTreeNode("QST 青软实训");
        DefaultMutableTreeNode comp = new
                DefaultMutableTreeNode("人力资源服务有限公司");
        root.add(comp);
        DefaultMutableTreeNode dpart = new DefaultMutableTreeNode("研发部");
        comp.add(dpart);
        DefaultMutableTreeNode emp = new DefaultMutableTreeNode("赵克玲");
        dpart.add(emp);
        emp = new DefaultMutableTreeNode("张三");
        dpart.add(emp);
        dpart = new DefaultMutableTreeNode("教学部");
        comp.add(dpart);
        emp = new DefaultMutableTreeNode("李四");
        dpart.add(emp);
        return root;
    }
    public static void main(String[] args) {
        new JTreeDemo();
    }
}
```

上述代码实现了一个窗口界面，左边显示树目录，右边是文本域，当选择不同的树节点时，在文本域中显示节点的内容文本。为了处理 TreeSelectionEvent 事件，需要继承 TreeModelListener 接口并重写 valueChanged()方法。

运行结果如图 4-24 所示。

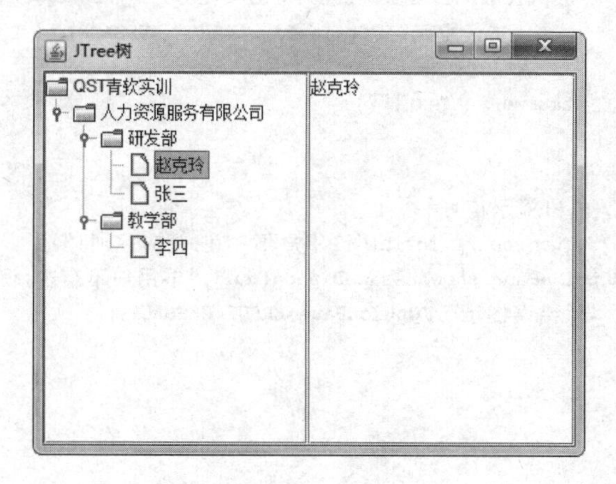

图 4-24　JTree 树

4.6 贯穿任务实现

4.6.1 实现【任务 4-1】

下述内容实现 Q-DMS 贯穿项目中的【任务 4-1】使用对话框优化登录、注册窗口中的错误提示。

修改登录窗口，使用对话框替代控制台的错误提示，代码如下所示。

【任务 4-1】 LoginFrame.java

```
//登录窗口
public class LoginFrame extends JFrame {
    ...//省略
    // 监听类,负责处理登录按钮
    public class LoginListener implements ActionListener {
        // 重写 actionPerFormed()方法,事件处理逻辑
        public void actionPerformed(ActionEvent e) {
            // 根据用户名查询用户
            user = userService.findUserByName(txtName.getText().trim());
            // 判断用户是否存在
            if (user != null) {
                // 判断输入的密码是否正确
                if (user.getPassword().equals(
                        new String(txtPwd.getPassword()))) {
                    // 登录成功,隐藏登录窗口
                    LoginFrame.this.setVisible(false);
                    // 显示主窗口
```

```
                    new MainFrame();
                } else {
                    // 输出提示信息
                    //System.out.println("密码错误!请重新输入!");
                    JOptionPane.showMessageDialog(null,"密码错误!请重新输入!",
                        "错误提示",JOptionPane.ERROR_MESSAGE);
                    // 清空密码框
                    txtPwd.setText("");
                }
            } else {
                // 输出提示信息
                //System.out.println("该用户不存在,请先注册!");
                JOptionPane.showMessageDialog(null,"该用户不存在,请先注册!",
                    "错误提示",JOptionPane.ERROR_MESSAGE);
            }
        }
    }
...//省略
}
```

修改注册窗口,使用对话框替代控制台的错误提示,代码如下所示。

【任务 4-1】 RegistFrame.java

```
//注册窗口
public class RegistFrame extends JFrame {
...//省略
    // 监听类,负责处理确认按钮的业务逻辑
    private class RegisterListener implements ActionListener {
        // 重写 actionPerformed()方法,事件处理方法
        public void actionPerformed(ActionEvent e) {
            // 获取用户输入的数据
            String userName = txtName.getText().trim();
            String password = new String(txtPwd.getPassword());
            String rePassword = new String(txtRePwd.getPassword());
            // 将性别"男""女"对应转化为"1""0"
            int sex = Integer.parseInt(rbFemale.isSelected() ? "0" : "1");
            String hobby = (ckbRead.isSelected() ? "阅读" : "")
                    + (ckbNet.isSelected() ? "上网" : "")
                    + (ckbSwim.isSelected() ? "游泳" : "")
                    + (ckbTour.isSelected() ? "旅游" : "");
            String address = txtAdress.getText().trim();
            String degree = cmbDegree.getSelectedItem().toString().trim();
            // 判断两次输入密码是否一直
            if (password.equals(rePassword)) {
                // 将数据封装到对象中
                user = new User(userName, password, sex, hobby, address, degree);
                // 保存数据
                if (userService.saveUser(user)) {
                    // 输出提示信息
```

```
                //System.out.println("注册成功!");
                JOptionPane.showMessageDialog(null,"注册成功!",
                    "成功提示",JOptionPane.PLAIN_MESSAGE);
            } else {
                // 输出提示信息
                //System.out.println("注册失败!");
                JOptionPane.showMessageDialog(null,"注册失败!",
                    "错误提示",JOptionPane.ERROR_MESSAGE);
            }
        } else {
            // 输出提示信息
            //System.out.println("两次输入的密码不一致!");
            JOptionPane.showMessageDialog(null,"两次输入的密码不一致!",
                "错误提示",JOptionPane.ERROR_MESSAGE);
        }
    }
}
...//省略
}
```

4.6.2 实现【任务 4-2】

下述内容实现 Q-DMS 贯穿项目中的【任务 4-2】实现主窗口中的菜单和工具栏。

修改主窗口，在主窗口中声明所有组件，并初始化菜单和工具栏，代码如下所示。

【任务 4-2】 MainFrame.java

```
package com.qst.dms.ui;

import java.awt.*;
import java.awt.event.ActionEvent;
import java.awt.event.ActionListener;
import java.util.ArrayList;
import java.util.Date;

import javax.swing.*;

import com.qst.dms.entity.DataBase;
import com.qst.dms.entity.LogRec;
import com.qst.dms.entity.MatchedLogRec;
import com.qst.dms.entity.MatchedTableModel;
import com.qst.dms.entity.MatchedTransport;
import com.qst.dms.entity.Transport;
import com.qst.dms.gather.LogRecAnalyse;
import com.qst.dms.gather.TransportAnalyse;
import com.qst.dms.service.LogRecService;
import com.qst.dms.service.TransportService;

//主窗口
```

```
public class MainFrame extends JFrame {
    // 声明界面组件
    private JMenuBar menuBar;
    private JMenu menuOperate, menuHelp, menuMatch;
    private JMenuItem miGather, miMatchLog, miMatchTrans, miSave, miSend,
            miShow, miExit, miCheck, miAbout;
    private JTabbedPane tpGather, showPane;
    private JPanel p, pLog, pTran, pLogId, pName, pLocation, pIP, pLogStatus,
            pLogButton, pTransId, pAdress, pHandler, pReceiver, pTranStatus,
            pTranButton;
    private JLabel lblLogId, lblName, lblLocation, lblIP, lblLogStatus,
            lblTransId, lblAdress, lblHandler, lblReceiver, lblTranStatus;
    private JTextField txtLogId, txtName, txtLocation, txtIP, txtTransId,
            txtAdress, txtHandler, txtReceiver;
    private JRadioButton rbLogin, rbLogout;
    private JButton btnLogConfirm, btnLogReset, btnTranConfirm, btnTranReset,
            btnGather, btnMatchLog, btnMatchTrans, btnSave, btnSend, btnShow;
    private JComboBox<String> cmbTanStatus;
    private JToolBar toolBar;
    private JScrollPane scrollPane;
    private CardLayout card;
    // 声明日志对象
    private LogRec log;
    // 声明物流对象
    private Transport trans;
    // 声明日志列表
    private ArrayList<LogRec> logList;
    // 声明物流列表
    private ArrayList<Transport> transList;
    // 声明匹配日志列表
    private ArrayList<MatchedLogRec> matchedLogs;
    // 声明匹配物流列表
    private ArrayList<MatchedTransport> matchedTrans;
    // 声明日志业务对象
    private LogRecService logRecService;
    // 声明物流业务对象
    private TransportService transportService;
    // 构造方法
    public MainFrame() {
        // 调用父类的构造方法
        super("Q - DMS 系统客户端");
        // 设置窗体的 icon
        ImageIcon icon = new ImageIcon("images\\dms.png");
        this.setIconImage(icon.getImage());
        // 列表、业务对象初始化
        logList = new ArrayList<LogRec>();
        transList = new ArrayList<Transport>();
        matchedLogs = new ArrayList<MatchedLogRec>();
        matchedTrans = new ArrayList<MatchedTransport>();
        logRecService = new LogRecService();
```

```
        transportService = new TransportService();
        // 初始化菜单
        initMenu();
        // 初始化工具栏
        initToolBar();
        // 设置主面板为 CardLayout 卡片布局
        card = new CardLayout();
        p = new JPanel();
        p.setLayout(card);
        // 数据采集的选项卡面板
        tpGather = new JTabbedPane(JTabbedPane.TOP);
        // 数据显示的选项卡面板
        showPane = new JTabbedPane(JTabbedPane.TOP);
        showPane.addTab("日志", new JScrollPane());
        showPane.addTab("物流", new JScrollPane());
        // 将两个选项卡面板添加到卡片面板中
        p.add(tpGather, "gather");
        p.add(showPane, "show");
        // 将主面板添加到窗体中
        this.add(p, BorderLayout.CENTER);
        // 初始化日志数据采集界面
        initLogGatherGUI();
        // 初始化物流数据采集界面
        initTransGatherGUI();
        // 设置窗体初始可见
        this.setVisible(true);
        // 设置窗体初始最大化
        this.setSize(600, 400);
        // 设置窗口初始化居中
        this.setLocationRelativeTo(null);
        // 设置默认的关闭按钮操作为退出程序
        this.setDefaultCloseOperation(EXIT_ON_CLOSE);
    }
    // 初始化菜单的方法
    private void initMenu() {
        // 初始化菜单组件
        menuBar = new JMenuBar();
        this.setJMenuBar(menuBar);
        menuOperate = new JMenu("操作");
        menuBar.add(menuOperate);
        miGather = new JMenuItem("采集数据");
        // 注册监听
        miGather.addActionListener(new GatherListener());
        menuOperate.add(miGather);
        // 二级菜单
        menuMatch = new JMenu("匹配数据");
        miMatchLog = new JMenuItem("匹配日志数据");
        // 注册监听
        miMatchLog.addActionListener(new MatchLogListener());
        miMatchTrans = new JMenuItem("匹配物流数据");
```

```
// 注册监听
miMatchTrans.addActionListener(new MatchTransListener());
menuMatch.add(miMatchLog);
menuMatch.add(miMatchTrans);
menuOperate.add(menuMatch);
miSave = new JMenuItem("保存数据");
miSave.addActionListener(new SaveDataListener());
menuOperate.add(miSave);
miSend = new JMenuItem("发送数据");
menuOperate.add(miSend);
miShow = new JMenuItem("显示数据");
// 注册监听
miShow.addActionListener(new ShowDataListener());
menuOperate.add(miShow);
// 添加分割线
menuOperate.addSeparator();
miExit = new JMenuItem("退出系统");
// 注册监听
miExit.addActionListener(new ActionListener() {
    public void actionPerformed(ActionEvent e) {
        // 显示确认对话框,当选择 YES_OPTION 时退出系统
        if (JOptionPane.showConfirmDialog(null,
                "您确定要退出系统吗?",
                "退出系统",
                JOptionPane.YES_NO_OPTION) == JOptionPane.YES_OPTION) {
            // 退出系统
            System.exit(0);
        }
    }
});
menuOperate.add(miExit);
menuHelp = new JMenu("帮助");
menuBar.add(menuHelp);
miCheck = new JMenuItem("查看帮助");
// 注册监听
miCheck.addActionListener(new ActionListener() {
    public void actionPerformed(ActionEvent e) {
        // 显示消息对话框
        JOptionPane.showMessageDialog(null,
                "本系统实现数据的采集、过滤分析匹配、保存、发送及显示功能",
                "帮助",
                JOptionPane.QUESTION_MESSAGE);
    }
});
menuHelp.add(miCheck);
miAbout = new JMenuItem("关于系统");
// 注册监听
miAbout.addActionListener(new ActionListener() {
    public void actionPerformed(ActionEvent e) {
        // 显示消息对话框
```

```
                JOptionPane.showMessageDialog(null,
                        "版本：1.0 版\n 作者：赵克玲\n 版权：QST 青软实训", "关于",
                        JOptionPane.WARNING_MESSAGE);
            }
        });
        menuHelp.add(miAbout);
    }
    // 初始化工具栏的方法
    private void initToolBar() {
        // 创建工具栏
        toolBar = new JToolBar();
        // 将工具栏添加到窗体北部(上面)
        getContentPane().add(toolBar, BorderLayout.NORTH);
        // 添加带有图标的工具栏按钮
        ImageIcon gatherIcon = new ImageIcon("images\\gatherData.png");
        btnGather = new JButton("采集数据", gatherIcon);
        // 注册监听
        btnGather.addActionListener(new GatherListener());
        toolBar.add(btnGather);
        ImageIcon matchIcon = new ImageIcon("images\\matchData.png");
        btnMatchLog = new JButton("匹配日志数据", matchIcon);
        // 注册监听
        btnMatchLog.addActionListener(new MatchLogListener());
        toolBar.add(btnMatchLog);
        btnMatchTrans = new JButton("匹配物流数据", matchIcon);
        // 注册监听
        btnMatchTrans.addActionListener(new MatchTransListener());
        toolBar.add(btnMatchTrans);
        ImageIcon saveIcon = new ImageIcon("images\\saveData.png");
        btnSave = new JButton("保存数据", saveIcon);
        // 注册监听
        btnSave.addActionListener(new SaveDataListener());
        toolBar.add(btnSave);
        ImageIcon sendIcon = new ImageIcon("images\\sendData.png");
        btnSend = new JButton("发送数据", sendIcon);
        toolBar.add(btnSend);
        ImageIcon showIcon = new ImageIcon("images\\showData.png");
        btnShow = new JButton("显示数据", showIcon);
        btnShow.addActionListener(new ShowDataListener());
        toolBar.add(btnShow);
    }
    // 数据采集监听类
    private class GatherListener implements ActionListener {
        public void actionPerformed(ActionEvent e) {
            // 切换主面板的卡片为采集面板
            card.show(p, "gather");
        }
    }
...//省略
}
```

上述代码在 MainFrame 类中先声明主窗口中所需的所有组件；在 initMenu()方法中对菜单进行初始化，在 initToolBar()方法中对工具栏进行初始化。在构造方法中调用 initMenu()和 initToolBar()方法对窗体进行初始化。GatherListener 类是一个监听类，当单击工具栏中的“采集数据”按钮或菜单项时，会调用该类中的事件处理方法，将主面板的卡片切换为采集面板。

注意

> 单击 MainFrame 窗口中菜单项或工具栏中按钮时，进行事件处理所需的多个其他监听类将在后续任务中逐步实现。

初始化后的菜单和工具栏如图 4-25 所示。

图 4-25　MainFrame 窗口中的菜单和工具栏

4.6.3　实现【任务 4-3】

下述内容实现 Q-DMS 贯穿项目中的【任务 4-3】实现主窗口中的数据采集界面及其功能实现。

在 MainFrame 窗口中增加数据采集界面，代码如下所示。

【任务 4-3】　MainFrame.java

```java
public class MainFrame extends JFrame {
...//省略
    // 初始化日志数据采集界面的方法
    private void initLogGatherGUI() {
        pLog = new JPanel();
        tpGather.addTab("日志", pLog);
        pLog.setLayout(new BoxLayout(pLog, BoxLayout.Y_AXIS));

        pLogId = new JPanel();
        pLog.add(pLogId);
        pLogId.setLayout(new FlowLayout(FlowLayout.CENTER, 5, 5));

        lblLogId = new JLabel("日志 ID: ");
        pLogId.add(lblLogId);

        txtLogId = new JTextField();
        txtLogId.setPreferredSize(new Dimension(100, 20));
        pLogId.add(txtLogId);

        pName = new JPanel();
```

```
pLog.add(pName);
pName.setLayout(new FlowLayout(FlowLayout.CENTER, 5, 5));

lblName = new JLabel("用户名：");
pName.add(lblName);

txtName = new JTextField();
txtName.setPreferredSize(new Dimension(100, 20));
pName.add(txtName);

pLocation = new JPanel();
pLog.add(pLocation);

lblLocation = new JLabel("登录地点：");
pLocation.add(lblLocation);

txtLocation = new JTextField();
txtLocation.setPreferredSize(new Dimension(100, 20));
pLocation.add(txtLocation);

pIP = new JPanel();
pLog.add(pIP);

lblIP = new JLabel("登录 IP：");
pIP.add(lblIP);

txtIP = new JTextField();
txtIP.setPreferredSize(new Dimension(100, 20));
pIP.add(txtIP);

pLogStatus = new JPanel();
pLog.add(pLogStatus);

lblLogStatus = new JLabel("登录状态：");
pLogStatus.add(lblLogStatus);

rbLogin = new JRadioButton("登录");
pLogStatus.add(rbLogin);
rbLogin.setSelected(true);

rbLogout = new JRadioButton("登出");
pLogStatus.add(rbLogout);

ButtonGroup bg = new ButtonGroup();
bg.add(rbLogin);
bg.add(rbLogout);

pLogButton = new JPanel();
pLog.add(pLogButton);
```

```
        btnLogConfirm = new JButton("确认");
        // 添加确认按钮监听
        btnLogConfirm.addActionListener(new GatherLogListener());
        pLogButton.add(btnLogConfirm);

        btnLogReset = new JButton("重置");
        // 添加重置按钮监听
        btnLogReset.addActionListener(new ResetListener());
        pLogButton.add(btnLogReset);
    }

    // 初始化物流数据采集界面的方法
    private void initTransGatherGUI() {
        pTran = new JPanel();
        tpGather.addTab("物流", pTran);
        pTran.setLayout(new BoxLayout(pTran, BoxLayout.Y_AXIS));

        pTransId = new JPanel();
        pTran.add(pTransId);

        lblTransId = new JLabel("物流 ID: ");
        pTransId.add(lblTransId);

        txtTransId = new JTextField();
        txtTransId.setPreferredSize(new Dimension(100, 20));
        pTransId.add(txtTransId);

        pAdress = new JPanel();
        pTran.add(pAdress);

        lblAdress = new JLabel("目的地: ");
        pAdress.add(lblAdress);

        txtAdress = new JTextField();
        txtAdress.setPreferredSize(new Dimension(100, 20));
        pAdress.add(txtAdress);

        pHandler = new JPanel();
        pTran.add(pHandler);

        lblHandler = new JLabel("经手人: ");
        pHandler.add(lblHandler);

        txtHandler = new JTextField();
        txtHandler.setPreferredSize(new Dimension(100, 20));
        pHandler.add(txtHandler);

        pReceiver = new JPanel();
        pTran.add(pReceiver);
```

```
        lblReceiver = new JLabel("收货人：");
        pReceiver.add(lblReceiver);

        txtReceiver = new JTextField();
        txtReceiver.setPreferredSize(new Dimension(100, 20));
        pReceiver.add(txtReceiver);

        pTranStatus = new JPanel();
        pTran.add(pTranStatus);

        lblTranStatus = new JLabel("物流状态：");
        pTranStatus.add(lblTranStatus);

        String[] tranStatus = new String[] { "发货中", "送货中", "已签收" };
        cmbTanStatus = new JComboBox<String>(tranStatus);

        pTranStatus.add(cmbTanStatus);

        pTranButton = new JPanel();
        pTran.add(pTranButton);

        btnTranConfirm = new JButton("确认");
        btnTranConfirm.addActionListener(new GatherTransListener());
        pTranButton.add(btnTranConfirm);

        btnTranReset = new JButton("重置");
        btnTranReset.addActionListener(new ResetListener());
        pTranButton.add(btnTranReset);
    }
    // 日志数据采集监听类
    private class GatherLogListener implements ActionListener {
        // 数据采集的事件处理方法
        public void actionPerformed(ActionEvent e) {
            // 获取日志 ID
            int id = Integer.parseInt(txtLogId.getText().trim());
            // 创建当前时间
            Date time = new Date();
            // 获取地址栏地址
            String adress = txtLocation.getText().trim();
            // 设置数据类型为：采集
            int type = DataBase.GATHER;
            // 获取用户姓名
            String user = txtName.getText().trim();
            // 获取 ip 地址
            String ip = txtIP.getText().trim();
            // 设置日志类型
            int logType = rbLogin.isSelected() ? LogRec.LOG_IN : LogRec.LOG_OUT;
            // 将数据封装到日志对象
            log = new LogRec(id, time, adress, type, user, ip, logType);
            // 将日志对象添加到日志列表
```

```
                logList.add(log);
                // 显示对话框
                JOptionPane.showMessageDialog(null, "日志采集成功!", "提示",
                        JOptionPane.INFORMATION_MESSAGE);
            }
        }
        // 物流数据采集监听类
        private class GatherTransListener implements ActionListener {
            // 数据采集的事件处理方法
            public void actionPerformed(ActionEvent e) {
                // 获取物流 ID
                int id = Integer.parseInt(txtTransId.getText().trim());
                // 创建当前时间
                Date time = new Date();
                // 获取地址栏地址
                String adress = txtAdress.getText().trim();
                // 设置数据类型为:采集
                int type = DataBase.GATHER;
                // 获取经手人信息
                String handler = txtHandler.getText().trim();
                // 获取发送人信息
                String reciver = txtReceiver.getText().trim();
                // 设置物流类型
                int transportType = cmbTanStatus.getSelectedIndex() + 1;
                // 将数据包装成物流对象
                trans = new Transport(id, time, adress, type, handler, reciver,
                        transportType);
                // 将物流对象放入物流列表
                transList.add(trans);
                // 显示对话框
                JOptionPane.showMessageDialog(null, "物流采集成功!", "提示",
                        JOptionPane.INFORMATION_MESSAGE);
            }
        }
        // 重置按钮监听类
        private class ResetListener implements ActionListener {
            // 重置按钮的事件处理方法
            public void actionPerformed(ActionEvent e) {
                txtName.setText("");
                txtLocation.setText("");
                txtIP.setText("");
                txtAdress.setText("");
                txtHandler.setText("");
                txtReceiver.setText("");
            }
        }
    ...//省略
    }
```

上述代码在 MainFrame 类中增加了 initLogGatherGUI()方法，用于初始化日志数据采集界面；initTransGatherGUI()方法用于初始化物流数据采集界面。GatherLogListener 是一个日志数据采集监听类，用于将用户输入的日志数据封装到日志对象并添加到日志集合中；GatherTransListener 是一个物流数据采集监听类，用于将用户输入的物流数据封装到物流对象并添加到物流集合中。

日志数据采集界面如图 4-26 所示。

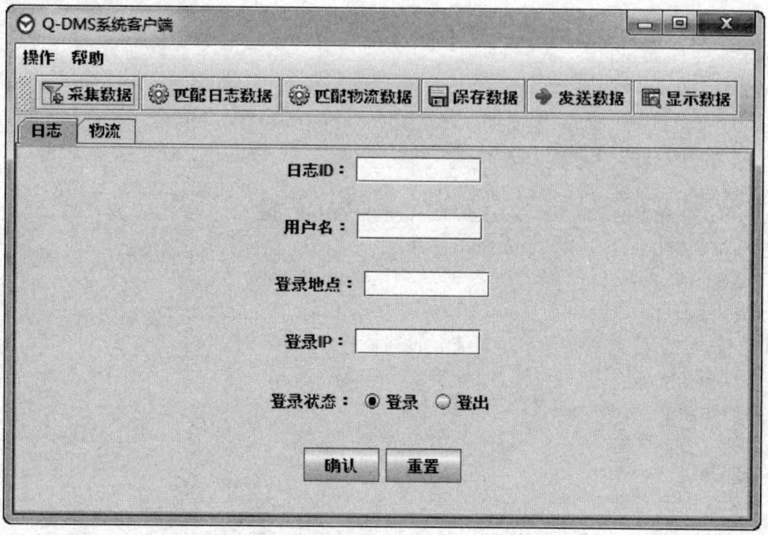

图 4-26　日志数据采集

物流数据采集界面如图 4-27 所示。

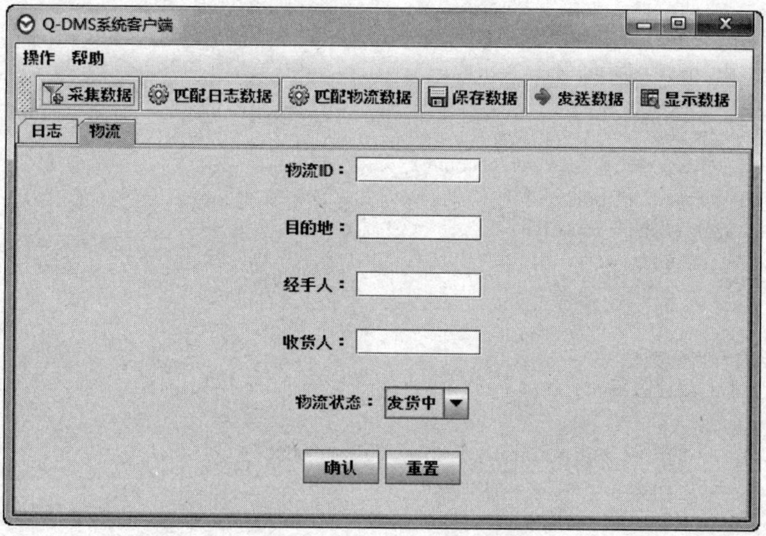

图 4-27　物流数据采集

4.6.4　实现【任务 4-4】

下述内容实现 Q-DMS 贯穿项目中的【任务 4-4】实现主窗口中的数据匹配、保存及显示功能。

为了使用表格显示数据，先在 com. qst. dms. entity 包中创建一个表格模型类

MatchedTableModel,代码如下。

【任务 4-4】 MatchedTableModel.java

```
package com.qst.dms.entity;

import java.sql.ResultSet;
import java.sql.ResultSetMetaData;

import javax.swing.table.AbstractTableModel;

public class MatchedTableModel extends AbstractTableModel {
    // 使用 ResultSet 来创建 TableModel
    private ResultSet rs;
    private ResultSetMetaData rsmd;
    // 标志位,区分日志和物流：1,日志; 0,物流
    private int sign;
    public MatchedTableModel(ResultSet rs, int sign) {
        this.rs = rs;
        this.sign = sign;
        try {
            rsmd = rs.getMetaData();
        } catch (Exception e) {
            rsmd = null;
        }
    }
    // 获取表格的行数
    public int getRowCount() {
        try {
            rs.last();
            // System.out.println(count);
            return rs.getRow();
        } catch (Exception e) {
            return 0;
        }
    }
    // 获取表格的列数
    public int getColumnCount() {
        try {
            // System.out.println(rsmd.getColumnCount());
            return rsmd.getColumnCount();
        } catch (Exception e) {
            return 0;
        }
    }
    // 获取指定位置的值
    public Object getValueAt(int rowIndex, int columnIndex) {
        try {
            rs.absolute(rowIndex + 1);
            return rs.getObject(columnIndex + 1);
```

```
        } catch (Exception e) {
            return null;
        }
    }
    // 获取表头信息
    public String getColumnName(int column) {
        String[] logArray = { "日志 ID", "采集时间", "采集地点", "状态", "用户名", "IP",
                              "日志类型" };
        String[] tranArray = { "物流 ID", "采集时间", "目的地", "状态", "经手人",
                              "收货人","物流类型" };
        return sign == 1 ? logArray[column] : tranArray[column];
    }
}
```

上述代码定义的 MatchedTableModel 类继承 AbstractTableModel 类，并实现 getRowCount()、getColumnCount()、getValueAt()和 getColumnName()方法。

在 LogRecService 日志业务类中新增一个 readLogResult()方法，返回日志信息的结果集，代码如下所示。

【任务 4-4】 LogRecService. java

```
package com.qst.dms.service;
...//省略 import
//日志业务类
public classLogRecService {
    ...//省略
    //获取数据库中的所有匹配的日志信息，返回一个 ResultSet
    public ResultSet readLogResult() {
        DBUtil db = new DBUtil();
        ResultSet rs = null;
        try {
            // 获取数据库链接
            Connection conn = db.getConnection();
            // 查询匹配的日志，设置 ResultSet 可以使用除了 next()之外的方法操作结果集
            Statement st = conn.createStatement(
                            ResultSet.TYPE_SCROLL_INSENSITIVE,
                            ResultSet.CONCUR_UPDATABLE);

            String sql = "SELECT * from gather_logrec";
            rs = st.executeQuery(sql);
        }catch (Exception e) {
            e.printStackTrace();
        }
        return rs;
    }
    ...//省略
}
```

在 TransportService 物流业务类中新增一个 readTransResult()方法，返回物流信息的结果集，代码如下所示。

【任务 4-4】 **TransportService. java**

```
package com.qst.dms.service;
...//省略 import
public class TransportService {
    ...//省略
    //获取数据库中的所有匹配的物流信息,返回一个 ResultSet
    public ResultSet readTransResult() {
        DBUtil db = new DBUtil();
        ResultSet rs = null;
        try {
            // 获取数据库链接
            Connection conn = db.getConnection();
            // 查询匹配的物流,设置 ResultSet 可以使用除了 next()之外的方法操作结果集
            Statement st = conn.createStatement(
                            ResultSet.TYPE_SCROLL_INSENSITIVE,
                            ResultSet.CONCUR_UPDATABLE);

            String sql = "SELECT * from gather_transport";
            rs = st.executeQuery(sql);
        }catch (Exception e) {
            e.printStackTrace();
        }
        return rs;
    }
    ...//省略
}
```

在 MainFrame 类中增加数据匹配、保存及显示所需的监听类,并在监听类中实现其相应的功能,代码如下所示。

【任务 4-4】 **MainFrame. java**

```
public class MainFrame extends JFrame {
...//省略
    // 匹配日志信息监听类
    private class MatchLogListener implements ActionListener {
        // 数据匹配的事件处理方法
        public void actionPerformed(ActionEvent e) {
            LogRecAnalyse logAn = new LogRecAnalyse(logList);
            // 日志数据过滤
            logAn.doFilter();
            // 日志数据分析
            matchedLogs = logAn.matchData();
            // 显示对话框
            JOptionPane.showMessageDialog(null, "日志数据过滤、分析匹配成功!",
                    "提示",JOptionPane.INFORMATION_MESSAGE);
        }
    }
    // 匹配物流信息监听类
```

```
private class MatchTransListener implements ActionListener {
    // 数据匹配的事件处理方法
    public void actionPerformed(ActionEvent e) {
        TransportAnalyse transAn = new TransportAnalyse(transList);
        // 物流数据过滤
        transAn.doFilter();
        // 物流数据分析
        matchedTrans = transAn.matchData();
        // 显示对话框
        JOptionPane.showMessageDialog(null, "物流数据过滤、分析匹配成功!",
                "提示",JOptionPane.INFORMATION_MESSAGE);
    }
}
// 保存数据监听类
private class SaveDataListener implements ActionListener {
    // 数据保存的事件处理方法
    public void actionPerformed(ActionEvent e) {
        if (matchedLogs != null && matchedLogs.size() > 0) {
            // 保存匹配的日志信息
            logRecService.saveMatchLog(matchedLogs);
            logRecService.saveMatchLogToDB(matchedLogs);
            // 显示对话框
            JOptionPane.showMessageDialog(null,
                    "匹配的日志数据以保存到文件和数据库中!",
                    "提示", JOptionPane.INFORMATION_MESSAGE);
        } else {
            JOptionPane.showMessageDialog(null, "没有匹配的日志数据!",
                    "提示",JOptionPane.WARNING_MESSAGE);
        }
        if (matchedTrans != null && matchedTrans.size() > 0) {
            // 保存匹配的物流信息
            transportService.saveMatchedTransport(matchedTrans);
            transportService.saveMatchTransportToDB(matchedTrans);
            // 显示对话框
            JOptionPane.showMessageDialog(null,
                    "匹配的物流数据以保存到文件和数据库中!",
                    "提示", JOptionPane.INFORMATION_MESSAGE);
        } else {
            JOptionPane.showMessageDialog(null, "没有匹配的物流数据!",
                    "提示",JOptionPane.WARNING_MESSAGE);
        }
    }
}
//数据显示监听类
private class ShowDataListener implements ActionListener {
    // 数据显示的事件处理方法
    public void actionPerformed(ActionEvent e) {
        // 切换主面板的卡片为显示数据的面板
        card.show(p, "show");
        // 移除显示数据面板中的所有的选项卡
        showPane.removeAll();
        // 刷新日志信息表
        flushMatchedLogTable();
```

```
                // 刷新物流信息表
                flushMatchedTransTable();
            }
        }
        // 刷新日志选项卡,显示日志信息表格
        private void flushMatchedLogTable() {
            // 创建 tableModel,通过标志为区分日志和物流: 1,日志; 0,物流
            MatchedTableModel logModel = new MatchedTableModel(
                    logRecService.readLogResult(), 1);
            // 使用 tableModel 创建 JTable
            JTable logTable = new JTable(logModel);
            // 通过 JTable 对象创建 JScrollPane,显示数据
            scrollPane = new JScrollPane(logTable);
            // 添加日志选项卡
            showPane.addTab("日志", scrollPane);
        }
        // 刷新物流选项卡,显示物流信息表格
        private void flushMatchedTransTable() {
            // 创建 tableModel,通过标志为区分日志和物流: 1,日志; 0,物流
            MatchedTableModel tranModel = new MatchedTableModel(
                    transportService.readTransResult(), 0);
            // 使用 tableModel 创建 JTable
            JTable tranTable = new JTable(tranModel);
            // 通过 JTable 对象创建 JScrollPane,显示数据
            scrollPane = new JScrollPane(tranTable);
            // 添加物流选项卡
            showPane.addTab("物流", scrollPane);
        }
    }
```

日志数据匹配并保存后,单击工具栏中的“显示数据”按钮或菜单项,如图 4-28 所示。

Q-DMS系统客户端

操作 帮助

采集数据 匹配日志数据 匹配物流数据 保存数据 发送数据 显示数据

日志 物流

日志ID	采集时间	采集地点	状态	用户名	IP	日志类型
1001	2016-04-20 ...	青岛	1	zhangsan	192.168.1.1	1
1002	2016-04-20 ...	青岛	1	zhangsan	192.168.1.1	0
1003	2016-04-20 ...	北京	1	lisi	192.168.1.6	1
1004	2016-04-20 ...	北京	1	lisi	192.168.1.6	0
1005	2016-04-20 ...	济南	1	wangwu	192.168.1.89	1
1006	2016-04-20 ...	济南	1	wangwu	192.168.1.89	0

图 4-28 显示匹配的日志数据

物流数据匹配并保存后，单击工具栏中的“显示数据”按钮或菜单项，再单击“物流”选项卡，如图4-29所示。

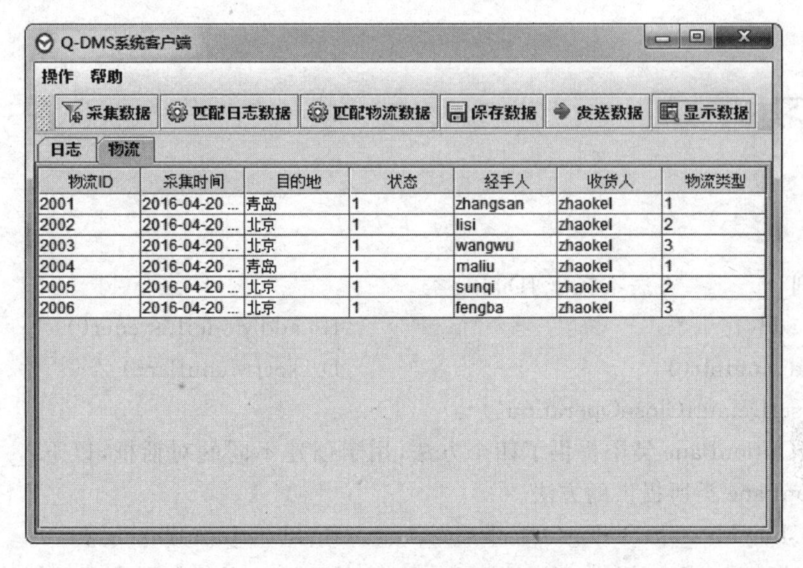

物流ID	采集时间	目的地	状态	经手人	收货人	物流类型
2001	2016-04-20 ...	青岛	1	zhangsan	zhaokel	1
2002	2016-04-20 ...	北京	1	lisi	zhaokel	2
2003	2016-04-20 ...	北京	1	wangwu	zhaokel	3
2004	2016-04-20 ...	青岛	1	maliu	zhaokel	1
2005	2016-04-20 ...	北京	1	sunqi	zhaokel	2
2006	2016-04-20 ...	北京	1	fengba	zhaokel	3

图4-29　显示匹配的物流数据

本章总结

小结

- 对话框有“模式对话框”和“非模式对话框”两种类型。
- JDialog类可以实现一个自定义的对话框对象。
- JOptionPane类主要提供了四个静态方法用于显示不同类型的对话框。
- JOptionPane. showMessageDialog()静态方法用于显示消息对话框。
- JOptionPane. showInputDialog()静态方法用于显示输入对话框。
- JOptionPane. showConfirmDialog()静态方法用于显示确认对话框。
- JOptionPane. showOptionDialog()静态方法用于显示选项对话框。
- 下拉式菜单由JMenuBar菜单栏、JMenu菜单和JMenuItem菜单项组合而成。
- JPopupMenu在GUI界面的任意位置单击鼠标右键都会弹出。
- JToolBar类来实现工具栏的功能。
- JTable类用于创建一个表格对象。
- JTree类用来创建树目录组件。

Q&A

问题：简述JOptionPane标准对话框的四个静态方法显示不同对话框。

回答：JOptionPane. showMessageDialog()静态方法用于显示消息对话框；JOptionPane.

showInputDialog()静态方法用于显示输入对话框；JOptionPane. showConfirmDialog()静态方法用于显示确认对话框；JOptionPane. showOptionDialog()静态方法用于显示选项对话框。

章节练习

习题

1. 下列________方法不属于 JDialog 类。

   A. add()　　B. addModelListener()

   C. dialogInit()　　D. setJMenuBar()

   E. setDefaultCloseOperation()

2. 在 JOptionPane 类中提供了四个方法，用于创建不同的对话框，以下________方法不是 JOptionPane 类所提供的方法。

   A. showMessageDialog()　　B. showInputDialog ()

   D. showConfirmDialog ()　　D. showCancleDialog ()

   E. showOutputDialog()

3. 下列关于 JFileChooser 类的说法中错误的是________。

   A. showOpenDialog()方法用来显示一个文件打开对话框

   B. showSaveDialog()方法用来显示一个文件保存对话框

   C. getCurrentDirectory()方法用于获取所选中的文件对象

   D. JFileChooser 类继承了 JComponent 类

4. 下列________不属于下拉菜单的组成部分。

   A. JPopupMenu　　B. JMenu　　C. JMenuItem　　D. JMenuBar

5. 下列________不属于弹出式菜单的组成部分。

   A. JPopupMenu　　B. JMenu　　C. JMenuItem　　D. JMenuBar

6. 关于工具类和菜单栏的说法中错误的是________。

   A. 常见的菜单栏有两种方式：下拉式菜单和弹出式菜单

   B. 窗体中允许将工具栏拖曳到窗体的四个边上或从窗体中脱离出来

   C. 工具类和菜单栏对象都有 setMargin()方法，用于设置内部控件之间的边距

   D. 工具类和菜单栏对象都有 addSeparator()方法，用于添加分隔线

7. 下列关于 TableModel 的说法中错误的是________。

   A. DefaultTableModel 是 TableModel 接口的一个实现类

   B. TableModel 表格模型是一个接口

   C. 直接实现 TableModel 接口来创建表格是非常烦琐的

   D. AbstractTableModel 是 TableModel 接口的一个实现类，可以直接用来创建一个 TableModel 对象

8. 下列关于树的说法中错误的是________。

   A. DefaultMutableTreeNode 类是一个实现 TreeNode 和 MutableTreeNode 接口的类

B. 树事件包括 TreeNodeEvent 事件和 TreeSelectionEvent 事件

C. 使用 DefaultMutableTreeNode 来可以直接创建一个叶节点

D. 树中的节点允许展开和折叠

上机

训练目标：高级 UI 界面。

培养能力	对话框、菜单、工具栏、表格的使用		
掌握程度	★★★★★	难度	难
代码行数	600	实施方式	编码强化
结束条件	独立编写，不出错。		

参考训练内容

(1) 学生信息有学号、姓名、年龄、班级和成绩；

(2) 创建一个学生信息管理主界面，该界面包括菜单和工具栏，能够实现学生信息的录入和显示，并合理使用对话框进行友情提示；

(3) 使用表格显示学生信息。

第5章 线程

任务驱动

本章任务是完成“Q-DMS数据挖掘”系统的数据自动刷新功能：

【任务5-1】 使用线程实现每隔2分钟日志和物流表格数据的自动刷新功能，以便与数据库中的数据保持一致。

学习路线

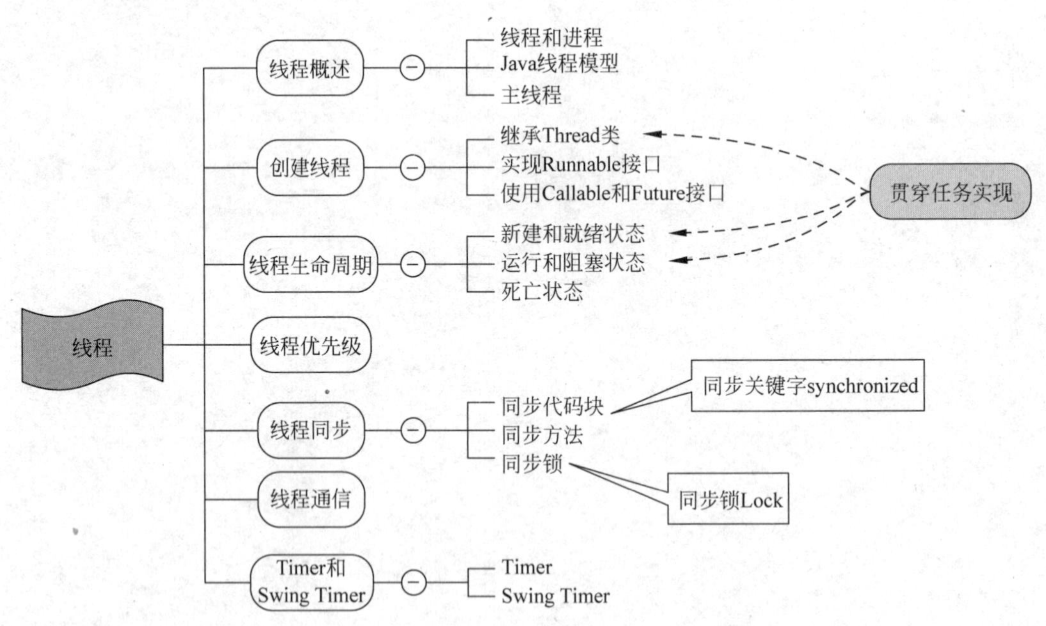

本章目标

知　识　点	Listen(听)	Know(懂)	Do(做)	Revise(复习)	Master(精通)
线程概述	★	★			
创建线程	★	★	★	★	★
线程生命周期	★	★	★	★	

续表

知 识 点	Listen(听)	Know(懂)	Do(做)	Revise(复习)	Master(精通)
线程优先级	★	★	★		
线程同步	★	★	★		
线程通信	★	★	★		
Timer 和 Swing Timer	★	★	★		

5.1 线程概述

线程(Thread)在多任务处理应用程序中起着至关重要的作用。之前所接触的应用程序都是采用单线程处理模式。单线程在某些功能方面会受到限制,无法同时处理多个互不干扰的任务,只有一个顺序执行流;而多线程是同时有多个线程并发执行,同时完成多个任务,具有多个顺序执行流,且执行流之间互不干扰。单线程与多线程之间的区别如图 5-1 所示。

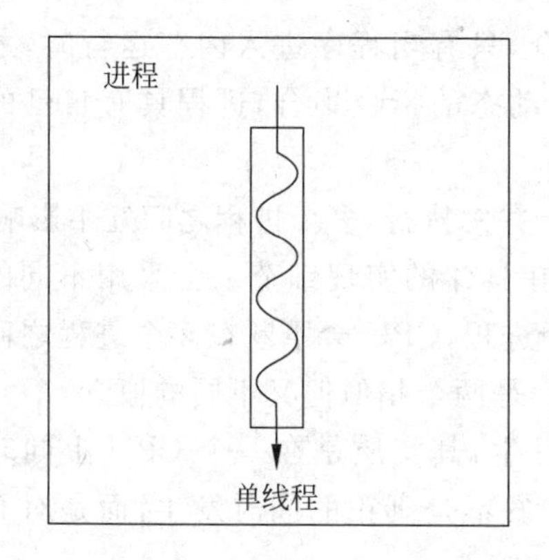

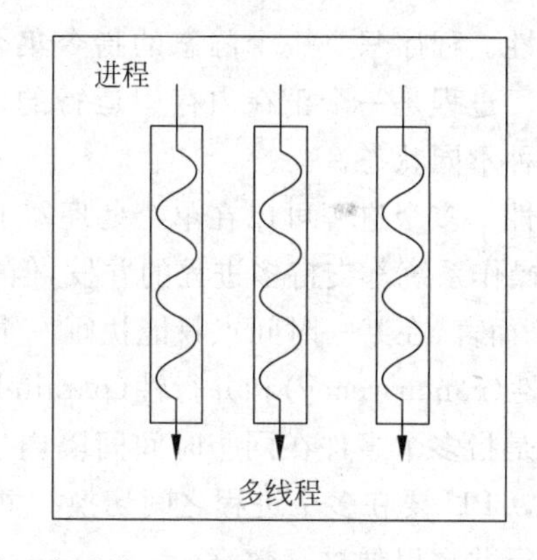

图 5-1 单线程与多线程

Java 语言对多线程提供了非常优秀的支持,在程序中可以通过简便的方式来创建多线程。

5.1.1 线程和进程

在操作系统中,每个独立运行的程序就是一个进程(Process),当一个程序进入内存运行时,即变成一个进程。进程是操作系统进行资源分配和调度的一个独立单位,是具有独立功能且处于运行过程中的程序。

在 Windows 操作系统中,右击任务栏,选择“任务管理器”菜单命令,可以打开“Window 任务管理器”窗口,该窗口中的“进程”选项卡中显示系统当前正在运行的进程,如图 5-2 所示。

进程具有如下三个特征:

- 独立性。进程是操作系统中独立存在的实体,拥有自己独立的资源,每个进程都拥有自己私有的地址空间,其他进程不可以直接访问该地址空间,除非进程本身允许的情况下才能进行访问。

图 5-2 Windows 中的进程

- 动态性。程序只是一个静态的指令集合，只有当程序进入内存运行时，才变成一个进程。进程是一个正在内存中运行的、动态的指令集合，进程具有自己的生命周期和各种不同状态。
- 并发性。多个进程可以在单个处理器上并发执行，多个进程之间互不影响。

目前的操作系统都支持多进程的并发，但在具体的实现细节上会采用不同的策略。对于一个 CPU 而言，在某一时间点只能执行一个进程，CPU 会不断在多个进程之间来回轮换执行。并发性(concurrency)和并行性(parallel)是两个相似但又不同的概念：

- 并发是指多个事件在同一时间间隔内发生，其实质是在一个 CPU 上同时运行多个进程，CPU 要在多个进程之间切换。并发不是真正的同时发生，而是对有限物理资源进行共享以便提高效率。
- 并行是指多个事件在同一时刻发生，其实质是多个进程同一时刻可在不同的 CPU 上同时执行，每个 CPU 运行一个进程。

并发就像一个人(CPU)喂两个孩子(进程)，轮换着每人喂一口，表面上两个孩子都在吃饭；而并行就是两个人喂两个孩子，两个孩子也同时在吃饭。并发与并行之间的区别如图 5-3 所示。

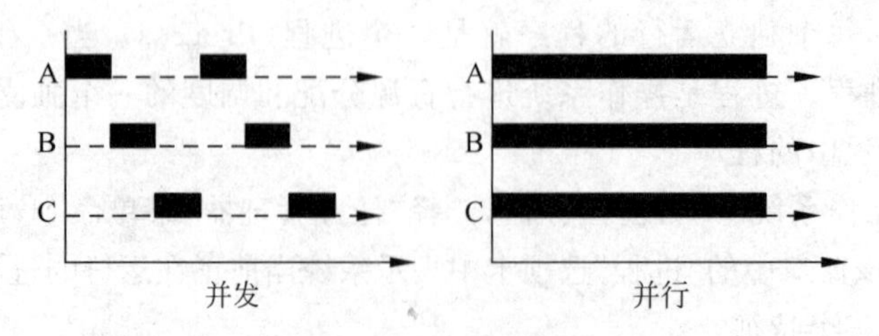

图 5-3 并发与并行

线程是进程的组成部分，一个线程必须在一个进程之内，而一个进程可以拥有多个线程，一个进程中至少有一个线程。线程是最小的处理单位，线程可以拥有自己的堆栈、计数

器和局部变量，但不能拥有系统资源，多个线程共享其所在进程的系统资源。

线程可以完成一定的任务，使用多线程可以在一个程序中同时完成多个任务，在更低的层次中引入多任务处理。

多线程在多 CPU 的计算机中可以实现真正物理上的同时执行；而对于单 CPU 的计算机实现的只是逻辑上的同时执行，在每个时刻，真正执行的只有一个线程，由操作系统进行线程管理调度，但由于 CPU 的速度很快，让人感到像是多个线程在同时执行。

多线程扩展了多进程的概念，使得同一个进程可以同时并发处理多个任务。因此，线程也被称作轻量级进程。多进程与多线程是多任务的两种类型，两者之间的主要区别如下：

- 多进程之间的数据块是相互独立的，彼此互不影响，进程之间需要通过信号、管道等进行交互；
- 多线程之间的数据块可以共享，一个进程中的各个线程可以共享程序段、数据段等资源。多线程比多进程更便于资源共享，同时 Java 提供的同步机制还可以解决线程之间的数据完整性问题，使得多线程设计更易发挥作用。

注意

多线程在实际编程中的应用是非常广泛的，在 Java 程序设计中，网络通信、多媒体以及动画设计都会使用到多线程。

多线程编程的优点如下：

- 多线程之间共享内存，节约系统资源成本；
- 充分利用 CPU，执行并发任务效率高；
- Java 内置多线程功能支持，简化编程模型；
- GUI 应用通过启动单独线程收集用户界面事件，简化异步事件处理，使 GUI 界面的交互性更好。

5.1.2 Java 线程模型

Java 线程模型提供线程所必需的功能支持，基本的 Java 线程模型有 Thread 类、Runnable 接口、Callable 接口和 Future 接口等，这些线程模型都是面向对象的。

Thread 类将线程所必需的功能进行封装，其常用的方法如表 5-1 所示。

表 5-1 Thread 类的常用方法

方　法	功能描述
Thread()	不带参数的构造方法，用于构造默认的线程对象
Thread(Runnable target)	使用传递的 Runnable 构造线程对象
Thread(Runnable target,String name)	使用传递的 Runnable 构造名为 name 的线程对象
Thread(ThreadGroup group, Runnable target,String name)	使用传递的 Runnable 在 group 线程组内构造名为 name 的线程对象
final String getName()	获取线程的名称
final boolean isAlive()	判断线程是否处于激活状态，如果是，则返回 true，否则返回 false
final void setName(String name)	设置线程的名称为指定的 name 名

续表

方　法	功能描述
long getId()	获取线程 Id
setPriority(int newPriority)	设置线程的优先级
getPriority()	获取线程的优先级
final void join()	等待线程死亡
static void sleep(long millis)	线程休眠，即将线程挂起一段时间，参数以毫秒为基本单位
void run()	线程的执行方法
void start()	启动线程的方法，启动线程后会自动执行 run( )方法
void stop()	线程停止，该方法已过期，可以使用但不推荐用
void interrput()	中断线程
static int activeCount()	返回激活的线程数
static void yield()	临时暂停正在执行的线程，并允许执行其他线程

Thread 类的 run()方法是线程中最重要的方法，该方法用于执行线程要完成的任务；当创建一个线程时，要完成自己的任务，则需要重写 run()方法。此外，Thread 类还提供了 start()方法，该方法用于负责线程的启动；当调用 start()方法成功地启动线程后，系统会自动调用 Thread 类的 run()方法来执行线程。因此，任何继承 Thread 类的线程都可以通过 start()方法来启动。

Runnable 接口用于标识某个 Java 类可否作为线程类，该接口只有一个抽象方法 run()，即线程中最重要的执行体，用于执行线程中所要完成的任务。Runnable 接口定义在 java. lang 包中，定义代码如下所示。

【示例】 Runnable 接口定义

```
package java.lang;
public interfaceRunnable {
    public abstract void run();
}
```

注意

java. lang 包是 Java 类库中常用的包，Java 程序会自动导入 lang 包，因此 java. lang 包中提供的类或接口可以直接使用，而无须 import 导入。

Callable 接口是 Java 5 新增的接口，该接口中提供一个 call()方法作为线程的执行体。call()方法比 run()方法功能更强大，call()方法可以有返回值，也可以声明抛出异常。Callable 接口定义在 java. util. concurrent 包中，定义代码如下所示。

【示例】 Callable 接口定义

```
package java.util.concurrent;
public interfaceCallable<V> {
    V call() throws Exception;
}
```

Future 接口用来接收 Callable 接口中 call()方法的返回值。Future 接口提供一些方法用于控制与其关联的 Callable 任务。Future 接口提供的方法如表 5-2 所示。

表 5-2 Future 接口中的方法

方　法	功能描述
boolean cancel(boolean mayInterruptIfRunning)	取消与 Future 关联的 Callable 任务
boolean isCancelled()	判断 Callable 任务是否被取消，如果在任务正常完成之前被取消，则返回 true
boolean isDone()	判断 Callable 任务是否完成，如果任务完成，则返回 true
V get() throws InterruptedException，Execution Exception	返回 Callable 任务中 call()方法的返回值
Vget (long timeout, TimeUnit unit) throws InterruptedException, ExecutionException，TimeoutException	在指定时间内返回 Callable 任务中的 call()方法的返回值，如果没有返回，则抛出异常

注意

Callable 接口有泛型限制，该接口中的泛型形参类型与 call()方法返回值的类型相同；而且 Callable 接口是函数式接口，因此从 Java 8 开始可以使用 Lambda 表达式创建 Callable 对象。

5.1.3 主线程

每个能够独立运行的程序就是一个进程，每个进程至少包含一个线程，即主线程。在 Java 语言中，每个能够独立运行的 Java 程序都至少有一个主线程，且在程序启动时，JVM 会自动创建一个主线程来执行该程序中的 main()方法。因此，主线程有以下两个特点：

- 一个进程肯定包含一个主线程；
- 主线程用来执行 main()方法。

在 main()方法中调用 Thread 类的静态方法 currentThread()来获取主线程，代码如下所示。

【代码 5-1】 MainThreadDemo. java

```
package com.qst.chapter05;
public class MainThreadDemo {
    // main()方法
    public static void main(String args[]) {
        // 调用 Thread 类的 currentThread()方法获取当前线程
        Thread t = Thread.currentThread();
        // 设置线程名
        t.setName("MyMainThread");
        // 输出线程信息
        System.out.println("主线程是: " + t);
        // 获取线程 Id
```

```
            System.out.println("线程 ID: " + t.getId());
            // 获取线程名
            System.out.println("线程名: " + t.getName());
        }
    }
```

上述代码中，通过 Thread.currentThread()静态方法来获取当前线程对象，由于是在main()方法中，所以获取的线程是主线程。调用 setName()方法可以设置线程名，调用getId()方法可以获取线程的 Id 号，调用 getName()可以获取线程的名字。

运行上述代码，结果如下所示。

```
主线程是: Thread[MyMainThread,5,main]
线程 ID: 1
线程名: MyMainThread
```

注意

在多线程编程时，main()方法的方法体就是主线程的执行体，main()方法中的代码就是主线程要完成的任务。

5.2 创建线程

基于 Java 线程模型，创建线程的方式有三种：

- 第一种方式是继承 Thread 类，重写 Thread 类中的 run()方法，直接创建线程；
- 第二种方式是实现 Runnable 接口，再通过 Thread 类和 Runnable 的实现类间接创建一个线程；
- 第三种方式是使用 Callable 和 Future 接口间接创建线程。

上述三种方式从本质上是一致的，最终都是通过 Thread 类来建立线程。提供Runnable、Callable 和 Future 接口模型是由于 Java 不支持多继承，如果一个线程类继承了Thread 类，则不能再继承其他的类，因此可以通过实现接口的方式间接创建线程。

采用 Runnable、Callable 和 Future 接口的方式创建线程时，线程类还可以继承其他类，且多个线程之间可以共享一个 target 目标对象，适合多个相同线程处理同一资源的情况，从而可以将 CPU、代码和数据分开，形成清晰的数据模型。

注意

通过继承 Thread 类的方式来创建线程，代码编写简单，且直接使用 this 即可获得当前线程，但其受制于单继承限制。可以根据业务需要选择不同的方式创建线程，一般推荐采用接口的方式创建多线程。

5.2.1　继承 Thread 类

通过继承 Thread 类来创建并启动线程的步骤如下：

(1) 定义一个子类继承 Thread 类，并重写 run()方法；

(2) 创建子类的实例，即实例化线程对象；

(3) 调用线程对象的 start()方法启动该线程。

下述代码演示通过继承 Thread 类来创建并启动线程的步骤。

【代码 5-2】　ThreadDemo.java

```
package com.qst.chapter05;

//1.继承 Thread 类
public class ThreadDemo extends Thread {
    // 重写 run()方法,线程的任务方法,即执行体
    public void run() {
        for (int i = 0; i < 100; i++) {
            // 继承 Thread 类时,直接使用 this 即可获取当前线程对象
            // 调用 getName()方法返回当前线程的名字
            System.out.println(this.getName() + " : " + i);
        }
    }
    public static void main(String[] args) {
        // 2.创建线程对象
        ThreadDemo td = new ThreadDemo();
        // 3.调用 start()方法启动线程
        td.start();
        // 主线程任务
        for (int i = 1000; i < 1100; i++) {
            // 使用 Thread.currentThread().getName()获取主线程名字
            System.out.println(Thread.currentThread().getName() + " : " + i);
        }
    }
}
```

上述代码中，ThreadDemo 类继承 Thread，并重写了 run()方法。run()方法中的代码就是该线程所需要完成的任务。虽然在 main()方法中只显式地创建并启动一个线程，但实际上程序有两个线程：主线程和创建的子线程。前面已经提到，Java 程序开始运行后，JVM 会自动创建一个主线程来执行 main()方法，即主线程的执行体不是 run()方法，而是 main()方法，main()方法中的代码就是主线程所要完成的任务。

因为线程在 CPU 中的执行是由操作系统所控制，执行次序是不确定的，除非使用同步机制强制按特定的顺序执行，所以程序代码运行的结果会因调度次序不同而不同。可能的执行结果如下所示。

```
main : 1000
Thread - 0 : 0
```

```
main : 1001
Thread-0 : 1
main : 1002
Thread-0 : 2
main : 1003
Thread-0 : 3
Thread-0 : 4
Thread-0 : 5
...
```

在创建 td 线程对象时并未指定该线程的名字，因此所输出的线程名是系统的默认值“Thread-0”。对于输出结果，不同机器所执行的结果可能不同，在同一机器上多次运行同一程序也可能生成不同结果。

注意

Thread 类的 start()方法将调用 run()方法，该方法用于启动线程并运行。因此，start()方法不能多次调用，当多次调用 td.start()方法时会抛出一个 IllegalThreadStateException 异常。

5.2.2 实现 Runnable 接口

创建线程的第二种方式是实现 Runnable 接口。Runnable 接口中只有一个 run()方法，一个类实现 Runnable 接口后，并不代表该类是个“线程”类，不能直接启动线程，必须通过 Thread 类的实例来创建并启动线程。

通过 Runnable 接口创建并启动线程的步骤如下：

(1) 定义一个类实现 Runnable 接口，并实现该接口中的 run()方法；

(2) 创建一个 Thread 类的实例，并将 Runnable 接口的实现类所创建的对象作为参数传入 Thread 类的构造方法中；

(3) 调用 Thread 对象的 start()方法启动该线程。

下述代码演示通过实现 Runnable 接口创建并启动线程的步骤。

【代码 5-3】 RunnableDemo.java

```
package com.qst.chapter05;
//1. ThreadTask 类(线程任务类)实现 Runnable 接口
class ThreadTask implements Runnable {
    // 重写 run 方法,任务方法
    public void run() {
        // 获取当前线程的名字
        for (int i = 0; i < 100; i++) {
            // 实现 Runnable 接口时,只能使用 Thread.currentThread()获取当前线程
            // 再调用 getName()方法返回当前线程的名字
            System.out.println(Thread.currentThread().getName() + " : " + i);
        }
    }
}
```

```
public class RunnableDemo {
    public static void main(String[] args) {
        // 2.创建一个 Thread 类的实例,其参数是 ThreadTask 类的对象
        Thread t = new Thread(new ThreadTask());
        // 3.调用 start()方法启动线程
        t.start();
        // 主线程任务
        for (int i = 1000; i < 1100; i++) {
            // 使用 Thread.currentThread().getName()获取主线程名字
            System.out.println(Thread.currentThread().getName() + " : " + i);
        }
    }
}
```

上述代码先定义一个 ThreadTask 类，该类实现 Runnable 接口，并实现 run()方法，这样的类可以称为线程任务类。整个程序所实现的功能与 ThreadDemo.java 代码的功能完全相同，通过对比可以发现：

- 使用继承 Thread 类来获取当前线程比较简单，直接使用 this 关键字即可；
- 使用 Runnable 接口时，只能使用 Thread.currentThread()方法来获取当前线程。

可能的执行结果如下所示：

```
main : 1000
Thread-0 : 0
Thread-0 : 1
main : 1001
main : 1002
main : 1003
…
```

注意

直接调用 Thread 类或 Runnable 接口所创建的对象的 run()方法是无法启动线程的，必须通过 Thread 的 start()方法才能启动线程。从 Java 8 开始，Runnable 接口中使用@FunctionalInterface 修饰说明 Runnable 接口是函数式接口，可以使用 Lambda 表达式来创建 Runnable 对象。

5.2.3 使用 Callable 和 Future 接口

创建线程的第三种方式是使用 Callable 和 Future 接口。Callable 接口提供一个 call()方法作为线程的执行体，该方法的返回值使用 Future 接口来代表。从 Java 5 开始，为 Future 接口提供一个 FutureTask 实现类，该类同时实现了 Future 和 Runnable 两个接口，因此可以作为 Thread 类的 target 参数。使用 Callable 和 Future 接口的最大优势在于可以在线程执行完任务之后获取执行结果。

使用 Callable 和 Future 接口创建并启动线程的步骤如下：

(1) 创建 Callable 接口的实现类，并实现 call()方法，该方法将作为线程的执行体，并具有返回值；然后创建 Callable 实现类的实例。

(2) 使用 FutureTask 类来包装 Callable 对象，在 FutureTask 对象中封装了 Callable 对象的 call()方法的返回值。

(3) 使用 FutureTask 对象作为 Thread 对象的 target，创建并启动新线程。

(4) 调用 FutureTask 对象的 get()方法来获得子线程执行结束后的返回值。

下述代码演示通过 Callable 和 Future 接口创建并启动线程的步骤。

【代码 5-4】 CallableFutureDemo.java

```
package com.qst.chapter05;

import java.util.concurrent.Callable;
import java.util.concurrent.ExecutionException;
import java.util.concurrent.FutureTask;

//1.创建 Callable 接口的实现类
class Task implements Callable<Integer> {
    // 实现 call()方法,作为线程执行体
    public Integer call() throws Exception {
        int i = 0;
        for (; i < 100; i++) {
            System.out.println(Thread.currentThread().getName() + " : " + i);
        }
        // call()方法可以有返回值
        return i;
    }
}
public class CallableFutureDemo {
    public static void main(String[] args) {
        // 2.使用 FutureTask 类包装 Callable 实现类的实例
        FutureTask<Integer> task = new FutureTask<Integer>(new Task());
        // 3.创建线程,使用 FutureTask 对象 task 作为 Thread 对象的 targer,
        //并调用 start()方法启动线程
        new Thread(task, "子线程").start();
        // 4.调用 FutrueTask 对象 task 的 get()方法获取子线程执行结束后的返回值
        try {
            System.out.println("子线程返回值: " + task.get());
        } catch (InterruptedException e) {
            e.printStackTrace();
        } catch (ExecutionException e) {
            e.printStackTrace();
        }
        // 主线程任务
        for (int i = 1000; i < 1100; i++) {
            // 使用 Thread.currentThread().getName()获取主线程名字
            System.out.println(Thread.currentThread().getName() + " : " + i);
        }
    }
}
```

上述代码先定义一个 Task 类，该类实现 Callable 接口并重写 call()方法，call()方法的返回值为整型，因此 Callable 接口中对应的泛型限制为 Integer，即 Callable<Integer>。

在 main()方法中，先创建 FutureTask<Integer>类的对象 task，该对象包装 Task 类；再创建 Thread 对象并启动线程；最后调用 FutureTask 对象 task 的 get()方法获取子线程执行结束后的返回值。整个程序所实现的功能与前两种方式一样，只是增加了子线程返回值。

运行结果如下所示：

```
子线程 : 0
子线程 : 1
...
子线程返回值: 100
main : 1000
main : 1001
...
```

从 Java 8 开始，可以直接使用 Lambda 表达式创建 Callable 对象，代码如下所示。

【代码 5-5】 LambdaCallableFutureDemo.java

```
package com.qst.chapter05;

import java.util.concurrent.Callable;
import java.util.concurrent.ExecutionException;
import java.util.concurrent.FutureTask;

public class LambdaCallableFutureDemo {

    public static void main(String[] args) {
        //1.使用 Lambda 表达式创建 Callable<Integer>对象
        // 2.使用 FutureTask 类包装 Callable 对象
        FutureTask<Integer> task = new FutureTask<Integer>(
                (Callable<Integer>) () -> {
                    int i = 0;
                    for (; i < 100; i++) {
                        System.out.println(Thread.currentThread().getName()
                                + " : " + i);
                    }
                    // call()方法可以有返回值
                    return i;
                });
        // 3.创建线程,使用 FutureTask 对象 task 作为 Thread 对象的 targer,并调用 start()方法
启动线程
        new Thread(task, "子线程").start();
        // 4.调用 FutrueTask 对象 task 的 get()方法获取子线程执行结束后的返回值
        try {
            System.out.println("子线程返回值: " + task.get());
        } catch (InterruptedException e) {
```

```
            e.printStackTrace();
        } catch (ExecutionException e) {
            e.printStackTrace();
        }
        // 主线程任务
        for (int i = 1000; i < 1100; i++) {
            // 使用 Thread.currentThread().getName()获取主线程名字
            System.out.println(Thread.currentThread().getName() + " : " + i);
        }
    }
}
```

上述代码加粗部分就是 Lambda 表达式，可以直接使用 Lambda 表达式创建 Callable 对象，而无须先创建 Callable 实现类。

注意

在 Java API 中，定义的 FutureTask 类实际上直接实现 RunnableFuture 接口，而 RunnableFuture 接口继承 Runnable 和 Future 两个接口，因此 FutureTask 类既实现了 Runnable 接口，又实现了 Future 接口。

5.3 线程生命周期

线程具有生命周期，当线程被创建并启动后，不会立即进入执行状态，也不会一直处于执行状态。在线程的生命周期中，线程要经过 5 种状态：新建(New)、就绪(Runnable)、运行(Running)、阻塞(Blocked)和死亡(Dead)。线程状态之间的转换如图 5-4 所示。

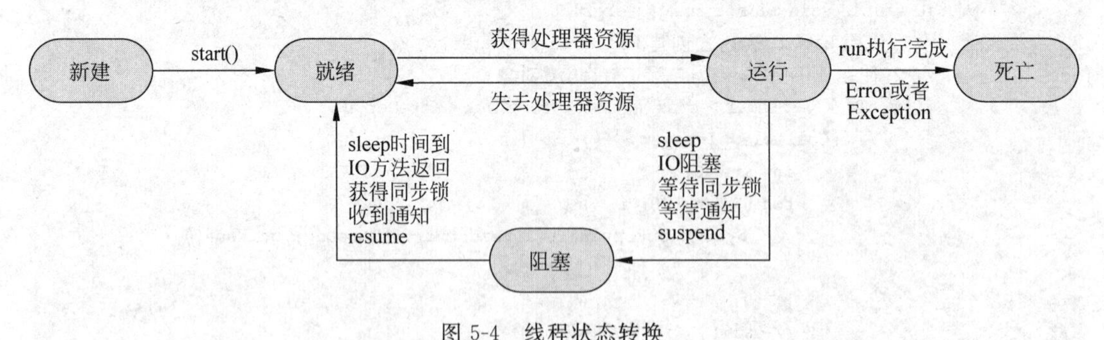

图 5-4 线程状态转换

5.3.1 新建和就绪状态

当程序使用 new 关键字创建一个线程之后，该线程就处于新建状态(New)，此时与其他 Java 对象一样，仅由 JVM 为其分配内存并初始化。新建状态的线程没有表现出任何动态特征，程序也不会执行线程的执行体。

当线程对象调用 start()方法之后，线程就处于就绪状态(Runnable)，相当于“等待执行”。此时，调度程序就可以把CPU分配给该线程，JVM会为线程创建方法调用栈和程序计数器。处于就绪状态的线程并没有开始运行，只是表示该线程准备就绪等待执行。

注意只能对新建状态的线程调用start()方法，即new完一个线程后，只能调用一次start()方法，否则将引发IllegalThreadStateException异常。

【代码5-6】 IllegalThreadDemo.java

```
package com.qst.chapter05;
public class IllegalThreadDemo {
    public static void main(String[] args) {
        // 创建线程
        Thread t = new Thread(new Runnable() {
            public void run() {
                for (int i = 0; i < 100; i++) {
                    System.out.println(i);
                }
            }
        });
        // 多次启动线程将引发 IllegalThreadStateException 异常
        t.start();
        t.start();
    }
}
```

上述代码调用两次start()方法，多次启动线程，因此会引发IllegalThreadStateException异常。运行结果如下所示：

```
Exception in thread "main" java.lang.IllegalThreadStateException
    at java.lang.Thread.start(Thread.java:705)
    at com.qst.chapter05.IllegalThreadDemo.main(IllegalThreadDemo.java:16)
...
```

注意

> 如果调用start()方法后需要线程立即开始执行，可以使用Thread.sleep(1)来让当前运行的主线程休眠1毫秒，此时处于空闲状态的CPU会去执行处于就绪状态的线程，这样就可以让子线程立即开始执行。

5.3.2 运行和阻塞状态

处于就绪状态的线程获得CPU后，开始执行run()方法的线程执行体，此时该线程处于运行状态(Running)。如果计算机的CPU是单核的，则在任何时刻只有一个线程处于运行状态。一个线程开始运行后，不可能一直处于运行状态，除非线程的执行体足够短，瞬间就执行结束。

线程在运行过程中需要被中断，目的是使其他线程获得执行的机会，线程调度的细节取决于底层平台所采用的策略。对于采用抢占式策略的系统而言，系统会给每个可执行的线程一个小时间段来处理任务；当该时间段用完后，系统就会剥夺该线程所占用的资源，让其他线程获得执行的机会。在选择下一个线程时，系统会考虑线程的优先级。

目前 UNIX 系统采用的是时间片算法，Windows 系统采用的则是抢占式策略，另外一些小型设备（如手机）则可能采用协作式调度策略，在这样的系统中，只有当一个线程调用了 sleep()或 yield()方法后才会放弃所占用的资源，即必须由线程主动放弃所占用的资源。

当出现以下情况时，线程会进入阻塞状态（Blocked）：

- 线程调用 sleep()方法，主动放弃所占用的处理器资源；
- 线程调用了一个阻塞式 IO 方法，在该方法返回之前，该线程被阻塞；
- 线程试图获得一个同步监视器，但该同步监视器正被其他线程所持有；
- 执行条件还未满足，调用 wait()方法使线程进入等待状态，等待其他线程的通知（notify）；
- 程序调用了线程的 suspend()方法将该线程挂起，但该方法容易导致死锁，因此应该尽量避免使用。

正在执行的线程被阻塞之后，其他线程就可以获得执行的机会。被阻塞的线程会在合适的时机重新进入就绪状态。

注意

> 被阻塞的线程阻塞解除后，会进入就绪状态而不是运行状态，必须重新等待线程调度器再次调度。

当发生如下几种情况时，线程可以解除阻塞进入就绪状态：

- 调用 sleep()方法的线程经过了指定的时间；
- 线程调用的阻塞式 IO 方法已经返回；
- 线程成功地获得了试图取得的同步监视器；
- 线程处于等待状态，其他线程调用 notify()或 notifyAll()方法发出了一个通知时，则线程回到就绪状态；
- 处于挂起状态的线程被调用了 resume()恢复方法。

在线程运行的过程中，可以通过 sleep()方法使线程暂时停止执行，使线程进入休眠状态。在使用 sleep()方法时需要注意以下两点：

- sleep()方法的参数以毫秒为基本单位，例如，sleep(1000)则休眠 1 秒钟；
- sleep()方法声明了 InterruptedException 异常，因此调用 sleep()方法时要么放在 try...catch 语句中捕获该异常并处理，要么在方法后使用 throws 显式声明抛出该异常。

【示例】 sleep()方法放在 try...catch 语句中

```
try{
    Thread.sleep(1000);
}catch (InterruptedException e) {
    e.printStackTrace();
}
```

【示例】 在方法后 throws 显式声明抛出异常

```
voidmyMethodName() throws InterruptedException{
    Thread.sleep(1000);
    …
}
```

注意

> 如果一个线程包含了很长的循环，在循环的每次迭代之后把该线程切换到 sleep 休眠状态是一种很好的策略，这可以保证其他线程不必等待很长时间就能轮到处理器执行。

可以通过 Thread 类的 isAlive()方法来判断线程是否处于运行状态。当线程处于就绪、运行和阻塞三种状态时，isAlive()方法的返回值为 true；当线程处于新建、死亡两种状态时，isAlive()方法的返回值为 false。

下述代码演示线程的创建、就绪和运行三个状态。

【代码 5-7】 ThreadLifeDemo.java

```
package com.qst.chapter05;
classMyThread extends Thread {
    public void run() {
        int sum = 0;
        for(int i = 0;i < 1000;i++){
            sum += i;
        }
        System.out.println("子线程求和: " + sum);
    }
}
public class ThreadLifeDemo {
    public static void main(String[] args) throws Exception {
        MyThread thread1 = new MyThread();
        System.out.println("新建状态[isAlive: " + thread1.isAlive() + "]");

        //线程启动
        thread1.start();
        System.out.println("运行状态[isAlive: " + thread1.isAlive() + "]");

        //线程休眠 1000 毫秒(即 1 秒)
        Thread.sleep(1000);
        System.out.println("线程结束[isAlive: " + thread1.isAlive() + "]");
    }
}
```

执行结果如下：

```
新建状态[isAlive: false]
运行状态[isAlive: true]
子线程求和: 499500
线程结束[isAlive: false]
```

注意

> 线程调用 wait()方法进入等待状态后,需其他线程调用 notify()或 notifyAll()方法发出通知才能进入就绪状态。另外使用 suspend()和 resume()方法可以挂起和唤醒线程,但这两个方法可能会导致不安全因素,所以尽量不要使用这两个方法来操作线程。如果对某个线程调用 interrupt()方法发出中断请求,则该线程会根据线程状态抛出 InterruptedException 异常,对异常进行处理时可以再次调度该线程。

5.3.3 死亡状态

线程结束后就处于死亡状态(Dead),结束线程会有以下三种方式:

- 线程执行完成 run()或 call()方法,线程正常结束;
- 线程抛出一个未捕获的 Exception 或 Error;
- 调用 stop()方法直接停止线程,该方法容易导致死锁,通常不推荐使用。

注意

> 主线程结束时,其他子线程不受任何影响,并不会随主线程的结束而结束。一旦子线程启动起来,子线程就拥有和主线程相同的地位,子线程不会受主线程的影响。

为了测试某个线程是否死亡,可以通过线程对象的 isAlive()方法来获得线程状态;当方法返回值为 false 时,线程处于死亡或新建状态。不要试图对一个已经死亡的线程调用 start()方法使其重新启动,线程死亡就是死亡,该线程不可再次作为线程执行。

Thread 类中的 join()方法可以让一个线程等待另一个线程完成后,继续执行原线程中的任务。当在某个程序执行流中调用其他线程的 join()方法时,当前线程将被阻塞,直到另一个线程执行完成为止。join()方法通常由使用线程的程序调用,当其他线程都执行结束后,再调用主线程进一步操作。

下述代码演示 join()方法的使用。

【代码 5-8】 JoinDemo.java

```
package com.qst.chapter05;
class JoinThread extends Thread {
    public JoinThread(String name) {
        super(name);
    }
    public void run() {
        for (int i = 0; i < 100; i++) {
            System.out.println(this.getName() + " : " + i);
        }
    }
}
public class JoinDemo {
    public static void main(String[] args) {
```

```
        //创建子线程 t1
        JoinThread t1 = new JoinThread("被 Join 的子线程");
        // 启动 t1 子线程
        t1.start();
        try {
            // 等待 t1 子线程执行完毕
            t1.join();
        } catch (InterruptedException e) {
            e.printStackTrace();
        }
        // 输出主线程名
        System.out.println(Thread.currentThread().getName());
        // t1 子线程已经死亡,isAlive()为 false
        System.out.println("子线程死亡状态[isAlive" + t1.isAlive() + "]");
        // 试图再次启动 t1 子线程,此时 t1 子线程已经死亡,
        //再次启动将抛出 IllegalThreadStateException
        t1.start();
    }
}
```

上述代码先定义一个线程类 JoinThread；在 main()方法中先创建 JoinThread 线程类的实例 t1,再调用 start()方法启动该线程；然后调用 join()方法,等待线程 t1 执行结束后才继续向下执行；最后再次调用 start()方法尝试启动已经死亡的 t1 子线程,但是对死亡状态的线程再次调用 start()方法会引发 IllegalThreadStateException 异常。

运行结果如下所示：

```
...
被 Join 的子线程 : 99
main
子线程死亡状态[isAlive: false]
Exception in thread "main" java.lang.IllegalThreadStateException
    at java.lang.Thread.start(Thread.java:705)
    at com.qst.chapter05.JoinDemo.main(JoinDemo.java:37)
```

注意

> 不要对处于死亡状态的线程调用 start()方法,程序只能对新建状态的线程调用 start()方法。多次对新建状态的线程调用 start()方法或对死亡状态的线程调用 start()方法时,都会引发 IllegalThreadStateException 异常。

5.4 线程优先级

每个线程执行时都具有一定的优先级,线程的优先级代表该线程的重要程度,当有多个线程同时处于可执行状态并等待获得 CPU 处理器时,系统将根据各个线程的优先级来调

度各线程，优先级高的线程获得 CPU 时间的机会更多，而优先级低的线程则获得较少的执行机会。

每个线程都有默认的优先级，其优先级都与创建该线程的父线程的优先级相同。在默认情况下，主线程具有普通优先级，由主线程创建的子线程也具有普通优先级。

Thread 类提供三个静态常量来标识线程的优先级：

- MAX_PRIORITY——最高优先级，其值为 10；
- NORM_PRIORITY——普通优先级，其值为 5，该值是默认优先级；
- MIN_PRIORITY——最低优先级，其值为 1。

Thread 类提供了 setPriority()方法来对线程的优先级进行设置，而 getPriority()方法可以获取线程的优先级。setPriority()方法的参数是一个整数(范围是 1～10)，也可以使用 Thread 类提供的三个优先级静态常量。

下述代码演示线程优先级的设置及使用。

【代码 5-9】 PriorityDemo.java

```
package com.qst.chapter05;
class MyPriorityThread extends Thread {
    public MyPriorityThread(String name) {
        super(name);
    }
    public void run() {
        for (int i = 0; i < 100; i++) {
            System.out.println(this.getName() + ",其优先级是: "
                + this.getPriority() + ",循环变量的值为:" + i);
        }
    }
}
public class PriorityDemo {

    public static void main(String[] args) {
        //输出主线程的优先级
        System.out.println(Thread.currentThread().getPriority());
        //创建子线程,并设置不同优先级
        MyPriorityThread t1 = new MyPriorityThread("高级");
        t1.setPriority(Thread.MAX_PRIORITY);

        MyPriorityThread t2 = new MyPriorityThread("普通");

        MyPriorityThread t3 = new MyPriorityThread("低级");
        t3.setPriority(Thread.MIN_PRIORITY);

        MyPriorityThread t4 = new MyPriorityThread("指定值");
        t4.setPriority(8);

        //启动所有子线程
        t1.start();
        t2.start();
        t3.start();
        t4.start();
    }
}
```

上述代码在main()方法中创建了4个子线程，并调用setPriority()方法对线程设置不同的优先级，其中没有对线程t2设置优先级，则t2的优先级与主线程的优先级一致，都为MIN_PRIORITY，值为5。

可能出现的运行结果如下所示：

```
5
高级,其优先级是: 10,循环变量的值为:0
高级,其优先级是: 10,循环变量的值为:1
普通,其优先级是: 5,循环变量的值为:0
高级,其优先级是: 10,循环变量的值为:2
高级,其优先级是: 10,循环变量的值为:3
高级,其优先级是: 10,循环变量的值为:4
指定值,其优先级是: 8,循环变量的值为:0
指定值,其优先级是: 8,循环变量的值为:1
指定值,其优先级是: 8,循环变量的值为:2
指定值,其优先级是: 8,循环变量的值为:3
指定值,其优先级是: 8,循环变量的值为:4
...
```

通过运行结果可以发现，优先级高的线程提前获得执行的机会也会更多。

注意

线程的优先级高度依赖于操作系统，并不是所有的操作系统都支持Java的10个优先级别，例如Windows 2000仅提供7个优先级别。因此，尽量避免直接使用整数给线程指定优先级，提倡使用MAX_PRIORITY、NORM_PRIORITY和MIN_PRIORITY三个优先级静态常量。另外，优先级并不能保证线程的执行次序，因此应避免使用线程优先级作为构建任务执行顺序的标准。

5.5 线程同步

多线程访问同一资源数据时，很容易出现线程安全问题。以银行账户存取钱为例，一旦多线程并发访问，就可能出现问题，造成账户金额的损失。在Java中，提供了线程同步的概念以保证某个资源在某一时刻只能由一个线程访问，保证共享数据的一致性。

下述代码定义一个银行账户类BankAccount。

【代码5-10】 BankAccount.java

```
package com.qst.chapter05;
//银行账户
public class BankAccount {
    // 银行账号
    private String bankNo;
    // 银行余额
    private double balance;
    // 构造方法
```

```
    public BankAccount(String bankNo, double balance) {
        this.bankNo = bankNo;
        this.balance = balance;
    }
    // getter/setter 方法
    public String getBankNo() {
        return bankNo;
    }
    public void setBankNo(String bankNo) {
        this.bankNo = bankNo;
    }
    public double getBalance() {
        return balance;
    }
    public void setBalance(double balance) {
        this.balance = balance;
    }
}
```

下述代码通过多线程演示不使用同步机制可能出现的情况。

【代码 5-11】 NoSynBank.java

```
package com.qst.chapter05;

public class NoSynBank extends Thread{
    //银行账户
    private BankAccount account;
    //操作金额,正数为存钱,负数为取钱
    private double money;
    public NoSynBank(String name,BankAccount account,double money){
        super(name);
        this.account = account;
        this.money = money;
    }
    // 线程任务
    public void run() {
        // 获取目前账户的金额
        double d = this.account.getBalance();
        // 如果操作的金额 money < 0,则代表取钱操作,同时判断账户金额是否低于取钱金额
        if (money < 0 && d < -money) {
            System.out.println(this.getName() + "操作失败,余额不足!");
            // 返回
            return;
        } else {
            // 对账户金额进行操作
            d += money;
            System.out.println(this.getName() + "操作成功,目前账户余额为: " + d);
            try {
                //休眠 1 毫秒
```

```
                Thread.sleep(1);
            } catch (InterruptedException e) {
                e.printStackTrace();
            }
            // 修改账户金额
            this.account.setBalance(d);
        }
    }
    public static void main(String [ ]args){
        //创建一个银行账户实例
        BankAccount myAccount = new BankAccount("60001002",5000);
        //创建多个线程,对账户进行存取钱操作
        NoSynBank t1 = new NoSynBank("T001", myAccount, - 3000);
        NoSynBank t2 = new NoSynBank("T002", myAccount, - 3000);
        NoSynBank t3 = new NoSynBank("T003", myAccount, 1000);
        NoSynBank t4 = new NoSynBank("T004", myAccount, - 2000);
        NoSynBank t5 = new NoSynBank("T005", myAccount, 2000);
        //启动线程
        t1.start();
        t2.start();
        t3.start();
        t4.start();
        t5.start();
        //等待所有子线程完成
        try {
            t1.join();
            t2.join();
            t3.join();
            t4.join();
            t5.join();
        } catch (InterruptedException e) {
            e.printStackTrace();
        }
        //输出账户信息
        System.out.println("账号: " + myAccount.getBankNo() +
            ", 余额: " + myAccount.getBalance());
    }
}
```

上述代码先定义一个 NoSynBank 线程类,该类中有一个 BankAccount 类型的成员变量,在 run()方法中对银行账户金额进行操作。在 main()方法中,先定义一个银行账户实例对象,再创建 5 个线程对该银行账户进行存取款操作。

可能的运行结果如下所示:

```
T002 操作成功,目前账户余额为: 2000.0
T005 操作成功,目前账户余额为: 7000.0
T003 操作成功,目前账户余额为: 6000.0
T004 操作成功,目前账户余额为: 3000.0
T001 操作成功,目前账户余额为: 2000.0
账号: 60001002, 余额: 6000.0
```

通过运行结果发现，银行账户的余额不正确，给银行带来损失。当然，在上述代码的run()方法中是人为地使用 Thread.sleep(1)来强制线程调度切换，但这种切换在实际情况中也完全有可能发生。注意线程不同步可能会出现问题，但不是一定会出现问题，也许运行几万次也不出现问题，但没出现问题不等于没有问题，只要出现 1 次错误，那就是编程问题。

使用线程同步可以避免出现上述情况。Java 使用监控器（也称对象锁）实现同步。每个对象都有一个监控器，使用监控器可以保证一次只允许一个线程执行对象的同步语句。即在对象的同步语句执行完毕前，其他试图执行当前对象的同步语句的线程都将处于阻塞状态，只有线程在当前对象的同步语句执行完毕后，监控器才会释放对象锁，并让优先级最高的阻塞线程处理同步语句。

下面举例说明对象锁的使用情况，例如去食堂打饭时，服务员（共享对象）被多个客户访问，但每一次服务员只能为一个客户服务。当服务员为某个客户服务时，其状态为“忙碌”，即此时获取了对象锁，而其他客户只能等待。当服务员结束当前客户的服务时，其状态就变成“空闲”，即释放了对象锁，其他客户才可以继续访问。

线程同步通常采用以下三种方式：同步代码块、同步方法、同步锁。

5.5.1 同步代码块

使用同步代码块实现同步功能，只需将对实例的访问语句放入一个同步块中，其语法格式如下：

【语法】

```
synchronized(object){
    // 需要同步的代码块
}
```

其中：

- synchronized 是同步关键字；
- object 就是同步监视器，线程开始执行同步代码之前，必须先获得对同步监视器的锁定。

注意

> 任何时刻只能有一个线程可以获得对同步监视器的锁定；当同步代码块执行完成后，该线程会释放对该同步监视器的锁定。

下述代码使用同步块对银行账户进行锁定。

【代码 5-12】 SynBlockBank.java

```
package com.qst.chapter05;

//使用同步代码块的方式
public class SynBlockBank extends Thread {
    // 银行账户
```

```
    private BankAccount account;
    // 操作金额,正数为存钱,负数为取钱
    private double money;
    public SynBlockBank(String name, BankAccount account, double money) {
        super(name);
        this.account = account;
        this.money = money;
    }
    // 线程任务
    public void run() {
        synchronized (this.account) {
            // 获取目前账户的金额
            double d = this.account.getBalance();
            // 如果操作的金额 money < 0,则代表取钱操作,同时判断账户金额是否低于取钱金额
            if (money < 0 && d < - money) {
                System.out.println(this.getName() + "操作失败,余额不足!");
                // 返回
                return;
            } else {
                // 对账户金额进行操作
                d += money;
                System.out.println(this.getName() + "操作成功,目前账户余额为: " + d);
                try {
                    // 休眠 1 毫秒
                    Thread.sleep(1);
                } catch (InterruptedException e) {
                    e.printStackTrace();
                }
                // 修改账户金额
                this.account.setBalance(d);
            }
        }
    }
    public static void main(String[] args) {
        // 创建一个银行账户实例
        BankAccount myAccount = new BankAccount("60001002", 5000);
        // 创建多个线程,对账户进行存取钱操作
        SynBlockBank t1 = new SynBlockBank("T001", myAccount, - 3000);
        SynBlockBank t2 = new SynBlockBank("T002", myAccount, - 3000);
        SynBlockBank t3 = new SynBlockBank("T003", myAccount, 1000);
        SynBlockBank t4 = new SynBlockBank("T004", myAccount, - 2000);
        SynBlockBank t5 = new SynBlockBank("T005", myAccount, 2000);
        // 启动线程
        t1.start();
        t2.start();
        t3.start();
        t4.start();
        t5.start();
        // 等待所有子线程完成
        try {
```

```
            t1.join();
            t2.join();
            t3.join();
            t4.join();
            t5.join();
        } catch (InterruptedException e) {
            e.printStackTrace();
        }
        // 输出账户信息
        System.out.println("账号: " + myAccount.getBankNo() + ", 余额: "
                + myAccount.getBalance());
    }
}
```

上述代码在 run()方法中，使用“synchronized (this.account){}”对银行账户的操作代码进行同步，保证某一时刻只有一个线程访问该账户，只有{}括起来的代码执行完毕，才释放对该账户的锁定。

运行结果如下所示：

```
T001 操作成功,目前账户余额为: 2000.0
T005 操作成功,目前账户余额为: 4000.0
T004 操作成功,目前账户余额为: 2000.0
T003 操作成功,目前账户余额为: 3000.0
T002 操作成功,目前账户余额为: 0.0
账号: 60001002, 余额: 0.0
```

通过运行结果会发现，银行账户的余额是正确的。

5.5.2 同步方法

同步方法是使用 synchronized 关键字修饰需要同步的方法，其语法格式如下：

【语法】

```
[访问修饰符] synchronized 返回类型 方法名([参数列表]) {
    // 方法体
}
```

其中：

- synchronized 关键字修饰的实例方法无须显式地指定同步监视器，同步方法的同步监视器是 this，即该方法所属的对象；
- 一旦一个线程进入一个实例的任何同步方法，其他线程将不能进入该实例的所有同步方法，但该实例的非同步方法仍然能够被调用。

使用同步方法可以非常方便地实现线程安全，一个具有同步方法的类也被称为“线程安全的类”，该类的对象可以被多个线程安全地访问，且每个线程调用该对象的方法后都将得到正确的结果。

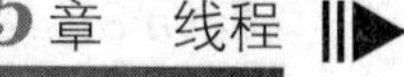

下述代码在银行账户类中增加一个同步方法。

【代码 5-13】 BankAccountSynMethod.java

```
package com.qst.chapter05;
//银行账户
//增加同步方法
public class BankAccountSynMethod {
    // 银行账号
    private String bankNo;
    // 银行余额
    private double balance;
    // 构造方法
    public BankAccountSynMethod(String bankNo, double balance) {
        this.bankNo = bankNo;
        this.balance = balance;
    }
    // 同步方法,存取钱操作
    public synchronized void access(double money) {
        // 如果操作的金额 money < 0,则代表取钱操作,同时判断账户金额是否低于取钱金额
        if (money < 0 && balance < - money) {
            System.out.println(Thread.currentThread().getName()
                    + "操作失败,余额不足!");
            // 返回
            return;
        } else {
            // 对账户金额进行操作
            balance += money;
            System.out.println(Thread.currentThread().getName()
                    + "操作成功,目前账户余额为: " + balance);
            try {
                // 休眠 1 毫秒
                Thread.sleep(1);
            } catch (InterruptedException e) {
                e.printStackTrace();
            }
        }
    }
    // getter/setter 方法
    public String getBankNo() {
        return bankNo;
    }
    public void setBankNo(String bankNo) {
        this.bankNo = bankNo;
    }
    public double getBalance() {
        return balance;
    }
    public void setBalance(double balance) {
        this.balance = balance;
    }
}
```

上述代码在银行账户类 BankAccountSynMethod 中增加一个同步方法 access(),该方法用于存取钱操作。

下述代码使用同步方法的方法操作银行账户。

【代码 5-14】 BankAccountSynMethod.java

```
package com.qst.chapter05;
//使用同步方法的方式
public class SynMethodBank extends Thread {
    // 银行账户
    private BankAccountSynMethod account;
    // 操作金额,正数为存钱,负数为取钱
    private double money;
    public SynMethodBank(String name, BankAccountSynMethod account,
            double money) {
        super(name);
        this.account = account;
        this.money = money;
    }
    // 线程任务
    public void run() {
        //调用 account 对象的同步方法
        this.account.access(money);
    }
    public static void main(String[] args) {
        // 创建一个银行账户实例
        BankAccountSynMethod myAccount =
                    new BankAccountSynMethod("60001002", 5000);
        // 创建多个线程,对账户进行存取钱操作
        SynMethodBank t1 = new SynMethodBank("T001", myAccount, -3000);
        SynMethodBank t2 = new SynMethodBank("T002", myAccount, -3000);
        SynMethodBank t3 = new SynMethodBank("T003", myAccount, 1000);
        SynMethodBank t4 = new SynMethodBank("T004", myAccount, -2000);
        SynMethodBank t5 = new SynMethodBank("T005", myAccount, 2000);
        // 启动线程
        t1.start();
        t2.start();
        t3.start();
        t4.start();
        t5.start();
        // 等待所有子线程完成
        try {
            t1.join();
            t2.join();
            t3.join();
            t4.join();
            t5.join();
        } catch (InterruptedException e) {
            e.printStackTrace();
        }
```

```
            // 输出账户信息
            System.out.println("账号：" + myAccount.getBankNo() + ", 余额："
                    + myAccount.getBalance());
        }
    }
```

上述代码在run()方法中调用account对象的同步方法，因为同步方法的同步监视器是this，即account对象本身，所以当执行同步方法时，银行账户account对象将被锁定，以保证线程的安全。

运行结果如下所示：

```
T001 操作成功，目前账户余额为：2000.0
T005 操作成功，目前账户余额为：4000.0
T004 操作成功，目前账户余额为：2000.0
T003 操作成功，目前账户余额为：3000.0
T002 操作成功，目前账户余额为：0.0
账号：60001002，余额：0.0
```

通过运行结果会发现，与同步代码块效果一致，银行账户的余额是正确的。

注意

synchronized锁定的是对象，而不是方法或代码块；synchronized也可以修饰类，当用synchronized修饰类时，表示这个类的所有方法都是synchronized的。

5.5.3 同步锁

同步锁Lock是一种更强大的线程同步机制，通过显式定义同步锁对象来实现线程同步。同步锁提供了比同步代码块、同步方法更广泛的锁定操作，实现更灵活。

Lock是控制多个线程对共享资源进行访问的工具，能够对共享资源进行独占访问。每次只能有一个线程对Lock对象加锁，线程访问共享资源之前需要先获得Lock对象。某些锁可能允许对共享资源并发访问，如ReadWriteLock（读写锁）。Lock和ReadWriterLock是Java 5提供的关于锁的两个根接口，并为Lock提供了ReentrantLock（可重入锁）实现类，为ReadWriteLock提供了ReentrantReadWriteLock实现类。从Java 8开始，又新增了StampedeLock类，可以替代传统的ReentrantReadWriteLock类。

ReentrantLock类是常用的可重入同步锁，该类对象可以显式地加锁、释放锁。通常使用ReentrantLock的步骤如下：

(1) 定义一个ReentrantLock锁对象，该对象是final常量；

```
private final ReentrantLock lock = new ReentrantLock();
```

(2) 在需要保证线程安全的代码之前增加"加锁"操作；

```
lock.lock();
```

(3) 在执行完线程安全的代码后“释放锁”。

```
lock.unlock();
```

下面示例演示使用 ReentrantLock 锁的步骤。

【示例】 使用 ReentrantLock 锁

```
class MyClass{
    // 1. 定义锁对象
    private final ReentrantLock lock = new ReentrantLock();
    …
    // 定义需要保证线程安全的方法
    public void myMethod() {
        //2. 加锁
        lock.lock();
        try {
            //需要保证线程安全的代码
            …
            }
        } finally {
            //3. 释放锁
            lock.unlock();
        }
    }
```

其中：

- 加锁和释放锁需要放在线程安全的方法中；
- lock.unlock()放在 finally 语句中，不管发生异常与否，都需要释放锁。

下述代码在银行账户类中增加一个同步锁，用于控制银行账户的存取操作。

【代码 5-15】 BankAccountSynLock.java

```
package com.qst.chapter05;
import java.util.concurrent.locks.ReentrantLock;
//银行帐户
//同步锁的方式
public class BankAccountSynLock {
    // 银行账号
    private String bankNo;
    // 银行余额
    private double balance;
    // 定义锁对象
    private final ReentrantLock lock = new ReentrantLock();
    // 构造方法
    public BankAccountSynLock(String bankNo, double balance) {
        this.bankNo = bankNo;
        this.balance = balance;
    }
```

```
    // 存取钱操作
    public void access(double money) {
        // 加锁
        lock.lock();
        try {
            // 如果操作的金额 money < 0,则代表取钱操作,同时判断账户金额是否低于取钱金额
            if (money < 0 && balance < - money) {
                System.out.println(Thread.currentThread().getName()
                        + "操作失败,余额不足!");
                // 返回
                return;
            } else {
                // 对账户金额进行操作
                balance += money;
                System.out.println(Thread.currentThread().getName()
                        + "操作成功,目前账户余额为: " + balance);
                try {
                    // 休眠 1 毫秒
                    Thread.sleep(1);
                } catch (InterruptedException e) {
                    e.printStackTrace();
                }
            }
        } finally {
            // 释放锁
            lock.unlock();
        }
    }
    // getter/setter 方法
    public String getBankNo() {
        return bankNo;
    }
    public void setBankNo(String bankNo) {
        this.bankNo = bankNo;
    }
    public double getBalance() {
        return balance;
    }
    public void setBalance(double balance) {
        this.balance = balance;
    }
}
```

上述代码中,在 access()方法中使用 lock.lock()锁定银行存取操作的代码,操作结束后再使用 lock.unlock()释放锁。

【代码 5-16】 SynLockBank.java

```
package com.qst.chapter05;
//使用同步锁的方式
```

```
public class SynLockBank extends Thread {
    // 银行账户
    private BankAccountSynLock account;
    // 操作金额,正数为存钱,负数为取钱
    private double money;
    public SynLockBank(String name, BankAccountSynLock account, double money) {
        super(name);
        this.account = account;
        this.money = money;
    }
    // 线程任务
    public void run() {
        // 调用 account 对象的 access()方法
        this.account.access(money);
    }
    public static void main(String[] args) {
        // 创建一个银行账户实例
        BankAccountSynLock myAccount = new BankAccountSynLock("60001002", 5000);
        // 创建多个线程,对账户进行存取钱操作
        SynLockBank t1 = new SynLockBank("T001", myAccount, -3000);
        SynLockBank t2 = new SynLockBank("T002", myAccount, -3000);
        SynLockBank t3 = new SynLockBank("T003", myAccount, 1000);
        SynLockBank t4 = new SynLockBank("T004", myAccount, -2000);
        SynLockBank t5 = new SynLockBank("T005", myAccount, 2000);
        // 启动线程
        t1.start();
        t2.start();
        t3.start();
        t4.start();
        t5.start();
        // 等待所有子线程完成
        try {
            t1.join();
            t2.join();
            t3.join();
            t4.join();
            t5.join();
        } catch (InterruptedException e) {
            e.printStackTrace();
        }
        // 输出账户信息
        System.out.println("账号: " + myAccount.getBankNo() + ", 余额: "
                + myAccount.getBalance());
    }
}
```

上述代码先声明 BankAccountSynLock 类型的银行账户对象,然后在 run()方法中调 access()方法,该方法使用同步锁的方式实现同步。

可能的运行结果如下所示:

```
T001 操作成功,目前账户余额为: 2000.0
T002 操作失败,余额不足!
T003 操作成功,目前账户余额为: 3000.0
T004 操作成功,目前账户余额为: 1000.0
T005 操作成功,目前账户余额为: 3000.0
账号: 60001002, 余额: 3000.0
```

通过运行结果会发现,与同步代码块、同步方法类似,都能保证银行账户的余额是正确的。

5.6 线程通信

线程在系统内运行时,线程的调度具有一定的透明性,程序通常无法准确控制线程的轮换执行,但 Java 中提供了一些机制来保证线程之间的协调运行,这就是所谓的线程通信。

假设目前系统有生产和消费两个线程,系统要求不断重复生产、消费操作,并要求每当一个线程生产后,另一个线程立即进行消费,不允许连续两次生产,也不允许连续两次消费。为了实现这种功能,可以采用线程之间的通信技术。

线程通信可以使用 Object 类中定义的 wait()、notify()和 notifyAll()方法,使线程之间相互进行事件通知。执行这些方法时,必须拥有相关对象的锁。

- wait()方法:让当前线程等待,并释放对象锁,直到其他线程调用该监视器的 notify()或 notifyAll()来唤醒该线程。wait()方法也可以带一个参数,用于指明等待的时间,使用此种方式不需要 notify()或 notifyAll()的唤醒。wait()方法只能在一个同步方法中调用。
- notify()方法:唤醒在此同步监视器上等待的单个线程,解除该线程的阻塞状态。
- notifyAll()方法:唤醒在此同步监视器上等待的所有线程,唤醒次序完全由系统来控制。

注意

> notify()方法和 notifyAll()方法只能在同步方法或同步块中使用。wait()方法区别于 sleep()方法之处:wait()方法调用时会释放对象锁,而 sleep()方法不会。

下述代码通过生产/消费模型演示线程通信机制的应用。

【代码 5-17】 WaitDemo.java

```
package com.qst.chapter05;
//产品
class Product {
    int n;
    // 为 true 时表示有值可取,为 false 时表示需要放入新值
    boolean valueSet = false;
    // 生产方法
```

```
    synchronized void put(int n) {
        // 如果没有值,等待线程取值
        if (valueSet) {
            try {
                wait();
            } catch (Exception e) {
            }
        }
        this.n = n;
        // 将 valueSet 设置为 true,表示值已放入
        valueSet = true;
        System.out.println(Thread.currentThread().getName() + " - 生产:" + n);
        // 通知等待线程,进行取值操作
        notify();
    }
    // 消费方法
    synchronized void get() {
        // 如果没有值,等待新值放入
        if (!valueSet) {
            try {
                wait();
            } catch (Exception e) {
            }
        }
        System.out.println(Thread.currentThread().getName() + " - 消费:" + n);
        // 将 valueSet 设置为 false,表示值已取
        valueSet = false;
        // 通知等待线程,放入新值
        notify();
    }
}
//生产者
class Producer implements Runnable {
    Product product;
    Producer(Product product) {
        this.product = product;
        new Thread(this, "Producer").start();
    }
    public void run() {
        int k = 0;
        // 生产 10 次
        for (int i = 0; i < 10; i++) {
            product.put(k++);
        }
    }
}
//消费者
class Consumer implements Runnable {
    Product product;
    Consumer(Product product) {
```

```
        this.product = product;
        new Thread(this, "Consumer").start();
    }
    public void run() {
        // 消费 10 次
        for (int i = 0; i < 10; i++) {
            product.get();
        }
    }
}
public class WaitNotifyDemo {
    public static void main(String args[]) {
        // 实例化一个产品对象,生产者和消费者共享该实例
        Product product = new Product();
        // 指定生产线程
        Producer producer = new Producer(product);
        // 指定消费线程
        Consumer consumer = new Consumer(product);
    }
}
```

执行结果如下：

```
Producer - Put:0
Consumer - Get:0
Producer - Put:1
Consumer - Get:1
…
Producer - 生产:9
Consumer - 消费:9
```

上述代码描述了典型的生产/消费模型，其中 Product 类是资源类，用于为生产者和消费者提供资源；Producer 是生产者，产生队列输入；Consumer 是消费者，从队列中取值。

定义 Product 类时，使用 synchronized 修饰 put()和 get()方法，确保当前实例在某一时刻只有一种状态：要么生产，要么消费；在 put()和 get()方法内部，通过信号量 valueSet 的取值，利用 wait()和 notify()方法的配合实现线程间的通信，确保生产和消费的相互依赖关系。

在 main()方法中，创建一个 Product 类型的实例，并将该实例传入生产线程和消费线程中，使两个线程在产生"资源竞争"的情况下，保持良好的生产消费关系。

5.7　Timer 和 Swing Timer

Java 提供了 Timer 和 Swing Timer 控件，用于执行规划好的任务或循环任务，即每隔一定的时间执行特定任务。以按钮在窗口中的移动为例，可以分别采用 Thread、Timer 和 Swing Timer 三种方式来实现。

下述代码以 Thread 线程方式实现按钮移动。

【代码 5-18】 MoveButtonThreadDemo. java

```
package com.qst.chapter05;
import java.awt.event.ActionEvent;
import java.awt.event.ActionListener;
import javax.swing.JButton;
import javax.swing.JFrame;
import javax.swing.JPanel;
//使用线程完成按钮移动
publicclass MoveButtonThreadDemo extends JFrame implements Runnable {
    JPanel p;
    JButton btnMove;
    //声明一个线程对象 t
    Thread t;
    //按钮移动距离
    int movex = 5;
    int movey = 5;
    public MoveButtonThreadDemo() {
        super("按钮移动(线程方式)");
        p = new JPanel(null);
        btnMove = new JButton("移动");
        btnMove.setBounds(0, 100, 80, 25);
        p.add(btnMove);
        this.add(p);
        this.setSize(400, 300);
        this.setDefaultCloseOperation(JFrame.EXIT_ON_CLOSE);
        // 创建线程对象
        t = new Thread(this);
        // 线程启动
        t.start();
    }
    // 实现 run()方法
    public void run() {
        while (t.isAlive()) {
            // 获取按钮 x 轴坐标,并增加 movex
            int x = btnMove.getX() + movex;
            // 获取按钮 y 轴坐标,并增加 movey
            int y = btnMove.getY() + movey;
            if (x <= 0) {
                // 最小值
                x = 0;
                // 换方向
                movex = -movex;
            } else if (x >= this.getWidth() - btnMove.getWidth()) {
                // 最大值,窗口的宽度 - 按钮的宽度
                x = this.getWidth() - btnMove.getWidth();
                // 换方向
                movex = -movex;
            }
```

```
            if (y <= 0) {
                // 最小值
                y = 0;
                // 换方向
                movey = - movey;
            } else if (y >= this.getHeight() - 30 - btnMove.getHeight()) {
                // 最大值,窗口的高度 - 标题栏的高度 - 按钮的高度
                y = this.getHeight() - 30 - btnMove.getHeight();
                // 换方向
                movey = - movey;
            }
            // 设置按钮坐标为新的坐标
            btnMove.setLocation(x, y);
            try {
                // 休眠 100 毫秒
                Thread.sleep(100);
            } catch (InterruptedException e) {
                e.printStackTrace();
            }
        }
    }
    public static void main(String[] args) {
        MoveButtonThreadDemo f = new MoveButtonThreadDemo();
        f.setVisible(true);
    }
}
```

上述代码中,MoveButtonThreadDemo 类继承 JFrame 类同时实现 Runnable 接口；在类体内先声明一个 Thread 线程对象 t；在 run()方法中只要线程 t 还处于运行状态,就每隔 100 毫秒让按钮移动一次(x 轴和 y 轴坐标都变化),当按钮移动到窗口边界时切换移动方向,即“movex=-movex”或“movey=-movey”。

运行结果如图 5-5 所示。

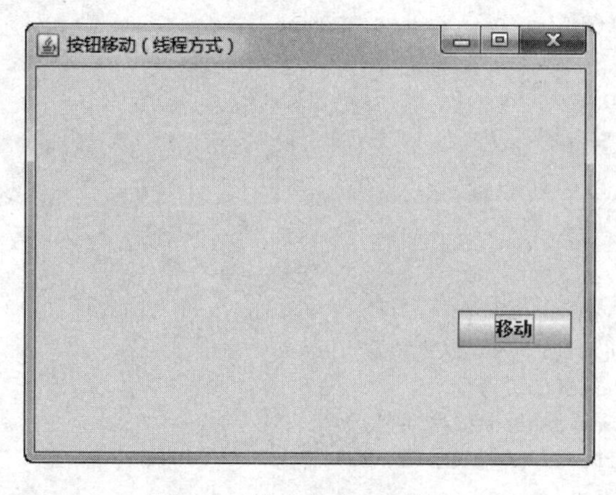

图 5-5　线程方式运行结果

5.7.1 Timer

使用java.util.Timer类非常容易,具体步骤如下:

(1) 定义一个类继承TimerTask。TimerTask类中有一个run()方法,用于定义Timer所要执行的任务代码。与线程的run()方法不同,TimerTask类中的run()方法不需要将规划好的任务代码放在一个循环中。

(2) 创建Timer对象,通常使用不带参数的构造方法Timer()直接实例化。

(3) 调用Timer对象的schedule()方法安排任务,传递一个TimerTask对象作为参数,即第(1)步中定义的类的实例。

(4) 为了取消一个规划好的任务,则调用Timer对象的cancel()方法。

Timer类的schedule()方法常用以下几种重载方式:

- schedule(TimerTask task, Date time)——在指定的时间执行特定任务;
- schedule(TimerTask task, Date firstTime, long period)——第一次到达指定时间firstTime时执行特定任务,并且每隔period参数指定的时间(毫秒)重复执行该任务;
- schedule(TimerTask task, long delay, long period)——延迟delay参数所指定的时间(毫秒)后,第一次执行特定任务,并且每隔period参数指定的时间(毫秒)重复执行该任务。

下述代码使用java.util.Timer实现按钮的移动。

【代码5-19】 MoveButtonTimerDemo.java

```
package com.qst.chapter05;
import java.util.Timer;
import java.util.TimerTask;
import javax.swing.JButton;
import javax.swing.JFrame;
import javax.swing.JPanel;
//使用 java.util.Timer 完成按钮移动
public class MoveButtonTimerDemo extends JFrame {
    JPanel p;
    JButton btnMove;
    // 声明一个 Timer
    Timer t;
    // 按钮移动距离
    int movex = 5;
    int movey = 5;
    public MoveButtonTimerDemo() {
        super("按钮移动(Timer 方式)");
        p = new JPanel(null);
        btnMove = new JButton("移动");
        btnMove.setBounds(0, 100, 80, 25);
        p.add(btnMove);
        this.add(p);
        this.setSize(400, 300);
```

```
        this.setDefaultCloseOperation(JFrame.EXIT_ON_CLOSE);
        // 2. 实例化 Timer 对象
        t = new Timer();
        // 3.调用 schedule()方法,执行任务
        t.schedule(new ButtonMoveTask(), 0, 100);
    }
    // 1. 定义一个内部类,继承 TimerTask
    class ButtonMoveTask extends TimerTask {
        // 任务方法
        public void run() {
            // 获取按钮 x 轴坐标,并增加 movex
            int x = btnMove.getX() + movex;
            // 获取按钮 y 轴坐标,并增加 movey
            int y = btnMove.getY() + movey;
            if (x <= 0) {
                // 最小值
                x = 0;
                // 换方向
                movex = - movex;
            } else if (x >= MoveButtonTimerDemo.this.getWidth()
                    - btnMove.getWidth()) {
                // 最大值,窗口的宽度 - 按钮的宽度
                x = MoveButtonTimerDemo.this.getWidth() - btnMove.getWidth();
                // 换方向
                movex = - movex;
            }
            if (y <= 0) {
                // 最小值
                y = 0;
                // 换方向
                movey = - movey;
            } else if (y >= MoveButtonTimerDemo.this.getHeight() - 30
                    - btnMove.getHeight()) {
                // 最大值,窗口的高度 - 标题栏的高度 - 按钮的高度
                y = MoveButtonTimerDemo.this.getHeight() - 30
                        - btnMove.getHeight();
                // 换方向
                movey = - movey;
            }
            // 设置按钮坐标为新的坐标
            btnMove.setLocation(x, y);
        }
    }
    public static void main(String[] args) {
        MoveButtonTimerDemo f = new MoveButtonTimerDemo();
        f.setVisible(true);
    }
}
```

上述代码先定义一个内部类 ButtonMoveTask,该类继承 TimerTask,用于定义 Timer 所要执行的特定任务。MoveButtonTimerDemo.this 用于指明是外部类 MoveButtonTimerDemo 所对应的当前对象。由于 ButtonMoveTask 是内部类,内部类可以访问外部类,因此

MoveButtonTimerDemo. this. getWidth()可以获取窗口的高度，也可以直接简化为getWidth()。

使用 Timer 方式实现按钮移动与使用 Thread 方式的运行结果一致，此处不再演示。

5.7.2 Swing Timer

javax. swing. Timer 的功能与 java. util. Timer 类一样，但只能在 Swing 应用程序中使用。对于 Swing 应用程序而言，使用 javax. swing. Timer 比使用 java. util. Timer 更合适，因为 javax. swing. Timer 可以处理线程共享，且不用将规划好的任务放在 TimerTask 子类的 run()方法中。javax. swing. Timer 类通过实现 Java. awt. event. ActionListener 接口，并在该接口提供的 actionPerformed()方法中编写所要执行的任务代码；此外，当需要取消某个任务时，只需调用 javax. swing. Timer 类的 stop()方法即可。

javax. swing. Timer 的构造方法只有一个，其语法格式如下：

【语法】

```
Timer(int delay, ActionListener listener)
```

其中：

- 参数 delay 用于规定从调用 start()方法开始到第一次执行该任务时的时间间隔（单位为毫秒）；
- 参数 listener 指定监听对象，即 ActionListener 类的实例。

使用 javax. swing. Timer 类非常容易，具体步骤如下：

(1) 定义一个监听类，实现 ActionListener 监听接口，并重写 actionPerformed()方法，在该方法中编写所执行任务的代码。

(2) 创建 javax. swing. Timer 对象。

(3) 调用 start()方法启动 Swing Timer。

(4) 取消任务时可以调用 stop()方法停止 Swing Timer。

下述代码使用 javax. swing. Timer 实现按钮的移动。

【代码 5-20】 MoveButtonSwingTimerDemo. java

```
package com.qst.chapter05;
import java.awt.event.ActionEvent;
import java.awt.event.ActionListener;
import javax.swing.JButton;
import javax.swing.JFrame;
import javax.swing.JPanel;
import javax.swing.Timer;
//使用 javax.swing.Timer 完成按钮移动
public class MoveButtonSwingTimerDemo extends JFrame {
    JPanel p;
    JButton btnMove;
    // 声明一个 Timer
    Timer t;
```

```
    // 按钮移动距离
    int movex = 5;
    int movey = 5;
    public MoveButtonSwingTimerDemo() {
        super("按钮移动(Swing Timer 方式)");
        p = new JPanel(null);
        btnMove = new JButton("移动");
        btnMove.setBounds(0, 100, 80, 25);
        p.add(btnMove);
        this.add(p);
        this.setSize(400, 300);
        this.setDefaultCloseOperation(JFrame.EXIT_ON_CLOSE);
        // 2. 实例化 Swing Timer 对象
        t = new Timer(100, new ButtonMoveListener());
        // 3.启动 Swing Timer
        t.start();
    }
    // 1. 定义一个内部监听类,实现 ActionListener
    class ButtonMoveListener implements ActionListener {
        public void actionPerformed(ActionEvent e) {
            // 获取按钮 x 轴坐标,并增加 movex
            int x = btnMove.getX() + movex;
            // 获取按钮 y 轴坐标,并增加 movey
            int y = btnMove.getY() + movey;
            if (x <= 0) {
                // 最小值
                x = 0;
                // 换方向
                movex = -movex;
            } else if (x >= MoveButtonSwingTimerDemo.this.getWidth()
                    - btnMove.getWidth()) {
                // 最大值,窗口的宽度 - 按钮的宽度
                x = MoveButtonSwingTimerDemo.this.getWidth()
                        - btnMove.getWidth();
                // 换方向
                movex = -movex;
            }
            if (y <= 0) {
                // 最小值
                y = 0;
                // 换方向
                movey = -movey;
            } else if (y >= MoveButtonSwingTimerDemo.this.getHeight() - 30
                    - btnMove.getHeight()) {
                // 最大值,窗口的高度 - 标题栏的高度 - 按钮的高度
                y = MoveButtonSwingTimerDemo.this.getHeight() - 30
                        - btnMove.getHeight();
```

```
                    // 换方向
                    movey = - movey;
                }
                // 设置按钮坐标为新的坐标
                btnMove.setLocation(x, y);
            }
        }
        public static void main(String[] args) {
            MoveButtonSwingTimerDemo f = new MoveButtonSwingTimerDemo();
            f.setVisible(true);
        }
    }
```

上述代码中,先定义一个监听类 ButtonMoveListener,实现 ActionListener 接口并重写 actionPerformed()方法,在该方法中编写所执行任务的代码。然后创建 Timer 对象并调用 start()方法进行启动。

运行结果与使用 Thread、java.util.Timer 效果一样,此处不再演示。

下述代码实现一个多线程案例,在一个程序中采用 Thread、Timer 和 Swing Timer 分别完成多项任务:窗口背景颜色不断改变,标签文字不断变化,按钮左右移动。

【代码 5-21】 MultiThreadDemo.java

```
package com.qst.chapter05;
import java.awt.Color;
import java.awt.Font;
import java.awt.event.ActionEvent;
import java.awt.event.ActionListener;
import java.util.TimerTask;
import javax.swing.JButton;
import javax.swing.JFrame;
import javax.swing.JLabel;
import javax.swing.JPanel;
public class MultiThreadDemo extends JFrame {
    JPanel p;
    JLabel lblTitle;
    JButton btnMove;
    String s[] = { "QST 青软实训", "锐聘学院", "在实践中成长丛书" };
    int index = 0;
    int movex = 5;
    public MultiThreadDemo() {
        super("多线程多任务");
        p = new JPanel(null);
        lblTitle = new JLabel(s[0]);
        // 设置标签字体
        lblTitle.setFont(new Font("黑体", Font.BOLD, 28));
        btnMove = new JButton("QST 欢迎您!");
        // 设置坐标
```

```
        lblTitle.setBounds(80, 50, 250, 50);
        btnMove.setBounds(0, 150, 120, 25);
        p.add(lblTitle);
        p.add(btnMove);
        this.add(p);
        this.setSize(500, 300);
        this.setDefaultCloseOperation(JFrame.EXIT_ON_CLOSE);
        // 创建子线程 ColorChange,并启动
        new ColorChange().start();
        // 创建 java.util.Timer 对象,并安排任务,每隔 1 秒变换文本
        new java.util.Timer().schedule(new TextChange(), 0, 1000);
        // javax.swing.Timer 对象,并启动,让按钮每隔 100 毫秒水平移动一次
        new javax.swing.Timer(100, new ButtonMoveListener()).start();
    }
    // 1、定义子线程,让背景颜色不断变化
    class ColorChange extends Thread {
        public void run() {
            while (this.isAlive()) {
                // 随机产生颜色的 3 个基数 0～255
                int r = (int) (Math.random() * 256);
                int g = (int) (Math.random() * 256);
                int b = (int) (Math.random() * 256);
                // 设置面板的背景颜色
                p.setBackground(new Color(r, g, b));
                try {
                    // 休眠 1 秒钟
                    Thread.sleep(1000);
                } catch (InterruptedException e) {
                    e.printStackTrace();
                }
            }
        }
    }
    // 2. 定义内部类,继承 TimerTask,让标签文本不断变化
    class TextChange extends TimerTask {
        // 任务方法
        public void run() {
            lblTitle.setText(s[index++]);
            if (index == s.length) {
                index = 0;
            }
        }
    }
    // 3. 定义一个监听类,实现按钮左右移动
    class ButtonMoveListener implements ActionListener {
        public void actionPerformed(ActionEvent e) {
            // 获取按钮 x 轴坐标,并增加 movex
```

```
                int x = btnMove.getX() + movex;
                if (x <= 0) {
                    // 最小值
                    x = 0;
                    // 换方向
                    movex = -movex;
                } else if (x >= getWidth() - btnMove.getWidth()) {
                    // 最大值,窗口的宽度 - 按钮的宽度
                    x = getWidth() - btnMove.getWidth();
                    // 换方向
                    movex = -movex;
                }
                btnMove.setLocation(x, btnMove.getY());
            }
        }
        public static void main(String[] args) {
            MultiThreadDemo f = new MultiThreadDemo();
            f.setVisible(true);
        }
    }
```

上述代码 ColorChange 类继承 Thread 类,实现每隔 1 秒随机改变背景颜色;TextChange 类继承 TimerTask 类,结合 java.util.Timer 实现文本每隔 1 秒变换一次;ButtonMoveListener 实现 ActionListener 接口,结合 javax.swing.Timer 负责按钮水平左右移动。

其中,关于字体和颜色的设置应注意以下几点:

- setFont()方法用于设置控件中显示文本的字体;
- Font 是一个字体类,其构造方法 Font(String name, int style, int size)带三个参数,分别用来指明字体的名称、样式和大小;
- 使用 Math.random()可以产生[0,1)的随机数,"(int)(Math.random() * 256)"则产生 0~255 之间整数;
- Color 是一个基于标准 RGB 的颜色类,其构造方法 Color(int r, int g, int b)可以根据指定的红绿蓝分量创建一个颜色对象;
- setBackground()方法用于设置控件的背景颜色;而 setForeground()方法用于设置标签的前景颜色,即显示文本的颜色;
- ColorChange 和 TextChange 是两个子线程,分别继承 Thread 和 TimerTask 类,用于完成不同的任务,实现一个程序中的多线程应用。

运行结果如图 5-6 所示。

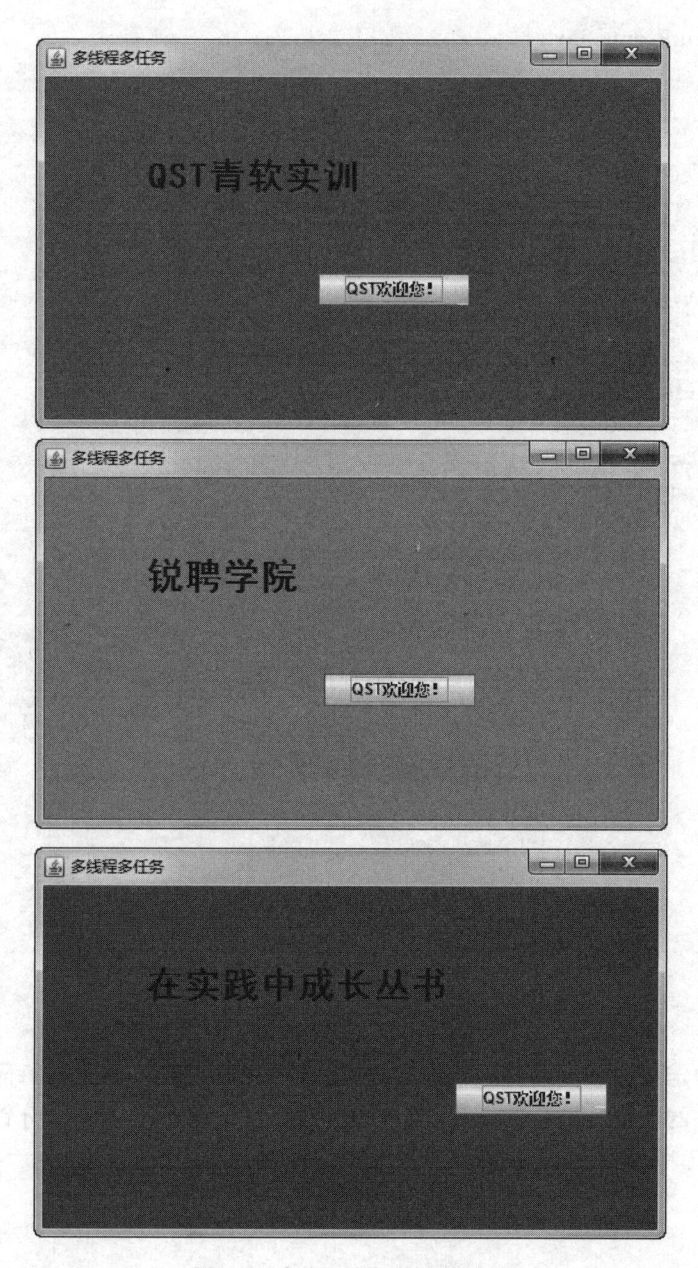

图 5-6 多线程多任务运行结果

5.8 贯穿任务实现

5.8.1 实现【任务 5-1】

下述内容实现 Q-DMS 贯穿项目中的【任务 5-1】使用线程实现每隔 2 分钟日志和物流表格数据的自动刷新功能，以便与数据库中的数据保持一致。

在 MainFrame 类中增加一个新线程，并在构造方法中创建该线程并启动，代码如下所示。

【任务 5-1】 **MainFrame. java**

```
public class MainFrame extends JFrame {
...//省略
    // 构造方法
    public MainFrame() {
    ...//省略
        //开启更新表格数据的线程
        new UpdateTableThread().start();
    }
    // 线程类,每隔两分钟刷新一次显示数据表格中的数据
    private class UpdateTableThread extends Thread {
        // 重写 run()方法
        public void run() {
            while (true) {
                // 移除所有的选项卡
                showPane.removeAll();
                // 刷新日志信息
                flushMatchedLogTable();
                // 刷新物流信息
                flushMatchedTransTable();
                try {
                    // 线程挂起两分钟
                    Thread.sleep(2 * 60 * 1000);
                } catch (Exception e) {
                    e.printStackTrace();
                }
            }
        }
    }
}
```

上述代码中定义的 UpdateTableThread 是一个线程内部类,该线程每隔 2 分钟刷新日志和物流表格中的数据。运行程序后,能够观察到表格中的数据每隔 2 分钟产生一次刷新抖动,修改数据库中的数据,观察表格中的数据是否在自动刷新同步。

本章总结

小结

- 线程(Thread)是独立于其他线程运行的程序执行单元。
- 线程的主要应用在于可以在一个程序中同时运行多个任务。
- 通过继承 Thread 类或实现 Runnable 接口创建线程类。
- 线程有新建(New)、就绪(Runnable)、运行(Running)、阻塞(Blocked)和死亡(Dead) 5 种状态。
- 通过设置线程的优先级控制线程的执行次序。

- 一个进程肯定包含一个主线程,主线程用来执行 main()方法。
- Java 引用"监视器"的概念实现线程同步。
- 通过同步块和同步方法两种方式来实现同步。
- Java 线程之间可以通过 wait()、notify()和 notifyAll()方法实现通信。
- 线程同步可能导致死锁的产生。
- Timer 和 Swing Timer 控件用于执行规划好的任务或循环任务,即每隔一定的时间执行特定任务。

Q&A

问题:简述线程生命周期。

回答:在线程的生命周期中,线程要经过 5 种状态:新建(New)、就绪(Runnable)、运行(Running)、阻塞(Blocked)和死亡(Dead)。当程序使用 new 关键字创建一个线程之后,该线程就处于新建状态(New);当线程对象调用 start()方法之后,线程就处于就绪状态(Runnable);处于就绪状态的线程获得 CPU 后,开始执行 run()方法的线程执行体,此时该线程处于运行状态(Running);线程在运行过程中被中断,会进入阻塞状态(Blocked);线程结束后就处于死亡状态(Dead)。

章节练习

习题

1. 下面________是线程类。

   A. Runnable　　B. Thread　　C. ThreadGroup　　D. Throwable

2. 要建立一个线程,可以从下面________接口继承。

   A. Runnable　　B. Thread　　C. Run　　D. Throwable

3. 下面让线程休眠 1 分钟正确的方法是________。

   A. sleep(1)　　B. sleep(60)　　C. sleep(1000)　　D. sleep(60000)

4. 下列关于线程的说法中错误的是________。

   A. 通过继承 Thread 类并重写 run()方法来实现一个线程类

   B. 通过实现 Runnable 接口并重新 run()方法来实现一个线程类

   C. 在 Java 中,线程的优先级从 1~10,与操作系统无关

   D. 从 Java 8 开始,可以使用 Lambda 表达式来创建一个 Runnable 对象

5. 下列选项中,________属于线程的生命周期。

   A. 死亡　　B. 就绪　　C. 阻塞　　D. 运行

6. 下列关于 Thread 类提供的线程优先级的说法中错误的是________。

   A. MAX_PRIORITY 表示线程的优先级最高

   B. MIN_PRIORITY 表示线程的优先级最低

   C. NORMAL_PRIORITY 表示线程的普通优先级,也是默认优先级

D. NORM_PRIORITY 表示线程的普通优先级,也是默认优先级

7. 下列关于线程同步的说法中错误的是________。

A. 线程同步用于保证某个资源在某一时刻只能由一个线程访问,保证共享数据及操作的完整性

B. 线程的同步分为同步代码块、同步方法和同步锁三种形式

C. 同步代码块、同步方法和同步锁均是使用 synchronized 关键字来实现的

D. 同步锁提供了比同步代码块、同步方法更广泛的锁定操作,实现更加灵活

8. 下列不是 java. util. Timer 类的方法的是________。

A. start()

B. schedule(TimerTask task, Date time)

C. stop()

D. cancel()

上机

1. 训练目标：多线程。

<table>
<tr><td>培养能力</td><td colspan="3">多线程的使用</td></tr>
<tr><td>掌握程度</td><td>★★★★★</td><td>难度</td><td>难</td></tr>
<tr><td>代码行数</td><td>200</td><td>实施方式</td><td>编码强化</td></tr>
<tr><td>结束条件</td><td colspan="3">独立编写,不出错。</td></tr>
<tr><td colspan="4">参考训练内容
创建一个线程,每隔 2 分钟刷新显示学生数据表格。</td></tr>
</table>

2. 训练目标：Timer 和 Swing Timer 控件。

<table>
<tr><td>培养能力</td><td colspan="3">Timer 和 Swing Timer 控件的使用。</td></tr>
<tr><td>掌握程度</td><td>★★★★★</td><td>难度</td><td>中</td></tr>
<tr><td>代码行数</td><td>250</td><td>实施方式</td><td>编码强化</td></tr>
<tr><td>结束条件</td><td colspan="3">独立编写,不出错。</td></tr>
<tr><td colspan="4">参考训练内容
(1) 使用 Timer 控件实现每隔 2 分钟刷新显示学生数据表格；
(2) 使用 Swing Timer 控件实现每隔 2 分钟刷新显示学生数据表格。</td></tr>
</table>

第6章 网络编程

任务驱动

本章任务是使用网络编程完成“Q-DMS数据挖掘”系统的数据发送功能：

- 【任务6-1】 使用Socket实现主窗口中的客户端数据发送到服务器的功能。
- 【任务6-2】 使用ServerSocket实现服务器端应用程序，实现接收所有客户端发送的日志和物流信息，并将信息保存到数据库的功能。
- 【任务6-3】 运行服务器及客户端应用程序，演示多客户端的数据发送效果。

学习路线

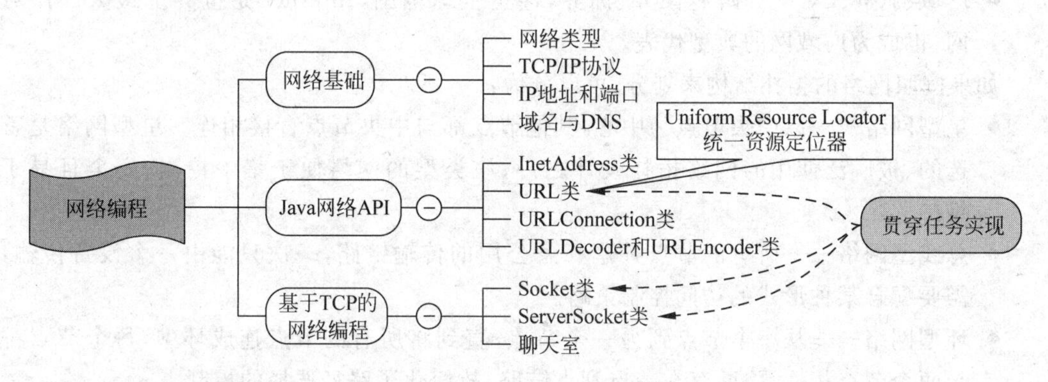

本章目标

知　识　点	Listen(听)	Know(懂)	Do(做)	Revise(复习)	Master(精通)
知识点	Listen(听)	Know(懂)	Do(做)	Revise(复习)	Master(精通)
网络基础	★	★			
Java 网络 API	★	★	★		
基于 TCP 的网络编程	★	★	★	★	★

6.1 网络基础

随着时代的发展，基于网络的应用已经成为最广泛的应用。计算机网络是指可以相互通信的多台计算机，其重心在于计算机之间的通信，使得分布在不同区域的终端非常便利地相互传递信息、共享远程软硬件资源等。通过计算机网络可以向全社会提供新闻、经济、生活等各种资讯信息服务，其中基于 Internet 的 WWW(World Wide Web，全球信息网/万维网)就是一个典型成功案例。如今，绝大多数大型企业的工作流程、组织管理以及运转模式都是建立在互联网基础之上，网络通信也被放在尤为重要的地位上。Java 对网络通信提供了支持，使网络编程变得轻松自如。

6.1.1 网络类型

计算机网络的种类有很多，根据各种不同的分类原则，可以将计算机网络划分为不同的类型。

通常根据规模大小、地理位置以及延伸范围对计算机网络分类如下：

- 局域网(LAN)——限定在较小的区域内(<10km 的范围)，通常采用有线的方式进行连接，是其他网络类型的基础；
- 城域网(MAN)——局限在一座城市的区域内(10k～100km 的范围)；
- 广域网(WAN)——跨越国界、洲界，甚至全球范围，Internet 是世界上最大的广域网，也成为广域网的典型代表。

如果按照网络的拓扑结构来划分，可以分为：

- 星型网络——以中央节点为中心，其他节点都与中央节点直接相连。星型网络是首选的、被广泛使用的网络拓扑设计之一，该类型的网络便于集中控制、安全且易于维护。
- 总线型网络——所有的节点共享一条公用的传输链路，一次只能由一个设备传输，需要配合某种形式的访问控制策略。
- 环型网络——从一个节点到另一个节点，直到将所有的节点连成环型，每个节点都与两个节点相连，因而存在着点到点链路，故简化了路径选择的控制。
- 树型网络——是分级的星型网络，具有成本低、节点易于扩充、寻找路径方便、通信线路总长度短的优点。但除了叶节点及其相连的线路外，任一节点或其相连的线路故障都会使系统受到影响。
- 分布式网络——将分布在不同地点的计算机通过线路互联起来的一种网络形式，此种网络采用分散控制，可靠性高，即使整个网络中的某个局部出现故障，也不会影响全网的操作，网中的路径采用最短路径算法，延迟时间少、传输速率高；分布式网络的缺点是造价高，网络管理软件复杂。
- 网状网络——各节点通过传输线相互连接起来，并且每个节点至少与其他两个节点相连，此种网络可靠性高，但结构复杂、造价成本高且不易管理和维护，因此局域网通常不采用网状结构。

- 蜂窝状网络——是一种无线网,以无线传输介质(包括微波、卫星、红外等)点到点和多点传输,适用于城市网、校园网、企业网,此种网络是无线局域网中常用的结构。
- 混合型网络——将两种或几种网络拓扑结构混合起来构成的一种网络拓扑结构称为混合型网络。

此外,按照网络的传输介质来划分,还可以将网络划分为双绞线、同轴电缆网、光纤网和卫星网等。

6.1.2 TCP/IP 协议

在计算机网络中实现通信必须遵守一些约定,即通信协议。通信协议是用来管理数据通信的一组规则,用于规范传输速率、传输代码、代码结构、传输控制步骤、出错控制等。如同人与人之间沟通交流需要遵循一定的语言定义,两台计算机之间相互通信也需要共同遵守通信协议,这样才能进行信息交换。

通信协议规定了通信的内容、方式和通信时间,其核心要素由三部分组成。

- 语义:用于决定双方对话的类型,即规定通信双方要发出何种控制信息、完成何种动作以及做出何种应答;
- 语法:用于决定双方对话的格式,即规定数据与控制信息的结构和格式;
- 时序:用于决定通信双方的实现顺序,即确定通信状态的变化和过程,如通信双方的应答关系。

常见的通信协议包括 TCP/IP 协议、IPX/SPX 协议、NetBEUI 协议、RS-232-C 协议、V.35 等。其中,TCP/IP(Transmission Control Protocol/Internet Protocol,传输控制协议/互联网络协议)是最基本的通信协议,也是网络中最常用的协议。如果访问 Internet,则必须在网络协议中添加 TCP/IP 协议。而 IPX/SPX 协议一般用于局域网中。

TCP/IP 协议规范了网络上所有通信设备之间的数据往来格式以及传送方式。TCP/IP 是一组协议,包括 TCP、IP、UDP、ICMP、RIP、TELNETFTP、SMTP、ARP 和 TFTP 等许多协议,通常这些协议一起称为 TCP/IP 协议族。TCP/IP 协议最早出现在 UNIX 操作系统中,现在几乎所有的操作系统都支持 TCP/IP 协议,因此 TCP/IP 协议也是 Internet 中最常用的基础协议。TCP/IP 协议提供了一种数据打包和寻址的标准方法,可以在 Internet 中无差错地传送数据。对于普通用户无须了解网络协议的整个结构,仅需了解 IP 的地址格式,即可与世界各地计算机设备进行网络通信。

6.1.3 IP 地址和端口

1. IP 地址

IP 地址用于唯一地标识网络中的一个通信实体,这个通信实体既可以是一台主机,也可以是一台打印机,或者是路由器的某个端口。网络中基于 IP 协议传输的数据包,必须使用 IP 地址进行标识。就像写一封信,要标明收信人的通信地址和发信人的地址,而邮政工作人员则通过该地址来决定邮件的去向。类似的过程也发生在计算机网络中,每个被传输的数据包也要包括一个源 IP 地址和一个目的 IP 地址,在网络中传输数据包时,这两个地址要保持不变,以确保网络设备总能根据确定的 IP 地址,将数据包从源通信实体送往指定的目标通信实体。

IP 地址是一个 32 位的二进制地址，通常为了便于记忆，会将其分为 4 个 8 位的二进制数，每 8 位之间用圆点隔开。而每 8 位二进制数可以转换为 0～255 的十进制数，因此日常所看到的 IP 地址表示形式是由 4 个 0～255 之间的数组成，例如，202.116.0.1，这种写法被称作点数表示法。

IP 地址被分成 A、B、C、D、E 五类，分别适用于大型网络、中型网络、小型网络、多目地址以及备用，每个类别的网络标识和主机标识都各有规则。

- A 类地址：范围从 1.0.0.0～127.255.255.255，由 1 个字节的网络地址和 3 个字节主机地址组成，默认网络掩码为 255.0.0.0。A 类网络地址数量较少，只有 1 个字节，即有 126 个网络，但每个网络中可以容纳主机数达 1600 多万台，因此 A 类地址通常分配给规模特别大的网络使用。
- B 类地址：范围从 128.0.0.0～191.255.255.255，由 2 个字节的网络地址和 2 个字节主机地址组成，默认网络掩码为 255.255.0.0。B 类地址有 16 384 个网络，每个网络所能容纳的计算机数为 6 万多台，通常 B 类地址分配给一般的中型网络。
- C 类地址：范围从 192.0.0.0～223.255.255.255，由 3 个字节的网络地址和 2 个字节主机地址组成，默认网络掩码为 255.255.255.0。C 类网络地址数量较多，有 209 万余个网络，每个网络最多只能包含 254 台计算机，因此 C 类网络适用于小规模的局域网络。
- D 类地址：范围从 224.0.0.0～239.255.255.255，D 类地址不分网络地址和主机地址，其第 1 个字节的前 4 位固定为 1110，供特殊协议向选定的节点发送信息时用，该类地址称为广播地址。
- E 类地址：范围从 240.0.0.0～255.255.255.255，E 类地址也不分网络地址和主机地址，其第 1 个字节的前 5 位固定为 11110，该类地址保留给将来使用。

其中，A、B、C 这 3 类地址是由 Internet NIC 在全球范围内统一分配，其最大网络数及范围如表 6-1 所示。

表 6-1　A、B、C 类地址范围

类别	最大网络数	IP 地址范围	最大主机数	私有 IP 地址范围
A	126(2^7-2)	0.0.0.0～127.255.255.255	16 777 214	10.0.0.0～10.255.255.255
B	16384(2^14)	128.0.0.0～191.255.255.255	65 534	172.16.0.0～172.31.255.255
C	2097152(2^21)	192.0.0.0～223.255.255.255	254	192.168.0.0～192.168.255.255

实际上还存在一些特殊的网址：

- 每一个字节都为 0 的地址(0.0.0.0)对应于当前主机；
- IP 地址中的每个字节都为 1 的 IP 地址(255.255.255.255)是当前子网的广播地址；
- IP 地址中凡是以 11110 开头的 E 类 IP 地址都保留用于将来和实验使用；
- IP 地址中不能以十进制“127”作为开头，该类地址中数字 127.0.0.1～127.255.255.255 用于回路测试，如 127.0.0.1 可以代表本机 IP 地址，用“http://127.0.0.1”就可以测试本机中配置的 Web 服务器；
- 网络 ID 的第一个 8 位组也不能全置为 0，全 0 表示本地网络。

2. 端口

IP 地址用于唯一标识网络上的一个通信实体，但一个通信实体可以同时提供多个网络服务，此时还需要使用端口(Port)。如果把 IP 地址比作一间房子，那么端口就是出入这间房子的门。

端口是应用程序与外界交流的出入口，用于表示数据交给哪个通信程序进行处理。端口是一种抽象的软件结构，包括一些数据结构和 I/O(基本输入/输出)缓冲区，一台计算机上不能有两个程序同时使用同一个端口。端口是通过端口号来标记的，端口号是一个 16 位的整数，取值范围从 0～65 535。

通常将端口分为以下三大类：

- 公认端口(Well Known Ports)——从 0～1023，用于紧密绑定(Binding)于一些服务，通常这些端口明确表明某种服务的协议，例如，80 端口用于 HTTP 通信。
- 注册端口(Registered Ports)——从 1024～49 151，用于松散地绑定于一些服务。通常应用程序使用这个范围内的端口，例如，8080 是 Tomcat 的默认服务端口。
- 动态和/或私有端口(Dynamic and/or PrivatePorts)——从 49 152～65 535，这些端口是动态端口，理论上不应把常用的应用程序分配在这些端口上。

常用的端口及其对应的服务如表 6-2 所示。

表 6-2　常用端口及服务

端　口　号	服　　务
7	Echo 服务端口
21	FTP 服务端口
23	Telnet 服务端口
25	SMTP 服务端口
80	HTTP 服务端口

注意

自己编写的应用程序尽量避免使用表 6-2 中的公认端口值。

6.1.4　域名与 DNS

1. 域名

由于 IP 地址是数字标识，用户难以记忆和书写，因此在 IP 地址基础上又发展出一种符号化的地址方案，来代替数字型的 IP 地址。这种符号化的字符型地址又被称为域名(Domain Name)，每一个域名都与特定的 IP 地址相对应。

域名是由一串用点分隔的字符串所组成的 Internet 上某一台计算机或计算机组的名称，用于在数据传输时标识互联网上计算机的地理位置。域名由两个或两个以上的词构成，中间由“.”号分隔开，通常由各国文字的特定字符集、英文字母、数字及“-”任意组合而成，但开头和结尾均不能含有“-”符号。

注意

域名中的字母不分大小写,最长可达 67 个字节。域名不仅便于记忆,而且即使在 IP 地址发生变化的情况下,通过改变解析对应关系,域名仍可保持不变。目前也有一些其他语言的域名,如中文域名。

按照级别,可以将域名分为以下几类:

- 顶级域名——是使用最早也最广泛的域名。顶级域名又可以分为两类:一类是国际顶级域名(iTDs),例如表示工商企业的.com,表示网络提供商的.net,表示非盈利组织的.org 等;另一类是国家顶级域名(nTLDs),目前 200 多个国家和地区都按照 ISO3166 国家代码分配了顶级域名,例如中国是.cn、美国是.us、日本是.jp 等。
- 二级域名——在顶级域名之下的域名。在国际顶级域名下,是指域名注册人的网上名称,例如 ibm、yahoo、microsoft 等;在国家顶级域名下,是表示注册企业类别的符号,例如 com、edu、gov、net 等。
- 三级域名——一般应用于中小企业及个人注册使用,长度不能超过 20 个字符。

以百度公司的域名地址 www.baidu.com 为例,其中:

www 是网络名;

- baidu 是该域名的主体;
- com 是该域名的后缀,是顶级域名,代表的这是一个企业国际域名。

2. DNS

DNS(Domain Name System,域名系统)是域名与 IP 地址之间相互映射的一个分布式数据库,使用户更加方便地访问 Internet。通过主机名,最终得到该主机所对应的 IP 地址的过程称为域名解析。域名解析需要由专门的域名解析服务器来完成,通过 DNS 可以将用户输入的域名解析为与之相关 IP 地址,从而确定该域名唯一绑定的域层次结构中的计算机和网络服务。

6.2 Java 网络 API

最初,Java 就是作为一种网络编程语言而出现的,其本身就对网络通信提供了支持,允许使用网络上的各种资源和数据,与服务器建立各种传输通道,实现数据的传输,使网络编程实现起来变得简单。

Java 中有关网络方面的功能都定义在 java.net 包中,该包下的 URL 和 URLConnection 等类提供了以程序的方式来访问 Web 服务,而 URLDecoder 和 URLEncoder 则提供了普通字符串和 application/x-www-form-urlencode MIME 字符串相互转换的静态方法。

6.2.1 InetAddress 类

Java 提供 InetAddress 类来封装 IP 地址或域名。InetAddress 类有两个子类:Inet4Address 和 Inet6Address,分别用于封装 4 个字节的 IP 地址和 6 个字节的 IP 地址。InetAddress 内

部对地址数字进行隐藏，用户不需要了解实现地址的细节，只需了解如何调用相应的方法即可。

InetAddress 类无构造方法，因此不能直接创建其对象，而是通过该类的静态方法创建一个 InetAddress 对象或 InetAddress 数组。InetAddress 类常用方法如表 6-3 所示。

表 6-3 InetAddress 类常用方法

方法	功能描述
public static InetAddress getLocalHost()	获得本机对应的 InetAddress 对象
public static InetAddress getByName (String host)	根据主机获得对应的 InetAddress 对象，参数 host 可以是 IP 地址或域名
public staticInetAddress[] getAllByName(String host)	根据主机获得具有相同名字的一组 InetAddress 对象
public static InetAddress getByAddress(byte[] addr)	获取 addr 所封装的 IP 地址对应的 InetAddress 对象
public String getCanonicalHostName()	获取此 IP 地址的全限定域名
public bytes[] getHostAddress()	获得该 InetAddress 对象对应的 IP 地址字符串
public String getHostName()	获得该 InetAddress 对象的主机名称
public boolean isReachable(int timeout)	判断是否可以到达该地址

下述代码演示 InetAddress 类的使用。

【代码 6-1】 InetAddressDemo. java

```
package com.qst.chapter06;
import java.io.IOException;
import java.net.InetAddress;
import java.net.UnknownHostException;
public class InetAddressDemo {
    public static void main(String[] args) {
        try {
            // 获取本机地址信息
            InetAddress localIp = InetAddress.getLocalHost();
            System.out.println("localIp.getCanonicalHostName() = "
                    + localIp.getCanonicalHostName());
            System.out.println("localIp.getHostAddress() = "
                    + localIp.getHostAddress());
            System.out.println("localIp.getHostName() = "
                    + localIp.getHostName());
            System.out.println("localIp.toString() = " + localIp.toString());
            System.out.println("localIp.isReachable(5000) = "
                    + localIp.isReachable(5000));
            System.out.println("====================================");
            // 获取指定域名地址信息
            InetAddress baiduIp = InetAddress.getByName("www.baidu.com");
            System.out.println("baiduIp.getCanonicalHostName() = "
                    + baiduIp.getCanonicalHostName());
            System.out.println("baiduIp.getHostAddress() = "
                    + baiduIp.getHostAddress());
            System.out.println("baiduIp.getHostName() = "
                    + baiduIp.getHostName());
            System.out.println("baiduIp.toString() = " + baiduIp.toString());
```

```
                System.out.println("baiduIp.isReachable(5000) = "
                        + baiduIp.isReachable(5000));
                System.out.println("========================================");
                // 获取指定原始 IP 地址信息
                InetAddress ip = InetAddress
                        .getByAddress(new byte[] { 127, 0, 0, 1 });
                // InetAddress ip = InetAddress.getByName("127.0.0.1");
                System.out.println("ip.getCanonicalHostName() = "
                        + ip.getCanonicalHostName());
                System.out.println("ip.getHostAddress() = " + ip.getHostAddress());
                System.out.println("ip.getHostName() = " + ip.getHostName());
                System.out.println("ip.toString() = " + ip.toString());
                System.out.println("ip.isReachable(5000) = "
                        + ip.isReachable(5000));
            } catch (UnknownHostException e) {
                e.printStackTrace();
            } catch (Exception e) {
                e.printStackTrace();
            }
        }
    }
```

上述代码分别获取本机、指定域名以及指定 IP 地址的 InetAddress 对象。其中，调用 getLocalHost()可以获取本机 InetAddress 对象；调用 getByName()可以获取指定域名的 InetAddress 对象；调用 getByAddress()可以获取指定 IP 地址的 InetAddress 对象，该方法的参数使用字节数组存放 IP 地址。也可以直接通过 getByName()获取指定 IP 地址的 InetAddress 对象，此时 IP 地址作为字符串即可，即下面两个语句是等价的。

```
InetAddress ip = InetAddress.getByAddress(new byte[] { 127, 0, 0, 1 });
```

等价于

```
InetAddress ip = InetAddress.getByName("127.0.0.1");
```

运行结果如下所示：

```
localIp.getCanonicalHostName() = PC-zhaokl
localIp.getHostAddress() = 192.168.52.7
localIp.getHostName() = PC-zhaokl
localIp.toString() = PC-zhaokl/192.168.52.7
localIp.isReachable(5000) = true
========================================
baiduIp.getCanonicalHostName() = 115.239.211.112
baiduIp.getHostAddress() = 115.239.211.112
baiduIp.getHostName() = www.baidu.com
baiduIp.toString() = www.baidu.com/115.239.211.112
baiduIp.isReachable(5000) = false
========================================
ip.getCanonicalHostName() = 127.0.0.1
ip.getHostAddress() = 127.0.0.1
```

```
ip.getHostName() = 127.0.0.1
ip.toString() = 127.0.0.1/127.0.0.1
ip.isReachable(5000) = true
```

注意

在获得 Internet 上的域名所对应的地址信息时，需保证运行环境能访问 Internet，否则将抛出 UnknownHostException 异常。

6.2.2 URL 类

URL(Uniform Resource Locator，统一资源定位器)表示互联网上某一资源的地址。资源可以是简单的文件或目录，也可以是对更为复杂对象的引用，例如对数据库或搜索引擎的查询。URL 是最为直观的一种网络定位方法，符合人们的语言习惯，且容易记忆。在通常情况下，URL 可以由协议名、主机、端口和资源四个部分组成，其语法格式如下所示：

【语法】

```
protocol://host:port/resourceName
```

其中：

- protocol 是协议名，指明获取资源所使用的传输协议，例如 http、ftp 等，并使用冒号“：”与其他部分进行隔离；
- host 是主机名，指定获取资源的域名，此部分由左边的双斜线“//”和右边的单斜线“/”或可选冒号“：”限制；
- port 是端口，指定服务的端口号，是一个可选的参数，由主机名左边的冒号“：”和右边的斜线“/”限制；
- resourceName 是资源名，指定访问的文件名或目录。

【示例】 URL 地址

```
http://book.moocollege.cn/java-book1.html
```

为了处理方便，Java 将 URL 封装成 URL 类，通过 URL 对象记录下完整的 URL 信息。URL 类常用方法及功能如表 6-4 所示。

表 6-4 URL 类常用方法

方　法	功能描述
public URL(String spec)	构造方法，根据指定的字符串来创建一个 URL 对象
public URL(String protocol，String host，int port，String file)	构造方法，根据指定的协议、主机名、端口号和文件资源来创建一个 URL 对象
public URL(String protocol，String host，String file)	构造方法，根据指定的协议、主机名、和文件资源来创建 URL 对象

续表

方　　法	功能描述
public String getProtocol()	返回协议名
public String getHost()	返回主机名
public int getPort()	返回端口号,如果没有设置端口,则返回-1
public String getFile()	返回文件名
public String getRef()	返回 URL 的锚
public String getQuery()	返回 URL 的查询信息
public String getPath()	返回 URL 的路径
public URLConnection openConnection()	返回一个 URLConnection 对象
public final InputStream openStream()	返回一个用于读取该 URL 资源的 InputStream 流

注意

JDK 还提供了一个 URI(Uniform Resource Identifiers,统一资源标识符)类,该类的实例不能用于定位任何资源,其唯一作用就是解析,可以将 URL 理解成 URI 的特例。URL 类的构造方法都声明抛出异常 MalformedURLException,因此在创建 URL 对象时,需要对该异常进行处理,即 new URL()需要放在 try...catch 语句中捕获该异常并处理,或者在方法后使用 throws 显式声明抛出该异常。

下述代码根据指定的路径构造 URL 对象,并获取当前 URL 对象的相关属性。

【代码 6-2】 URLDemo. java

```
package com.qst.chapter06;
import java.net.MalformedURLException;
import java.net.URL;
public class URLDemo {
    public static void main(String[] args) {
        try {
            URL mybook = new URL("http://book.moocollege.cn/java-book1.html");
            System.out.println("协议 protocol = " + mybook.getProtocol());
            System.out.println("主机 host = " + mybook.getHost());
            System.out.println("端口 port = " + mybook.getPort());
            System.out.println("文件 filename = " + mybook.getFile());
            System.out.println("锚 ref = " + mybook.getRef());
            System.out.println("查询信息 query = " + mybook.getQuery());
            System.out.println("路径 path = " + mybook.getPath());
        } catch (MalformedURLException e) {
            e.printStackTrace();
        }
    }
}
```

运行结果如下所示:

```
协议 protocol = http
主机 host = book.moocollege.cn
```

```
端口 port = -1
文件 filename = /java-book1.html
锚 ref = null
查询信息 query = null
路径 path = /java-book1.html
```

6.2.3 URLConnection 类

URLConnection 代表与 URL 指定的数据源的动态连接，该类提供一些比 URL 类更强大的服务器交互控制的方法，允许使用 POST 或 PUT 和其他 HTTP 请求方法将数据送回服务器。URLConnection 是一个抽象类，其常用方法如表 6-5 所示。

表 6-5 URLConnection 的常用方法

方 法	功能描述
public int getContentLength()	获得文件的长度
public String getContentType()	获得文件的类型
public long getDate()	获得文件创建的时间
public long getLastModified()	获得文件最后修改的时间
public InputStream getInputStream()	获得输入流，以便读取文件的数据
public OutputStream getOutputStream()	获得输出流，以便输出数据
public void setRequestProperty(String key,String value)	设置请求属性值

下述代码使用 URLConnection 读取网络资源信息并打印。

【代码 6-3】 URLConnectionDemo.java

```
package com.qst.chapter06;

import java.io.BufferedReader;
import java.io.IOException;
import java.io.InputStreamReader;
import java.net.MalformedURLException;
import java.net.URL;
import java.net.URLConnection;

public class URLConnectionDemo {
    public static void main(String[] args) {
        try {
            // 构建一 URL 对象
            URL mybook = new URL("http://book.moocollege.cn/java-book1.html");
            // 由 URL 对象获取 URLConnection 对象
            URLConnection urlConn = mybook.openConnection();
            //设置请求属性,字符集是 UTF-8
            urlConn.setRequestProperty("Charset", "UTF-8");
            // 由 URLConnection 获取输入流,并构造 BufferedReader 对象
            BufferedReader br = new BufferedReader(new InputStreamReader(
```

```
                    urlConn.getInputStream()));
            String inputLine;
            // 循环读取并打印数据
            while ((inputLine = br.readLine()) != null) {
                System.out.println(inputLine);
            }
            // 关闭输入流
            br.close();
        } catch (MalformedURLException e) {
            e.printStackTrace();
        } catch (IOException e) {
            e.printStackTrace();
        }
    }
}
```

上述代码的运行结果是输出指定的 java-book1.html 页面的源代码，此处不单独演示。

注意

Java 8 新增了一个 URLPermission 工具类，用于管理 URLConnection 的权限问题，如果在 URLConnection 安装了安全管理器，通过该对象打开连接时先需要获得权限。

6.2.4 URLDecoder 和 URLEncoder 类

当 URL 地址中包含非西欧字符时，系统会将这些非西欧字符转换成特殊编码(如"%XX"格式)，此种编码称为 application/x-www-form-urlencoded MIME。在编程过程中可能会涉及普通字符串和 application/x-www-form-urlencoded MIME 字符串之间相互转换，此时就需要使用 URLDecoder 和 URLEncoder 两个工具类：

- URLDecoder 工具类提供了一个 decode(String s,String enc)静态方法，该方法将 application/x-www-form-urlencoded MIME 字符串转换成普通字符串；
- URLEncoder 工具类提供了一个 encode(String s,String enc)静态方法，该方法与 decode()方法正好相反，能够将普通的字符串转换成 application/x-www-form-urlencoded MIME 字符串。

下述代码演示 URLDecoder 和 URLEncoder 两个工具类的使用。

【代码 6-4】 URLDecoderDemo.java

```
package com.qst.chapter06;
import java.io.UnsupportedEncodingException;
import java.net.URLDecoder;
import java.net.URLEncoder;
public class URLDecoderDemo {
    public static void main(String[] args) {
        try {
            // 将普通字符串转换成 application/x - www - form - urlencoded 字符串
```

```
            String urlStr = URLEncoder.encode("Java 8 高级应用与开发", "GBK");
            System.out.println(urlStr);
            // 将 application/x-www-form-urlencoded 字符串 转换成普通字符串
            String keyWord = URLDecoder.decode(
                    "Java+8%B8%DF%BC%B6%D3%A6%D3%C3%D3%EB%BF%AA%B7%A2",
                    "GBK");
            System.out.println(keyWord);
        } catch (UnsupportedEncodingException e) {
            e.printStackTrace();
        }
    }
}
```

上述代码先使用 URLEncoder.encode()方法对普通字符串进行转换，由于普通字符串中包含中文，所以需要使用 GBK 编码；再使用 URLDecoder.decode()方法反相进行转换，转换时的解码字符要与编码字符相一致；"Java＋8％B8％DF％BC％B6％D3％A6％D3％C3％D3％EB％BF％AA％B7％A2"字符串中的中文都以"％XX"格式出现。

运行结果如下所示：

```
Java+8%B8%DF%BC%B6%D3%A6%D3%C3%D3%EB%BF%AA%B7%A2
Java 8 高级应用与开发
```

6.3 基于 TCP 的网络编程

TCP/IP 通信协议是一种可靠的、双向的、持续的、点对点的网络协议。使用 TCP/IP 协议进行通信时，会在通信的两端各建立一个 Socket（套接字），从而在通信的两端之间形成网络虚拟链路，其通信原理如图 6-1 所示。

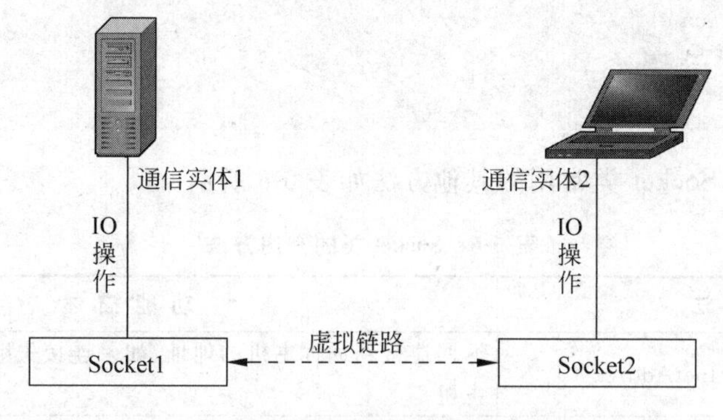

图 6-1　TCP/IP 协议通信原理

Java 对基于 TCP 的网络通信提供了良好的封装，使用 Socket 对象封装了两端的通信端口。Socket 对象屏蔽了网络的底层细节，例如媒体类型、信息包的大小、网络地址、信息的重发等。Socket 允许应用程序将网络连接当成一个 IO 流，既可以向流中写数据，也可以从流中读取数据。一个 Socket 对象可以用来建立 Java 的 IO 系统到 Internet 上的任何机器

(包括本机)的程序连接。

java.net 包中提供了网络编程所需的类,其中基于 TCP 协议的网络编程主要使用下面两种 Socket:

- ServerSocket 是服务器套接字,用于监听并接收来自客户端的 Socket 连接;
- Socket 是客户端套接字,用于实现两台计算机之间的通信。

6.3.1 Socket 类

使用 Socket 套接字可以较为方便地在网络上传递数据,从而实现两台计算机之间的通信。通常客户端使用 Socket 来连接指定的服务器,Socket 的两个常用的构造方法如下:

- Socket(InetAddress|String host,int port)——创建连接到指定远程主机和端口号的 Socket 对象,该构造方法没有指定本地地址和本地端口号,默认使用本地主机 IP 地址和系统动态分配的端口;
- Socket(InetAddress|String host,int port,InetAddress localAddr,int localPort)——创建连接到指定远程主机和端口号的 Socket 对象,并指定本地 IP 地址和本地端口号,适用于本地主机有多个 IP 地址的情况。

注意

> 上述两个 Socket 构造方法都声明抛出 IOException 异常,因此在创建 Socket 对象必须捕获或抛出异常。端口号建议采用注册端口(范围是 1024～49 151),通常应用程序使用该范围内的端口,以防止发生冲突。

【示例】 创建 Socket 对象

```
try{
    Socket s = new Socket("192.168.1.128" , 28888);
    ...//Socket 通信
}catch (IOException e) {
    e.printStackTrace();
}
```

除了构造方法,Socket 类常用的其他方法如表 6-6 所示。

表 6-6 Socket 类的常用方法

方　法	功能描述
public InetAddress getInetAddress()	返回连接到远程主机的地址,如果连接失败则返回以前连接的主机
public int getPort()	返回 Socket 连接到远程主机的端口号
public int getLocalPort()	返回本地连接终端的端口号
public InputStream getInputStream()	返回一个输入流,从 Socket 读取数据
public OutputStream getOutputStream()	返回一个输出流,往 Socket 中写数据
public synchronized void close()	关闭当前 Socket 连接

通常使用Socket进行网络通信的具体步骤如下：

(1) 根据指定IP地址和端口号创建一个Socket对象；

(2) 调用getInputStream()方法或getOutputStream()方法打开连接到Socket的输入/输出流；

(3) 客户端与服务器根据协议进行交互，直到关闭连接；

(4) 关闭客户端的Socket。

下述代码演示创建客户端Socket的过程。

【代码6-5】 ClientSocketDemo.java

```
package com.qst.chapter06;

import java.io.BufferedReader;
import java.io.IOException;
import java.io.InputStreamReader;
import java.io.PrintStream;
import java.net.Socket;
import java.net.UnknownHostException;

public class ClientSocketDemo {
    public static void main(String[] args) {
        try {
            //创建连接到本机、端口为28888的Socket对象
            Socket socket = new Socket("127.0.0.1", 28888);
            // 将Socket对应的输出流包装成PrintStream
            PrintStream ps = new PrintStream(socket.getOutputStream());
            // 往服务器发送信息
            ps.println("我是赵克玲");
            ps.flush();
            // 将Socket对应的输入流包装成BufferedReader
            BufferedReader br = new BufferedReader(new InputStreamReader(
                    socket.getInputStream()));
            // 读服务器返回的信息并显示
            String line = br.readLine();
            System.out.println("来自服务器的数据: " + line);
            // 关闭
            br.close();
            ps.close();
            socket.close();
        } catch (UnknownHostException e) {
            e.printStackTrace();
        } catch (IOException e) {
            e.printStackTrace();
        }
    }
}
```

上述代码先创建了一个连接到本机、端口为28888的Socket对象；再使用getOutputStream()获取Socket对象的输出流，用于往服务器发送信息；然后使用

getInputStream()获取 Socket 对象的输入流,读取服务器返回的数据;最后关闭输入/输出流和 Socket 连接,释放所有的资源。

6.3.2 ServerSocket 类

ServerSocket 是服务器套接字,运行在服务器端,通过指定端口主动监听来自客户端的 Socket 连接。当客户端发送 Socket 请求并与服务器端建立连接时,服务器将验证并接收客户端的 Socket,从而建立客户端与服务器之间的网络虚拟链路;一旦两端的实体之间建立了虚拟链路,就可以相互传送数据。

ServerSocket 类常用的构造方法如下:

- ServerSocket(int port)——根据指定端口来创建一个 ServerSocket 对象;
- ServerSocket(int port,int backlog)——创建一个 ServerSocket 对象,指定端口和连接队列长度,此时增加一个用来改变连接队列长度的参数 backlog;
- ServerSocket(int port,int backlog,InetAddress localAddr)——创建一个 ServerSocket 对象,指定端口、连接队列长度和 IP 地址;当机器拥有多个 IP 地址时,才允许使用 localAddr 参数指定具体的 IP 地址。

注意

ServerSocket 类的构造方法都声明抛出 IOException 异常,因此在创建 ServerSocket 对象时必须捕获或抛出异常。另外,在选择端口号时,建议选择注册端口(范围是 1024～49 151),通常应用程序使用这个范围内的端口,以防止发生冲突。

【示例】 创建 ServerSocket 对象

```
try {
    ServerSocket server = new ServerSocket(28888);
} catch (IOException e) {
    e.printStackTrace();
}
```

ServerSocket 类常用的其他方法如表 6-7 所示。

表 6-7 ServerSocket 类的常用方法

方 法 名	功 能 说 明
public Socket accept()	接收客户端 Socket 连接请求,并返回一个与客户端 Socket 对应的 Socket 实例;该方法是一个阻塞方法,如果没有接收到客户端发送的 Socket,则一直处于等待状态,线程也会被阻塞
public InetAddress getInetAddress()	返回当前 ServerSocket 实例的地址信息
public int getLocalPort()	返回当前 ServerSocket 实例的服务端口
public void close()	关闭当前 ServerSocket 实例

通常使用 ServerSocket 进行网络通信的具体步骤如下:

(1) 根据指定的端口号来实例化一个 ServerSocket 对象;

（2）调用 ServerSocket 对象的 accept()方法接收客户端发送的 Socket 对象；

（3）调用 Socket 对象的 getInputStream()/getOutputStream()方法来建立与客户端进行交互的 IO 流；

（4）服务器与客户端根据一定的协议交互，直到关闭连接；

（5）关闭服务器端的 Socket；

（6）回到第 2 步，继续监听下一次客户端发送的 Socket 请求连接。

下述代码演示创建服务器端 ServerSocket 的过程。

【代码 6-6】 ServerSocketDemo. java

```
package com.qst.chapter06;

import java.io.BufferedReader;
import java.io.IOException;
import java.io.InputStreamReader;
import java.io.PrintStream;
import java.net.ServerSocket;
import java.net.Socket;

public class ServerSocketDemo extends Thread {
    // 声明一个 ServerSocket
    ServerSocket server;
    // 计数
    int num = 0;
    public ServerSocketDemo() {
        // 创建 ServerSocket,用于监听 28888 端口是否有客户端的 Socket
        try {
            server = new ServerSocket(28888);
        } catch (IOException e) {
            e.printStackTrace();
        }
        // 启动当前线程,即执行 run()方法
        this.start();
        System.out.println("服务器启动...");
    }
    public void run() {
        while (this.isAlive()) {
            try {
                // 接收客户端的 Socket
                Socket socket = server.accept();
                // 将 Socket 对应的输入流包装成 BufferedReader
                BufferedReader br = new BufferedReader(new InputStreamReader(
                        socket.getInputStream()));
                // 读客户端发送的信息并显示
                String line = br.readLine();
                System.out.println(line);
                // 将 Socket 对应的输出流包装成 PrintStream
                PrintStream ps = new PrintStream(socket.getOutputStream());
                // 往客户端发送信息
```

```
                ps.println("您是第" + (++num) + "个访问服务器的用户!");
                ps.flush();
                // 关闭
                br.close();
                ps.close();
                socket.close();
            } catch (IOException e) {
                // TODO Auto - generated catch block
                e.printStackTrace();
            }
        }
    }
    public static void main(String[ ] args) {
        new ServerSocketDemo();
    }
}
```

上述代码服务器端是一个多线程应用程序，能为多个客户提供服务。在 ServerSocketDemo 构造方法中，先创建一个用于监听 28888 端口的 ServerSocket 对象，再调用 this. start()方法启动线程。在线程的 run()方法中，先调用 ServerSocket 对象的 accept()方法来接收客户端发送的 Socket 对象；再使用 getInputStream()获取 Socket 对象的输入流，用于读取客户端发送的数据信息；然后使用 getOutputStream()获取 Socket 对象的输出流，往客户端发送信息；最后关闭输入、输出流和 Socket，释放所有的资源。

前面编写的客户端程序 ClientSocketDemo 与服务器端程序 ServerSocketDemo 能够形成网络通信，运行时先运行服务器端 ServerSocketDemo 应用程序，服务器端先显示如下提示：

```
服务器启动...
```

然后，运行客户端 ClientSocketDemo 应用程序，此时服务器端又会增加打印一条信息：

```
我是赵克玲
```

客户端应用程序会显示：

```
来自服务器的数据：您是第 1 个访问服务器的用户!
```

客户端可以运行多次，或在网络上其他机器中运行，只需将创建 Socket 的 IP 地址改为服务器的 IP 地址即可。当运行多个客户端应用程序时，服务器对访问用户进行计数。运行两次客户端应用程序，服务器端的打印显示如下：

```
服务器启动...
我是赵克玲
我是赵克玲
```

第二次运行的客户端时，所打印的信息如下所示：

```
来自服务器的数据：您是第 2 个访问服务器的用户！
```

注意

> 在局域网环境下，可以选择其中的一台计算机作为服务器，运行服务器端 ServerSocketDemo 应用程序。在局域网中另外一台计算机上修改并运行客户端 ClientSocketDemo 应用程序，将 Socket 的 IP 地址改为服务器的 IP 地址；当程序运行时，不同的客户端将发送不同的用户名给服务器，如此可以观察到基于 C/S 架构的网络通信。

一般服务器和客户端使用 Socket 进行基于 C/S 架构的网络通信程序设计的过程如下：

(1) 服务器端通过某个端口监听是否有客户端发送 Socket 连接请求；

(2) 客户端向服务器端发出一个 Socket 连接请求；

(3) 服务器端调用 accept()接收客户端 Socket 并建立连接；

(4) 通过调用 Socket 对象的 getInputStream()/getOutStream()方法进行 IO 流操作，服务器与客户端之间进行信息交互；

(5) 关闭服务器端和客户端的 Socket。

服务器和客户端使用 Socket 交互编程模型如图 6-2 所示。

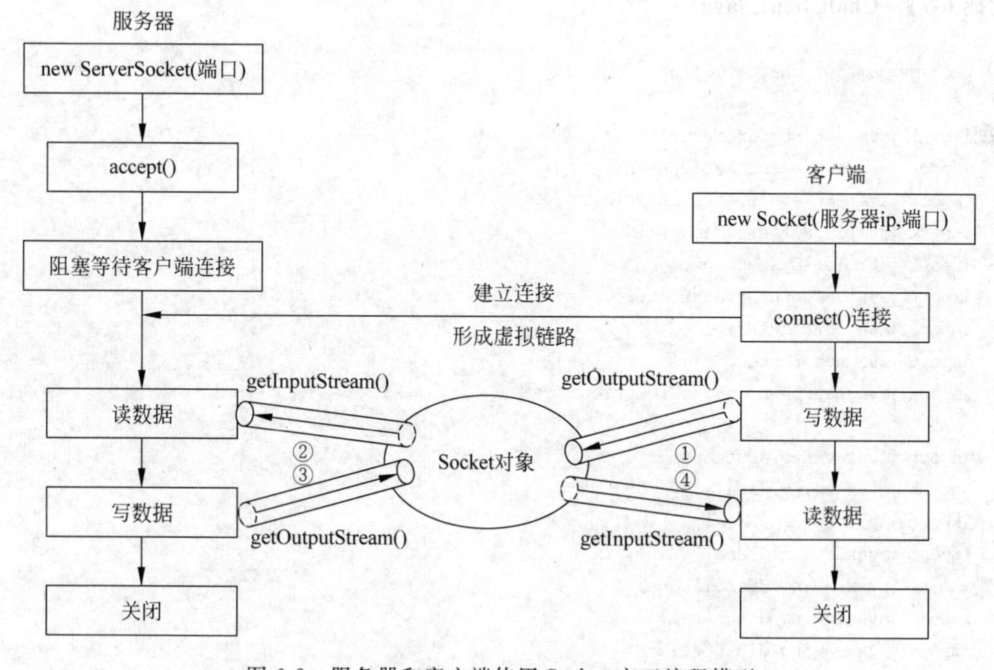

图 6-2 服务器和客户端使用 Socket 交互编程模型

服务器和客户端建立连接之后，两端之间进行信息交互是按照一定的顺序进行：客户端先向服务器端发送信息，然后读取信息；而服务器则先读取信息，再对客户端进行响应；如此实现客户端与服务器之间的一次信息交互，具体步骤如下：

(1) 客户端调用 Socket 对象的 getOutputStream()方法获取输出流，将信息发送给服务器；

(2) 服务器端调用 Socket 对象的 getInputStream()方法获取输入流，读客户端发送的信息；

(3) 服务器端再调用 Socket 对象的 getOutputStream()方法获取输出流，将信息返回给客户端；

(4) 最后客户端调用 Socket 对象的 getInputStream()方法获取输入流，读服务器端的返回信息。

注意

获取套接字的输入流和输出流，都是站在内存立场上考虑的，而不是套接字的立场。例如，getInputStream()方法获取套接字的输入流，用于读取 Socket 数据，并将数据存入到内存中。

6.3.3 聊天室

基于 TCP 网络编程的典型应用就是聊天室，下述内容使用 Socket 和 ServerSocket 实现多人聊天的聊天室程序。聊天室程序是基于 C/S 架构，分客户端代码和服务器端代码。其中，客户端是一个窗口应用程序，代码如下。

【代码 6-7】 ChatClient.java

```
package com.qst.chapter06;

import java.awt.BorderLayout;
import java.awt.event.ActionEvent;
import java.awt.event.ActionListener;
import java.io.BufferedReader;
import java.io.IOException;
import java.io.InputStreamReader;
import java.io.PrintWriter;
import java.net.Socket;
import java.net.UnknownHostException;

import javax.swing.JButton;
import javax.swing.JFrame;
import javax.swing.JLabel;
import javax.swing.JPanel;
import javax.swing.JScrollPane;
import javax.swing.JTextArea;
import javax.swing.JTextField;

//聊天室客户端
public classChatClient extends JFrame {
    Socket socket;
    PrintWriter pWriter;
    BufferedReader bReader;
```

```
    JPanel panel;
    JScrollPane sPane;
    JTextArea txtContent;
    JLabel lblName,lblSend;
    JTextField txtName,txtSend;
    JButton btnSend;

    public ChatClient() {
        super("QST 聊天室");
        txtContent = new JTextArea();
        // 设置文本域只读
        txtContent.setEditable(false);
        sPane = new JScrollPane(txtContent);

        lblName = new JLabel("昵称: ");
        txtName = new JTextField(5);
        lblSend = new JLabel("发言: ");
        txtSend = new JTextField(20);
        btnSend = new JButton("发送");

        panel = new JPanel();
        panel.add(lblName);
        panel.add(txtName);
        panel.add(lblSend);
        panel.add(txtSend);
        panel.add(btnSend);
        this.add(panel, BorderLayout.SOUTH);

        this.add(sPane);
        this.setSize(500, 300);
        this.setDefaultCloseOperation(JFrame.EXIT_ON_CLOSE);
        try {
            // 创建一个套接字
            socket = new Socket("127.0.0.1", 28888);
            // 创建一个往套接字中写数据的管道,即输出流,给服务器发送信息
            pWriter = new PrintWriter(socket.getOutputStream());
            // 创建一个从套接字读数据的管道,即输入流,读服务器的返回信息
            bReader = new BufferedReader(new InputStreamReader(
                    socket.getInputStream()));
        } catch (UnknownHostException e) {
            e.printStackTrace();
        } catch (IOException e) {
            e.printStackTrace();
        }
        // 注册监听
        btnSend.addActionListener(new ActionListener() {
            public void actionPerformed(ActionEvent e) {
                // 获取用户输入的文本
                String strName = txtName.getText();
                String strMsg = txtSend.getText();
```

```
                if (!strMsg.equals("")) {
                    // 通过输出流将数据发送给服务器
                    pWriter.println(strName + " 说: " + strMsg);
                    pWriter.flush();
                    // 清空文本框
                    txtSend.setText("");
                }
            }
        });
        // 启动线程
        new GetMsgFromServer().start();
    }
    // 接收服务器的返回信息的线程
    class GetMsgFromServer extends Thread {
        public void run() {
            while (this.isAlive()) {
                try {
                    String strMsg = bReader.readLine();
                    if (strMsg != null) {
                        // 在文本域中显示聊天信息
                        txtContent.append(strMsg + "\n");
                    }
                    Thread.sleep(50);
                } catch (Exception e) {
                    e.printStackTrace();
                }
            }
        }
    }
    public static void main(String args[]) {
        //创建聊天室客户端窗口实例,并显示
        new ChatClient().setVisible(true);
    }
}
```

上述代码在构造方法中先创建客户端图形界面,并创建一个 Socket 对象连接服务器,然后获取 Socket 对象的输入流和输出流,用于与服务器进行信息交互,输出流可以给服务器发送信息,输入流可以读取服务器的返回信息。再对“发送”按钮添加监听事件处理,当用户单击“发送”按钮时,将用户在文本框中输入的数据通过输出流写到 Socket 中,实现将信息发送到服务器。GetMsgFromServer 是一个用于不断循环接收服务器的返回信息的线程,只要接收到服务器的信息,就将该信息在窗口的文本域中显示。注意在构造方法的最后创建一个 GetMsgFromServer 线程实例并启动。

聊天室的服务器端代码如下所示。

【代码 6-8】 ChatServer.java

```
package com.qst.chapter06;

import java.io.BufferedReader;
import java.io.IOException;
```

```
import java.io.InputStreamReader;
import java.io.PrintWriter;
import java.net.ServerSocket;
import java.net.Socket;
import java.text.SimpleDateFormat;
import java.util.ArrayList;
import java.util.Date;
import java.util.LinkedList;

//聊天室服务器端
public class ChatServer {
    // 声明服务器端套接字 ServerSocket
    ServerSocket serverSocket;
    // 输入流列表集合
    ArrayList<BufferedReader> bReaders = new ArrayList<BufferedReader>();
    // 输出流列表集合
    ArrayList<PrintWriter> pWriters = new ArrayList<PrintWriter>();
    // 聊天信息链表集合
    LinkedList<String> msgList = new LinkedList<String>();

    public ChatServer() {
        try {
            // 创建服务器端套接字 ServerSocket,在 28888 端口监听
            serverSocket = new ServerSocket(28888);
        } catch (IOException e) {
            e.printStackTrace();
        }
        // 创建接收客户端 Socket 的线程实例,并启动
        new AcceptSocketThread().start();
        // 创建给客户端发送信息的线程实例,并启动
        new SendMsgToClient().start();
        System.out.println("服务器已启动...");
    }
    // 接收客户端 Socket 套接字线程
    class AcceptSocketThread extends Thread {
        public void run() {
            while (this.isAlive()) {
                try {
                    // 接收一个客户端 Socket 对象
                    Socket socket = serverSocket.accept();
                    // 建立该客户端的通信管道
                    if (socket != null) {
                        // 获取 Socket 对象的输入流
                        BufferedReader bReader = new BufferedReader(
                            new InputStreamReader(socket.getInputStream()));
                        // 将输入流添加到输入流列表集合中
                        bReaders.add(bReader);
                        // 开启一个线程接收该客户端的聊天信息
                        new GetMsgFromClient(bReader).start();
                        // 获取 Socket 对象的输出流,并添加到输入出流列表集合中
                    pWriters.add(new PrintWriter(socket.getOutputStream()));
                    }
                } catch (IOException e) {
```

```
                e.printStackTrace();
            }
        }
    }
}
// 接收客户端的聊天信息的线程
class GetMsgFromClient extends Thread {
    BufferedReader bReader;
    public GetMsgFromClient(BufferedReader bReader) {
        this.bReader = bReader;
    }
    public void run() {
        while (this.isAlive()) {
            try {
                // 从输入流中读一行信息
                String strMsg = bReader.readLine();
                if (strMsg != null) {
                    // SimpleDateFormat 日期格式化类,指定日期格式为
                    //"年-月-日  时:分:秒",例如"2015-11-06 13:50:26"
                    SimpleDateFormat dateFormat = new SimpleDateFormat(
                            "yyyy-MM-dd HH:mm:ss");
                    // 获取当前系统时间,并使用日期格式化类格式化为指定格式的字符串
                    String strTime = dateFormat.format(new Date());
                    // 将时间和信息添加到信息链表集合中
                    msgList.addFirst("<== " + strTime + " ==>\n" + strMsg);
                }
            } catch (Exception e) {
                e.printStackTrace();
            }
        }
    }
}
// 给所有客户发送聊天信息的线程
class SendMsgToClient extends Thread {
    public void run() {
        while (this.isAlive()) {
            try {
                // 如果信息链表集合不空(还有聊天信息未发送)
                if (!msgList.isEmpty()) {
                    // 取信息链表集合中的最后一条,并移除
                    String msg = msgList.removeLast();
                    // 对输出流列表集合进行遍历,循环发送信息给所有客户端
                    for (int i = 0; i < pWriters.size(); i++) {
                        pWriters.get(i).println(msg);
                        pWriters.get(i).flush();
                    }
                }
            } catch (Exception e) {
                e.printStackTrace();
            }
        }
    }
}
```

```
    public static void main(String args[ ]) {
        new ChatServer();
    }
}
```

在上述代码中，聊天室的服务器端是基于多个线程的应用程序，其中：

- 创建的 AcceptSocketThread 线程用于循环接收客户端发来的 Socket 连接，每当接收到一个客户端的 Socket 对象时，就建立服务器与该客户端的通信管道，即将该 Socket 对象的输入流和输出流保存到 ArrayList 列表集合中；
- 创建的 GetMsgFromClient 线程用于接收客户端发来的聊天信息，并将信息保存到 LinkedList 链表集合中；
- 创建的 SendMsgToClient 线程用于将 LinkedList 链表集合中的聊天信息循环发给所有客户端。

在聊天室服务器端的构造方法 ChatServer()中，先后实例化 AcceptSocketThread 和 SendMsgToClient 两个线程对象并启动；在 AcceptSocketThread 线程执行过程中，每当接收一个 Socket 对象时，则说明新开启一个客户端，此时要建立与该客户端的通信管道，并实例化一个 GetMsgFromClient 线程对象来接收该客户端的聊天信息。通过服务器端的多线程实现多人聊天功能，使客户端都能看到大家发送的所有聊天信息。

运行测试时，依然是先运行服务器端，服务器端在控制台输出如下提示：

```
服务器已启动...
```

然后运行四个客户端，如图 6-3 所示，在各个客户端分别发送聊天信息，窗口中显示聊天室中所有人的对话内容。

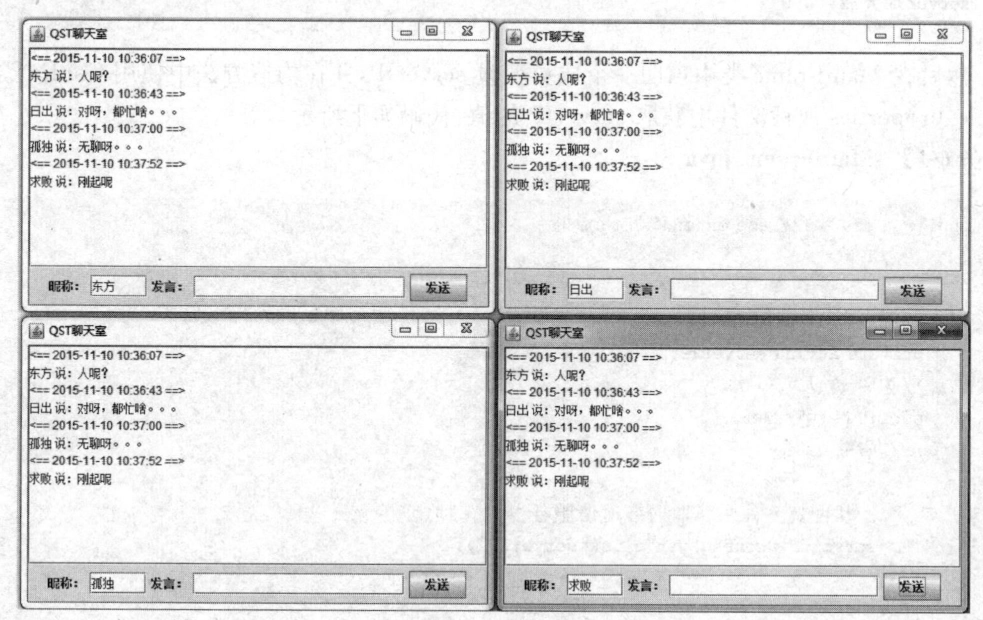

图 6-3　聊天室客户端

注意

> 在局域网环境中,需要指定其中的一台计算机作为服务器并运行服务器端应用程序;修改客户端程序,将创建 Socket 的本机 IP"127.0.0.1"改为服务器的真正 IP 地址,然后在其他不同的计算机上运行客户端应用程序,可以更好地测试该聊天室应用程序。

6.4 贯穿任务实现

6.4.1 实现【任务 6-1】

下述内容实现 Q-DMS 贯穿项目中的【任务 6-1】,使用 Socket 实现主窗口中的客户端数据发送到服务器的功能。

1. 服务器 IP 设置及获取

为了便于后期服务器的移植及维护,需要将服务器的 IP 地址写在属性文件中。打开项目工程中 config 目录下的 oracle.properties 属性文件,新增一个 serverIP 属性,代码如下所示。

【任务 6-1】 oracle.properties

```
driver = oracle.jdbc.driver.OracleDriver
url = jdbc:oracle:thin:@localhost:1521:orcl
user = qstdms
password = qst123
serverIP = 127.0.0.1
```

然后在 MainFrame 类中声明一个成员变量 serverIP,并在构造方法中使用 Config 类从 oracle.properties 属性文件中获取 serverIP 的值,代码如下所示。

【任务 6-1】 MainFrame.java

```
public class MainFrame extends JFrame {
    ...//省略

    //服务器 IP 地址
    private String serverIP;
    // 构造方法
    public MainFrame() {
    ...//省略

        //从配置文件中获取网络通信服务器的 IP 地址
        serverIP = Config.getValue("serverIP");
    }
...//省略
}
```

2. 发送数据事件处理

在 MainFrame 类中增加一个发送数据监听类 SendDataListener,代码如下所示。

【任务 6-1】 MainFrame.java

```
public class MainFrame extends JFrame {
    …//省略
    //发送数据监听类
    private class SendDataListener implements ActionListener {
        // 发送数据的事件处理方法
        public void actionPerformed(ActionEvent e) {
            try {
                //判断匹配的日志信息列表是否不为空
                if (matchedLogs != null && matchedLogs.size() > 0) {
                    // 创建 Socket 发送日志信息,日志信息发送到服务器的 6666 端口
                    Socket logSocket = new Socket(serverIP, 6666);
                    // 创建用于序列化匹配日志信息对象的输出流
                    ObjectOutputStream logOutputStream = new ObjectOutputStream(
                            logSocket.getOutputStream());
                    // 向流中写入匹配的日志信息
                    logOutputStream.writeObject(matchedLogs);
                    logOutputStream.flush();
                    logOutputStream.close();
                    //因匹配的日志信息已发送到服务器,因此清空日志列表
                    matchedLogs.clear();
                    // 显示对话框
                    JOptionPane.showMessageDialog(null,
                            "匹配的日志数据已发送到服务器!",
                            "提示", JOptionPane.INFORMATION_MESSAGE);
                } else {
                    JOptionPane.showMessageDialog(null,
                            "没有匹配的日志数据!", "提示",
                            JOptionPane.WARNING_MESSAGE);
                }
                if (matchedTrans != null && matchedTrans.size() > 0) {
                    // 创建 Socket 发送物流信息,日志信息发送到服务器的 6668 端口
                    Socket transSocket = new Socket(serverIP, 6668);
                    // 创建用于序列化匹配物流信息对象的输出流
                    ObjectOutputStream transOutputStream =
                        new ObjectOutputStream(transSocket.getOutputStream());
                    // 向流中写入匹配的物流信息
                    transOutputStream.writeObject(matchedTrans);
                    transOutputStream.flush();
                    transOutputStream.close();
                    //因匹配的物流信息已发送到服务器,因此清空物流列表
                    matchedTrans.clear();
                    // 弹出发送成功提示框
                    JOptionPane.showMessageDialog(null,
                            "匹配的物流数据已发送到服务器!", "提示",
```

```
                        JOptionPane.PLAIN_MESSAGE);
            } else {
                JOptionPane.showMessageDialog(null,
                        "没有匹配的物流数据!", "提示",
                        JOptionPane.WARNING_MESSAGE);
            }
        } catch (IOException ex) {
            ex.printStackTrace();
        }
    }
  }
}
```

给工具栏中的“发送数据”按钮和菜单项注册监听，实现该按钮和菜单的事件处理，代码如下所示。

【任务 6-1】 MainFrame.java

```
public class MainFrame extends JFrame {
    ...//省略
    // 初始化菜单的方法
    private void initMenu() {
        ...//省略
        miSend = new JMenuItem("发送数据");
        // 注册监听
        miSend.addActionListener(new SendDataListener());
        menuOperate.add(miSend);
    ...//省略
    }

    // 初始化工具栏的方法
    private void initToolBar() {
    ...//省略
    ImageIcon sendIcon = new ImageIcon("images\\sendData.png");
        btnSend = new JButton("发送数据", sendIcon);
        //注册监听
        btnSend.addActionListener(new SendDataListener());
        toolBar.add(btnSend);
    ...//省略
    }
}
```

修改 MainFrame 类中 SaveDataListener 监听类的事件处理方法，将原来数据保存到数据库的代码注释掉，即客户端的匹配数据需发送到服务器端，由服务器端接收后再保存到数据库，实现客户端和服务器端的业务分离。

【任务 6-1】 MainFrame.java

```
public class MainFrame extends JFrame {
    ...//省略
```

```
    // 保存数据监听类
    private class SaveDataListener implements ActionListener {
        // 数据保存的事件处理方法
        public void actionPerformed(ActionEvent e) {
            if (matchedLogs != null && matchedLogs.size() > 0) {
                // 保存匹配的日志信息
                logRecService.saveMatchLog(matchedLogs);
                //logRecService.saveMatchLogToDB(matchedLogs);
                // 显示对话框
                JOptionPane.showMessageDialog(null,
                        "匹配的日志数据已保存到文件中!",
                        "提示", JOptionPane.INFORMATION_MESSAGE);
            } else {
                JOptionPane.showMessageDialog(null, "没有匹配的日志数据!", "提示",
                        JOptionPane.WARNING_MESSAGE);
            }
            if (matchedTrans != null && matchedTrans.size() > 0) {
                // 保存匹配的物流信息
                transportService.saveMatchedTransport(matchedTrans);
                //transportService.saveMatchTransportToDB(matchedTrans);
                // 显示对话框
                JOptionPane.showMessageDialog(null,
                        "匹配的物流数据已保存到文件中!",
                        "提示", JOptionPane.INFORMATION_MESSAGE);
            } else {
                JOptionPane.showMessageDialog(null, "没有匹配的物流数据!", "提示",
                        JOptionPane.WARNING_MESSAGE);
            }
        }
    }
    ...//省略
}
```

6.4.2 实现【任务 6-2】

下述内容实现 Q-DMS 贯穿项目中的【任务 6-2】，使用 ServerSocket 实现服务器端应用程序，实现接收所有客户端发送的日志和物流信息，并将信息保存到数据库。

在项目的 com.qst.dms.net 包下新建一个服务器端应用程序 DmsNetServer 类，代码如下所示。

【任务 6-2】 DmsNetServer.java

```
package com.qst.dms.net;
import java.io.IOException;
import java.io.ObjectInputStream;
import java.net.ServerSocket;
import java.net.Socket;
import java.util.ArrayList;
```

```java
import com.qst.dms.entity.MatchedLogRec;
import com.qst.dms.entity.MatchedTransport;
import com.qst.dms.service.LogRecService;
import com.qst.dms.service.TransportService;

//服务器端应用程序,接收客户端发送来的数据保存到数据库中
public class DmsNetServer {
    public DmsNetServer() {
        // 通过使用不同的端口区分接收不同数据: 6666 端口是日志,6668 端口是物流
        // 开启监听 6666 端口的线程,接收日志数据
        new AcceptLogThread(6666).start();
        // 开启监听 6668 端口的线程,接收物流数据
        new AcceptTranThread(6668).start();
        System.out.println("网络服务器已开启...");
    }
    // 接收日志数据的线程类
    private class AcceptLogThread extends Thread {
        private ServerSocket serverSocket;
        private Socket socket;
        private LogRecService logRecService;
        private ObjectInputStream ois;

        public AcceptLogThread(int port) {
            logRecService = new LogRecService();
            try {
                serverSocket = new ServerSocket(port);
            } catch (IOException e) {
                e.printStackTrace();
            }
        }
        // 重写 run()方法,将日志数据保存到数据库中
        public void run() {
            while (this.isAlive()) {
                try {
                    // 接收客户端发送过来的套接字
                    socket = serverSocket.accept();
                    if (socket != null) {
                        ois = new ObjectInputStream(socket.getInputStream());
                        // 反序列化,得到匹配日志列表
                        ArrayList<MatchedLogRec> matchedLogs =
                                (ArrayList<MatchedLogRec>) ois.readObject();
                        // 将客户端发送来的匹配日志信息保存到数据库
                        logRecService.saveMatchLogToDB(matchedLogs);
                    }
                } catch (Exception e) {
                    e.printStackTrace();
                }
            }
            try {
```

```
                ois.close();
                socket.close();
            } catch (IOException e) {
                e.printStackTrace();
            }
        }
    }
    // 接收物流数据的线程类
    private class AcceptTranThread extends Thread {
        private ServerSocket serverSocket;
        private Socket socket;
        private TransportService transportService;
        private ObjectInputStream ois;
        public AcceptTranThread(int port) {
            transportService = new TransportService();
            try {
                serverSocket = new ServerSocket(port);
            } catch (IOException e) {
                e.printStackTrace();
            }
        }
        // 重写 run()方法,将数据保存到数据库中
        public void run() {
            while (this.isAlive()) {
                try {
                    // 接收客户端发送过来的套接字
                    socket = serverSocket.accept();
                    if (socket != null) {
                        ois = new ObjectInputStream(socket.getInputStream());
                        // 反序列化,得到匹配物流列表
                        ArrayList<MatchedTransport> matchedTrans =
                                (ArrayList<MatchedTransport>) ois.readObject();
                        // 将客户端发送来的匹配物流信息保存到数据库
                        transportService.saveMatchTransportToDB(matchedTrans);
                    }
                } catch (Exception e) {
                    e.printStackTrace();
                }
            }
            try {
                ois.close();
                socket.close();
            } catch (IOException e) {
                e.printStackTrace();
            }
        }
    }
    // 主程序
    public static void main(String[] args) {
        new DmsNetServer();
    }
}
```

上述代码中创建了两个线程类：AcceptLogThread 和 AcceptTranThread，分别接收客户端发送过来的匹配的日志和物流数据，并将数据保存到相应的数据库表中。

6.4.3 实现【任务 6-3】

程序运行时，注意先选定一台机器作为网络服务器，并修改 oracle.properties 属性文件中的服务器 IP 地址与选定的机器的 IP 一致，示例如下所示。

【任务 6-3】 oracle.properties

```
driver = oracle.jdbc.driver.OracleDriver
url = jdbc:oracle:thin:@192.168.0.8:1521:orcl
user = qstdms
password = qst123
serverIP = 192.168.0.8
```

然后在选定的该台服务器的机器上运行 DmsNetServer 应用程序，运行后控制台输出结果如下所示：

```
网络服务器已开启...
```

再在其他机器上运行客户端程序，即用户登录后进入主界面窗口，例如图 6-4 和图 6-5 所示是其中的一个客户端进行采集匹配的两条登录/登出日志数据。

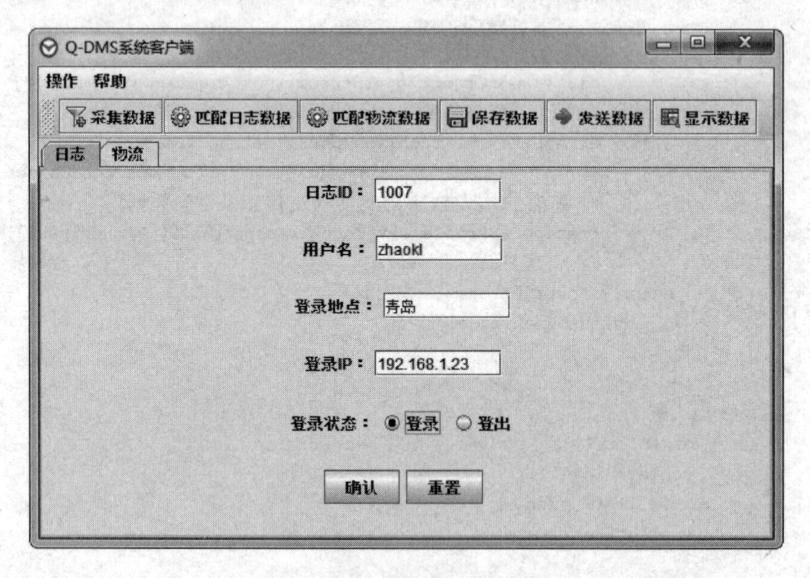

图 6-4 采集登录日志信息

然后依次单击“匹配日志数据”、“保存数据”和“发送数据”按钮，最后单击“显示数据”按钮，结果如图 6-6 所示。

例如图 6-7、图 6-8 和图 6-9 所示是在另外一个客户端进行采集匹配的三条/登出日志数据。

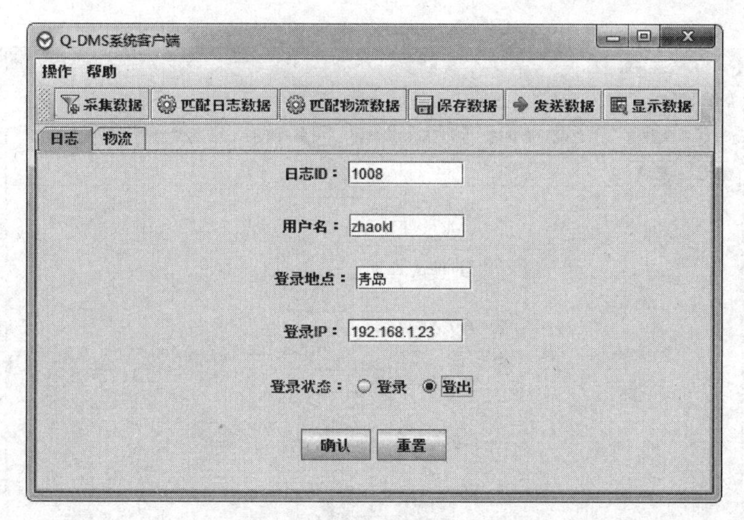

图 6-5　采集登出日志信息

日志ID	采集时间	采集地点	状态	用户名	IP	日志类型
1001	2016-04-20 ...	青岛	1	zhangsan	192.168.1.1	1
1002	2016-04-20 ...	青岛	1	zhangsan	192.168.1.1	0
1003	2016-04-20 ...	北京	1	lisi	192.168.1.6	1
1004	2016-04-20 ...	北京	1	lisi	192.168.1.6	0
1005	2016-04-20 ...	济南	1	wangwu	192.168.1.89	1
1006	2016-04-20 ...	济南	1	wangwu	192.168.1.89	0
1007	2016-05-04 ...	青岛	2	zhaokl	192.168.1.23	1
1008	2016-05-04 ...	青岛	2	zhaokl	192.168.1.23	0

图 6-6　新增匹配的日志信息

图 6-7　采集发货中物流信息

图 6-8　采集送货中物流信息

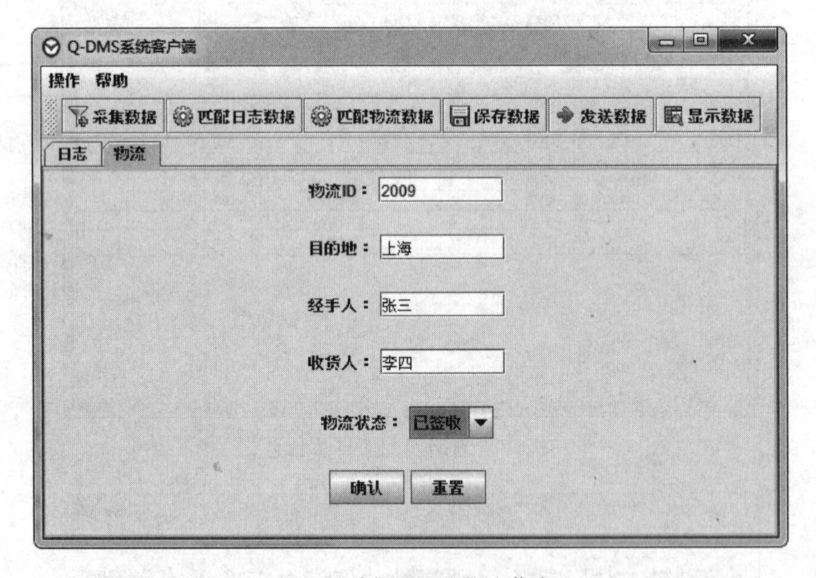

图 6-9　采集已签收物流信息

然后依次单击“匹配物流数据”、“保存数据”和“发送数据”按钮，最后单击“显示数据”按钮，并切换到“物流”选项卡，结果如图 6-10 所示。

查询数据库中的 MATCHED_LOGREC 和 MATCHED_TRANSPORT 表，其匹配数据如图 6-11 所示。

注意

在局域网环境中，选定一台计算机作为服务器后，在该台服务器上运行服务器端应用程序 DmsNetServer，其该程序只需运行一次。客户端应用程序可以在其他不同的计算机上运行多次。

图 6-10　新增匹配的物流信息

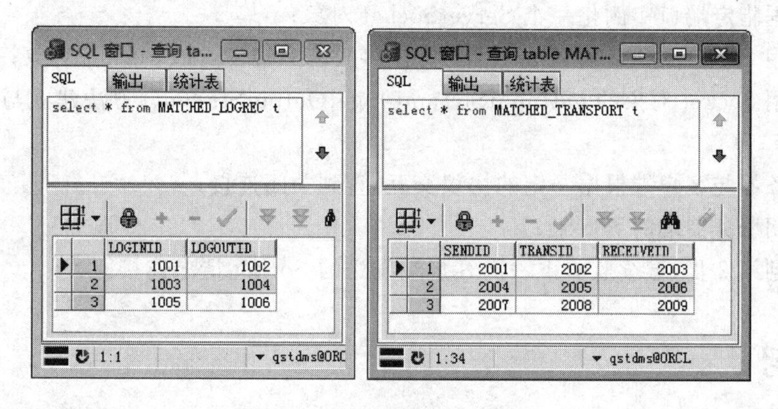

图 6-11　新增匹配的日志信息

本章总结

小结

- TCP/IP 协议提供一种数据打包和寻址的标准方法，可以在 Internet 中无差错地传送数据。
- 域名是由一串用点分隔的字符串组成的 Internet 上某一台计算机或计算机组的名称。
- DNS(Domain Name Server)是进行域名解析的服务器。
- URL(Uniform Resource Locator)是统一资源定位器的简称。
- URL 的组成：协议名://机器名：端口号/文件名/内部引用。
- URLConnection 是一个抽象类，代表与 URL 指定的数据源的动态连接。
- 网络上的两个程序通过 Socket 实现双向通信和数据交换。

- Socket 和 ServerSocket 分别用来表示双向连接的客户端和服务端。
- 在创建 Socket 或 ServerSocket 时必须捕获或声明异常。
- 在 Socket 对象使用完毕时，要将其关闭，并且遵循一定的关闭次序。

Q&A

1. 问题：简述使用 Socket 进行网络通信的具体步骤。

回答：使用 Socket 进行网络通信的具体步骤如下：

(1) 根据指定地址和端口创建一个 Socket 对象；

(2) 调用 getInputStream()方法或 getOutputStream()方法打开连接到 Socket 的输入/输出流；

(3) 客户端与服务器根据一定的协议交互，直到关闭连接；

(4) 关闭客户端的 Socket。

2. 问题：简述使用 ServerSocket 进行网络通信的具体步骤。

回答：使用 ServerSocket 进行网络通信的具体步骤如下：

(1) 根据指定端口实例化一个 ServerSocket 对象；

(2) 调用 ServerSocket 对象 accept()方法接收客户端发送的 Socket 对象；

(3) 调用 Socket 对象的 getInputStream()/getOutputStream()方法建立与客户端进行交互的 IO 流；

(4) 服务器与客户端根据一定的协议交互，直到关闭连接；

(5) 关闭服务器端的 Socket；

(6) 回到第 2 步，继续监听下一次客户端发送的 Socket 请求连接。

章节练习

习题

1. 下面合法的 IP 地址是________。

   A. 192.168.0.1　　B. 192.168.0.256

   C. 192.168.-1.255　　D. 202.102.56.27.1

2. HTTP 服务的端口是________。

   A. 21　　B. 23　　C. 25　　D. 80

3. 套接字包括________。

   A. 端口号　　B. IP 地址

   C. 端口号和 IP 地址　　D. 都不是

4. 等待客户机请求连接，服务器可以使用的类是________。

   A. Socket　　B. ServerSocket　　C. Server　　D. URL

5. ServerSocket 的 accept()方法返回的对象类型是________。

   A. Socket　　B. ServerSocket　　C. Server　　D. URL

6. 下列关于 InetAddress 类的说法中错误的是________。
   A. InetAddress 类有两个子类：Inet4Address 和 Inet6Address
   B. 通过 InetAddress 类的构造方法，直接实例化一个对象
   C. getByName()方法用于根据主机 IP 地址或域名来获得对应的 InetAddress 对象
   D. getLocalHost()方法用于获得本机对应的 InetAddress 对象
7. 下列关于 www.sina.com.cn 地址的说法中错误的是________。
   A. com 是一个顶级域名　　B. com 是一个二级域名
   C. cn 是一个顶级域名　　D. cn 是一个二级域名
   E. sina 是一个三级域名

上机

1. 训练目标：网络编程。

培养能力	使用 Socket 和 ServerSocket 进行网络通信		
掌握程度	★★★★★	难度	难
代码行数	300	实施方式	编码实现
结束条件	独立编写，不出错。		

使用 Socket 进行客户端和服务器通信，具体要求如下：
(1) 客户端向服务器发送“我是 XXX”，其中 XXX 是用户姓名，例如：“我是张三”。
(2) 服务器接收用户名并在控制台中显示；服务器统计接收信息的个数，并向客户端返回“您是第 Y 个访问服务器的人!”(Y 是统计数)。

2. 训练目标：网络编程。

培养能力	使用 Socket 和 ServerSocket 进行网络通信		
掌握程度	★★★★★	难度	中
代码行数	300	实施方式	编码实现
结束条件	独立编写，不出错。		

(1) 在第 5 章上机题的基础上，客户端使用 Socket 将录入的学生信息发给服务器。
(2) 服务器端接收学生信息并保存到数据库。

第7章 Java高级应用

本章任务是使用注解和格式化重新迭代升级“Q-DMS 数据挖掘”系统中的代码。

- 【任务 7-1】 使用注解重新迭代升级“Q-DMS 数据挖掘”系统中的代码。
- 【任务 7-2】 使用格式化处理将输出的日期进行格式化输出。

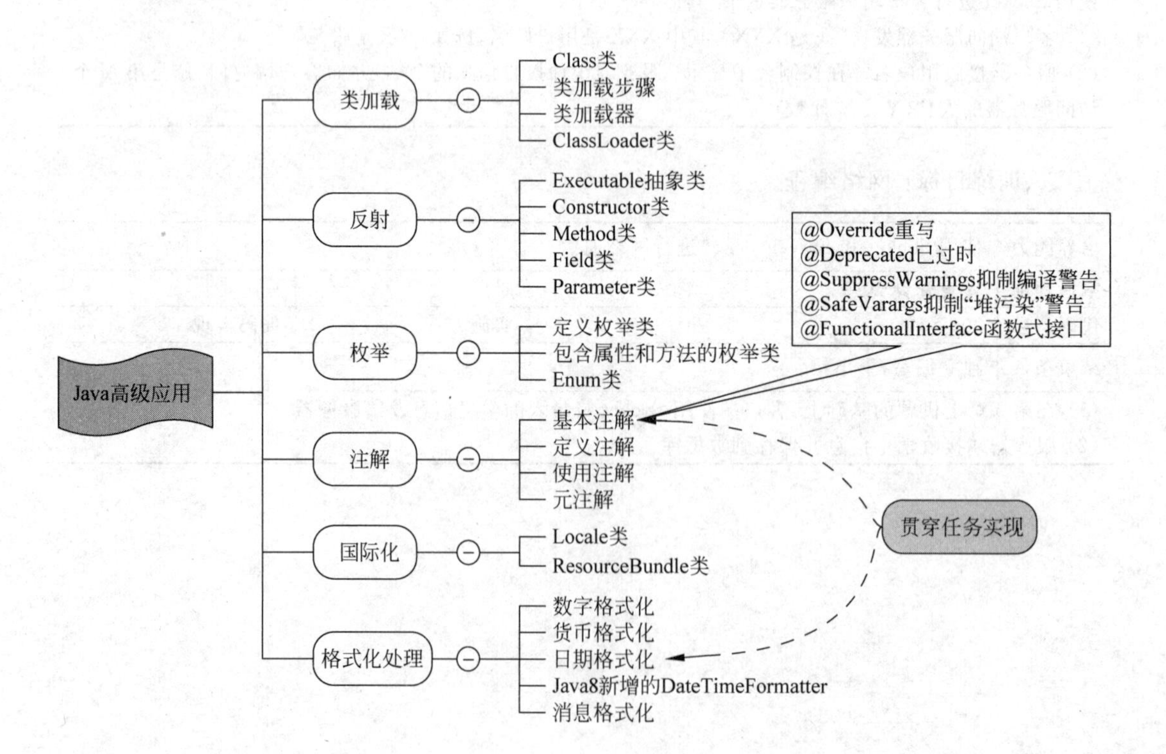

知　识　点	Listen(听)	Know(懂)	Do(做)	Revise(复习)	Master(精通)
类加载	★	★	★		
反射	★	★	★		
枚举	★	★	★		
注解	★	★	★	★	
国际化	★	★	★		
格式化处理	★	★	★	★	★

7.1 类加载

类加载是指将类的 class 文件读入内存，并为之创建一个 java. lang. Class 对象，即当程序使用任何一个类时，系统都会为之创建一个 java. lang. Class 对象。系统可以在第一次使用某个类时加载该类，也可以采用预加载机制来加载某个类。

7.1.1 Class 类

java. lang. Class 类封装一个对象和接口运行时的状态，当加载类时 Class 类型的对象将自动创建。Class 类没有公共构造方法，其对象是 JVM 在加载类时通过调用类加载器中的 defineClass()方法自动构造的，因此不能显式地实例化一个 Class 对象。Class 类的常用方法如表 7-1 所示。

表 7-1　Class 类的常用方法

方　　法	功 能 描 述
static Class forName(String className)	返回指定类名的 Class 对象
T newInstance()	调用默认构造方法，返回该 Class 对象的一个实例
StringgetName()	返回 Class 对象所对应类的名称
Constructor<? >[] getConstructors()	返回 Class 对象所对应类的所有 public 构造方法
Connstructor<T> getConstructor(Class<? >... parameterTypes)	返回 Class 对象所对应类的指定参数列表的 public 构造方法
Constructor<? >[] getDeclaredConstructors()	返回 Class 对象所对应类的所有构造方法，与访问权限无关
Constructor< T > getDeclaredConstructor (Class <? >...parameterTypes)	返回 Class 对象所对应类的指定参数列表的构造方法，与访问权限无关
Method[] getMethods()	返回 Class 对象所对应类的所有 public 方法
Method getMethod (String name, Class <? >... parameterTypes)	返回 Class 对象所对应类的指定参数列表的 public 方法
Method[] getDeclaredMethods()	返回 Class 对象所对应类的所有方法，与访问权限无关

续表

方　法	功能描述
Method getDeclaredMethod(String name,Class<? >...parameterTypes)	返回 Class 对象所对应类的指定参数列表的方法,与访问权限无关
Field[] getFields()	返回 Class 对象所对应类的所有 public 成员变量
Field getField(String name)	返回 Class 对象所对应类的指定参数的 public 成员变量
Field[] getDeclaredFields()	返回 Class 对象所对应类的所有成员变量,与访问权限无关
Field getDeclaredField(String name)	返回 Class 对象所对应类指定参数的成员变量,与访问权限无关
Class<? > getDeclaringClass()	返回 Class 对象所对应类的外部类
Class<? >[] getDeclaredClasses()	返回 Class 对象所对应类里包含的所有内部类
Class<? super T> getSuperclass()	返回 Class 对象所对应类的父类 Class 对象
int getModifiers()	返回 Class 对象所对应类的修饰符,返回的整数是修饰符 public、protected、private、final、static、abstract 等关键字所对应的常量,需要使用 Modifier 工具类的方法解码后才能获得真实的修饰符
Package getPackage()	返回 Class 对象所对应类的包
Class []getInterfaces()	返回 Class 对象所对应类所实现的所有接口
ClassLoadergetClassLoader()	返回该类的类加载器
boolean isArray()	判断 Class 对象是否表示一个数组类
boolean isEnum()	判断 Class 对象是否表示一个枚举
boolean isInterface()	判断 Class 对象是否表示一个接口
boolean isInstance(Object obj)	判断 obj 是否是该 Class 对象的实例
boolean isAnnotation()	判断 Class 对象是否标识一个注解类型
Annotation[] getAnnotations()	返回 Class 对象所对应类上存在的所有注解
<A extends Annotation> A getAnnotation(Class <A> annotationClass)	返回 Class 对象所对应类上存在的指定类型的注解

每个类被加载之后,系统都会为该类生成一个对应的 Class 对象,通过 Class 对象就可以访问到 JVM 中该类的信息。一旦类被载入 JVM 中,同一个类将不会被再次载入。被载入 JVM 的类都有一个唯一标识,该标识是该类的全限定类名(包括包名和类名)。

在 Java 程序中获取 Class 对象有如下三种方式:

- 使用 Class 类的 forName(String className)静态方法,参数 className 代表所需类的全限定类名;
- 调用某个类的 class 属性来获取该类对应的 Class 对象,例如 Float. class 将返回 Float 类所对应的 Class 对象;
- 调用某个对象的 getClass()方法来获取该类对应的 Class 对象,该方法是 Object 类中的一个方法,因此所有对象调用该方法都可以返回所属类对应的 Class 对象。

【示例】 获取 Class 对象

```
//1.使用 Class.forName()方法
Class strClass = Class.forName("java.lang.String");

//2.使用类的 calss 属性
Class<Float> fclass = Float.class;

// 3.使用实例对象的 getClass()方法
Date nowTime = new Date();
Class dateClass = nowTime.getClass();
```

注意

通过类的 class 属性获取该类所对应的 Class 对象，会使代码更安全，程序性能更好。因此，大部分情况下提倡使用第二种方式。但如果只获得一个字符串，例如获取 String 类对应的 Class 对象，则不能使用 String. class 方式，而是使用 Class. forName ("java. lang. String")。此外，Class 类的 forName()方法声明抛出 ClassNotFoundException 异常，因此调用该方法时必须捕获或抛出异常。

下述代码演示 Class 类的使用。

【代码 7-1】 ClassDemo. java

```
package com.qst.chapter07;

import java.lang.reflect.Constructor;
import java.lang.reflect.Method;
import java.util.Date;

public class ClassDemo {

    public static void main(String[] args) {
        System.out.println("---- String 的 Class 类对象 ----");
        try {
            // 1.使用 Class.forName("全限定类名")方法获取 String 的 Class 类对象
            Class strClass = Class.forName("java.lang.String");
            System.out.println(strClass);
        } catch (ClassNotFoundException e) {
            e.printStackTrace();
        }

        System.out.println("---- Float 的 Class 类对象 ----");
        // 2.使用类的 class 属性获取 Float 类对应的 Class 对象
        Class fClass = Float.class;
        System.out.println(fClass);

        System.out.println("---- Date 类的 Class 类对象 ----");
        // 3.使用实例对象的 getClass()方法获取 Date 类对应的 Class 对象
```

```
            Date nowTime = new Date();
            Class dateClass = nowTime.getClass();
            System.out.println(dateClass);

            System.out.println("----Date类的父类----");
            System.out.println(dateClass.getSuperclass());

            System.out.println("----Date类的所有构造方法----");
            //获取所有构造方法
            Constructor[] ctors = dateClass.getDeclaredConstructors();
            for (Constructor c : ctors) {
                System.out.println(c);
            }

            System.out.println("----Date类的所有public方法----");
            //获取所有public方法
            Method[] mtds = dateClass.getMethods();
            for (Method m : mtds) {
                System.out.println(m);
            }
            //构造一个实例对象,构造类中必须提供相应的缺省构造方法实现
            try {
                Object obj = dateClass.newInstance();
                System.out.println(obj);
            } catch (InstantiationException e) {
                e.printStackTrace();
            } catch (IllegalAccessException e) {
                e.printStackTrace();
            }
        }
    }
```

上述代码分别获取了String、Float和Date类的Class对象，并调用Class类中的相应方法获取Date类的父类、所有构造方法和public方法，并显示获取的信息。

注意

Constructor类和Method类的具体介绍参见7.2节的内容。

运行结果如下所示：

```
----String的Class类对象----
class java.lang.String
----Float的Class类对象----
class java.lang.Float
----Date类的Class类对象----
class java.util.Date
----Date类的父类----
class java.lang.Object
```

```
----Date类的所有构造方法----
public java.util.Date(int,int,int,int,int,int)
public java.util.Date(java.lang.String)
public java.util.Date()
public java.util.Date(long)
public java.util.Date(int,int,int)
public java.util.Date(int,int,int,int,int)
----Date类的所有public方法----
public boolean java.util.Date.after(java.util.Date)
public boolean java.util.Date.before(java.util.Date)
...省略
Thu Nov 12 14:20:53 CST 2015
```

7.1.2　类加载步骤

当程序主动使用某个类时，如果该类还未被加载到内存中，系统将通过加载、连接和初始化三个步骤对类进行初始化。如果没有意外出现，JVM会连续完成这三个步骤，因此将加载、连接和初始化三个步骤统称为类的加载。

1. 类的加载

类的加载是由类加载器完成，类加载器由JVM提供；是程序运行的基础，JVM提供的类加载器通常被称为系统类加载器。除此之外，开发者可以通过继承ClassLoader类来创建自己的类加载器。

通过使用不同的类加载器，可以从不同来源加载类的二进制数据，通常有如下几种来源：

- 从本地文件系统或jar包中加载.class文件，此种方式是大部分程序常用的加载方式；
- 通过网络加载.class文件；
- 从Java源代码文件动态编译成为.class文件，执行时加载。

类加载器通常无须在首次使用类时加载该类，JVM允许系统预先加载某些类。

2. 类的连接

类的连接是指将类的二进制数据合并到JRE中，类连接分为以下三个阶段：

- 验证阶段——检验被加载的类是否有正确的内部结构，并和其他类协调一致；
- 准备阶段——负责为类的类变量分配内存，并设置默认初始值；
- 解析阶段——将类的二进制数据中的符号引用替换成直接引用。

3. 类的初始化

类的初始化是指对类变量进行初始化，JVM初始化一个类包含以下几个步骤：

(1) 如果类没有被加载和连接，则程序先加载并连接该类；

(2) 如果类的直接父类未被初始化，则先初始化其直接父类；

(3) 如果类中有初始化语句，则系统直接执行初始化语句。

当执行第(2)步骤时，系统对直接父类的初始化步骤也遵循此(1)～(3)步骤，并以此类推，最终 JVM 最先初始化的总是 java.lang.Object 类。因此，当程序使用任何一个类时，JVM 会保证该类及其所有祖先类都会被初始化。

7.1.3 类加载器

类加载器负责将磁盘或网络上的.class 文件加载到内存中，并为之生成对应的 java.lang.Class 对象。在开发过程中无须过分关心类加载机制，只需对其有所了解即可。

类加载器负责加载所有的类，系统为所有被载入内存的类生成相应的 java.lang.Class 实例。一旦类被载入 JVM 中，同一个类将不会被重复载入。被载入 JVM 的类都拥有一个唯一标识，该标识是该类的全限定类名(包括包名和类名)。

JVM 启动时，会形成由三个类加载器组成的初始类加载器层次结构。

- Bootstrap ClassLoader：根类加载器，负责加载 Java 的核心类库，例如 rt.jar 包；
- Extension ClassLoader：扩展类加载器，负责加载 JRE 的扩展目录中的 jar 包，即% JAVA_HOME%/jre/lib/ext 目录或者 java.ext.dirs 系统属性指定的目录；
- System ClassLoader：系统类加载器，负责在 JVM 启动时加载来自 java 命令的 -classpath 选项、java.class.path 系统属性，或 CLASSPATH 环境变量所指定的 jar 包和类路径。

除了 Java 提供的三个类加载器，用户也可以定义自己的类加载器。根类加载器、扩展类加载器、系统类加载器和用户类加载器的层次结构如图 7-1 所示。

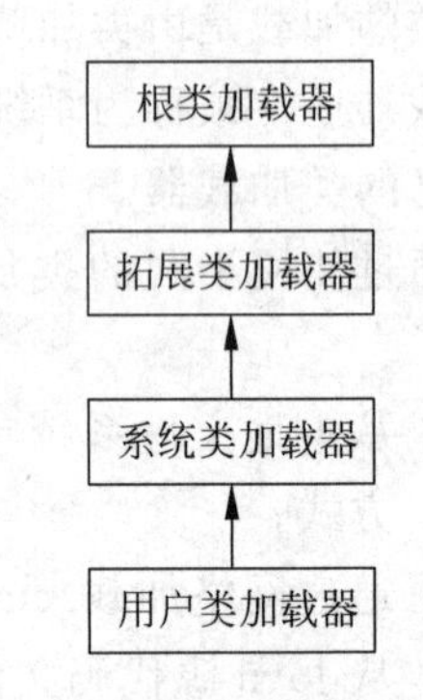

图 7-1　类加载器的层次结构

类加载机制主要有以下三种：

- 全盘负责。当一个类加载器负责加载某个类时，该类所依赖的其他类也将由该类加载器负责载入，除非显示使用一个类加载器来载入。
- 父类委托。先尝试使用父类加载器来加载类，只有在父类加载器无法加载该类时才尝试从自己的类路径中加载该类。
- 缓存机制。保证所有加载过的类都被缓存，当程序中需要使用某个类时，类加载器先从缓存中搜索该类；当缓存区中该类对应的 Class 对象不存在时，才会读取该类对应的二进制数据，将其转换成 Class 对象并存入缓存区中。

类加载器加载类大致要经过以下 6 个步骤：

第 1 步，检测缓存区中是否有该类的 Class 对象，如果有则直接返回对应的 java.lang.Class 对象，否则执行第 2 步；

第 2 步，如果父类加载器存在则执行第 3 步，如果父类加载器不存在则跳到第 4 步；

第 3 步，请求使用父类加载器来载入目标类，如果载入成功则返回对应的 java.lang.Class 对象，否则执行第 5 步；

第 4 步，请求使用根类加载器来载入目标类，如果载入成功则返回对应的 java.lang.Class 对象，否则抛出 ClassNotFoundException 异常；

第 5 步，当前类加载器尝试寻找 class 文件（从 ClassLoader 相关的类路径中寻找），如果找到则执行第 6 步，否则抛出 ClassNotFoundException 异常；

第 6 步，从文件中载入 Class，成功载入后则返回对应的 java. lang. Class 对象。

其中，第 5、6 步允许重写 ClassLoader 的 findClass()方法来实现自己的载入策略，或重写 loadClass()方法来实现自己的载入过程。

7.1.4 ClassLoader 类

java. lang. ClassLoader 是一个抽象类，通过继承 ClassLoader 类来实现自定义的用户类加载器，以扩展 JVM 动态加载类的方式。ClassLoader 类中包含了大量的 protected 方法，都可以在子类中被重写。ClassLoader 类的常用方法如表 7-2 所示。

表 7-2 ClassLoader 类的常用方法

方 法	功能描述
public Class<? > loadClass(String name)	根据指定的名称加载类
protected Class <? > loadClass (String name, boolean resolve)	根据指定的名称加载类，该方法默认按照以下顺序搜索类： (1) 调用 findLoadedClass(String)来检查是否已经加载类，如果加载则直接返回 (2) 在父类加载器上调用 loadClass()方法。如果父类加载器为 null，则使用根类加载器 (3) 调用 findClass(String)方法查找类
protected Class<? > findClass(String name)	根据指定名称查找类
protected final Class<? >findLoadedClass(String name)	该方法是 Java 类加载缓存机制的体现，如果 JVM 已经加载指定的类，则直接返回该类对应的 Class 实例，否则返回 null
protected final Class <? > defineClass (String name,byte[] b,int off,int len)	将指定的来源于文件或网络上的字节码文件（即. class 文件）读入字节数组中，并转换为 Class 对象
protected final Class<? >findSystemClass(String name)	从本地系统文件装入文件
public static ClassLoader getSystemClassLoader()	用于返回系统类加载器的静态方法
public final ClassLoader getParent()	获取当前类加载器的父类加载器
protected final void resolveClass(Class<? > c)	链接指定的类

实现自定义的类加载器，可以通过重写 ClassLoader 类的 loadClass()或 findClass()方法来实现。由于重写 loadClass()方法实现逻辑非常复杂，而重写 findClass()方法能够避免覆盖默认类加载器的父类委托、缓冲机制两种策略，因此通常推荐重载 findClass()方法。

下述代码自定义一个类加载器，并演示自定义类加载器的使用。

【代码 7-2】 MyClassLoader. java

```
package com.qst.chapter07;
import java.io.File;
import java.io.FileInputStream;
```

```
class Animal {
    public void say() {
        System.out.println("这是一个 Animal 类");
    }
}
public class MyClassLoader extends ClassLoader {
    /**
     * 重写 findClass()方法
     */
    public Class <?> findClass(String className) {
        byte[] data = loadClassData(className);
        // 调用 ClassLoader 的 defineClass 方法将二进制数据转换成 Class 对象
        return this.defineClass(className, data, 0, data.length);
    }

    public byte[] loadClassData(String className) {
        try {
            // 获取当前项目路径
            String path = this.getClass().getResource("/").getPath();
            path = path.substring(1);
            className = className.replace(".", "/");
            //class 文件绝对路径
            File classfile = new File(path + className + ".class");
            long len = classfile.length();
            byte[] raw = new byte[(int) len];
            FileInputStream fin = new FileInputStream(classfile);
            // 一次读取 class 文件的全部二进制数据
            int r = fin.read(raw);
            if (r != len) {
                System.out.println("无法读取全部文件!");
                return null;
            } else {
                return raw;
            }
        } catch (Exception e) {
            e.printStackTrace();
        }
        return null;
    }
    public static void main(String[] args) throws InstantiationException,
            IllegalAccessException, ClassNotFoundException {
        // 新建一个类加载器
        MyClassLoader mcl = new MyClassLoader();
        // 加载类,得到 Class 对象
        Class <?> clazz = mcl.loadClass("com.qst.chapter07.Animal");
        // 获取类的实例
        Animal animal = (Animal) clazz.newInstance();
        animal.say();
    }
}
```

上述代码先定义一个 Animal 类，并提供一个 say()方法；然后自定义一个类加载器 MyClassLoader 类，该类继承 ClassLoader 类，并重写 findClass()方法，从而实现自定义的类加载机制。MyClassLoader 类用于加载指定的.class 文件，调用 ClassLoader 的 defineClass()方法将二进制数据转换成 Class 对象。

在 main()方法中先实例化 MyClassLoader 类的对象，即创建一个自定义的类加载器；再调用 loadClass()方法加载 Animal 类；然后调用 newInstance()方法获取该类的实例，最后调用实例方法进行演示。

运行结果如下所示：

```
这是一个 Animal 类
```

7.2 反射

Java 中有许多对象在运行时都会出现两种类型：编译时类型和运行时类型。例如下面的语句：

```
Parent p = new Child();
```

变量 p 在编译时的类型为 Parent，运行时类型为 Child，体现了类的多态。另外，某些情况下程序会在运行时接收到外部传入的一个对象，该对象的编译时类型和运行时类型不同，但程序又需要调用该对象运行时类型的方法。为了解决类似问题，程序需要在运行时发现对象和类的真实结构信息。

在程序运行时获取对象的真实信息有以下两种做法：

- 在知道对象的具体类型的情况下，可以先使用 instanceof 运算符进行判断，再利用类型强制转换将其转换成运行时的类型变量即可；
- 在无法预知该对象属于哪些类的情况下，必须通过反射来发现该对象和类的真实信息。

反射(Reflection)机制允许程序在运行时借助 Reflection API 取得任何类的内部信息，并能直接操作对象的内部属性及方法。反射被视为动态语言的关键。

Java 反射机制主要提供了以下功能：

- 在运行时判断任意一个对象所属的类；
- 在运行时构造任意一个类的对象；
- 在运行时获取任意一个类所具有的成员变量和方法；
- 在运行时调用任意一个对象的方法；
- 生成动态代理。

反射机制是实现很多流行框架的基础，如 Spring、Hibernate 等框架都采用反射机制。Reflection API 提供了 Constructor、Field 和 Method 类，这三个类定义在 java.lang.reflect 包中，分别用于描述类的构造方法、属性和方法。下面示例使用反射机制获取类对象的所有方法。

【示例】 使用反射机制获取类对象的所有方法

```
Class c = Class.forName("java.lang.String");
//获取当前类对象的所有方法
Method[] mtds = c.getDeclaredMethods();
for (Method m : mtds) {
    System.out.println(m);
}
```

上述代码首先使用 Class. forName()方法来获取 String 类的 Class 对象；再调用 getDeclaredMethods()方法获取 String 类的所有方法，该方法的返回类型是 Method[]方法数组。

7.2.1 Executable 抽象类

Java 8 在 java. lang. reflect 包下新增了一个 Executable 抽象类，该对象代表可执行的类成员。Executable 抽象类派生了 Constructor 和 Method 两个子类。Executable 抽象类提供了大量方法来获取参数、修饰符或注解等信息，其常用的方法如表 7-3 所示。

表 7-3 Executable 类的方法列表

方法	功能描述
Parameter[] getParameters()	获取所有形参，返回一个 Parameter[]数组
int getParameterCount()	获取形参个数
abstract int getModifiers()	获取修饰符，返回的整数是修饰符 public、protected、private、final、static、abstract 等关键字所对应的常量
boolean isVarArgs()	判断是否包含数量可变的形参

7.2.2 Constructor 类

Constructor 类用于表示类的构造方法，通过调用 Class 对象的 getConstructors()方法可以获取当前类的构造方法的集合。Constructor 常用方法及使用说明如表 7-4 所示。

表 7-4 Constructor 类的方法列表

方法	功能描述
String getName()	返回构造方法的名称
Class []getParameterTypes()	返回当前构造方法的参数类型
intgetModifiers()	返回修饰符的整型标识，返回的整数是修饰符 public、protected、private、final、static、abstract 等关键字所对应的常量，需要使用 Modifier 工具类的方法解码后才能获得真实的修饰符

下述代码调用 getConstructors()方法获取指定类的构造方法信息。

【代码 7-3】 **ConstructorReflectionDemo. java**

```
package com.qst.chapter07;
import java.lang.reflect.Constructor;
```

```
import java.lang.reflect.Modifier;
public class ConstructorDemo {
    public static void main(String[] args) {
        try {
            // 获取 String 类对象
            Class clazz = Class.forName("java.lang.String");
            // 返回所有构造方法
            Constructor[] ctors = clazz.getDeclaredConstructors();
            // 遍历构造方法
            for (Constructor c : ctors) {
                // 获取构造方法的修饰符
                int mod = c.getModifiers();
                // 使用 Modifier 工具类的方法获得真实的修饰符,并输出
                System.out.print(Modifier.toString(mod));
                // 获取构造方法的名称,并输出
                System.out.print(" " + c.getName() + "(");
                // 获取构造方法的参数类型
                Class[] paramTypes = c.getParameterTypes();
                // 循环输出构造方法的参数类型
                for (int i = 0; i < paramTypes.length; i++) {
                    if (i > 0) {
                        System.out.print(", ");
                    }
                    // 输出类型名称
                    System.out.print(paramTypes[i].getName());
                }
                System.out.println(");");
            }
        } catch (ClassNotFoundException e) {
            e.printStackTrace();
        } catch (SecurityException e) {
            e.printStackTrace();
        }
    }
}
```

上述代码通过反射操作，获取了 java.lang.String 类的所有构造方法及其参数信息。调用 getModifiers()方法可以获取构造方法的修饰符，该方法的返回值是整数，即修饰符 public、protected、private、final、static、abstract 等关键字所对应的常量。此时引入 Modifier 类，通过调用 Modifier.toString(int mod)方法，返回修饰符常量所对应的字符串。反之，可以通过下面语句格式来查看各修饰符的对应值：

```
System.out.println(Modifier.PUBLIC);
```

查看 java.lang.String 类的 API，与程序的运行结果进行对照，运行结果结果如下所示：

```
public java.lang.String([B, int, int);
public java.lang.String([B, java.nio.charset.Charset);
```

```
public java.lang.String([B, java.lang.String);
public java.lang.String([B, int, int, java.nio.charset.Charset);
public java.lang.String([B, int, int, java.lang.String);
java.lang.String([C, boolean);
public java.lang.String(java.lang.StringBuilder);
public java.lang.String(java.lang.StringBuffer);
public java.lang.String([B);
public java.lang.String([I, int, int);
public java.lang.String();
public java.lang.String([C);
public java.lang.String(java.lang.String);
public java.lang.String([C, int, int);
public java.lang.String([B, int);
public java.lang.String([B, int, int, int);
```

7.2.3 Method 类

Method 类用于封装方法的信息，调用 Class 对象的 getMethods()方法或 getMethod()可以获取当前类的所有方法或指定方法。Method 类的常用方法如表 7-5 所示。

表 7-5 Method 类的常用方法

方 法	功能描述
String getName()	返回方法的名称
Class []getParameterTypes()	返回当前方法的参数类型
intgetModifiers()	返回修饰符的整型标识
Class getReturnType()	返回当前方法的返回类型

下述代码调用 getMethods()方法获取指定类的所有方法信息并显示。

【代码 7-4】 MethodDemo. java

```
package com.qst.chapter07;
import java.lang.reflect.Method;
import java.lang.reflect.Modifier;
public class MethodDemo {
    public static void main(String[ ] args) {
        try {
            // 获取 String 类对象
            Class clazz = Class.forName("java.lang.String");
            // 返回所有方法
            Method[ ] mtds = clazz.getMethods();
            // 遍历构造方法
            for (Method m : mtds) {
                // 获取方法的修饰符
                int mod = m.getModifiers();
                // 使用 Modifier 工具类的方法获得真实的修饰符,并输出
                System.out.print(Modifier.toString(mod));
                // 获取方法的返回类型,并输出
                Class retType = m.getReturnType();
                System.out.print(" " + retType.getName());
```

```
                // 获取方法的名称,并输出
                System.out.print(" " + m.getName() + "(");
                // 获取方法的参数类型
                Class[] paramTypes = m.getParameterTypes();
                // 循环输出方法的参数类型
                for (int i = 0; i < paramTypes.length; i++) {
                    if (i > 0) {
                        System.out.print(", ");
                    }
                    // 输出类型名称
                    System.out.print(paramTypes[i].getName());
                }
                System.out.println(");");
            }
        } catch (ClassNotFoundException e) {
            e.printStackTrace();
        } catch (SecurityException e) {
            e.printStackTrace();
        }
    }
}
```

上述代码通过反射操作，获取了 java.lang.String 类的所有方法及其参数信息。运行结果如下所示：

```
public boolean equals(java.lang.Object);
public java.lang.String toString();
public int hashCode();
public int compareTo(java.lang.String);
public volatile int compareTo(java.lang.Object);
public int indexOf(java.lang.String, int);
public int indexOf(java.lang.String);
public int indexOf(int, int);
public int indexOf(int);
public static java.lang.String valueOf(int);
...
```

7.2.4 Field 类

Field 类用于封装属性的信息，调用 Class 对象的 getFields()或 getField()方法可以获取当前类的所有属性或指定属性。Field 类的常用方法如表 7-6 所示。

表 7-6 Field 类的常用方法

方　法	功能描述
String getName()	返回属性的名称
intgetModifiers()	返回修饰符的整型标识
getXxx(Object obj)	获取属性的值，此处的 Xxx 对应 Java 8 中的基本类型，如果是属性是引用类型，则直接使用 get(Object obj)方法
setXxx(Object obj,Xxx val)	设置属性的值，此处的 Xxx 对应 Java 8 中的基本类型，如果是属性是引用类型，则直接使用 set(Object obj,Object val)方法
Class [] getType()	返回当前属性的类型

下述代码调用 getFields()方法用于获取指定类的属性信息并显示。

【代码 7-5】 FieldDemo. java

```
package com.qst.chapter07;
import java.lang.reflect.Field;
import java.lang.reflect.Modifier;
class Person {
    private String name;
    private int age;
    private String address;
    public String toString() {
        return "[name:" + name + " , age:" + age + " , address:" + address
                + " ]";
    }
}
public class FieldDemo {
    public static void main(String[] args) {
        try {
            // 获取 Person 类对应的 Class 对象
            Class<Person> personClazz = Person.class;
            System.out.println("--------- Person 类的属性 ---------");
            // 返回声明的所有属性包括私有的和受保护的,但不包括超类属性
            Field[] fields = personClazz.getDeclaredFields();
            for (Field f : fields) {
                // 获取属性的修饰符
                int mod = f.getModifiers();
                // 使用 Modifier 工具类的方法获得真实的修饰符,并输出
                System.out.print(Modifier.toString(mod));
                // 获取属性的类型,并输出
                Class type = f.getType();
                System.out.print(" " + type.getName());
                // 获取属性的名称,并输出
                System.out.println(" " + f.getName());
            }
            // 创建一个 Person 对象
            Person p = new Person();
            // 使用 getDeclaredField()方法表明可获取各种访问控制符的成员变量
            // 获取 Person 类的 name 属性对象
            Field nameField = personClazz.getDeclaredField("name");
            // 设置通过反射访问该成员变量时取消访问权限检查
            nameField.setAccessible(true);
            // 为 p 对象的 name 属性设置值,因 String 是引用类型,所以直接使用 set()方法
            nameField.set(p, "赵克玲");
            // 获取 Person 类的 age 属性对象
            Field ageField = personClazz.getDeclaredField("age");
            // 设置通过反射访问该成员变量时取消访问权限检查
            ageField.setAccessible(true);
            // 调用 setInt()方法为 p 对象的 age 属性设置值
            ageField.setInt(p, 36);
            // 获取 Person 类的 address 属性对象
            Field addressField = personClazz.getDeclaredField("address");
            // 设置通过反射访问该成员变量时取消访问权限检查
```

```
            addressField.setAccessible(true);
            // 为 p 对象的 name 属性设置值,因 String 是引用类型,所以直接使用 set()方法
            addressField.set(p, "青岛");
            // 输出对象 p 的信息
            System.out.println("--------Person 实例--------");
            System.out.println(p);
        } catch (NoSuchFieldException e) {
            e.printStackTrace();
        } catch (SecurityException e) {
            e.printStackTrace();
        } catch (IllegalArgumentException e) {
            e.printStackTrace();
        } catch (IllegalAccessException e) {
            e.printStackTrace();
        }
    }
}
```

上述代码定义了一个 Person 类,该类有 name、age 和 address 三个属性。在 main()方法中先获取 Person 类所对应的 Class 对象,再获取该类的属性并显示,最后分别设置属性值并显示。

注意调用 getDeclaredFields()方法可以获取包括私有和受保护的所有属性,但不包括父类的属性;调用 getFields()方法可以获取所有的 public 属性,包括从父类继承的公共属性。

运行结果如下所示:

```
--------Person 类的属性--------
private java.lang.String name
private int age
private java.lang.String address
--------Person 实例--------
[name:赵克玲, age:36 , address:青岛]
```

7.2.5 Parameter 类

Parameter 类也是 Java 8 新增的 API,每个 Parameter 对象代表方法的一个参数。Parameter 类中提供了许多方法来获取参数信息,其常用的方法如表 7-7 所示。

表 7-7 Parameter 类的常用方法

方　法	功能描述
int getModifiers()	获取参数的修饰符
String getName()	获取参数的形参名
Type getParameterizedType()	获取带泛型的形参类型
Class<? > getType()	获取形参类型
boolean isVarArgs()	判断该参数是否是可变参数
boolean isNamePresent()	判断.class 文件中是否包含方法的形参名信息

注意

> 使用javac命令编译Java源文件时，默认生成的.class文件不包含方法的形参名信息，因此调用getName()方法不能得到参数的形参名，调用isNamePresent()方法将返回false。如果希望javac命令编译Java源文件时保留形参信息，则需要为编译命令指定-parameters选项。

下述代码演示Java 8的方法参数反射功能。

【代码7-6】 MethodParameterDemo.java

```
package com.qst.chapter07;
import java.lang.reflect.Method;
import java.lang.reflect.Parameter;
import java.util.List;
class MyClass {
    public void setName(String name) {
    }
    public void display(String str, List<String> list) {
    }
}
public class MethodParameterDemo {
    public static void main(String[] args) throws Exception {
        //获取MyClass的类对象
        Class<MyClass> clazz = MyClass.class;
        //获取MyClass类的所有public方法
        Method[] mtds = clazz.getMethods();
        for (Method m : mtds) {
            //输出方法名
            System.out.println("方法名:" + m.getName());
            //输出该方法参数个数
            System.out.println("参数个数:" + m.getParameterCount());
            //获取该方法所有参数
            Parameter[] parameters = m.getParameters();
            int index = 1;
            //遍历所有参数,并输出参数信息
            for (Parameter p : parameters) {
                if (p.isNamePresent()) {
                    System.out.println("---第" + (index++) + "个参数信息---");
                    System.out.println("参数名:" + p.getName());
                    System.out.println("形参类型:" + p.getType());
                    System.out.println("泛型类型:" + p.getParameterizedType());
                }
            }
            System.out.println("----------------------------------------");
        }
    }
}
```

上述代码定义了一个简单的 MyClass 类用于测试,该类包含两个带参数的方法。在 main()方法中,先获取 MyClass 类的所有方法,并使用嵌套循环来输出该类中的所有方法及参数信息。输出参数信息的前提是 p.isNamePresent()为 true,即只有当.class 文件中包含参数信息时,程序才会执行条件体内输出参数信息的三行代码。因此,需要使用 javac-parameters 命令编译该程序代码。

```
javac -parameters -d . MethodParameterDemo.java
```

再使用 java 命令运行程序代码:

```
java com.qst.chapter07.MethodParameterDemo
```

运行结果如下所示:

```
方法名: setName
参数个数: 1
---第 1 个参数信息---
参数名: name
形参类型: class java.lang.String
泛型类型: class java.lang.String
-----------------------------------------------
方法名: display
参数个数: 2
---第 1 个参数信息---
参数名: str
形参类型: class java.lang.String
泛型类型: class java.lang.String
---第 2 个参数信息---
参数名: list
形参类型: interface java.util.List
泛型类型: java.util.List<java.lang.String>
-----------------------------------------------
方法名: wait
参数个数: 0
-----------------------------------------------
方法名: wait
参数个数: 2
-----------------------------------------------
方法名: wait
参数个数: 1
-----------------------------------------------
方法名: equals
参数个数: 1
-----------------------------------------------
方法名: toString
参数个数: 0
-----------------------------------------------
方法名: hashCode
参数个数: 0
-----------------------------------------------
方法名: getClass
```

```
参数个数：0
--------------------------------------------------
方法名：notify
参数个数：0
--------------------------------------------------
方法名：notifyAll
参数个数：0
--------------------------------------------------
```

输出结果中的 wait 和 equals 等方法是从 Object 类中继承过来(Java 中所有类都属于 Object 类的子类)，因为 Object 类的.class 文件默认是不包含参数信息的，所以没有输出这几个方法的参数信息。

7.3 枚举

在开发过程中，经常遇到一个类的实例对象是有限而且固定的情况。例如季节类，只有春、夏、秋、冬 4 个实例对象；再比如月份类只有 12 个实例对象。这种类的实例对象有限而且是固定的，在 Java 中被称为枚举类。

早期使用简单的静态常量来表示枚举，但存在不安全因素，因此从 JDK 5 开始新增了对枚举类的支持。

定义枚举类使用 enum 关键字，该关键字的地位与 class、interface 相同。枚举类是一种特殊的类，与普通类有如下区别：

- 枚举类可以实现一个或多个接口，使用 enum 定义的枚举类默认继承了 java.lang.Enum 类，而不是继承 Object 类，因此枚举类不能显式继承其他父类。
- 使用 enum 定义非抽象的枚举类时默认会使用 final 修饰，因此枚举类不能派生子类。
- 枚举类的构造方法只能使用 private 访问修饰符，如果省略，则默认使用 private 修饰；如果强制指定访问修饰符，则只能指定为 private。
- 枚举类的所有实例必须在枚举类的类体第一行显式列出，否则该枚举类永远不能产生实例。列出的枚举实例默认使用 public static final 进行修饰。

7.3.1 定义枚举类

使用 enum 关键字来定义一个枚举类，语法格式如下：

【语法】

```
[修饰符] enum 枚举类名 {
    //第一行列举枚举实例
    ...
}
```

下述代码定义一个季节枚举类，该枚举类中有 4 个枚举实例：春、夏、秋、冬。

【代码 7-7】 **SeasonEnum.java**

```
package com.qst.chapter07;

publicenum SeasonEnum {
    // 在第一行列出 4 个枚举实例:春、夏、秋、冬
    SPRING, SUMMER, FALL, WINTER;
}
```

上述代码中 SPRING、SUMMER、FALL、WINTER 被称为枚举实例,其类型就是声明的 SeasonEnum 枚举类型,且默认使用 public static final 进行修饰。枚举实例之间使用英文逗号“,”隔开,枚举值列举之后使用英文分号“;”结束。

枚举一旦被定义,就可以直接使用该类型的枚举实例,枚举实例的声明和使用方式类似于基本类型,但不能使用 new 关键字实例化一个枚举。

所有枚举类型都会包括两个预定义方法: values()和 valuesOf(),其功能描述如表 7-8 所示。

表 7-8 枚举类型预定义的默认方法

方 法	功 能 描 述
public static enumtype []values()	返回一个枚举类型的数组,包含该枚举类的所有实例值
public static enumtype valueOf(String str)	返回指定名称的枚举实例值

使用枚举类的某个实例的语法格式如下:

【语法】

```
枚举类.实例
```

【示例】 **使用 SeasonEnum 枚举类的 SPRING 实例**

```
SeasonEnum.SPRING
```

下述代码演示如何对 SeasonEnum 枚举类进行使用。

【代码 7-8】 **SeasonEnumDemo.java**

```
package com.qst.chapter07;
public class SeasonEnumDemo {
    public static void main(String[] args) {
        System.out.println("SeasonEnum 枚举类的所有实例值: ");
        // 枚举类默认有一个 values 方法,返回该枚举类的所有实例值
        for (SeasonEnum s : SeasonEnum.values()) {
            System.out.println(s);
        }
        System.out.println("----------------------");
        // 定义一个枚举类对象,并直接赋值
```

```
            SeasonEnum season = SeasonEnum.WINTER;
            // 使用 switch 语句判断枚举值
            switch (season) {
            case SPRING:
                System.out.println("春暖花开,正好踏青");
                break;
            case SUMMER:
                System.out.println("夏日炎炎,适合游泳");
                break;
            case FALL:
                System.out.println("秋高气爽,进补及时");
                break;
            case WINTER:
                System.out.println("冬日雪飘,围炉赏雪");
                break;
            }
        }
    }
```

对上述代码需要注意以下三点:

- 调用 values()方法可以返回 SeasonEnum 枚举类的所有实例值;
- 定义一个枚举类型的对象时不能使用 new 关键字,而是使用枚举类的实例值直接赋值;
- 在 switch 语句中直接使用枚举类型作为表达式进行判断,而 case 表达式中的值直接使用枚举实例值的名字,前面不能使用枚举类作为限定。

运行结果如下所示:

```
SeasonEnum 枚举类的所有实例值:
SPRING
SUMMER
FALL
WINTER
----------------------
冬日雪飘,围炉赏雪
```

注意

> 枚举使用的一条普遍规则是,任何使用常量的地方都可以使用枚举,如 switch 语句的判断条件。如果只有单独一个值(例如某人的身高、体重),通常使用常量形式;如果是一组值,则适合使用枚举类型。

7.3.2 包含属性和方法的枚举类

枚举类也是一种类,具有与其他类几乎相同的特性,因此可以定义枚举的属性、方法以及构造方法。但是,枚举类的构造方法只是在构造枚举实例值时被调用。每一个枚举实例值都是枚举类的一个对象,因此创建每个枚举实例时都需要调用该构造方法。

下述代码对前面定义的 SeasonEnum 枚举类型进行升级,定义的枚举类中包含属性、构造方法和普通方法。

【代码 7-9】 SeasonEnum2.java

```
package com.qst.chapter07;
//带构造方法的枚举类
publicenum SeasonEnum2 {
    // 在第一行列出 4 个枚举实例:春、夏、秋、冬
    SPRING("春"), SUMMER("夏"), FALL("秋"), WINTER("冬");
    // 定义一个属性
    private String name;
    // 构造方法
    SeasonEnum2(String name) {
        this.name = name;
    }
    // 方法
    public String toString() {
        return this.name;
    }
}
```

上述代码定义一个名为 SeasonEnum2 的枚举类型,该枚举类中包含一个 name 属性;构造方法带有一个参数,用于给 name 属性赋值;重写 toString()方法并返回 name 属性值。

注意

> 在定义枚举类的构造方法时,不能定义 public 构造方法,枚举类构造方法访问修饰符只能缺省或使用 private,缺省时默认为 private。

下述代码演示 SeasonEnum2 枚举类型的使用。

【代码 7-10】 CarColorDemo2.java

```
package com.qst.chapter07;
public class SeasonEnum2Demo {
    public static void main(String[] args) {
        System.out.println("SeasonEnum2 枚举类的所有实例值:");
        // 枚举类默认有一个 values 方法,返回该枚举类的所有实例值
        for (SeasonEnum2 s : SeasonEnum2.values()) {
            System.out.println(s);
        }
        System.out.println("----------------------");
        // 使用 valueOf()方法获取指定的实例
        SeasonEnum2 se = SeasonEnum2.valueOf("SUMMER");
        // 输出 se
        System.out.println(se);
        // 调用 judge()方法
        judge(se);
```

```
        System.out.println("----------------------");
        // 定义一个枚举类对象,并直接赋值
        SeasonEnum2 season = SeasonEnum2.WINTER;
        // 输出 season
        System.out.println(season);
        // 调用 judge()方法
        judge(season);
    }
    // 判断季节并输出
    private static void judge(SeasonEnum2 season) {
        // 使用 switch 语句判断枚举值
        switch (season) {
        case SPRING:
            System.out.println("春暖花开,正好踏青");
            break;
        case SUMMER:
            System.out.println("夏日炎炎,适合游泳");
            break;
        case FALL:
            System.out.println("秋高气爽,进补及时");
            break;
        case WINTER:
            System.out.println("冬日雪飘,围炉赏雪");
            break;
        }
    }
}
```

上述代码定义一个 judge()方法用于判断季节；在 main()方法中调用 values()方法返回 SeasonEnum2 枚举类的所有实例值并输出；调用 valueOf()方法可以获取指定的实例。

运行结果如下所示：

```
SeasonEnum2 枚举类的所有实例值:
春
夏
秋
冬
----------------------
夏
夏日炎炎,适合游泳
----------------------
冬
冬日雪飘,围炉赏雪
```

观察运行结果，可以发现此处输出的 SeasonEnum2 枚举实例值为“春”、“夏”、“秋”、“冬”，而不是 SeasonEnum 枚举实例值 SPRING、SUMMER、FALL、WINTER。这是因为在定义 SeasonEnum2 枚举类时重写了 toString()方法，该方法的返回值为 name 属性值，当调用 System. out. println()方法输出 SeasonEnum2 枚举对象时，系统会自动调用 toString()

方法。

注意

> 使用枚举时要注意两个限制：首先，枚举默认继承java.lang.Enum类，不能继承其他类；其次，枚举本身是final类，不能被继承。

7.3.3 Enum类

所有枚举类都继承自java.lang.Enum，该类定义了枚举类共用的方法。java.lang.Enum类实现了java.lang.Serializable和java.lang.Comparable两个接口。Enum类常用的方法如表7-9所示。

表7-9 Enum类的常用方法

方法	功能描述
final int ordinal()	返回枚举实例值在枚举类中的序号，该序号与声明的顺序有关，计数从0开始
final int compareTo(enumtype e)	Enum实现了java.lang.Comparable接口，因此可以用于比较
boolean equals(Object other)	比较两个枚举引用的对象是否相等
publicString toString()	返回枚举实例的名称，一般情况下无须重写此方法，但当存在更加友好的字符串形式时可以重写此方法
public static <T extendsEnum<T>>T valueOf(Class<T> enumType, String name)	返回指定枚举类型和指定名称的枚举实例值

下述代码通过前面定义的SeasonEnum和SeasonEnum2枚举类，来演示Enum类中常用方法的使用。

【代码7-11】 EnumMethodDemo.java

```
package com.qst.chapter07;
public class EnumMethodDemo {
    public static void main(String[] args) {
        System.out.println("SeasonEnum 枚举类的所有实例值以及顺序号：");
        // 输出 SeasonEnum 类的实例值以及顺序号
        for (SeasonEnum s : SeasonEnum.values()) {
            System.out.println(s + "--" + s.ordinal());
        }
        System.out.println("----------------------");
        // 声明 4 个 SeasonEnum 对象
        SeasonEnum s1, s2, s3, s4;
        // 赋值
        s1 = SeasonEnum.SPRING;
        s2 = SeasonEnum.SUMMER;
        s3 = SeasonEnum.FALL;
        // 调用 Enum 类的静态方法获取指定枚类型、指定值的枚举实例
        s4 = Enum.valueOf(SeasonEnum.class, "FALL");
```

```
        // 等价于
        // s4 = SeasonEnum.valueOf("FALL");
        // 使用 compareTo()进行比较
        if (s1.compareTo(s2) < 0) {
            System.out.println(s1 + "在" + s2 + "之前");
        }
        // 使用 equals()判断
        if (s3.equals(s4)) {
            System.out.println(s3 + "等于" + s4);
        }
        // 使用 == 判断
        if (s3 == s4) {
            System.out.println(s3 + " == " + s4);
        }
        System.out.println("----------------------");

        System.out.println("SeasonEnum2 枚举类的所有实例值以及顺序号: ");
        // 输出 SeasonEnum 类的实例值以及顺序号
        for (SeasonEnum2 s : SeasonEnum2.values()) {
            System.out.println(s + "--" + s.ordinal());
        }
        System.out.println("----------------------");
        // 声明 4 个 SeasonEnum 对象
        SeasonEnum2 se1, se2, se3, se4;
        // 赋值
        se1 = SeasonEnum2.SPRING;
        se2 = SeasonEnum2.SUMMER;
        se3 = SeasonEnum2.FALL;
        //调用 Enum 类的静态方法获取指定枚类型、指定值的枚举实例
        se4 = Enum.valueOf(SeasonEnum2.class, "FALL");
        // 等价于
        // se4 = SeasonEnum2.valueOf("FALL");

        // 使用 compareTo()进行比较
        if (se1.compareTo(se2) < 0) {
            System.out.println(se1 + "在" + se2 + "之前");
        }
        // 使用 equals()判断
        if (se3.equals(se4)) {
            System.out.println(se3 + "等于" + se4);
        }
        // 使用 == 判断
        if (se3 == se4) {
            System.out.println(se3 + " == " + se4);
        }
    }
}
```

上述代码中,equals()方法用于比较一个枚举实例值和任何其他对象,但只有这两个对象属于同一个枚举类型且值也相同时,二者才会相等。比较两个枚举引用是否相等时可直接使用“==”。

调用 Enum 类的 valueOf()静态方法可以获取指定枚类型、指定值的枚举实例:

```
s4 = Enum.valueOf(SeasonEnum.class, "FALL");
```

上面语句等价于直接调用枚举类的 valueOf()方法来获取指定值的枚举实例：

```
s4 = SeasonEnum.valueOf("FALL");
```

运行结果如下所示：

```
SeasonEnum 枚举类的所有实例值以及顺序号：
SPRING -- 0
SUMMER -- 1
FALL -- 2
WINTER -- 3
--------------------
SPRING 在 SUMMER 之前
FALL 等于 FALL
FALL == FALL
--------------------
SeasonEnum2 枚举类的所有实例值以及顺序号：
春 -- 0
夏 -- 1
秋 -- 2
冬 -- 3
--------------------
春在夏之前
秋等于秋
秋 == 秋
```

7.4 注解

注解(Annotation)是告知编译器要做什么事情的说明，在程序中可以对任何元素进行注解，包括 Java 包、类、构造方法、域、方法、参数以及局部变量。Java 注解是在 JSR 175 (Java 编程语言的一种元数据工具)中定义的，后来 JSR 250(Java 平台的常用注解)添加了对一般概念的注解。JSR 175 和 JSR 250 这两个规范都可以在 http://www.jcp.org 中下载。

注解就像修饰符一样，使用时在其前面增加@符号，用于修饰包、类、构造方法、域、方法、参数、局部变量的声明，这些信息被存在注解的"name=values"键值对中。注解不影响程序代码的运行，无论增加还是删除注解，代码都始终如一地执行。如果希望程序中的注解在运行时起到一定的作用，需要通过配套的工具对注解中的信息进行访问和处理，这种工具统称为 APT(Annotation Processing Tool，注解处理工具)。

APT 注解处理工具负责提取注解中包含的元数据，并会根据这些元数据增加额外功能。注解中元数据的作用有以下三个方面：

- 编写文档——通过注解中标识的元数据可以生成 doc 文档；

- 代码分析——通过注解中标识元数据，使用反射对代码进行分析；
- 编译检查——通过注解中标识的元数据，让编译器能够实现基本的编译检查，例如@Override 重写。

注意

java. lang. annotation. Annotation 是一个接口，该接口是所有注解类型都要扩展的公共接口，但该接口本身不能定义注解类型，且手动扩展该公共接口的接口也不能定义注解类型。

7.4.1 基本注解

在系统学习注解语法之前，需要先掌握基本注解的使用。Java 8 在 java. lang 包中提供了 5 个基本的注解。

- @Override：用于限定重写父类的方法，使用该注解修饰的方法必须重写父类中的方法，否则会发生编译错误；
- @Deprecated：用于标示某个元素已过时，当程序使用已过时的类、方法等，编译器会给出警告；
- @SuppressWarnings：用于抑制编译警告的发布，允许开发人员取消显示指定的编译器警告；
- @SafeVarargs：在 Java 7 中新增，用于抑制“堆污染”警告；
- @FunctionalInterface：在 Java 8 中新增，用于指定某个接口必须是函数式接口。

1. @Override 注解

@Override 注解用于指定方法的重写，强制一个子类必须覆盖父类的方法。使用@Override 注解非常简单，就是在需要重写的方法前添加@Override 修饰，语法格式如下：

【语法】

```
@Override
[访问符] 返回类型 重写方法名(){...}
```

下述代码演示@Override 注解的使用。

【代码 7-12】 OverrideDemo. java

```
package com.qst.chapter07;
class Father {
    public void info() {
        System.out.println("父类 info()方法");
    }
}
class Child extends Father{
    // 使用@Override 指定下面方法必须重写父类方法
```

```
    @Override
    public void info() {
        System.out.println("子类重写父类 info()方法");
    }
}
public class OverrideDemo {

    public static void main(String[ ] args) {
        Father obj = new Child();
        obj.info();
    }
}
```

上述代码中,子类 Child 重写父类 Father 的 info()方法,在子类的 info()方法前增加@Override 注解。编译运行上述代码输出的结果如下:

```
子类重写父类 info()方法
```

通过运行结果,丝毫看不出程序中@Override 注解的作用,此时将@Override 注解删除,程序的运行结果保持不变,因为@Override 注解的作用是告诉编译器检查 Child 类的 info()方法,并保证 Father 父类中也要有一个 info()方法,否则编译出错。例如,修改 Child 类中的 info()方法为 info1()方法,此时如果没有使用@Override 注解,则 Father 类与 Child 类中的两个方法毫无联系,即代码如下:

```
class Father {
    public void info() {
        System.out.println("父类 info()方法");
    }
}
class Child extends Father{
    public void info1() {
        System.out.println("子类重写父类 info()方法");
    }
}
```

运行修改后的代码,将输出如下语句:

```
父类 info()方法
```

此时会调用父类的 info()方法,程序也不会报错。如果使用@Override 注解 Child 类中的 info1()方法,则会编译不通过,该行将报错,如图 7-2 所示。

注意

> @Override 注解只能修饰方法,不能修饰其他程序元素。@Override 注解可以帮助程序员避免一些低级错误。

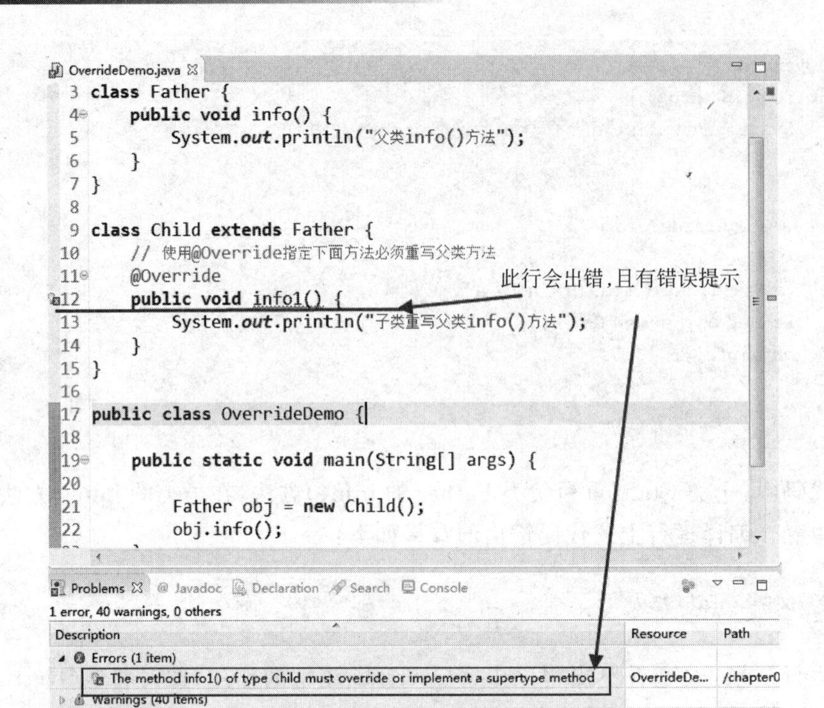

图 7-2　使用@Override 注解

2. @Deprecated 注解

@Deprecated 注解标示某个程序元素（接口、类、方法等）已过时，使用该注解的语法格式如下：

【语法】

```
@Deprecated
//接口、类、方法等程序元素定义
```

下述代码演示@Deprecated 注解的使用。

【代码 7-13】　DeprecatedDemo. java

```
package com.qst.chapter07;
public class DeprecatedDemo {
    //定义 myMethod()方法已过时
    @Deprecated
    public void myMethod(){
        System.out.println("该方法已过时");
    }
    public static void main(String[ ] args) {
        //下面使用已过时的方法会被编译警告
        new DeprecatedDemo().myMethod();
    }
}
```

上述代码中，在myMethod()方法前使用@Deprecated注解修饰该方法已过时，因此会引起编译器警告，而不是错误，代码依然可以运行，运行结果如下所示：

```
该方法已过时
```

注意

> @Deprecated注解的作用与文档注释中的@deprecated标记的作用基本相同，但使用方式不同，@Deprecated注解是从JDK 5才开始支持的，无须放在文档注释/**...*/中，而是直接在接口、类或方法前进行修饰。

3. @SuppressWarnings注解

@SuppressWarnins注解允许开发人员控制编译器警告的发布，可以标注在类、字段、方法、参数、构造方法以及局部变量上。@SuppressWarnins注解的语法格式如下：

【语法】

```
@SuppressWarnins("参数")
//程序元素(包括该元素的所有子元素)
```

其中参数常用的几个值如下：

- all——忽略所有警告；
- boxing——忽略装箱/拆箱操作所产生的警告；
- deprecation——忽略@Deprecated注解的已过时类、方法所显示的警告；
- finally——忽略finally子句无法正常完成的警告；
- fallthrough——忽略switch程序块中没有使用break的警告；
- rawtypes——忽略因使用泛型时未限制类型而产生的警告；
- serial——忽略类缺少serialVersionUID的警告；
- unchecked——忽略未经检查的类型转换警告；
- unused——忽略已定义但从未使用的警告。

【示例】 @SuppressWarnins注解忽略unchecked类型警告

```
@SuppressWarnins("unchecked")
```

@SuppressWarnins注解小括号中的参数还可以采用value="参数"的形式，即上面的语句等价于：

```
@SuppressWarnins(value = "unchecked")
```

@SuppressWarnins注解用于取消显示指定元素的编译器警告，且会一直作用于该元素的所有子元素。例如，使用@SuppressWarnins修饰某个类来取消某个编译器警告的显示，同时又修饰该类的某个方法来取消另一个编译器警告的显示，则该方法将会同时取消这两个编译器的警告显示。

通常在程序中使用没有泛型限制的集合将会引起编译器警告，为了避免这种编译器警告，可以使用@SuppressWarnins注解抑制此类编译警告的发布。下述代码使用@SuppressWarnins注解忽略所有编译警告。

【代码7-14】 SuppressWarningsDemo.java

```
package com.qst.chapter07;
import java.util.ArrayList;
import java.util.List;
//关闭该类中未经检查的编译器警告
@SuppressWarnings(value = "all")
public class SuppressWarningsDemo {
    public static void main(String[] args) {
        List<String> myList = new ArrayList(); // ①
    }
}
```

上述代码①处不会看到任何编译器警告；当删除@SuppressWarnins注解时，将在①处看到编译器警告。

4. @SafeVarargs注解

"堆污染"是将一个不带泛型的变量赋值给一个带泛型的变量，将导致泛型变量污染。下述代码就会发生这种"堆污染"：

【示例】 堆污染

```
List list = new ArrayList();           //没有使用泛型限制的集合
list.add(10);                          //未经检查的类型转换,unchecked警告
List<String> ls = list;                // ①发生"堆污染"
System.out.println(ls.get(0));         //产生 ClassCastException 异常
```

上述代码在①处将不带泛型变量的list集合赋值给带泛型的ls集合时，产生了堆污染，此时使用ls.get(0)访问ls集合中的元素时，将产生ClassCastException。

注意

> 在JDK 6.0以及更早的版本中，Java编译器无法检测堆污染，因此既不会提示错误，也不会提示警告；而从JDK 7.0开始，Java编译器进行更严格的检查，会发出堆污染警告，以保证编程人员更早地注意到程序中存在的漏洞。

如果不希望看到堆污染警告，可以使用下面三种方式来抑制堆污染警告：

- 使用@SafeVarargs注解修饰引发该警告的方法，该方式是Java 7专门为抑制堆污染警告而提供的，也是推荐使用的方式；
- 使用@SuppressWarnins("unchecked")修饰；
- 编译时使用-Xlint:varargs选项。

下述代码演示如何使用@SafeVarargs注解来抑制堆污染警告。

【代码7-15】 SafeVarargsDemo.java

```
package com.qst.chapter07;

import java.util.ArrayList;
import java.util.Arrays;
import java.util.List;
import java.util.Random;

public class SafeVarargsDemo {
    @SafeVarargs
    public static void faultyMethod(List<String>... listStrArray) {
        // Java 语言不允许创建泛型数组,因此 listArray 只能被当成 List[]处理
        // 此时相当于把 List<String>赋给了 List,已经发生了"擦除"
        List[] listArray = listStrArray; // ① 发生"堆污染"
        List<Integer> myList = new ArrayList<Integer>();
        myList.add(new Random().nextInt(100));
        // 把 listArray 的第一个元素赋为 myList
        listArray[0] = myList;
        String s = listStrArray[0].get(0);
    }
    public static void main(String[] args) {
        faultyMethod(Arrays.asList("Hello!"), Arrays.asList("World!"));
    }
}
```

上述代码定义一个faultyMethod()方法,该方法使用可变参数,个数可变的形参相当于数组,但是形参的类型又是泛型,而Java是不支持泛型数组的,因此只能将List<String>...当成List[],从而导致堆污染。此时使用@SafeVarargs注解来修饰faultyMethod()方法,在调用该方法时不会发出堆污染警告。

5. @FunctionalInterface注解

@FunctionalInterface注解用于指定某个接口必须是函数式接口。Java 8规定:如果一个接口中只有一个抽象方法,则该接口就是函数式接口。

注意

> 函数式接口是为Java 8的Lambda表达式准备的,Java 8允许使用Lambda表达式来创建函数式接口的实例,因此Java 8专门增加了@FunctionalInterface注解来指定某个接口必须是函数式接口。@FunctionalInterface注解只能修饰接口,不能修饰程序其他元素。另外,关于Lambda表达式的具体介绍参见本书第8章内容。

下述代码演示@FunctionalInterface注解的使用。

【代码7-16】 FunctionalInterfaceDemo.java

```
package com.qst.chapter07;
@FunctionalInterface
```

```
public interface FunctionalInterfaceDemo {
    static void foo() {
        System.out.println("foo 类方法");
    }
    default void bar() {
        System.out.println("bar 默认方法");
    }
    void test();          // 只定义一个抽象方法
    // void abc();        // ① 此时再增加一个抽象方法则出错
}
```

上述代码中，在接口前使用@FunctionalInterface 注解进行修饰，则该接口内只允许定义一个抽象方法；将①处的代码取消注释时，该接口拥有两个抽象方法而导致程序报错，如图 7-3 所示。

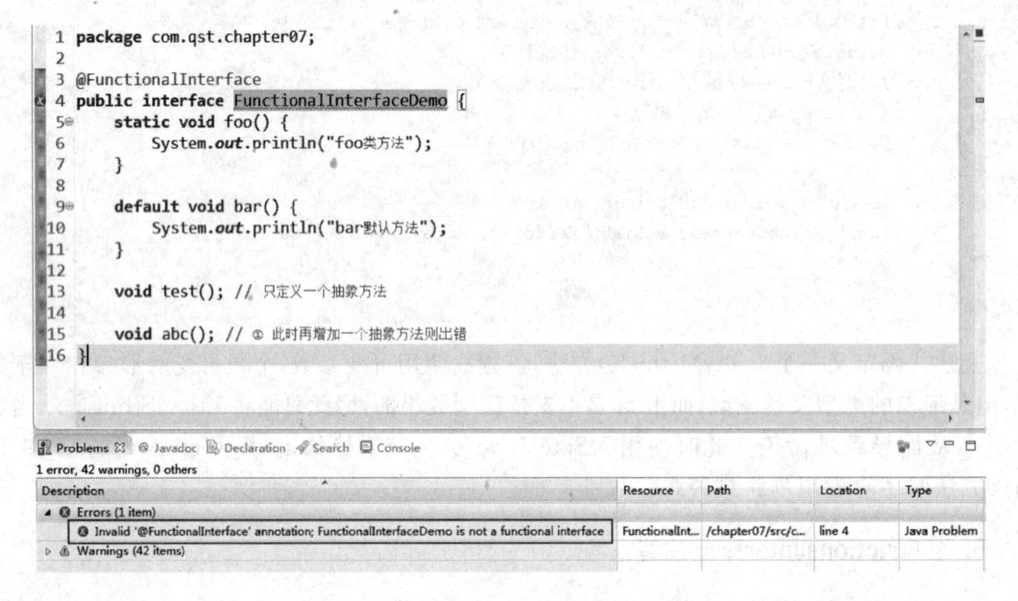

图 7-3　使用@FunctionalInterface 注解

7.4.2　定义注解

定义一个新的注解类型与定义一个接口非常类似，在原有的 interface 关键字前增加@符号，即使用@interface 定义一个新的注解类型，其语法格式如下：

【语法】

```
[访问符] @interface 注解名{
    ...
}
```

下述代码自定义一个名为 MyAnnol 的注解，该注解中包含 comment()和 order()两个成员。

【代码 7-17】 MyAnno1.java

```
@Retention(RetentionPolicy.RUNTIME)
public @interface MyAnno1 {
    String comment();
    int order();
}
```

上述代码中第1行使用@Retention注解来指定自定义的注解@MyAnno1可以保留多长时间，此处使用RetentionPolicy.RUNTIME保留策略值，该值是最长注解持续期，表明在程序运行时JVM通过反射获取注解信息。

注意

> @Retention注解是JDK提供的元注解，有关@Retention元注解以及RetentionPolicy保留策略的详细介绍参见7.4.7节内容。

自定义注解是通过@interface声明，注解的成员由未实现的方法组成，如comment()和order()方法只有声明没有方法体，注解中的成员将在使用时进行实现，示例如下：

【示例】 注解中的成员在使用时实现

```
@MyAnno1(comment = "功能描述",order = 1)
//程序单元(类、接口、方法等)
```

在使用@MyAnno1注解过程中，通过为comment和order指定具体值，为所修饰的程序单元添加相关的功能信息描述和序号。

在定义注解时，可以使用default语句为注解成员指定默认值，其语法格式如下：

【语法】

```
类型成员() default 值;
```

【示例】 包含默认值的注解

```
public @interfaceMyAnno1{
    String comment();
    int order() default 1;
}
```

上述示例代码中，在定义@MyAnnol注解时，为order元素指定了默认值为1，这意味着使用@MyAnnol时，如果不为order指定新值，其值即为默认值1。

7.4.3 使用注解

注解大多是为其他工具(工具类等)提供运行信息或决策依据而设计的，任何Java程序都可以通过使用反射机制来查询注解实例的信息。

在java.lang.reflect包中新增了一个AnnotatedElement接口，用于在反射过程中获取注解信息,并为注解相关操作提供支持。AnnotatedElement 接口中的方法如表 7-10 所示。

表 7-10 EnumAnnotatedElement 接口中的方法

方　法	功能描述
Annotation getAnnotation(Class annotype)	返回调用对象的注解
Annotation getAnnotations()	返回调用对象的所有注解
Annotation getDeclareedAnnotations()	返回调用对象的所有非继承注解
Boolean isAnnotationPresent(Class annotype)	判断与调用对象关联的注解是由 annoType 指定的

下述代码通过反射机制获取指定方法的注解信息。

【代码 7-18】 AnnoDemo1.java

```
package com.qst.chapter07;
import java.lang.reflect.Method;
//使用自定义的@ MyAnno1 注解修饰类
@MyAnno1(comment = "类注解")
class MyClass1 {
    //使用自定义的@ MyAnno1 注解修饰方法
    @MyAnno1(comment = "不带参数的方法", order = 2)
    public void myMethod() {
    }
}
public class MyAnno1Demo {
    public static void main(String[] args) throws Exception {
        // 获取 MyClass1 类注解
        MyAnno1 anno1 = MyClass1.class.getAnnotation(MyAnno1.class);
        // 输出类注解信息
        System.out.println("MyClass1 类的注解信息为: " + anno1.comment() + ",序号"
                + anno1.order());
        // 获取 MyClass1 类的 myMethod()方法
        Method mth = MyClass1.class.getMethod("myMethod");
        // 获取 myMethod()方法的注解
        MyAnno1 anno2 = mth.getAnnotation(MyAnno1.class);
        // 输出方法注解的信息
        System.out.println("myMethod()方法的注解信息为: " +
                anno2.comment() + ",序号" + anno2.order());
    }
}
```

上述代码使用反射分别获取类和方法所关联的注解对象;无论是类还是方法,都是通过 getAnnotation()方法来获取注解对象,该方法的参数是所要获取的注解类,例如:

```
//获取 MyClass1 类注解
MyAnno1 anno1 = MyClass1.class.getAnnotation(MyAnno1.class);
//获取 myMethod()方法的注解
MyAnno1anno2 = mth.getAnnotation(MyAnno1.class);
```

上面两行代码返回的结果都是@MyAnno1 注解类型的对象。此外,注解成员值是通过调用注解对象的方法来取得的，例如：

```
System.out.println("MyClass1 类的注解信息为：" + anno1.comment() + ",序号"
        + anno1.order());
```

运行 MyAnno1Demo 程序代码，控制台输出结果如下：

```
MyClass1 类的注解信息为：类注解，序号 1
myMethod()方法的注解信息为：不带参数的方法，序号 2
```

注意

为了能使用反射机制获取注解的相关信息，在定义注解时必须将注解的保留策略设置为 RetentionPolicy.RUNTIME，否则获取不到注解对象，程序将会引发 NullPointerException 空地址异常，读者可以自行测试。

7.4.4 元注解

除了 java.lang 包下提供的 5 个基本注解之外，JDK 还提供了元注解，元注解的作用就是负责注解其他注解。

Java 8 在 java.lang.annotation 包中提供了 6 个元注解。

- @Retention：指定其所修饰的注解的保留策略；
- @Document：该注解是一个标记注解，用于指示一个注解将被文档化；
- @Target：用来限制注解的使用范围；
- @Inherited：该注解使父类的注解能被其子类继承；
- @Repeatable：该注解是 Java 8 新增的注解，用于开发重复注解；
- 类型注解(Type Annotation)：该注解是 Java 8 新增的注解，可以用在任何用到类型的地方。

1. @Retention 注解

@Retention 注解用于指定被修饰的注解可以保留多长时间，即指定 JVM 决策在哪个时间点上删除当前注解。@Retention 使用 java.lang.annotation.RetentionPolicy 来指定保留策略值，如表 7-11 所示，注解保留策略值只能有三个。

表 7-11 注解保留策略值

策略值	功能描述
RetentionPolicy.SOURCE	注解只在源文件中保留，在编译期间删除
RetentionPolicy.CLASS	注解只在编译期间存在于.class 文件中，运行时 JVM 不可获取注解信息，该策略值也是默认值
RetentionPolicy.RUNTIME	运行时 JVM 可以获取注解信息(反射)，是最长注解持续期

使用@Retention 注解指定保留策略的示例如下所示。

【示例】 运行时 JVM 可以获取注解信息

```
@Retention(RetentionPolicy.RUNTIME)
//定义注解
```

2. @Document 注解

@Document 注解用于指定被修饰的注解可以被 javadoc 工具提取成文档。定义注解类时使用@Document 注解进行修饰，则所有使用该注解修饰的程序元素的 API 文档中将会包含该注解说明。

【示例】 @Document 文档注解

```
@Document
//定义注解
```

3. @Target 注解

@Target 注解用来限制注解的使用范围，即指定被修饰的注解能用于哪些程序单元，其语法格式如下：

【语法】

```
@Target({应用类型 1,应用类型 2,…})
```

其中应用类型使用 ElementType 枚举进行指定，其枚举值如表 7-12 所示。

表 7-12 ElementType 枚举值

枚 举 值	功能描述
ElementType. TYPE	可以修饰类、接口、注解或枚举类型
ElementType. FIELD	可以修饰属性(成员变量)，包括枚举常量
ElementType. METHOD	可以修饰方法
ElementType. PARAMETER	可以修饰参数
ElementType. CONSTRUCTOR	可以修饰构造方法
ElementType. LOCAL_VARIABLE	可以修饰局部变量
ElementType. ANNOTATION_TYPE	可以修饰注解类
ElementType. PACKAGE	可以修饰包

下述示例代码演示@Target 注解的使用。

【示例】 指定注解只能修饰字段

```
@Target(ElementType.FIELD)
//定义注解
```

4. @Inherited 注解

@Inherited 注解指定注解具有继承性，如果某个注解使用@Inherited 进行修饰，则该类使用该注解时，其子类将自动被修饰。

下述代码在定义注解时使用@Inherited进行修饰。

【代码7-19】　InheritedAnnol.java

```
package com.qst.chapter07;

import java.lang.annotation.ElementType;
import java.lang.annotation.Inherited;
import java.lang.annotation.Retention;
import java.lang.annotation.RetentionPolicy;
import java.lang.annotation.Target;

@Target(ElementType.TYPE)
@Retention(RetentionPolicy.RUNTIME)
@Inherited
public @interface InheritedAnnol {
    String comment();
    int order() default 1;
}
```

下述代码定义Base基类时使用@InheritedAnnol注解修饰，子类InheritedDemo继承Base类，并演示其注解信息。

【代码7-20】　InheritedDemo.java

```
package com.qst.chapter07;
//使用自定义的@InheritedAnnol注解修饰的Base类
@InheritedAnnol(comment = "继承注解", order = 2)
class Base {
}
// InheritedDemo类只是继承了Base类,
//并未直接使用@InheritedAnnol注解修饰,
public class InheritedDemo extends Base {
    public static void main(String[] args) {
        // 从InheritedDemo中获取InheritedAnnol注解信息
        InheritedAnnol anno = InheritedDemo.class
                .getAnnotation(InheritedAnnol.class);
        // 输出InheritedAnnol注解成员信息
        System.out.println(anno.comment() + ":" + anno.order());
        // 打印InheritedDemo类是否具有@InheritedAnnol修饰
        System.out.println(InheritedDemo.class
                .isAnnotationPresent(InheritedAnnol.class));
    }
}
```

上述代码中InheritedDemo类只是继承了Base类，并未直接使用@InheritedAnnol注解修饰，但由于@InheritedAnnol注解被@Inherited元注解修饰，所以Base类的子类都默认使用@InheritedAnnol修饰。因此，从InheritedDemo子类中也能获取@InheritedAnnol注解信息，运行结果如下所示：

```
继承注解:2
true
```

5. @Repeatable 注解

@Repeatable 注解是 Java 8 新增的注解，用于开发重复注解。在 Java 8 之前，同一个程序元素前只能使用一个相同类型的注解，如果需要在同一个元素前使用多个相同类型的注解，则必须通过注解容器来实现。从 Java 8 开始，允许使用多个相同的类型的注解来修饰同一个元素，前提是该类型的注解是可重复的，即在定义注解时要使用@Repeatable 元注解进行修饰。

下述代码演示@Repeatable 注解的使用。

【代码 7-21】 RepeatableAnnol. java

```
package com.qst.chapter07;

import java.lang.annotation.ElementType;
import java.lang.annotation.Repeatable;
import java.lang.annotation.Retention;
import java.lang.annotation.RetentionPolicy;
import java.lang.annotation.Target;

@Retention(RetentionPolicy.RUNTIME)
@Target(ElementType.TYPE)
@interface AnnolContents {                          // 该注解是容器
    // 定义 value 成员变量,该成员变量可接受多个@RepeatableAnnol 注解
    RepeatableAnnol[] value();
}
@Retention(RetentionPolicy.RUNTIME)
@Target(ElementType.TYPE)
@Repeatable(AnnolContents.class)
public @interface RepeatableAnnol{                  // 该注解可以重复
    // 为该注解定义 2 个成员变量
    String name() default "青软实训";
    int age();
}
```

上述代码中定义了两个注解：@AnnolContents 和 @RepeatableAnnol，其中 @AnnolContents 注解是个容器，定义的 value 数组用于接受多个@RepeatableAnnol 注解；@RepeatableAnnol 注解使用@Repeatable(AnnolContents.class)进行修饰后，该注解便可以重复。

【代码 7-22】 RepeatableAnnolDemo. java

```
package com.qst.chapter07;

@RepeatableAnnol(age = 10)
@RepeatableAnnol(name = "赵克玲", age = 36)
```

```
public class RepeatableAnnolDemo {
    public static void main(String[] args) {
        /*
         * 使用 Java 8 新增的 getDeclaredAnnotationsByType()方法获取
         * 修饰该类的多个@RepeatableAnnol 注解
         */
        RepeatableAnnol[] annols = RepeatableAnnolDemo.class
                .getDeclaredAnnotationsByType(RepeatableAnnol.class);
        // 遍历@RepeatableAnnol 注解并显示
        for (RepeatableAnnol annol : annols) {
            System.out.println(annol.name() + "-->" + annol.age());
        }
        /*
         使用传统的 getDeclaredAnnotation()方法获取修饰该类的@AnnolContents 注解
         */
        AnnolContents container = RepeatableAnnolDemo.class
                .getDeclaredAnnotation(AnnolContents.class);
        System.out.println(container);
    }
}
```

上述代码重复使用@RepeatableAnnol 注解来修饰类，在 main()方法中先使用 Java 8 新增的 getDeclaredAnnotationsByType()方法获取修饰该类的多个@RepeatableAnnol 注解，再使用传统的 getDeclaredAnnotation()方法获取修饰该类的@AnnolContents 注解，通过对比，可以发现这两种方式的不同。运行结果如下：

```
青软实训-->10
赵克玲-->36
@com.qst.chapter07.AnnolContents(value=[@com.qst.chapter07.RepeatableAnnol(name=青软实训, age=10), @com.qst.chapter07.RepeatableAnnol(name=赵克玲, age=36)])
```

6. 类型注解

Java 8 为 ElementType 枚举增加了 TYPE_PARAMETER 和 TYPE_USE 两个枚举值，允许在定义枚举时使用@Target(ElementType.TYPE_USE)来修饰，此种注解被称为"类型注解"(Type Annotation)。

在 Java 8 之前，只能在定义类、接口、方法和成员变量等程序元素时使用注解，从 Java 8 开始新增的类型注解可以用在任何用到类型的地方。

除了在定义类、接口和方法等常见的程序元素时可以使用类型注解，还可以在以下几个位置使用类型注解进行修饰：

- 创建对象(使用 new 关键字创建)；
- 类型转换；
- 使用 implements 实现接口；
- 使用 throws 声明抛出异常序列；
- 方法参数。

下述代码演示类型注解的使用。

【代码 7-23】 TypeAnnotationDemo.java

```
package com.qst.chapter07;

import java.io.FileNotFoundException;
import java.io.Serializable;
import java.lang.annotation.ElementType;
import java.lang.annotation.Target;
import java.util.List;

import javax.swing.JFrame;

//定义一个简单的类型注解,不带任何成员变量
@Target(ElementType.TYPE_USE)
@interface NotNull {
}
//定义类时使用@NotNull类型注解
@NotNull
public class TypeAnnotationDemoimplements
        @NotNull /* implements时使用类型注解 */Serializable {
    // 方法形参中使用类型注解
    public static void main(@NotNull String[] args)
            throws @NotNull /* throws时使用类型注解 */FileNotFoundException {
        Object obj = "青软实训";
        // 强制类型转换时使用类型注解
        String str = (@NotNull String) obj;
        // 创建对象时使用类型注解
        Object win = new @NotNull JFrame("QST_Login");
    }
    // 泛型中使用类型注解
    public void foo(List<@NotNull String> info) {
    }
}
```

上述代码在各种情况下使用@NotNull类型注解,这种无处不在的类型注解可以让编译器执行更严格的代码检查,从而提高程序的健壮性。需要说明的是,上面的程序虽然大量使用了@NotNull类型注解,但这些注解是不会起到任何作用的,因为Java 8本身并没有为这些类型注解提供处理工具,不能对类型注解执行检查框架。因此,如果需要类型注解发挥作用,需要程序员自己实现类型注解检查框架。目前有些第三方组织发布了类型注解检查工具,程序员可以直接使用这些第三方框架提供的检查工具,从而让编译器执行更严格的检查,以保证代码的健壮性。

7.5 国际化

全球化的Internet需要全球化的软件,这意味着同一种版本的软件需要适用于不同地区市场。软件的全球化首先就要使程序能支持多国语言,即国际化(简写为I18N,源于internationalization一词开始的I和最后的N之间有18个字母)。如果应用是面向多种语

言的，编程时就不得不设法解决国际化问题，包括操作界面的风格问题、提示和帮助的语言问题、界面定制个性化问题等。国际化(多国语言)是应用服务得以推广的基础。

国际化软件在设计阶段就应该使其具备支持多种语言的功能。当需要在应用中添加对一种新的语言或国家的支持时，无须对已有的软件进行重构。

本地化(localization，简写为 L10N)则是设计和编写能够处理特定区域、国家或地区、语言、文化、企业或政治环境的应用程序的过程。从某种意义上说，为特定地区编写的所有应用程序都本地化，这些应用程序大多数只支持一种语言环境。

国际化意味着一个软件可同时支持多种语言，而本地化需要为不同用户提供不同版本的软件，其区别如图 7-4 所示。

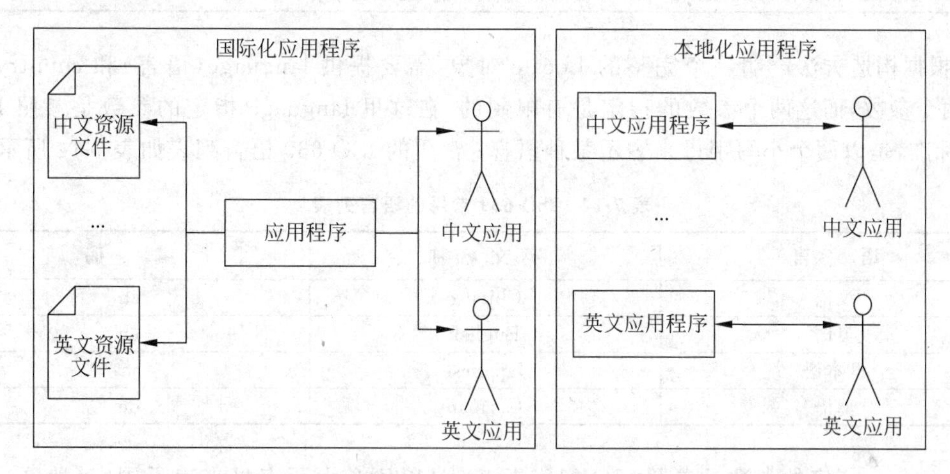

图 7-4 国际化与本地化区别

实现国际化的思路就是抽取具备“语言”特性的描述到资源文件中，需要时再根据实际情况关联即可。由于 Java 语言具有平台无关、可移植性好等特点，并且提供了强大的类库，Java 语言本身采用 Unicode 编码，所以使用 Java 语言可以方便地实现国际化。从设计角度来说，只要把程序中与语言、文化相关的部分分离出来，加上特殊处理，就可以部分解决国际化问题。在界面风格的定制方面，把可以参数化的元素(如字体、颜色等)抽取到资源文件或数据库中，以便为用户提供友好的界面；如果某些部分包含无法参数化的元素，不得不分别设计时，可以通过“硬编码”来解决具体问题。

在 Java 中，为解决国际化问题，可能用到的类大部分都是由 java. util 包提供的。该类包中相关的类有 Locale、ResourceBundle、ListResourceBundle、PropertyResourceBundle 等。

7.5.1 Locale 类

Locale 类是用来标识本地化消息的重要工具类，该类主要包含对地理区域的地域化特征的封装，其特定对象表示某一特定的地理、政治或文化区域。通过设定 Locale 可以为特定的国家或地区提供符合当地文化习惯的字体、符号、图标和表达格式。一个 Locale 实例代表一种特定的语言和地区，可以通过 Locale 对象中的信息来输出其对应语言和地区的时间、日期、数字等格式。Locale 类常用方法如表 7-13 所示。

表 7-13 Locale 类的常用方法

方 法	功 能 描 述
Locale(String language)	构造 language 指定的语言的 Locale 对象
Locale(String language,String country)	构造 language 指定的语言和 country 指定的国家的 Locale 对象
StringgetCountry()	返回国家(地区)代码
StringgetDisplayCountry()	返回国家(地区)名称
StringgetLanguage()	返回语言代码
StringgetDisplayLanguage()	返回语言名称
Static LocalegetDefault()	获取当前系统信息的对应的 Locale 对象
Static voidsetDefault(Locale new)	重新设置默认的 Locale 对象

根据构造方法声明一个完整的 Locale 对象，需要提供 language(语言)和 country(国家)两个参数，而这两个参数的指定是有限制的，在这里 language 指定的参数是参照 ISO-639 标准，是以两个小写字母来表示某种语言；常用的 ISO-639 语言列表如表 7-14 所示。

表 7-14 ISO-639 常用的语言列表

语 言	英 文 名 称	编 码
汉语	Chinese	zh
英语	English	en
日本语	Japanese	ja
德语	German	de

country 指定的参数是参照 ISO-3166 标准，是以两个大写字母来表示国家(地区)；常用的 ISO-3166 国家(地区)列表如表 7-15 所示。

表 7-15 ISO-3166 常用的国家(地区)列表

国家(地区)	英 文 名 称	编 码
中国	China	CN
英国	Great Britain	GB
日本	Japan	JP
美国	United States	US
德国	Germany	DE

注意

完整的语言编码以及国家地区编码列表可以参考 http://www. unicode. org 官方网站，本书只列举常用的几个国家语言及地区。

下述示例代码创建了一个中国大陆的 Locale 对象，其中 language 参数为"zh"，counrty 参数为"CN"。

【示例】 定义中国大陆的 Local 对象

```
Locale locale = new Locale("zh","CN");
```

为了便于记忆和使用，Locale类还通过静态常量定义了一些常用的Locale对象，例如Locale.CHINA、Locale.JAPAN等，而Loacle.SIMPLIFIED_CHINESE则只设置了语言并没有指定区域信息。通过Locale类中的静态常量可以获取相应的语言和国家信息。

下述代码演示Locale类的使用。

【代码7-24】 LocaleDemo.java

```
package com.qst.chapter07;
import java.util.Locale;
public class LocaleDemo {
    public static void main(String[] args) {
        // 返回Java所支持的全部国家和语言的数组
        Locale[] localeList = Locale.getAvailableLocales();
        // 遍历数组的每个元素,依次获取所支持的国家和语言
        for (int i = 0; i < localeList.length ; i++)
        {
            // 输出所支持的国家和语言
            System.out.println(localeList[i].getDisplayCountry()
                + "=" + localeList[i].getCountry() + " "
                + localeList[i].getDisplayLanguage()
                + "=" + localeList[i].getLanguage());
        }
        // 获取默认的Locale信息
        Locale locale = Locale.getDefault();
        // 语言代码
        System.out.println("Language        : " + locale.getLanguage());
        // 国家代码
        System.out.println("Country         : " + locale.getCountry());
        // 语言显示名称
        System.out.println("DisplayLanguage : " + locale.getDisplayLanguage());
        // 国家显示名称
        System.out.println("DisplayCountry  : " + locale.getDisplayCountry());
        System.out.println("locale : " + locale);
        Locale newLocale = new Locale("en", "US");
        // 重设默认Locale信息
        Locale.setDefault(newLocale);
        locale = Locale.getDefault();
        System.out.println("Language        : " + locale.getLanguage());
        System.out.println("Country         : " + locale.getCountry());
        System.out.println("DisplayLanguage : " + locale.getDisplayLanguage());
        System.out.println("DisplayCountry  : " + locale.getDisplayCountry());
        System.out.println("locale : " + locale);
    }
}
```

在使用Locale时，指定的语言及国家信息需要Java支持才能通过，因此可以调用Locale.getAvailableLocales()方法来取得当前Java所支持的全部国家和语言的数组。

运行结果如下：

```
= =
阿拉伯联合酋长国=AE 阿拉伯文=ar
```

```
约旦 = JO 阿拉伯文 = ar
叙利亚 = SY 阿拉伯文 = ar
克罗地亚 = HR 克罗地亚文 = hr
比利时 = BE 法文 = fr
巴拿马 = PA 西班牙文 = es
马耳他 = MT 马耳他文 = mt
委内瑞拉 = VE 西班牙文 = es
 = 保加利亚文 = bg
 = 意大利文 = it
 = 朝鲜文 = ko
 = 乌克兰文 = uk
 = 拉托维亚文(列托) = lv
丹麦 = DK 丹麦文 = da
波多黎哥 = PR 西班牙文 = es
越南 = VN 越南文 = vi
美国 = US 英文 = en
...//省略
英国 = GB 英文 = en
Language          : zh
Country           : CN
DisplayLanguage   :中文
DisplayCountry    : 中国
locale : zh_CN
Language          : en
Country           : US
DisplayLanguage   : English
DisplayCountry    : United States
locale : en_US
```

7.5.2 ResourceBundle 类

ResourceBundle 类用于加载国家和语言资源包。资源文件的内容是以"键值"对组成，其中 key 是应用程序所使用的键，通过 key 可以获取 value 值，从而在界面显示相应的字符串。

资源文件的命名有如下三种形式：

- baseName_language_country. properties
- baseName_language. properties
- baseName. properties

其中，baseName 是资源文件的基本名称，可以随意命名；language 和 country 必须是 Java 支持的语言和国家，不可随意变化。

【示例】 资源文件名

```
myres_en_US.properties
myres_zh_CN.properties
myres.properties
```

ResourceBundle 类常用的方法如表 7-16 所示。

表 7-16 ResourceBundle 类的常用方法

方 法	功 能 描 述
public static final ResourceBundle getBundle(String baseName)	使用指定的基本名称、默认的语言环境和调用者的类加载器获取资源包
public static final ResourceBundle getBundle(String baseName,ResourceBundle.Control control)	使用指定基本名称、默认语言环境和指定控件返回一个资源包
public abstract Enumeration<String> getKeys()	返回键的枚举
public Locale getLocale()	返回此资源包的语言环境
public final Object getObject(String key)	从此资源包或其某个父包中获取给定键的对象
public final String getString(String key)	从此资源包或其某个父包中获取给定键的字符串
public final String[] getStringArray(String key)	从此资源包或其某个父包中获取给定键的字符串数组
public boolean containsKey(String key)	判断 key 是否包含在此 ResourceBundle 及其父包中
public Set<String> keySet()	返回此 ResourceBundle 及其父包中包含的所有键的 Set

在 src 根目录下面创建三个资源文件，内容分别如下所示。

【代码 7-25】 myres.properties

```
title = Login
name = QST
```

【代码 7-26】 myres_en_US.properties

```
title = Login
name = QST
```

【代码 7-27】 myres_zh_CN.properties

```
title = \u767b\u5f55
name = QST\u9752\u8f6f\u5b9e\u8bad
```

创建三个资源文件并列放在工程项目的 src 根目录下，如图 7-5 所示。

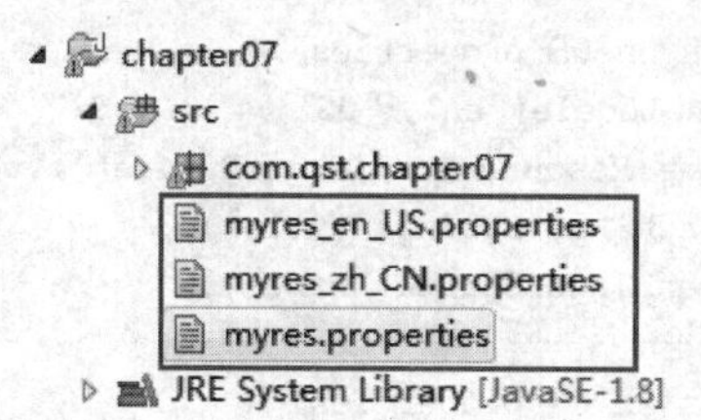

图 7-5 资源文件位置

注意，中文资源文件 myres_zh_CN.properties 中的内容是通过 JDK 自带的 native2ascii 命令工具转码得来，如图 7-6 所示。

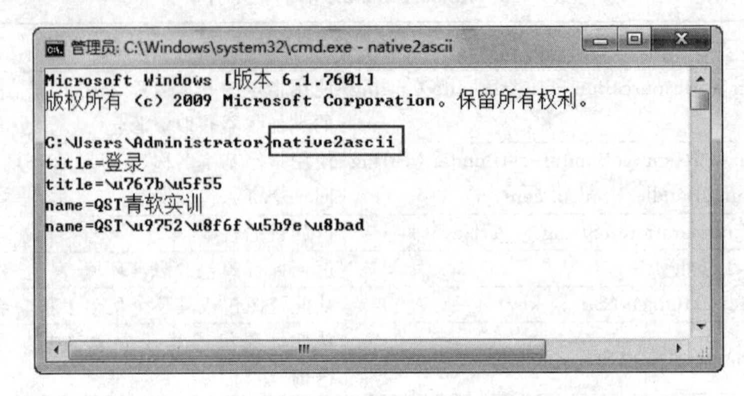

图 7-6　native2ascii 命令转码

native2ascii 命令还可以直接将一个文件进行转码，其语法格式如下：

【语法】

```
native2ascii  -encoding  原资源文件的编码  原资源文件名  转码后的文件名
```

【示例】 native2ascii 命令对文件进行转码

```
native2ascii  -encoding  GBK  myres_zh.properties  myres_zh_CN.properties
```

下述代码演示 ResourceBundle 类的使用。

【代码 7-28】 ResourceBundleDemo.properties

```
package com.qst.chapter07;
import java.util.Locale;
import java.util.ResourceBundle;
//国际化资源绑定测试
public class ResourceBundleDemo {
    public static void main(String[] args) {
        // 读取默认资源文件,跟 Local 默认值有关
        ResourceBundle resb1 = ResourceBundle.getBundle("myres",
                Locale.getDefault());
        System.out.println(resb1.getString("title"));
        System.out.println(resb1.getString("name"));
        System.out.println("--------------------------------");
        // 英语资源文件 myres_en_US.properties
        Locale localeEn = new Locale("en", "US");
        ResourceBundle resb2 = ResourceBundle.getBundle("myres", localeEn);
        System.out.println(resb2.getString("title"));
        System.out.println(resb2.getString("name"));
        System.out.println("--------------------------------");
        // 中文资源文件 myres_zh_CN.properties
        Locale localeZh = new Locale("zh", "CN");
        ResourceBundle resb3 = ResourceBundle.getBundle("myres", localeZh);
```

```
        System.out.println(resb1.getString("title"));
        System.out.println(resb1.getString("name"));
        System.out.println("------------------------------");
    }
}
```

上述代码运行结果如下：

```
登录
QST 青软实训
------------------------------
Login
QST
------------------------------
登录
QST 青软实训
------------------------------
```

7.6 格式化处理

依赖 Locale 类，Java 提供了一系列的格式器（Formatter）来完成数字、货币、日期以及消息的格式化。

7.6.1 数字格式化

在不同的国家，数字表示方式是不一样的，如在中国的“8,888.8”，在德国却表示为“8.888,8”，因此对数字表示将根据不同的 Locale 来格式化。

在 java.text 包中提供了一个 NumberFormat 类，用于完成对数字、百分比进行格式化和对字符串对象进行解析。NumberFormat 提供了大量的静态方法用于获取使用指定 Locale 对象封装的 NumberFormat 实例。NumberFormat 类的常用方法如表 7-17 所示。

表 7-17 NumberFormat 类的常用方法

方　法	功能描述
static NumberFormat getNumberInstance()	返回与当前系统信息相关的默认的数字格式器对象
static NumberFormat getNumberInstance(Locale l)	返回指定 Locale 为 l 的数字格式器对象
static NumberFormat getPercentInstance()	返回与当前系统信息相关的默认的百分比格式器对象
static NumberFormat getPercentInstance(Locale l)	返回指定 Locale 为 l 的百分比格式器对象
static NumberFormat getCurrencyInstance()	返回与当前系统信息相关的默认的货币格式器对象
static NumberFormat getCurrencyInstance (Locale l)	返回指定 Locale 为 l 的货币格式器对象
String format(double number)	将数字 number 格式化为字符串返回
Number parse(String source)	将指定的字符串解析为 Number 对象

下述代码演示如何使用 NumberFormat 实现数字格式化处理。

【代码 7-29】 NumberFormatDemo. java

```
package com.qst.chapter07;
import java.text.NumberFormat;
import java.util.Locale;
public class NumberFormatDemo {
    public static void main(String[] args) {
        //需要格式化的数据
        double value = 987654.321;
        //设定三个 Locale
        Locale cnLocale = new Locale("zh", "CN");
        Locale usLocale = new Locale("en", "US");
        //德国
        Locale deLocal3 = new Locale("de", "DE");
        NumberFormat dNf = NumberFormat.getNumberInstance();
        NumberFormat pNf = NumberFormat.getPercentInstance();
        //得到三个 local 对应的 NumberFormat 对象
        NumberFormat cnNf = NumberFormat.getNumberInstance(cnLocale);
        NumberFormat usNf = NumberFormat.getNumberInstance(usLocale);
        NumberFormat deNf = NumberFormat.getNumberInstance(deLocal3);
        //将上边的 double 数据格式化输出
        System.out.println("Default Percent Format:" + pNf.format(value));
        System.out.println("Default Number Format:" + dNf.format(value));
        System.out.println("China Number Format:" + cnNf.format(value));
        System.out.println("United Number Format:" + usNf.format(value));
        System.out.println("German Number Format:" + deNf.format(value));
        try {
            System.out.println(dNf.parse("3.14").doubleValue());
            System.out.println(dNf.parse("3.14F").doubleValue());
            //下述语句抛出异常
            System.out.println(dNf.parse("F3.14").doubleValue());
        } catch (Exception e) {
            System.out.println(e);
        }
    }
}
```

运行结果如下：

```
Default Percent Format:98,765,432%
Default Number Format:987,654.321
China Number Format:987,654.321
United Number Format:987,654.321
German Number Format:987.654,321
3.14
3.14
java.text.ParseException: Unparseable number: "F3.14"
```

上述代码中声明了中文、英文和德语的三个 Locale 对象，并使用相应的 NumberFormat 对指定的数据格式化输出。另外，parse()方法的返回类型是 Number，如果给定的数字文本格式不正确，则该方法会抛出 ParseException 异常，例如将"F3.14F"字符串进行转换时就会抛出异常；但是任何跟在数字之后的字符将被忽略，例如，"3.14F"则会顺利转换。

7.6.2 货币格式化

NumberFormat 除了能对数字、百分比格式化外，还可以对货币数据格式化，货币格式化通常是在钱数前面加上类似于“¥”、“$”的货币符号，来区分货币类型。使用 NumberFormat 的静态方法 getCurrencyInstance()方法来获取格式器。

下述代码使用 NumberFormat 实现货币格式化处理。

【代码 7-30】 CurrencyFormatDemo.java

```
package com.qst.chapter07;
import java.text.NumberFormat;
import java.util.Locale;
public class CurrencyFormatDemo {
    public static void main(String[ ] args) {
        // 需要格式化的数据
        double value = 987654.321;
        // 设定 Locale
        Locale cnLocale = new Locale("zh", "CN");
        Locale usLocale = new Locale("en", "US");
        // 得到 local 对应的 NumberFormat 对象
        NumberFormat cnNf = NumberFormat.getCurrencyInstance(cnLocale);
        NumberFormat usNf = NumberFormat.getCurrencyInstance(usLocale);
        // 将上边的 double 数据格式化输出
        System.out.println("China Currency Format:" + cnNf.format(value));
        System.out.println("United Currency Format:" + usNf.format(value));
    }
}
```

执行结果如下：

```
China Currency Format: ¥987,654.32
United Currency Format: $987,654.32
```

以货币格式输出数据时，会在数据前面添加相应的货币符号，并且在人民币和美元的表示中，都精确到了“分”，即小数点后只保留了两位，以确保数据有实际意义。

7.6.3 日期格式化

不同国家其日期格式也是不同的，例如，中文的日期格式为“xxxx 年 xx 月 xx 日”，而英文的日期格式就是“yyyy-mm-dd”。因此，对日期和时间也需要根据不同的 Locale 来格式化。

Java 中日期和时间的格式化是通过 DateFormat 类来完成的，该类的使用方式与 NumberFormat 类相似。DateFormat 类的常用方法如表 7-18 所示。

表 7-18 DateFormat 的常用方法

方　　法	功能描述
static DateFormat getDateInstance()	返回默认样式的日期格式器
static DateFormat getDateInstance(int style)	返回默认指定样式的日期格式器
static DateFormat getDateInstance(int style, Locale aLocale)	返回默认指定样式和 Locale 信息的日期格式器
static DateFormat getTimeInstance()	返回默认样式的时间格式器
static DateFormat getTimeInstance(int style)	返回默认指定样式的时间格式器
static DateFormat getTimeInstance(int style, Locale aLocale)	返回默认指定样式和 Locale 信息的时间格式器
static DateFormat getDateTimeInstance()	返回默认样式的日期时间格式器
static DateFormat getDateTimeInstance(int dateStyle, int timeStyle)	返回默认指定样式的日期时间格式器
static DateFormat getDateTimeInstance(int dateStyle, int timeStyle, Locale aLocale)	返回默认指定样式和 Locale 信息的日期时间格式器

其中,dateStyle 日期样式和 timeStyle 时间样式,这两个参数是 DateFormat 中定义好的静态常量,用于控制输出日期、时间的显示形式,常用的样式控制有:

- DateFormat.FULL——在 zh_CN 的 Locale 下,此格式的日期格式取值类似于"2015 年 12 月 2 日星期三",时间格式取值类似于"下午 04 时 26 分 18 秒 CST"。
- DateFormat.LONG——在 zh_CN 的 Locale 下,此格式的日期格式取值类似于"2015 年 12 月 2 日",时间格式取值类似于"下午 04 时 26 分 18 秒"。
- DateFormat.DEFAULT——在 zh_CN 的 Locale 下,此格式的日期格式取值类似于"2015-12-2",时间格式取值类似于"16:26:18"。
- DateFormat.SHORT——在 zh_CN 的 Locale 下,此格式的日期格式取值类似于"15-12-2",时间格式取值类似于"下午 4:26"。

下述代码使用 DateFormat 实现日期时间格式化处理。

【代码 7-31】 DateFormatDemo.java

```
package com.qst.chapter07;
import java.text.DateFormat;
import java.util.Date;
import java.util.Locale;
public class DateFormatDemo {
    public static void print(Date date, Locale locale) {
        // 得到对应 Locale 对象的日期格式化对象
        DateFormat df1 = DateFormat.getDateTimeInstance(DateFormat.FULL,
                DateFormat.FULL, locale);
        DateFormat df2 = DateFormat.getDateTimeInstance(DateFormat.LONG,
                DateFormat.LONG, locale);
        DateFormat df3 = DateFormat.getDateTimeInstance(DateFormat.DEFAULT,
                DateFormat.DEFAULT, locale);
        DateFormat df4 = DateFormat.getDateTimeInstance(DateFormat.SHORT,
                DateFormat.SHORT, locale);
```

```
        // 格式化日期输出
        System.out.println(df1.format(date));
        System.out.println(df2.format(date));
        System.out.println(df3.format(date));
        System.out.println(df4.format(date));
    }
    public static void main(String[] args) {
        Date now = new Date();
        Locale cnLocale = new Locale("zh", "CN");
        Locale usLocale = new Locale("en", "US");
        System.out.println("中文格式：");
        print(now, cnLocale);
        System.out.println("英文格式：");
        print(now, usLocale);
    }
}
```

运行结果如下：

```
中文格式：
2015年12月2日 星期三 下午04时09分22秒 CST
2015年12月2日 下午04时09分22秒
2015-12-2 16:09:22
15-12-2 下午4:09
英文格式：
Wednesday, December 2, 2015 4:09:22 PM CST
December 2, 2015 4:09:22 PM CST
Dec 2, 2015 4:09:22 PM
12/2/15 4:09 PM
```

除了DateFormat类，Java还提供了更加简便的日期格式器SimpleDateFormat类，该类是DateFormat的子类，可以更加灵活地对日期和时间进行格式化。

SimpleDateFormat类的使用很简单，通过预定义的模式字符构造特定的模式串，然后根据模式串来创建SimpleDateFormat格式器对象，从而通过此格式器完成指定日期时间的格式化。例如：'D'表示一年中的第几天，'d'表示一月中的第几天，'E'代表星期中的第几天等，其他可以使用的模式字符可参看Java提供的API帮助文档，表7-19列举了本书使用的日期模式字符。

表7-19　部分日期模式字符

模式字符	功能描述
D	一年中的第几天
d	一月中的第几天
E	星期中的第几天
y	年
H	小时(0～23)
h	小时(0～11)，使用AM/PM区分上下午

续表

模式字符	功能描述
M	月份
m	分钟
S	毫秒
s	秒

通过模式字符可以构建控制日期、时间格式的模式串，在 zh_CN 的 Locale 下自定义模式串及其对应的日期、时间格式示例如表 7-20 所示。

表 7-20 日期模式串示例

格式串	输出实例
yyyy.MM.dd G 'at' HH:mm:ss	2010.03.22 公元 at 13:57:47
h:mm a	1:58 下午
yyyy 年 MM 月 dd 日 HH 时 mm 分 ss 秒	2010 年 03 月 22 日 13 时 50 分 02 秒
EEE, d MMM yyyy HH:mm:ss	星期一，22 三月 2010 13:58:52
yyyy-MM-dd HH:mm:ss	2010-03-22 13:50:02

注意

如果需要在模式串中使用的字符（字符串）不被 SimpleDateFormat 解释，可以在模式串中将其用单引号括起来。

下述代码演示如何使用 SimpleDateFormat 实现日期时间格式化处理。

【代码 7-32】 SimpleDateFormatDemo.java

```
package com.qst.chapter07;
import java.text.SimpleDateFormat;
import java.util.Date;
public class SimpleDateFormatDemo {
    public static void main(String[] args) {
        Date now = new Date();
        SimpleDateFormat sdf1 = new SimpleDateFormat("yyyy - MM - dd HH:mm:ss");
        System.out.println(sdf1.format(now));
        SimpleDateFormat sdf2 =
        new SimpleDateFormat("yyyy 年 MM 月 dd 日 HH 时 mm 分 ss 秒");
        System.out.println(sdf2.format(now));
        SimpleDateFormat sdf3 =
        new SimpleDateFormat("现在是 yyyy 年 MM 月 dd 日,是今年的第 D 天");
        System.out.println(sdf3.format(now));
    }
}
```

执行结果如下：

```
2015 - 12 - 02 16:13:34
2015 年 12 月 02 日 16 时 13 分 34 秒
现在是 2015 年 12 月 02 日,是今年的第 336 天
```

注意

> SimpleDateFormat 一般不用于国际化处理，而是为了以特定模式输出日期和时间，以便本地化的使用。

7.6.4 Java 8 新增的 DateTimeFormatter

Java 8 在 java.time.format 包下新增了一个 DateTimeFormatter 格式器类，该类功能非常强大，相当于前面介绍的 DateFormat 和 SimpleDateFormat 的综合体，不仅可以将时间、日期对象格式化成字符串，还可以将特定的字符串解析成时间、日期对象。

使用 DateTimeFormatter 进行格式化或解析，首先必须获取 DateTimeFormatter 对象。通常获取 DateTimeFormatter 对象有以下三种方式：

- 直接使用静态常量创建 DateTimeFormatter 对象——DateTimeFormatter 类中提供了大量的静态常量，这些静态常量本身就是 DateTimeFormatter 实例对象，例如，ISO_LOCAL_DATE、ISO_LOCAL_TIME、ISO_LOCAL_DATE_TIME；
- 使用不同风格的枚举值来创建 DateTimeFormatter 对象——在 FormatStyle 枚举类中定义了 FULL、LONG、MEDIUM 和 SHORT 四个枚举值，分别代表不同的风格；
- 根据模式字符串来创建 DateTimeFormatter 对象——类似于 SimpleDateFormat 采用模式字符串，例如“yyyy-MM-dd HH:mm:ss”。

DateTimeFormatter 类提供了 format()方法用于对日期时间进行格式化，parse()方法用于对日期时间字符串进行解析。下述代码演示如何使用 DateTimeFormatter 类进行日期和时间的格式化及解析。

【代码 7-33】 DateTimeFormatterDemo.java

```
package com.qst.chapter07;
import java.time.LocalDateTime;
import java.time.format.DateTimeFormatter;
import java.time.format.FormatStyle;
public class DateTimeFormatterDemo {
    // 日期和时间的格式化
    public static void formateMethod() {
        DateTimeFormatter[] formatters = new DateTimeFormatter[] {
                // 直接使用常量创建 DateTimeFormatter 格式器
                DateTimeFormatter.ISO_LOCAL_DATE,
                DateTimeFormatter.ISO_LOCAL_TIME,
                DateTimeFormatter.ISO_LOCAL_DATE_TIME,
                // 使用本地化的不同风格来创建 DateTimeFormatter 格式器
                DateTimeFormatter.ofLocalizedDateTime(FormatStyle.FULL,
                        FormatStyle.MEDIUM),
                DateTimeFormatter.ofLocalizedTime(FormatStyle.LONG),
                // 根据模式字符串来创建 DateTimeFormatter 格式器
                DateTimeFormatter.ofPattern("Gyyyy%%MMM%%dd HH:mm:ss") };
        LocalDateTime date = LocalDateTime.now();
```

```
        // 依次使用不同的格式器对 LocalDateTime 进行格式化
        for (int i = 0; i < formatters.length; i++) {
            // 下面两行代码的作用相同
            System.out.println(date.format(formatters[i]));
            System.out.println(formatters[i].format(date));
        }
    }
    // 解析字符串,成为日期和时间
    public static void parseMethod() {
        // 定义一个任意格式的日期时间字符串
        String str1 = "2015 == 12 == 02 01 时 06 分 09 秒";
        // 根据需要解析的日期、时间字符串定义解析所用的格式器
        DateTimeFormatter fomatter1 = DateTimeFormatter
                .ofPattern("yyyy == MM == dd HH 时 mm 分 ss 秒");
        // 执行解析
        LocalDateTime dt1 = LocalDateTime.parse(str1, fomatter1);
        System.out.println(dt1); // 输出 2015-12-02T01:06:09
        // --- 下面代码再次解析另一个字符串 ---
        String str2 = "2015$$$十二月$$$02 20 小时";
        DateTimeFormatter fomatter2 = DateTimeFormatter
                .ofPattern("yyy$$$MMM$$$dd HH 小时");
        LocalDateTime dt2 = LocalDateTime.parse(str2, fomatter2);
        System.out.println(dt2); // 输出 2015-12-02T20:00
    }
    public static void main(String[] args) {
        // 调用格式化方法
        formateMethod();
        // 调用解析方法
        parseMethod();
    }
}
```

上述代码在 formateMethod()方法中分别通过 3 种方式创建了 6 个 DateTimeFormatter 对象,再使用不同方式来格式化日期；parseMethod()方法中分别使用格式字符串创建了 DateTimeFormatter 对象,这样 DateTimeFormatter 即可按照该格式字符串将日期、时间字符串解析成 LocalDateTime 对象。

运行结果如下：

```
2015-12-02
2015-12-02
16:55:00.546
16:55:00.546
2015-12-02T16:55:00.546
2015-12-02T16:55:00.546
2015年12月2日 星期三 16:55:00
2015年12月2日 星期三 16:55:00
下午04时55分00秒
下午04时55分00秒
```

```
公元 2015 % % 十二月 % % 02 16:55:00
公元 2015 % % 十二月 % % 02 16:55:00
2015 - 12 - 02T01:06:09
2015 - 12 - 02T20:00
```

7.6.5 消息格式化

国际化软件需要根据用户的本地化消息输出不同的格式，即动态实现消息的格式化。java.text.MessageFormat 类可以实现消息的动态处理，常用的方法如表 7-21 所示。

表 7-21 MessageFormat 类的常用方法

方法	功能描述
public MessageFormat(String pattern)	构造方法，根据指定的模式字符串，构造默认语言环境下的 MessageFormat 对象
public MessageFormat(String pattern, Locale locale)	构造方法，根据指定模式字符串和语言环境，构造 MessageFormat 对象
public void applyPattern(String pattern)	设置模式字符串
public String toPattern()	返回消息格式当前状态的模式字符串
public setLocale(Locale locale)	用于设置创建或比较子格式时所使用的语言环境
public final String format(Object obj)	格式化一个对象以生成一个字符串，该方法是其父类 Format 提供的方法
public static String format(String pattern, Object... arguments)	创建具有给定模式的 MessageFormat 对象，并使用该对象来格式化给定的参数

MessageFormat 类的构造方法中有一个 pattern 参数，该参数是一个带占位符的模式字符串，可以根据实际情况使用实际的值类替换字符串中的占位符。在模式字符串中，占位符使用{}括起来，其语法格式如下：

【语法】

```
{n[,formatType][,formatStyle]}
```

其中：

- n 代表占位符的索引，取值是从 0 开始；
- formatType 代表格式类型，用于标识数字、日期、时间；
- formatStyle 代表格式样式，用于具体的样式，如货币、完整日期等。

常用格式类型和格式样式如表 7-22 所示。

表 7-22 占位符格式类型和样式

分类	格式类型	格式样式	功能描述
数字	number	integer	整数类型
		currency	货币类型
		percent	百分比类型
		#.##	小数类型

续表

分类	格式类型	格式样式	功能描述
日期	date	full	完整格式日期
		long	长格式日期
		medium	中等格式日期
		short	短格式日期
时间	time	full	完整格式时间
		long	长格式时间
		medium	中等格式时间
		short	短格式时间

通常使用 MessageFormat 进行消息格式化的步骤如下：

(1) 创建模式字符串,其动态变化的部分使用占位符代替,每个占位符可以重复出现多次；

(2) 根据模式字符串构造 MessageFormat 对象；

(3) 创建 Locale 对象,并调用 setLocale()方法设置 MessageFormat 对象的语言环境；

(4) 创建一个对象数组,并按照占位符的索引来组织数据；

(5) 调用 format()方法实现消息格式化,并将对象数组作为该方法的参数。

【示例】 创建并使用 MessageFormat 对象

```
//1.定义一个带占位符的模式字符串,对占位符进行不同的格式化
String pattern = "{0},你好!欢迎您在{1,date,long}访问本系统,现在是{1,time,hh:mm:ss}";
// 2. 根据模式字符串构造 MessageFormat 对象
MessageFormat formater = new MessageFormat(pattern);
// 3. 创建 Locale 对象
Locale locale = Locale.getDefault();
//调用 setLocale()方法设置 MessageFormat 对象的语言环境
formatter.setLocale(locale);
//4. 创建一个对象数组
Object[] msgParams = {"QST", new Date()};
// 5. 调用 format()方法实现消息格式化
System.out.println(formatter.format(msgParams));
```

下述代码演示如何使用 MessageFormat 实现消息格式化处理。

【代码 7-34】 MessageFormatDemo.java

```
package com.qst.chapter07;


import java.text.MessageFormat;
import java.util.Date;
import java.util.Locale;
public class MessageFormatDemo {
    /**
     * 定义消息格式化方法 msgFormat()
     *
```

```
     * @param pattern
     *            模式字符串
     * @param locale
     *            语言环境
     * @param msgParams
     *            占位符参数
     */
    public static void msgFormat(String pattern, Locale locale,
            Object[] msgParams) {
        // 根据指定的pattern模式字符串构造MessageFormat对象
        MessageFormat formatter = new MessageFormat(pattern);
        // formatter.applyPattern(pattern);
        // 设置语言环境
        formatter.setLocale(locale);
        // 根据传递的参数,对应替换模式串中的占位符
        System.out.println(formatter.format(msgParams));
    }
    public static void main(String[] args) {
        // 定义一个带占位符的模式字符串
        String pattern1 = "{0},您好!欢迎您在{1}访问本系统!";
        // 获取默认语言环境
        Locale locale1 = Locale.getDefault();
        // 输出国家
        System.out.println(locale1.getCountry());
        // 构造模式串所需的对象数组
        Object[] msgParams1 = { "赵克玲", new Date() };
        // 调用msgFormat()实现消息格式化输出
        msgFormat(pattern1, locale1, msgParams1);
        // 定义一个带占位符的模式字符串,对占位符进行不同的格式化
        String pattern2 = "{0} ,你好!欢迎您在{1,date,long}访问本系统,现在是{1,time,hh:
mm:ss}";
        // 调用msgFormat()实现消息格式化输出
        msgFormat(pattern2, locale1, msgParams1);
        System.out.println("----------------------------------------");
        // 创建一个语言环境
        Locale locale2 = new Locale("en", "US");
        // 输出国家
        System.out.println(locale2.getCountry());
        // 构造模式串所需的对象数组
        Object[] msgParams2 = { "QST青软实训", new Date() };
        // 调用msgFormat()实现消息格式化输出
        msgFormat(pattern1, locale2, msgParams2);
        msgFormat(pattern2, locale2, msgParams2);
    }
}
```

上述代码中,定义了一个消息格式化方法msgFormat(),该方法带三个参数,分别用于设置模式字符串、语言环境和占位符参数。在main()方法中分别定义不同的模式字符串、Local对象以及对象数组,然后调用msgFormat()实现消息格式化输出。

运行结果如下：

```
CN
赵克玲,您好!欢迎您在 15-12-3 下午 1:40 访问本系统!
赵克玲 ,你好!欢迎您在 2015 年 12 月 3 日访问本系统,现在是 01:40:05
-----------------------------------------
US
QST 青软实训,您好!欢迎您在 12/3/15 1:40 PM 访问本系统!
QST 青软实训 ,你好!欢迎您在 2015 年 12 月 3 日访问本系统,现在是 01:40:05
```

7.7 贯穿任务实现

7.7.1 实现【任务 7-1】

下述内容实现 Q-DMS 贯穿项目中的【任务 7-1】,使用注解重新迭代升级“Q-DMS 数据挖掘”系统中的代码。

使用@Override 注解将 DataBase、LogRec、Transport、MatchedLogRec、MatchedTransport、MatchedTableModel、LogRecAnalyse、TransportAnalyse、LoginFrame、RegistFrame 和 MainFrame 类中的重写方法进行迭代,涉及 toString()方法、实现接口或抽象类的方法以及监听类的事件处理方法等。

【任务 7-1】 DataBase.java

```java
public class DataBase implements Serializable {
    ...//省略
    @Override
    public String toString() {
        return id + "," + time + "," + address + "," + type;
    }
}
```

【任务 7-1】 LoginFrame.java

```java
public class LoginFrame extends JFrame {
    ...//省略
    // 监听类,负责处理重置按钮
    public class ResetListener implements ActionListener {
        // 重写 actionPerFormed()方法,事件处理方法
        @Override
        public void actionPerformed(ActionEvent e) {
            // 清空文本框
            txtName.setText("");
            txtPwd.setText("");
        }
    }
    ...//省略
}
```

注意

> 因篇幅限制，增加@Override注解只演示一部分，其余未展示的迭代都是类似的，具体可以参照提供的源代码。

7.7.2 实现【任务7-2】

下述内容实现Q-DMS贯穿项目中的【任务7-2】使用格式化将输出的日期进行格式化输出。

修改MatchedTableModel代码，增加日期的格式化显示，代码如下所示。

【任务7-2】 MatchedTableModel.java

```
package com.qst.dms.entity;

import java.sql.ResultSet;
import java.sql.ResultSetMetaData;
import java.text.SimpleDateFormat;

import javax.swing.table.AbstractTableModel;

public class MatchedTableModel extends AbstractTableModel {
    // 使用ResultSet来创建TableModel
    private ResultSet rs;
    private ResultSetMetaData rsmd;
    // 标志位,区分日志和物流: 1,日志; 0,物流
    private int sign;
    //格式化日期输出的格式
    private SimpleDateFormat format;
    public MatchedTableModel(ResultSet rs, int sign) {
        this.rs = rs;
        this.sign = sign;
        try {
            rsmd = rs.getMetaData();
        } catch (Exception e) {
            rsmd = null;
        }
        format = new SimpleDateFormat("yyyy年MM月dd日HH时mm分ss秒");
    }
    // 获取表格的行数
    @Override
    public int getRowCount() {
        try {
            rs.last();
            // System.out.println(count);
            return rs.getRow();
        } catch (Exception e) {
            return 0;
        }
    }
    // 获取表格的列数
    @Override
```

```
    public int getColumnCount() {
        try {
            // System.out.println(rsmd.getColumnCount());
            return rsmd.getColumnCount();
        } catch (Exception e) {
            return 0;
        }
    }
    // 获取指定位置的值
    @Override
    public Object getValueAt(int rowIndex, int columnIndex) {
        try {
            rs.absolute(rowIndex + 1);
            if (columnIndex == 1) {
                //格式化日期输出
                return format.format(rs.getDate(columnIndex + 1));
            }
            return rs.getObject(columnIndex + 1);
        } catch (Exception e) {
            return null;
        }
    }
    // 获取表头信息
    @Override
    public String getColumnName(int column) {
        String[] logArray = { "日志 ID", "采集时间", "采集地点", "状态",
                            "用户名", "IP", "日志类型" };
        String[] tranArray = { "物流 ID", "采集时间", "目的地", "状态",
                            "经手人", "收货人", "物流类型" };
        return sign == 1 ? logArray[column] : tranArray[column];
    }
}
```

上述代码使用 SimpleDateFormat 对日期进行统一的格式化。

运行程序,查看日志表格中的日期格式,如图 7-7 所示。

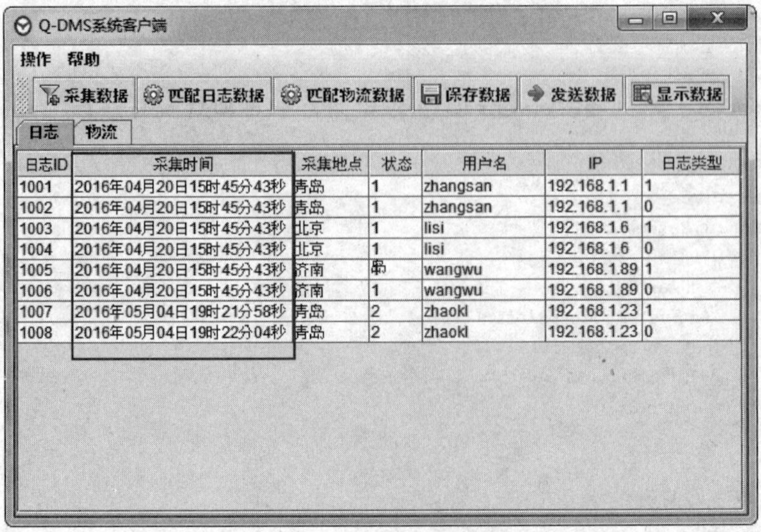

Q-DMS系统客户端

操作 帮助

采集数据 匹配日志数据 匹配物流数据 保存数据 发送数据 显示数据

日志 物流

日志ID	采集时间	采集地点	状态	用户名	IP	日志类型
1001	2016年04月20日15时45分43秒	青岛	1	zhangsan	192.168.1.1	1
1002	2016年04月20日15时45分43秒	青岛	1	zhangsan	192.168.1.1	0
1003	2016年04月20日15时45分43秒	北京	1	lisi	192.168.1.6	1
1004	2016年04月20日15时45分43秒	北京	1	lisi	192.168.1.6	0
1005	2016年04月20日15时45分43秒	济南	[illegible]	wangwu	192.168.1.89	1
1006	2016年04月20日15时45分43秒	济南	1	wangwu	192.168.1.89	0
1007	2016年05月04日19时21分58秒	青岛	2	zhaokl	192.168.1.23	1
1008	2016年05月04日19时22分04秒	青岛	2	zhaokl	192.168.1.23	0

图 7-7　日志表中的日期格式

查看物流表格中的日期格式，如图 7-8 所示。

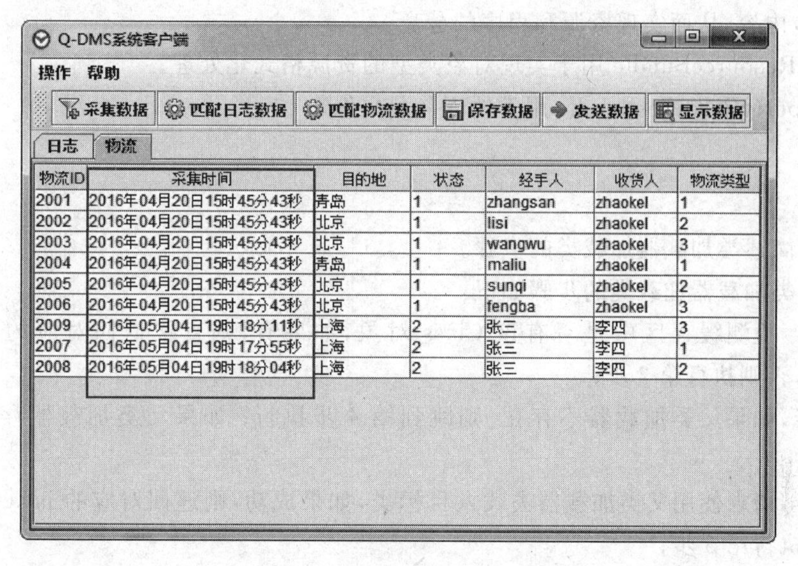

图 7-8 物流表中的日期格式

本章总结

小结

- Class 类的实例表示正在运行的 Java 应用程序中的类和接口。
- JVM 为每种类型创建一个独一无二的 Class 对象，可以使用==操作符来比较类对象。
- ClassLoader 是 JVM 将类装入内存的中间类。
- instanceof 关键字用于判断一个引用类型变量所指向的对象是否是一个类的实例。
- 反射是 Java 被视为动态（或准动态）语言的一个关键性质。
- 利用 Java 反射机制可以获取类的相关定义信息：属性、方法和访问修饰符等。
- Constructor 类用于表示类中的构造方法，Method 类提供关于类或接口中某个方法的信息，Field 类提供有关类或接口的属性信息。
- 枚举是一个命名常量的列表，Java 枚举是类类型，继承自 Enum。
- Java 的类型包装器有 Double、Float、Long、Integer、Short、Byte、Character 和 Boolean。
- 注解能将补充的信息补充到源文件中而不会改变程序的操作。
- 通过反射机制来获取注解的相关信息。
- Java 是一个全面支持国际化的语言，使用 Unicode 处理所有字符串。
- Java 通过类 Locale 设定语言及国家。
- NumberFormat 用于进行数字、货币格式化。
- DateFormat、SimpleDateFormat 用于格式化日期和时间。
- MessageFormat 用于格式化消息字符串。

- 在国际化应用程序中可以事先将信息资源包装在资源包中，程序根据 Locale 定位资源包内容，从而实现资源和程序的分离。
- ListResourceBundle 用于实现对象类型的资源格式化处理。
- PropertyResourceBundle 用于处理资源文件。

Q&A

问题：简述类加载器加载类的步骤。

回答：类加载器加载类的步骤如下：

第 1 步，检测缓存区中是否有该 Class 对象，如果有，则直接返回对应的 java.lang.Class 对象，否则执行第 2 步；

第 2 步，如果父类加载器不存在，则跳到第 4 步执行；如果父类加载器存在，则执行第 3 步；

第 3 步，请求使用父类加载器去载入目标类，如果成功，则返回对应的 java.lang.Class 对象，否则执行第 5 步；

第 4 步，请求使用根类加载器来载入目标类，如果成功则返回对应的 java.lang.Class 对象，否则抛出 ClassNotFoundException 异常；

第 5 步，当前类加载器尝试寻找 Class 文件（从与此 ClassLoader 相关的类路径中寻找），如果找到，则执行第 6 步，否则抛出 ClassNotFoundException 异常；

第 6 步，从文件中载入 Class，成功载入后返回对应的 java.lang.Class 对象。

章节练习

习题

1. 假设 Person 类没有默认构造方法，下列不能运行通过的选项是________。

   A. Class clazz = Class.class;

   B. Class clazz = Class.forName("java.lang.Class");

   C. Class<Person> clazz = new Class<Person>();

   D. Person person =(Person) clazz.newInstance()

2. 当类（型）被加载到 JVM 后，对于每种数据类型在 JavaJVM 中会有________个 Class 对象与之对应。

   A. 1　　B. 2　　C. 3　　D. 4

3. NumberFormat 类在________包中。

4. 在 Java 中还提供了一个________类是 DateFormat 的子类，可以更加灵活地格式化日期。

5. 将属性文件转换成对应的 Unicode 编码的命令是________。

6. 指定至少有一位数字，但不超过两个数字的正则表达式是________。

7. 能不能直接通过 new 来创建某种类型的 Class 对象？为什么？

8. 简述 Class.forName 的作用。

9. 简述类在什么情况下被加载。

10. 简要描述一下 Field、Method、Constructor 的功能。

11. 定义一枚举类，当输入 1-7 中的任意一个数值时，打印对应的星期几(例如，输入 1 时，会打印"星期一")。

12. 简述注解的优点。

上机

训练目标：注解的使用。

培养能力	注解的使用		
掌握程度	★★★★★	难度	难
代码行数	200	实施方式	编码强化
结束条件	独立编写，不出错。		

(1) 自定义一个注解，包含一个用于描述信息的成员 comment()。

(2) 编写一个类，使用自定义的注解修饰该类中的方法。

(3) 编写一个测试类，通过反射机制获取指定方法的注解信息，并显示。

第8章 Java 8新特性

任务驱动

本章任务是使用 Lambda 迭代升级“Q-DMS 数据挖掘”系统中的部分代码：

- 【任务 8-1】 使用 Lambda 表达式迭代升级主窗口中“帮助”菜单的事件处理。
- 【任务 8-2】 使用 Lambda 表达式实现查找指定的匹配信息并显示。

学习路线

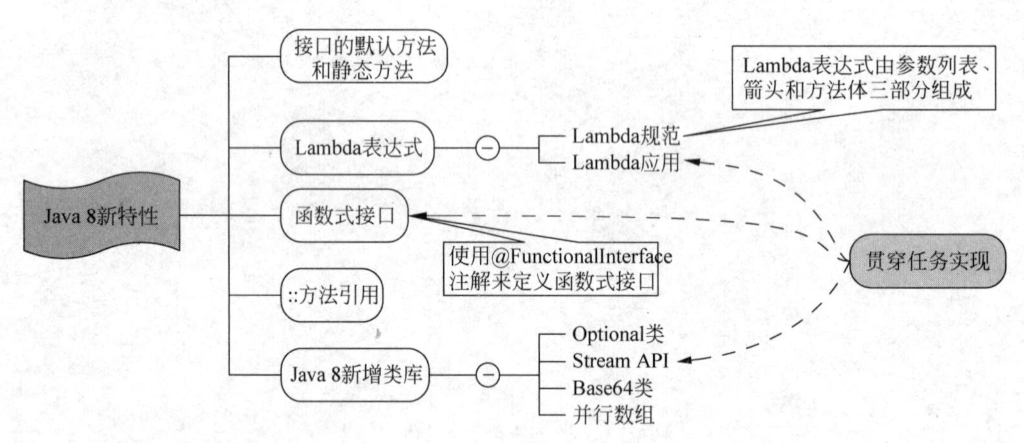

本章目标

知　识　点	Listen(听)	Know(懂)	Do(做)	Revise(复习)	Master(精通)
接口默认方法和静态方法	★	★	★	★	
Lambda 表达式	★	★	★	★	
函数式接口	★	★	★	★	★
方法引用	★	★	★		
Java 8 新增类库	★	★	★		

Java 8 是自 Java 5 以来最具革命性且变化巨大的版本，在语言、编译器和类库等多方面提供了大量的新特性，例如，接口的默认方法与静态方法、Lambda 表达式、函数式接口等。

本章将重点介绍 Java 8 的这些新特性。

8.1 接口的默认方法和静态方法

从 Java 8 开始允许在接口中定义默认方法和静态方法：

- 默认方法又称为扩展方法，需要在方法前使用 default 关键字进行修饰；
- 静态方法就是类方法，需要在方法前使用 static 关键字进行修饰。

注意

> 接口中定义的普通方法不管是否使用 public abstract 进行修饰，其默认总是使用 public abstract 来修饰，即接口中的普通方法都是抽象方法，不能有方法的实现（方法体）；而接口的默认方法和静态方法都必须有方法的实现（方法体）。

下述代码定义一个接口，该接口中包含默认方法和静态方法。

【代码 8-1】 IDefaultStatic. java

```
package com.qst.chapter08;
publicinterface IDefaultStatic {
    // 抽象方法
    double calculate(int a);
    // 默认方法
    default double sqrt(int a) {
        return Math.sqrt(a);
    }
    // 静态方法
    static String msg() {
        return "接口中的静态方法";
    }
}
```

默认方法虽然有方法体，但不能通过接口直接访问，必须通过接口实现类的实例进行访问，即访问默认方法的语法格式如下：

【语法】 访问默认方法

```
对象名.默认方法名()
```

静态方法既可以直接通过接口名进行访问，也可以通过接口实现类的实例进行访问，通常建议直接通过接口名进行访问。访问静态方法的语法格式如下：

【语法】 访问静态方法

```
接口名.静态方法名()
```

下述代码演示如何使用接口的默认方法和静态方法。

【代码 8-2】 **IDefaultStaticDemo.java**

```
package com.qst.chapter08;

public class IDefaultStaticDemo {
    public static void main(String[] args) {
        //可以直接访问接口的静态方法
        System.out.println(IDefaultStatic.msg());
        //声明 IDefaultStatic 接口对象,并实现该接口中的抽象方法
        IDefaultStatic ids1 = new IDefaultStatic(){
            @Override
            public double calculate(int a) {
                //在实现类中可以直接使用默认方法
                return this.sqrt(a * 100);
            }
        };
        //通过接口实现类的对象调用默认方法
        System.out.println(ids1.sqrt(16));
        //通过接口实现类的对象调用抽象方法
        System.out.println(ids1.calculate(16));
        System.out.println("--------------------");
        //声明 IDefaultStatic 接口对象,并实现该接口中的抽象方法,并重写默认方法
        IDefaultStatic ids2 = new IDefaultStatic(){
            //实现抽象方法
            @Override
            public double calculate(int a) {
                //在实现类中可以直接使用默认方法
                return this.sqrt(a * 100);
            }
            //重写默认方法
            @Override
            public double sqrt(int a) {
                return IDefaultStatic.super.sqrt(a * 10000);
            }
        };
        //通过接口实现类的对象调用默认方法
        System.out.println(ids2.sqrt(16));
        //通过接口实现类的对象调用抽象方法
        System.out.println(ids2.calculate(16));
    }
}
```

上述代码分别声明了两个 IDefaultStatic 接口对象 ids1 和 ids2,其中实例化 ids1 对象时只实现了 calculate()抽象方法;而实例化 ids2 对象时不仅实现了 calculate()抽象方法,还对默认方法 sqrt()进行了重写。由此可见,接口的静态方法可以直接通过接口名进行访问;而接口的抽象方法和默认方法都是通过该接口的对象进行访问,此外接口的抽象方法必须实现,默认方法可以重写。

运行结果如下所示:

```
接口中的静态方法
4.0
```

```
40.0
--------------------
400.0
4000.0
```

8.2 Lambda 表达式

Lambda 表达式是基于数学中的 λ 演算而得名，直接对应于其中的 Lambda 抽象。Lambda 表达式是 Java 8 中重要的新特性，支持将代码作为方法参数，允许使用更加简洁的代码来创建只有一个抽象方法的接口实例。

8.2.1 Lambda 规范

定义普通方法的语法格式如下：

【语法】 普通方法的定义

```
返回类型 方法名(参数列表) {
    方法体
}
```

Lambda 表达式实际上是一个匿名方法，即没有方法名。Lambda 表达式中包括表达式和语句，通常由参数列表、箭头和方法体三部分组成，其语法格式如下：

【语法】 Lambda 表达式(匿名方法)

```
(参数列表) ->{ 方法体 }
```

其中：

- 参数列表中的参数都是匿名方法的形参，即输入参数。参数列表允许省略形参的类型，即这些参数可以是明确类型或者推断类型；当参数是推断类型时，参数的数据类型将由 JVM 根据上下文自动推断出来；
- ->箭头是由英文的连字符(-)和大于号(>)两部分组成，是 Lambda 运算符；
- 方法体可以是单一的表达式或多条语句组成的语句块。如果只有一条语句，则允许省略方法体的{}；如果只有一条 return 语句，甚至可以省略 return 关键字。Lambda 表达式需要返回值，如果方法体中仅有一条省略了 return 关键字的语句，则 Lambda 表达式会自动返回该条语句的结果值。

下述代码是一个多参数、方法体包含多条语句的 Lambda 表达式示例：

【示例】 多参数、多语句的 Lambda 表达式

```
(int x, int y) ->{
    System.out.println(x);
    System.out.println(y);
    return x + y;
}
```

下述代码是省略参数类型的 Lambda 表达式示例：

【示例】 省略参数类型的 Lambda 表达式

```
(x, y) ->{
    System.out.println(x);
    System.out.println(y);
    return x + y;
}
```

下述代码是方法体只有一条语句的 Lambda 表达式，允许省略其中的{}和 return 关键字：

【示例】 省略{}和 return 关键字的 Lambda 表达式

```
(x, y) ->x + y
```

如果参数列表只包含一个推断类型参数时，还可以省略小括号()，即 Lambda 表达式可以简化成如下格式：

【语法】 只有一个参数的 Lambda 表达式

```
参数名 ->{ 方法体 }
```

【示例】 省略()的 Lambda 表达式

```
x ->{
    System.out.println(x);
    return ++x;
}
```

如果参数列表只包含一个推断类型参数，且方法体只包含一条语句，则 Lambda 表达式可以简化成如下格式：

【语法】 只有一个参数和一条语句的 Lambda 表达式

```
参数名 ->表达式
```

【示例】 省略()、{}和 return 关键字的 Lambda 表达式

```
x ->++x
```

参数列表可以没有参数，此时 Lambda 表达式的格式如下：

【语法】 没有参数的 Lambda 表达式

```
()->{ 方法体 }
```

【示例】 没有参数的 Lambda 表达式

```
//没有参数,返回值为 5
() ->5
```

```
//没有参数,只打印信息
() -> System.out.println("QST 欢迎您!")
```

8.2.2 Lambda 应用

1. 使用 Lambda 表达式输出集合内容

下述代码分别使用传统方式和 Lambda 表达式的方式循环输出 List 集合中的内容。

【代码 8-3】 LambdaDemo.java

```
package com.qst.chapter08;
import java.util.Arrays;
import java.util.List;
public class LambdaDemo {
    public static void main(String[] args) {
        String[] names = { "QST 青软实训", "锐聘学院", "感知教育", "人力资源服务",
            "欢迎您" };
        List<String> arrNames = Arrays.asList(names);
        // 传统的循环方式
        System.out.println("传统的循环方式输出:");
        for (String name : arrNames) {
            System.out.println(name);
        }
        System.out.println("---------------------------");
        // 在 Java 8 中使用 Lambda 表达式输出
        System.out.println("使用 Lambda 表达式输出:");
        arrNames.forEach((name) -> System.out.println(name));
        System.out.println("---------------------------");
        // 在 Java 8 中使用双冒号操作符::
        arrNames.forEach(System.out::println);
    }
}
```

上述代码分别使用三种方式显示 List 集合中的内容：传统方式、Lambda 方法以及双冒号操作符::的方式。List 的 forEach()方法可以接收一个 Lambda 表达式，其中"(name)->System.out.println(name)"是一个 Lambda 表达式，该表达式中的 name 只是一个形式参数，可以随意命名，例如：

```
(x) -> System.out.println(x)
```

上面的 Lambda 表达式在功能上与下面的 Lambda 表达式是等价的：

```
(name) -> System.out.println(name)
```

注意

> Java 8 提供双冒号操作符::，该操作符用于方法引用。::方法引用的具体介绍参见 8.4 节内容。

运行 LambdaDemo 程序，控制台输出的结果如下所示：

```
传统的循环方式输出：
QST 青软实训
锐聘学院
感知教育
人力资源服务
欢迎您
---------------------------
使用 Lambda 表达式输出：
QST 青软实训
锐聘学院
感知教育
人力资源服务
欢迎您
---------------------------
QST 青软实训
锐聘学院
感知教育
人力资源服务
欢迎您
```

2. 使用 Lambda 表达式实现排序

使用 Lambda 表达式可以简化接口中方法的实现，下述代码使用 Lambda 表达式实现排序。

【代码 8-4】 LambdaDemo2.java

```java
package com.qst.chapter08;

import java.util.Arrays;
import java.util.Collections;
import java.util.Comparator;
import java.util.List;

public class LambdaDemo2 {
    public static void main(String[] args) {
        List<String> arrNames1 = Arrays.asList("QST 青软实训", "锐聘学院",
            "感知教育", "人力资源服务", "欢迎您");
        // 重写 Comparator 接口中的 compare()方法实现排序
        Collections.sort(arrNames1, new Comparator<String>() {
            @Override
            public int compare(String a, String b) {
                return b.compareTo(a);
            }
        });
        // 使用 Lambda 表达式遍历输出
        arrNames1.forEach((x) -> System.out.println(x));
        System.out.println("-------------------------------------");
```

```
        List<String> arrNames2 = Arrays.asList("QST 青软实训", "锐聘学院",
            "感知教育", "人力资源服务", "欢迎您");
        // 使用 Lambda 表达式简化方法的重写
        Collections.sort(arrNames2, (a, b) -> b.compareTo(a));
        arrNames2.forEach((x) -> System.out.println(x));
    }
}
```

上述代码中，arrNames1 使用重写 Comparator 接口中的 compare()方法实现排序，而 arrNames2 使用 Lambda 表达式的方式来简化方法的重写，以上两种方式的效果是等价的。通过比较发现，使用 Lambda 表达式的语句更加简洁。

运行结果如下所示：

```
锐聘学院
欢迎您
感知教育
人力资源服务
QST 青软实训
------------------------------------
锐聘学院
欢迎您
感知教育
人力资源服务
QST 青软实训
```

3. 使用 Lambda 表达式实现监听器

在事件处理过程中，创建监听器时也可以使用 Lambda 表达式，代码如下所示。

【代码 8-5】 LambdaDemo3.java

```
package com.qst.chapter08;

import java.awt.BorderLayout;
import java.awt.event.ActionEvent;
import java.awt.event.ActionListener;

import javax.swing.JButton;
import javax.swing.JFrame;
import javax.swing.JPanel;
import javax.swing.JTextArea;

public class LambdaDemo3 extends JFrame {
    JPanel p;
    JTextArea ta;
    JButton btn1, btn2;
    public LambdaDemo3() {
```

```
        super("Lambda 测试");
        p = new JPanel();
        ta = new JTextArea();
        btn1 = new JButton("传统方式");
        btn2 = new JButton("Lambda 方式");
        // 添加监听器
        btn1.addActionListener(new ActionListener() {
            @Override
            public void actionPerformed(ActionEvent e) {
                ta.append("您单击了按钮 1\n");
            }
        });
        // Lambda 表达式方式
        btn2.addActionListener(e -> ta.append("您单击了按钮 2\n"));
        this.add(ta);
        p.add(btn1);
        p.add(btn2);
        this.add(p, BorderLayout.SOUTH);
        this.setSize(400, 400);
        this.setDefaultCloseOperation(JFrame.EXIT_ON_CLOSE);
    }
    public static void main(String[] args) {
        new LambdaDemo3().setVisible(true);
    }
}
```

在上述代码中,分别使用传统方式和 Lambda 表达式对按钮 btn1 和 btn2 添加监听器,其实现的效果是等价的,且使用 Lambda 表达式后语句更加简洁。

运行 LambdaDemo3 程序,分别单击界面中的两个按钮进行测试,结果如图 8-1 所示。

图 8-1　Lambda 测试

8.3 函数式接口

Java 8 投入大量精力来思考如何使现有的函数更加友好地支持 Lambda 表达式，最终引入了函数式接口的概念。函数式接口本质上是一个仅有一个抽象方法的普通接口。函数式接口能够被隐式地转换为 Lambda 表达式。例如，在介绍 8.2 节介绍的 Lambda 表达式应用中，ActionListener 监听接口只有一个方法，就可以使用 Lambda 表达式进行简化。

函数式接口在实际使用过程中很容易出错，例如某个人在接口定义中又增加了另一个方法，则该接口不再是函数式接口，此时将该接口转换为 Lambda 表达式会失败。为了克服函数式接口的脆弱性，并且能够明确声明接口是作为函数式接口的意图，Java 8 增加了一个注解@FunctionalInterface 来定义函数式接口，其语法格式如下：

【语法】

```
@FunctionalInterface
public interface 接口名 {
    //只有一个抽象方法
}
```

注意

> @FunctionalInterface 注解已经在第 7 章基本注解中介绍过，使用该注解修饰的接口必须是函数式接口，该接口中只能声明一个抽象方法，如果声明多个抽象方法则会报错。但是默认方法和静态方法不属于抽象方法，因此在函数式接口中也可以定义默认方法和静态方法。
>
> 下述代码演示函数式接口的定义及使用。

【代码 8-6】 FIConverter.java

```
package com.qst.chapter08;
//定义函数式接口
@FunctionalInterface
public interface FIConverter<F, T> {
    T convert(F from);
}
```

上述代码使用@FunctionalInterface 注解对 FIConverter 接口进行修饰，用于指明该接口是函数式接口。在 FIConverter 函数式接口中声明了一个 convert()抽象方法，该方法是基于泛型的，以便实现不同数据类型之间的转换。

【代码 8-7】 FunctionalInterfaceDemo.java

```
package com.qst.chapter08;
public class FunctionalInterfaceDemo {
    public static void main(String[] args) {
```

```
            // 传统方式实现函数式接口中的抽象方法
            FIConverter < String, Integer > converter1 =
                new FIConverter < String, Integer >() {
                @Override
                public Integer convert(String from) {
                    return Integer.valueOf(from);
                }
            };
            // 调用 convert()方法,将字符串转换成整数
            Integer a = converter1.convert("88");
            System.out.println(a);
            // Lambda 表达式方式实现函数式接口中的抽象方法
            FIConverter < String, Integer > converter2 =
                (from) -> Integer.valueOf(from);
            Integer b = converter2.convert("123");
            System.out.println(b);
            System.out.println(a + b);
        }
    }
```

上述代码分别使用传统方式以及 Lambda 表达式来实现函数式接口中的抽象方法,使用 Lambda 表达式后语句更加简洁。

运行结果如下所示:

```
88
123
211
```

注意

Lambda 表达式只能为函数式接口创建对象,即 Lambda 表达式只能实现具有一个抽象方法的接口,且该接口必须是由@FunctionalInterface 注解修饰的函数式接口。

8.4 ::方法引用

在 Java 8 中可以使用双冒号操作符::来简化 Lambda 表达式。::表示方法引用,其语法格式如下:

【语法】 ::方法引用

```
容器::方法名
```

::方法引用由三部分组成:

- 左边是容器,可以是类名或实例名;
- 中间是::操作符;

● 右边是相应的方法名,注意方法名后没有小括号。

::方法引用可以用于静态方法、实例方法以及构造方法中,引用不同方法时书写格式也不同;如果是静态方法,则是:

```
类名::静态方法名
```

如果是实例方法,则是:

```
对象::实例方法名
```

如果是构造方法,则是:

```
类名::new
```

例如,一些静态方法的引用示例如下所示。

【示例】 ::静态方法引用

```
//String.valueOf()静态方法
String::valueOf
//Math.max()静态方法
Math::max
```

上面两行代码使用::进行方法引用,等价于下面两条 Lambda 表达式:

```
(x) -> String.valueOf(x)
(a, b) -> Math.max(a, b)
```

下述代码,在 8.3 节定义的 FIConverter 函数式接口基础上,分别使用 Lambda 表达式和::方法引用的方式实现不同数据类型之间的转换。

【代码 8-8】 MethodReferenceDemo.java

```
package com.qst.chapter08;
public class MethodReferenceDemo {
    public static void main(String[] args) {
        // Lambda 表达式方式实现函数式接口中的抽象方法
        FIConverter<String, Integer> converter1 =
            (from) -> Integer.valueOf(from);
        Integer a = converter1.convert("123");
        System.out.println(a);
        // ::方法引用的方式
        FIConverter<String, Integer> converter2 = Integer::valueOf;
        Integer b = converter2.convert("456");
        System.out.println(b);
        System.out.println(a + b);
    }
}
```

上述代码使用 Lambda 表达式和::方法引用这两种方式所实现的功能效果一致，采用::方法引用后代码更加简单。运行结果如下所示：

```
123
456
579
```

下述代码对构造方法进行::方法引用。

【代码 8-9】 ConstructorMethodReferenceDemo. java

```
package com.qst.chapter08;
//产品类 Product
class Product{
    String name;                    // 名称
    int quantity;                   // 产量
    Product() {
    }
    Product(String name, int quantity) {
        this.name = name;
        this.quantity = quantity;
    }
    @Override
    public String toString() {
        return "产品: " + this.name + " 产量: " + this.quantity;
    }
}
//子产品类 ChildP 继承 Product
class ChildP extends Product{
    ChildP() {
    }
    ChildP(String name, int quantity) {
        super(name, quantity);
    }
    @Override
    public String toString() {
        return "子产品: " + this.name + " 产量: " + this.quantity;
    }
}
//产品工厂(函数式接口)
@FunctionalInterface
interface ProductFactory<P extends Product> {
    P create(String name, int quantity);
}
public class ConstructorMethodReferenceDemo {
    public static void main(String[] args) {
        ProductFactory<Product> productFactory = Product::new;
        Product p1 = productFactory.create("打印机", 1000);
        System.out.println(p1);
        ProductFactory<ChildP> childPFactory = ChildP::new;
        ChildP p2 = childPFactory.create("复印机", 100);
        System.out.println(p2);
    }
}
```

上述代码定义了一个Product产品类和ChildP产品子类；产品工厂ProductFactory是一个函数式接口,可以根据具体情况生产指定产品。在公共类ConstructorMethodReferenceDemo的main()方法中,分别使用Product::new和ChildP::new对不同类的构造方法进行引用,创建指定的产品。

运行结果如下所示：

```
产品：打印机产量：1000
子产品：复印机产量：100
```

注意

无论是方法引用还是Lambda表达式,其最终原理和所要实现的就是当某一个类中,或者接口中的某一方法,其入口参数为一个接口类型时,使用方法引用或者Lambda表达式可以快速而简捷地实现这个接口,而不必烦琐地通过创建一个这个接口的对象实现。

8.5 Java 8 新增类库

Java 8新增了大量的类库,并对已有的类进行了扩展,提供了对Lambda表达式、函数式接口以及并发编程等更多方面的支持。

8.5.1 Optional 类

空指针异常是导致程序运行失败的常见原因,为了解决空指针异常问题,Google公司著名的Guava项目引入了Optional类,通过使用检查空值的方式来防止代码污染。受Google公司Guava项目的启发,Optional类已经成为Java 8类库的一部分。

Optional类实际上是个容器,可以保存类型T的值,或者仅保存null。Optional类提供了许多方法,常用的方法如表8-1所示。

表8-1 Optional类的常用方法

方 法	功能描述
public static <T> Optional <T> of(T value)	通过工厂方法创建Optional类。注意创建对象时传入的参数不能为null,如果传入的参数为null,则抛出NullPointerException
public static <T> Optional <T> ofNullable(T value)	为指定的值创建一个Optional,如果指定的值为null,则返回一个空的Optional; 该方法与of()相似,唯一区别是可以接受参数为null的情况
public boolean isPresent()	如果值存在返回true,否则返回false
public T get()	如果Optional有值则将其返回,否则抛出NoSuchElementException异常
public void ifPresent(Consumer <? super T> consumer)	如果Optional实例有值则为其调用consumer,否则不做处理。Consumer类包含一个抽象方法,该抽象方法可以对传入的值进行处理,但没有返回值

续表

方　法	功能描述
public T orElse(T other)	如果有值则将其返回,否则返回指定的 other 值
public T orElseGet(Supplier <? extends T> other)	orElseGet()与 orElse()方法类似,区别在于得到的默认值,orElse()方法可将传入的字符串作为默认值,而 orElseGet()方法可以接受 Supplier 接口的实现来生成默认值
public <X extends Throwable> T or ElseThrow (Supplier <? extends X> exceptionSupplier) throws X extends Throwable	如果有值则将其返回,否则抛出 Supplier 接口创建的异常
public <U> Optional<U> map(Function <? super T,? extends U> mapper)	如果有值,则对其执行该方法得到返回值；如果返回值不为 null,则创建包含返回值的 Optional,否则返回空 Optional
public <U> Optional <U> flatMap (Function <? super T,Optional<U>> mapper)	如果有值,为其执行该方法返回 Optional 类型的返回值,否则返回空 Optional。flatMap()与 map()方法类似,区别在于 flatMap()中的 mapper 返回值必须是 Optional,调用结束时,flatMap 不会对结果用 Optional 封装
public Optional <T> filter(Predicate <? super T> predicate)	通过传入限定条件对 Optional 实例的值进行过滤

下述代码演示 Optional 类的使用。

【代码 8-10】 OptionalDemo. java

```
package com.qst.chapter08;

import java.util.NoSuchElementException;
import java.util.Optional;

public class OptionalDemo {
    public static void main(String[] args) {
        // 创建 Optional 实例,也可以通过方法返回值得到。
        Optional < String > name = Optional.of("Sanaulla");
        // 创建没有值的 Optional 实例,例如值为'null'
        Optional empty = Optional.ofNullable(null);
        // isPresent 方法用来检查 Optional 实例是否有值。
        if (name.isPresent()) {
            // 调用 get()返回 Optional 值。
            System.out.println(name.get());
        }
        try {
            // 在 Optional 实例上调用 get()抛出 NoSuchElementException。
            System.out.println(empty.get());
        } catch (NoSuchElementException ex) {
            System.out.println(ex.getMessage());
        }
        // ifPresent 方法接受 Lambda 表达式参数。
        // 如果 Optional 值不为空,Lambda 表达式会处理并在其上执行操作。
```

```
        name.ifPresent((value) -> {
            System.out.println("The length of the value is: " + value.length());
        });
        // 如果有值 orElse 方法会返回 Optional 实例,否则返回传入的错误信息。
        System.out.println(empty.orElse("There is no value present!"));
        System.out.println(name.orElse("There is some value!"));
        // orElseGet 与 orElse 类似,区别在于传入的默认值。
        // orElseGet 接受 Lambda 表达式生成默认值。
        System.out.println(empty.orElseGet(() -> "Default Value"));
        System.out.println(name.orElseGet(() -> "Default Value"));
        // map 方法通过传入的 Lambda 表达式修改 Optonal 实例默认值。
        // lambda 表达式返回值会包装为 Optional 实例。
        Optional<String> upperName = name.map((value) -> value.toUpperCase());
        System.out.println(upperName.orElse("No value found"));
        // flatMap 与 map(Funtion)非常相似,区别在于 Lambda 表达式的返回值。
        // map 方法的 lambda 表达式返回值可以是任何类型,但是返回值会包装成 Optional 实例。
        // 但是 flatMap 方法的 lambda 返回值总是 Optional 类型。
        upperName = name.flatMap((value) -> Optional.of(value.toUpperCase()));
        System.out.println(upperName.orElse("No value found"));
        // filter 方法检查 Optiona 值是否满足给定条件。
        // 如果满足返回 Optional 实例值,否则返回空 Optional。
        Optional<String> longName = name.filter((value) -> value.length() > 6);
        System.out.println(longName
                .orElse("The name is less than 6 characters"));
        // 另一个示例,Optional 值不满足给定条件。
        Optional<String> anotherName = Optional.of("Sana");
        Optional<String> shortName = anotherName.filter((value) -> value
                .length() > 6);
        System.out.println(shortName
                .orElse("The name is less than 6 characters"));
    }
}
```

上述代码中,如果 Optional 类的实例为非空值,则 isPresent()返回 true,否则返回 false。为了防止 Optional 为空值,orElseGet()方法通过回调函数来生成一个默认值。map()函数对当前 Optional 的值进行转化,然后返回一个新的 Optional 实例。orElse()方法和 orElseGet()方法类似,区别在于 orElse()方法接受一个默认值而不是一个回调函数。

运行结果如下所示:

```
Sanaulla
No value present
The length of the value is: 8
There is no value present!
Sanaulla
Default Value
Sanaulla
SANAULLA
SANAULLA
Sanaulla
The name is less than 6 characters
```

8.5.2 Stream API

java.util.stream 包中提供了一些 Stream API，Stream API 将真正的函数式编程风格引入到 Java 中，是对 Java 类库的有利补充，能让代码更加干净、简洁，极大地简化了集合框架的处理，提高了程序员的效率和生产力。

下述代码演示 Stream API 的应用。

【代码 8-11】 StreamDemo.java

```
package com.qst.chapter08;

import java.util.Arrays;
import java.util.Collection;
import java.util.List;
import java.util.Map;
import java.util.stream.Collectors;
//枚举 Status
enum Status {
    OPEN, CLOSED
}
//任务类 Task
class Task {
    private final Status status;          // 状态
    private final Integer points;         // 分数(复杂度)
    Task(final Status status, final Integer points) {
        this.status = status;
        this.points = points;
    }
    public Integer getPoints() {
        return points;
    }
    public Status getStatus() {
        return status;
    }
    @Override
    public String toString() {
        return String.format("[%s, %d]", status, points);
    }
}
public class StreamDemo {
    public static void main(String[] args) {
        Collection<Task> tasks = Arrays.asList(
                new Task(Status.OPEN, 5),
                new Task(Status.OPEN, 13),
                new Task(Status.CLOSED, 8));
        // 使用传统方式统计状态为 OPEN 的任务总分
        int sum = 0;
        for (Task t : tasks) {
```

```
            if (t.getStatus() == Status.OPEN) {
                sum += t.getPoints();
            }
        }
        System.out.println("for 循环统计状态为 OPEN 的任务总分为: " + sum);
        // 使用 Stream 流方式统计状态为 OPEN 的任务总分
        int totalPointsOfOpenTasks = tasks.stream()
                .filter(t -> t.getStatus() == Status.OPEN)
                .mapToInt(Task::getPoints).sum();
        System.out.println("使用 Stream 流方式统计状态为 OPEN 的任务总分为: "
                + totalPointsOfOpenTasks);
        // 使用 Stream 流方式计算所有任务总分
        int totalPoints = tasks.stream()
                .parallel()
                .map(Task::getPoints)
                .reduce(0, Integer::sum);

        System.out.println("所有任务总分: " + totalPoints);
        // 按照状态进行分组
        Map<Status, List<Task>> map = tasks.stream()
                .collect(Collectors.groupingBy(Task::getStatus));
        System.out.println(map);
    }
}
```

上述代码采用 Stream API 让程序代码更加简洁、便利。运行结果如下所示：

```
for 循环统计状态为 OPEN 的任务总分为: 18
使用 Stream 流方式统计状态为 OPEN 的任务总分为: 18
所有任务总分: 26
{CLOSED=[[CLOSED, 8]], OPEN=[[OPEN, 5], [OPEN, 13]]}
```

8.5.3 Base64 类

在 Java 8 之前，一直缺少与 Base64 编码相关的 API，以至于在项目开发中通常会选用第三方的 API 来实现 Base64 编码。从 Java 8 开始，Base64 已经成为 Java 类库的标准。

java.util.Base64 工具类提供了一套静态方法获取 Basic、URL 和 MIME 三种 Base64 编码和解码器，其常用的方法如表 8-2 所示。

表 8-2 Base64 类的常用方法

方 法	功能描述
public static Base64.Encoder getEncoder()	获取基于 Basic 类型的 Base64 编码器
public static Base64.Encoder getUrlEncoder()	获取基于 URL 类型的 Base64 编码器
public static Base64.Encoder getMimeEncoder()	获取基于 MIME 类型的 Base64 编码器
public static Base64.Decoder getDecoder()	获取基于 Basic 类型的 Base64 解码器
public static Base64.Decoder getUrlDecoder()	获取基于 URL 类型的 Base64 解码器
public static Base64.Decoder getMimeDecoder()	获取基于 MIME 类型的 Base64 解码器

下述代码对一个字符串进行 Base64 编码后，再解码。

【代码 8-12】 Base64Demo.java

```
package com.qst.chapter08;

import java.nio.charset.StandardCharsets;
import java.util.Base64;

public class Base64Demo {
    public static void main(String[] args) {
        // 定义一个字符串
        String text = "Base64 class in Java 8!";
        // Base64 编码
        String encoded = Base64.getEncoder()
                .encodeToString(text.getBytes(StandardCharsets.UTF_8));
        System.out.println(encoded);
        // Base64 解码
        String decoded = new String(
                Base64.getDecoder().decode(encoded),
                StandardCharsets.UTF_8);
        System.out.println(decoded);
    }
}
```

上述代码调用 Base64 类的 getEncoder()方法获取编码器，调用 getDecoder()方法获取解码器。运行结果如下所示：

```
QmFzZTY0IGNsYXNzIGluIEphdmEgOCE=
Base64 class in Java 8!
```

8.5.4 并行数组

Java 8 中一个关键的新特性就是能够支持并行数组操作，并增加了大量使用 Lambda 表达式的新方法用于对数组进行排序、过滤和分组等操作，充分发挥了目前操作系统的多核架构优势，在速度、性能上能够提高数倍。

Java8 提供的并行数组操作 API 十分灵活，下述示例分别演示对数组的排序、分组和过滤。

【示例】 使用 parallelSort()方法排序

```
Arrays.parallelSort(numbers);
```

【示例】 使用 groupingBy()方法分组

```
Map<Boolean, List<Integer>> groupByOdd = numbers
        .parallelStream()
        .collect(Collectors.groupingBy(x -> x % 2 == 0));
```

【示例】 使用 filter()方法过滤

```
Integer[] evens = numbers
        .parallelStream()
        .filter(x -> x % 2 == 0)
        .toArray();
```

下述代码演示对并行数组的操作。

【代码 8-13】 ParallelArraysDemo.java

```
package com.qst.chapter08;

import java.util.Arrays;
import java.util.List;
import java.util.Map;
import java.util.concurrent.ThreadLocalRandom;
import java.util.stream.Collectors;

//并行数组操作
public class ParallelArraysDemo {
    public static void main(String[] args) {
        // 定义一个长度为 20000 的数组
        Integer[] arrayOfLong = new Integer[20000];
        // 使用 parallelSetAll()方法对数组进行赋值
        Arrays.parallelSetAll(arrayOfLong,
                index -> ThreadLocalRandom.current().nextInt(1000000));
        // 输出前十个数
        System.out.println("未排序的前 10 个数: ");
        Arrays.stream(arrayOfLong).limit(10)
                .forEach(i -> System.out.print(i + " "));
        System.out.println();
        // 使用 parallelSort()方法对数组进行排序
        Arrays.parallelSort(arrayOfLong);
        // 输出前十个数
        System.out.println("排序后的前 10 个数: ");
        Arrays.stream(arrayOfLong)
                .limit(10)
                .forEach(i -> System.out.print(i + " "));
        System.out.println();
        // 将数组转换成 List 集合
        List<Integer> list = Arrays.asList(arrayOfLong);
        // 按照奇数、偶数对数组进行分组
        Map<Boolean, List<Integer>> groupByOdd = list
                .parallelStream()
                .collect(Collectors.groupingBy(x -> x % 2 == 0));
        // 输出前 10 个奇数
        System.out.println("前 10 个奇数: ");
        groupByOdd.get(false)
                .parallelStream()
                .limit(10)
                .forEach(i -> System.out.print(i + " "));
```

```
        System.out.println();
        // 输出前 10 个偶数
        System.out.println("前 10 个偶数：");
        groupByOdd.get(true)
                .parallelStream()
                .limit(10)
                .forEach(i -> System.out.print(i + " "));
        System.out.println();
        System.out.println("前 10 个 5 的倍数：");
        // 对数组进行过滤，过滤出 5 的倍数，并输出前 10 个
        list.parallelStream()
                .filter(x -> x % 5 == 0)
                .limit(10)
                .forEach(i -> System.out.print(i + " "));
        System.out.println();
    }
}
```

上述代码对数组实现并行排序(升序)、分组(按照奇数和偶数)、过滤(5 的倍数)功能操作,并对操作后数组只输出前 10 个数。首先定义一个长度为 20000 的 Integer[]数组,然后使用 Arrays 工具类的 parallelSetAll()方法对数组进行初始化,数组的值都使用 ThreadLocalRandom 随机产生。调用 Arrays 工具类的 parallelSort()方法可以对数组进行排序。在对数组进行分组和过滤之前,需要调用 Arrays 工具类的 asList()方法先将数组转换成 List 集合,然后对 List 集合调用 parallelStream()方法将其转换成并行流,再根据功能需要调用 collect()、limit()或 filter()等方法。运行结果如下所示:

```
未排序的前 10 个数:
81463 372736 497949 79821 40455 355807 817636 32593 440424 225231
排序后的前 10 个数:
27 68 131 156 339 368 377 448 478 495
前 10 个奇数:
629 495 809 811 665 131 27 377 873 339
前 10 个奇数:
816 750 804 672 156 68 448 638 478 368
前 10 个 5 的倍数:
1410 1230 1545 1580 1435 750 1205 1185 665 495
```

8.6 贯穿任务实现

8.6.1 实现【任务 8-1】

下述内容实现 Q-DMS 贯穿项目中的【任务 8-1】,使用 Lambda 表达式迭代升级主窗口中“帮助”菜单的事件处理。

修改主窗口中的代码,使用 Lambda 表达式方式实现“帮助”菜单的注册监听功能,代码

如下所示。

【任务 8-1】 MainFrame.java

```
public class MainFrame extends JFrame {
    ...//省略
    // 初始化菜单的方法
    private void initMenu() {
        ...//省略
        menuHelp = new JMenu("帮助");
        menuBar.add(menuHelp);
        miCheck = new JMenuItem("查看帮助");
        // 注册监听
//        miCheck.addActionListener(new ActionListener() {
//            @Override
//            public void actionPerformed(ActionEvent e) {
//                // 显示消息对话框
//                JOptionPane.showMessageDialog(null,
//                    "本系统实现数据的采集、过滤分析匹配、保存、发送及显示功能", "帮助",
//                    JOptionPane.QUESTION_MESSAGE);
//            }
//        });
        //使用 Lambda 表达式方式实现监听
        miCheck.addActionListener(e -> JOptionPane.showMessageDialog(null,
                "本系统实现数据的采集、过滤分析匹配、保存、发送及显示功能", "帮助",
                JOptionPane.QUESTION_MESSAGE));
        menuHelp.add(miCheck);
        miAbout = new JMenuItem("关于系统");
        // 注册监听
//        miAbout.addActionListener(new ActionListener() {
//            @Override
//            public void actionPerformed(ActionEvent e) {
//                // 显示消息对话框
//                JOptionPane.showMessageDialog(null,
//                    "版本：1.0 版\n 作者：赵克玲\n 版权：QST 青软实训", "关于",
//                    JOptionPane.WARNING_MESSAGE);
//            }
//        });
        //使用 Lambda 表达式方式实现监听
        miAbout.addActionListener(e -> JOptionPane.showMessageDialog(null,
                "版本：1.0 版\n 作者：赵克玲\n 版权：QST 青软实训", "关于",
                JOptionPane.QUESTION_MESSAGE));
        menuHelp.add(miAbout);
    }
    ...//省略
}
```

运行程序，分别单击“查看帮助”和“关于系统”菜单项，其结果与之前一致，如图 8-2 所示。

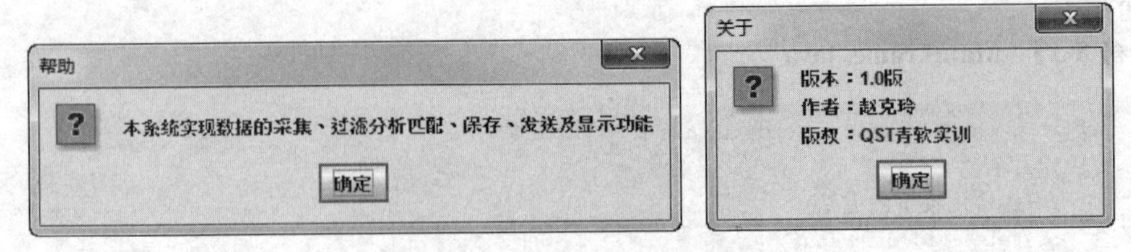

图 8-2　帮助和关于对话框提示

8.6.2　实现【任务 8-2】

下述内容实现 Q-DMS 贯穿项目中的【任务 8-2】，使用 Lambda 表达式实现查找指定的匹配信息并显示。

修改 IDataAnalyse 接口，使用@FunctionalInterface 注解将该接口定义成函数式接口，代码如下所示。

【任务 8-2】　IDataAnalyse. java

```
package com.qst.dms.gather;
import java.util.ArrayList;
//数据分析接口
@FunctionalInterface
public interface IDataAnalyse {
    // 进行数据匹配,返回泛型 ArrayList 集合
    ArrayList<?> matchData();
}
```

修改 LogRecService 日志业务类中的 showMatchLog()方法，使用 Lambda 表达式输出集合中的数据，代码如下所示。

【任务 8-2】　LogRecService. java

```
package com.qst.dms.service;
...//省略 import
//日志业务类
public class LogRecService {
    ...//省略
    // 匹配日志信息输出,参数是集合
    public void showMatchLog(ArrayList<MatchedLogRec> matchLogs) {
        //        for (MatchedLogRec e : matchLogs) {
        //            if (e != null) {
        //                System.out.println(e.toString());
        //            }
        //        }
        //使用 Lambda 表达式输出集合中的数据
        matchLogs.forEach(e -> System.out.println(e.toString()));
    }
    ...//省略
}
```

修改 TransportService 物流业务类中的 showMatchTransport()方法,使用 Lambda 表达式输出集合中的数据,代码如下所示。

【任务 8-2】 TransportService. java

```
package com.qst.dms.service;
...//省略 import
public class TransportService {
    ...//省略
    // 匹配的物流信息输出,参数是集合
    public void showMatchTransport(ArrayList < MatchedTransport > matchTrans) {
        //          for (MatchedTransport e : matchTrans) {
        //              if (e != null) {
        //                  System.out.println(e.toString());
        //              }
        //          }
        //使用 Lambda 表达式输出集合中的数据
        matchTrans.forEach(e -> System.out.println(e.toString()));
    }
    ...//省略
}
```

编写一个测试类 LambdaSearchDemo,使用 Lambda 表达式实现查找指定的匹配信息并显示,代码如下所示。

【任务 8-2】 LambdaSearchDemo. java

```
package com.qst.dms.dos;

import java.util.ArrayList;

import com.qst.dms.entity.MatchedLogRec;
import com.qst.dms.entity.MatchedTransport;
import com.qst.dms.service.LogRecService;
import com.qst.dms.service.TransportService;

public class LambdaSearchDemo {
    public static void main(String[] args) {
        LogRecService logService = new LogRecService();
        // 从数据库中读取匹配的日志信息
        ArrayList<MatchedLogRec> logList = logService.readMatchedLogFromDB();
        System.out.println("所有匹配的日志信息: ");
        logService.showMatchLog(logList);
        System.out.println("-----------------------------------------------");
        System.out.println("查找 ID=1005 的匹配日志信息: ");
        logList.stream()
                .filter(e -> e.getLogin().getId() == 1005
                        || e.getLogout().getId() == 1005)
                .forEach(p -> System.out.println(p.toString()));
```

```
        System.out.println("------------------------------------------------");
        TransportService tranService = new TransportService();
        // 从数据库中读取匹配的物流信息
        ArrayList<MatchedTransport> transportList = tranService
                .readMatchedTransportFromDB();
        System.out.println("所有匹配的物流信息: ");
        tranService.showMatchTransport(transportList);
        System.out.println("------------------------------------------------");
        System.out.println("查找 ID=2005 的匹配的物流信息: ");
        transportList
                .stream()
                .filter(e -> e.getSend().getId() == 2005
                        || e.getTrans().getId() == 2005
                        || e.getReceive().getId() == 2005)
                .forEach(p -> System.out.println(p.toString()));
    }
}
```

运行程序,控制台输出结果如下所示:

```
所有匹配的日志信息:
1001,2016-04-20,青岛,1,zhangsan,192.168.1.1,1 |
        1002,2016-04-20,青岛,1,zhangsan,192.168.1.1,0
1003,2016-04-20,北京,1,lisi,192.168.1.6,1 |
        1004,2016-04-20,北京,1,lisi,192.168.1.6,0
1005,2016-04-20,济南,1,wangwu,192.168.1.89,1 |
        1006,2016-04-20,济南,1,wangwu,192.168.1.89,0
1007,2016-05-04,青岛,2,zhaokl,192.168.1.23,1 |
        1008,2016-05-04,青岛,2,zhaokl,192.168.1.23,0
-----------------------------------------------
查找 ID=1005 的匹配日志信息:
1005,2016-04-20,济南,1,wangwu,192.168.1.89,1 |
        1006,2016-04-20,济南,1,wangwu,192.168.1.89,0
-----------------------------------------------
所有匹配的物流信息:
2001,2016-04-20,青岛,1,zhangsan,1|2002,2016-04-20,北京,1,lisi,2|
        2003,2016-04-20,北京,1,wangwu,3
2004,2016-04-20,青岛,1,maliu,1|2005,2016-04-20,北京,1,sunqi,2|
        2006,2016-04-20,北京,1,fengba,3
2007,2016-05-04,上海,2,张三,1|2008,2016-05-04,上海,2,张三,2|
        2009,2016-05-04,上海,2,张三,3
-----------------------------------------------
查找 ID=2005 的匹配的物流信息:
2004,2016-04-20,青岛,1,maliu,1|2005,2016-04-20,北京,1,sunqi,2|
        2006,2016-04-20,北京,1,fengba,3
```

本章总结

小结

- 默认方法又称为扩展方法,需要在方法前使用 default 关键字进行修饰。
- 静态方法就是类方法,需要在方法前使用 static 关键字进行修饰。
- Lambda 表达式是 Java 8 更新的重要新特性。
- Lambda 表达式由参数列表、箭头和方法体三部分组成。
- 函数式接口使用@FunctionalInterface 注解来定义。
- ::方法引用可以更加简化 Lambda 表达式。
- Optional 类通过使用检查空值的方式来防止代码污染。
- Stream API 将真正的函数式编程风格引入到 Java 中。
- Base64 工具类提供一套静态方法获取 Basic、URL 和 MIME 三种 Base64 编码和解码器。

Q&A

问题:简述函数式接口的特点。

回答:函数式接口使用@FunctionalInterface 注解来定义,使用该注解修饰的接口必须是函数式接口,该接口中只能声明一个抽象方法,如果声明多个抽象方法则会报错。

章节练习

习题

1. 下列关于 Lambda 表达式的说法中错误的是________。
   A. Lambda 表达式可以使用更加简洁的代码来创建只有一个抽象方法的接口实例
   B. Lambda 表达式实际上是一个匿名方法
   C. Lambda 表达式必须由参数列表、箭头、方法体和返回值四部分组成
   D. 只有一条语句的 Lambda 表达式,允许省略其中的{}和 return 关键字
2. 下列关于函数式接口的说法中错误的是________。
   A. 在函数式接口中不可以定义默认方法和静态方法
   B. 函数式接口本质上是一个仅有一个抽象方法的普通接口
   C. Java 8 增加了一个注解@FunctionalInterface 来定义函数式接口
   D. 函数式接口中只能声明一个抽象方法
3. 下列关于双冒号操作符的说法中正确的是________。
   A. 使用双冒号操作符::来简化 Lambda 表达式
   B. ::方法引用可以用于静态方法、实例方法以及构造方法

C. ::方法引用包含容器、操作符和方法名三部分

D. ::方法引用方法时使用方式完全相同

4. 下列不属于 Optional 类的方法的是________。

A. ofNullable()　　B. isPresent()　　C. isEmpty()　　D. ifPresent()

5. 下列属于 Stream 类的方法的是________。

A. parallel()　　B. groupingBy()　　C. filter()　　D. collect()

6. 下列不属于 java.util.Base64 工具类的方法的是________。

A. getEncoder()　　B. getBase64Encoder()

C. getUrlEncoder()　　D. getDecoder()

上机

训练目标：Lambda 表达式。

培养能力	使用 Lambda 表达式		
掌握程度	★★★★★	难度	中
代码行数	200	实施方式	编码强化
结束条件	独立编写，不出错。		

具体要求如下：

(1) 编写一个 GUI 图形界面，接收用户输入的多项数据，并保存到集合中。

(2) 使用 Lambda 表达式对数据进行排序，然后再图形界面中显示。

WindowBuilder插件

A.1 WindowBuilder 简介

WindowBuilder 是一款基于 Eclipse 平台的插件，具备 SWT/JFACE、Swing 和 GWT 三大功能，可以对 Java GUI 进行双向设计。WindowBuilder 是一款不可多得的 Java 体系中的“所见即所得”(What-You-See-Is-What-You-Get)开发工具。

2010 年 8 月，SWT Designer 工具的开发商 Instantiations 被 Google 公司收购，更名为 WindowBuilder 并作为免费工具进行开放。使用 Java 开发桌面程序的界面要比 HTML 设计 Web 界面复杂得多；通过纯手工编写 Java 代码来实现 GUI 界面比较困难，而 WindowBuilder 插件能够使 GUI 界面设计变得更加简单。

A.2 WindowBuilder 插件安装

WindowBuilder 插件是基于 Eclipse 的，安装前需要 JDK 开发环境和 Eclipse 开发工具，读者可以参照《Java 8 基础应用与开发》中 1.3 节(JDK 安装配置)以及附录 A(Eclipse 集成开发环境)进行配置，此处不再赘述。

在 Eclipse 官方网站提供了 WindowBuilder 插件的下载及安装说明，地址如下：

```
http://www.eclipse.org/windowbuilder/download.php
```

目前 WindowBuilder 插件支持 Eclipse 的 Juno、Kepler、Luna 和 Mars 版本，如图 A-1 所示，每个版本又分为发行版(Release Version)和整合版(Integration Version)，此处以 Luna 发行版为例，其他版本的配置基本相同，读者可自行测试。

Eclipse 的插件安装基本方式相同，在 Eclipse 中安装 WindowBuilder 插件也可以通过以下两种方式进行安装：

- 在线安装：在图 A-1 中，单击表格中的 Release Version→Update Site→4.4(Luna)所对应的 link，进入在线安装页面，浏览器地址栏中的地址即为在线安装地址；
- 离线安装：单击 Release Version→Zipped Update Site→4.4(Luna)所对应的 link (MD5 Hash)，下载 WindowBuilder 插件的离线安装包。

Update Sites

Eclipse Version	Release Version		Integration Version	
	Update Site	Zipped Update Site	Update Site	Zipped Update Site
4.5 (Mars)	link	link (MD5 Hash)	link	link (MD5 Hash)
4.4 (Luna)	link	link (MD5 Hash)	link	link (MD5 Hash)
4.3 (Kepler)	link	link (MD5 Hash)		
4.2 (Juno)	link	link (MD5 Hash)		
3.8 (Juno)	link	link (MD5 Hash)		

图 A-1　WindowBuilder 插件版本

1. 在线方式安装

通过在线方式，安装 Eclipse 的 WindowBuilder 插件的步骤如下所示：

【步骤 1】 打开 Eclipse 工具，在 Help 菜单中选择 Install New SoftWare 命令，进入安装界面，如图 A-2 所示。

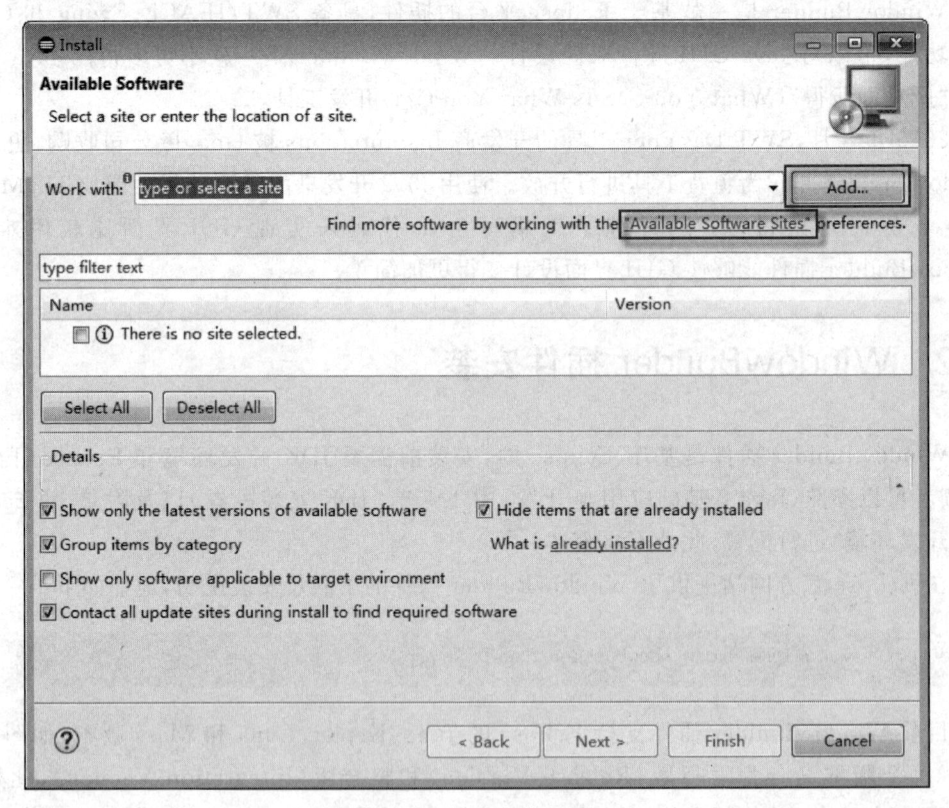

图 A-2　插件安装界面

【步骤 2】 单击 Available Software Sites 键接进入"可用软件站点"管理界面，如图 A-3 所示，可以新增、编辑或移除可更新软件的站点。

【步骤 3】 单击 Add 按钮，打开站点添加界面，如图 A-4 所示；添加 WindowBuilder 插件的在线安装地址为

```
http://download.eclipse.org/windowbuilder/WB/release/R201506241200-1/4.4/
```

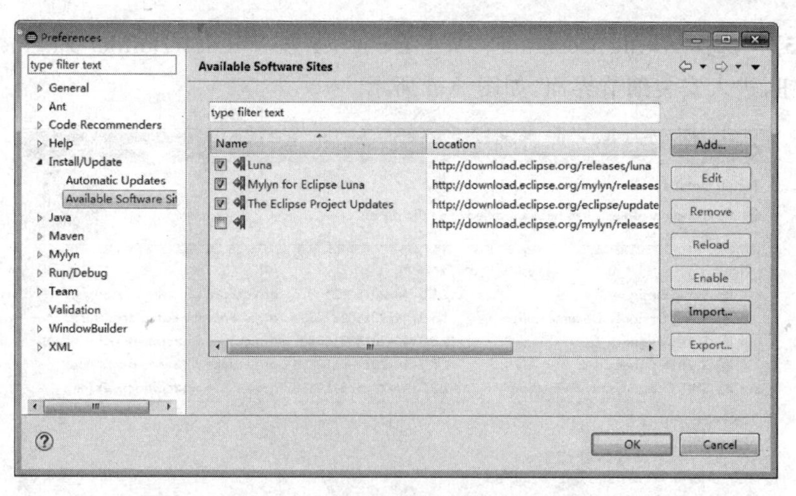

图 A-3 可用软件站点管理界面

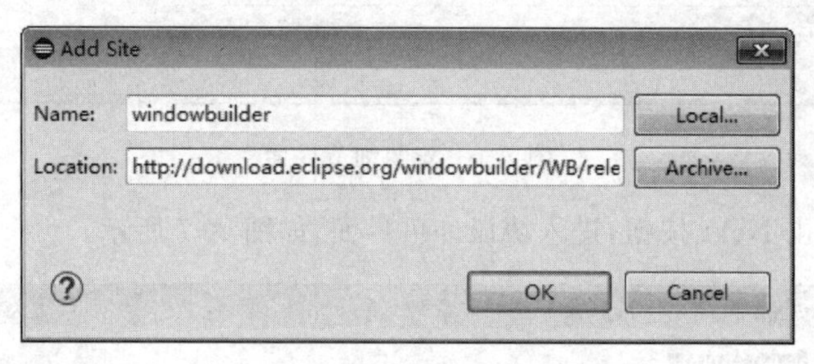

图 A-4 站点添加界面

【步骤 4】 单击 OK 按钮,返回安装主界面,如图 A-2 所示;在 Work with 下拉列表框中选择配置的 WindowBuilder 更新站点,列表项中将自动加载该插件对应的选项,如图 A-5 所示。

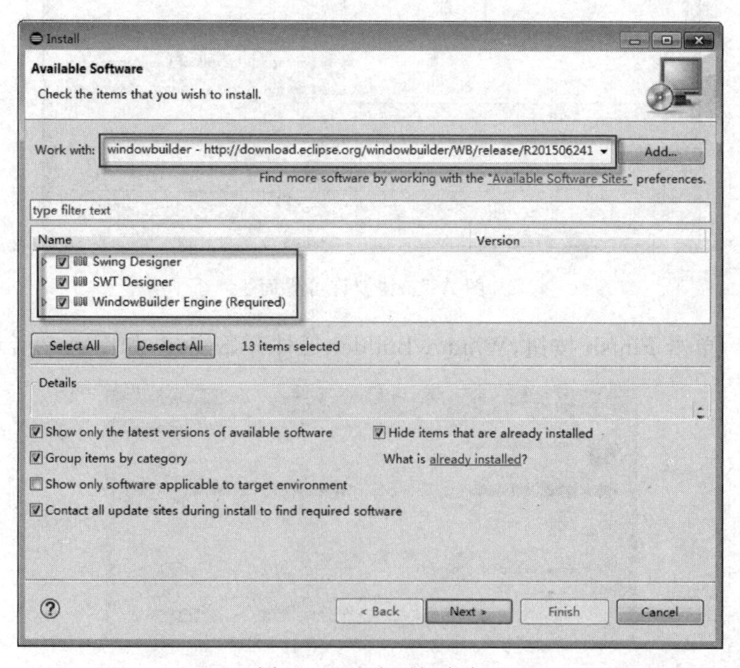

图 A-5 选取更新内容

【步骤5】 选择 Swing Designer、SWT Designer 和 WindowBuilder Engine 选项后，单击 Next 按钮，进入安装细节界面，如图 A-6 所示。

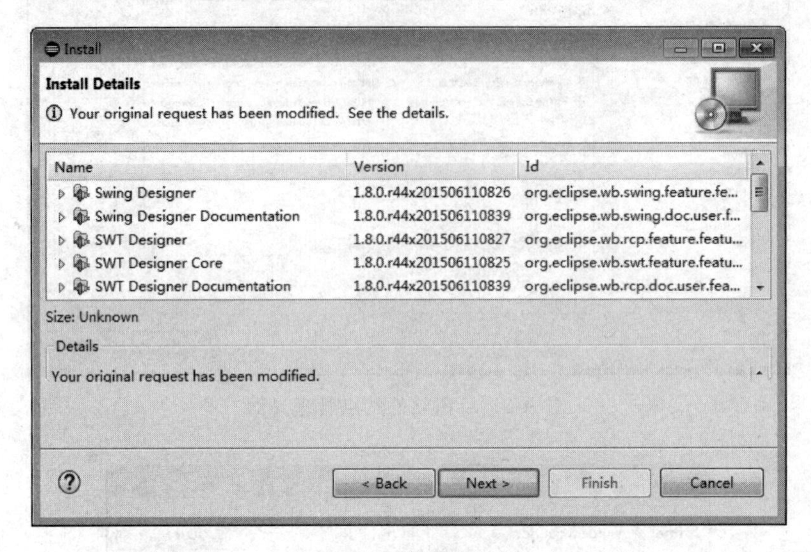

图 A-6　安装细节界面

【步骤6】 单击 Next 按钮，进入协议许可界面，如图 A-7 所示。

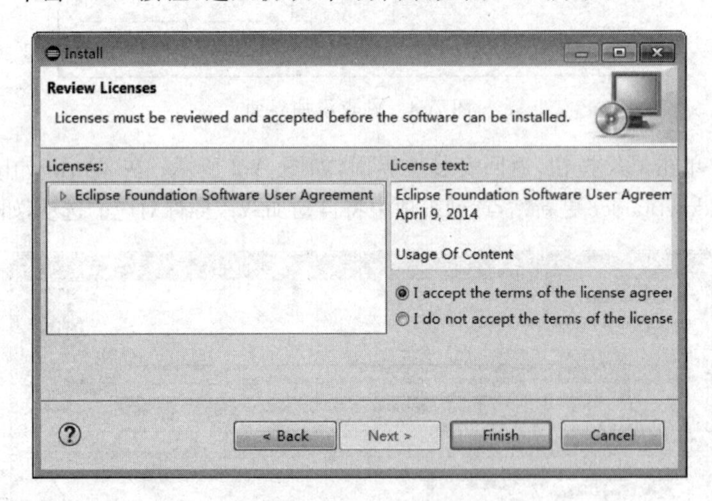

图 A-7　协议许可界面

【步骤7】 单击 Finish 按钮，WindowBuilder 插件开始安装，如图 A-8 所示。

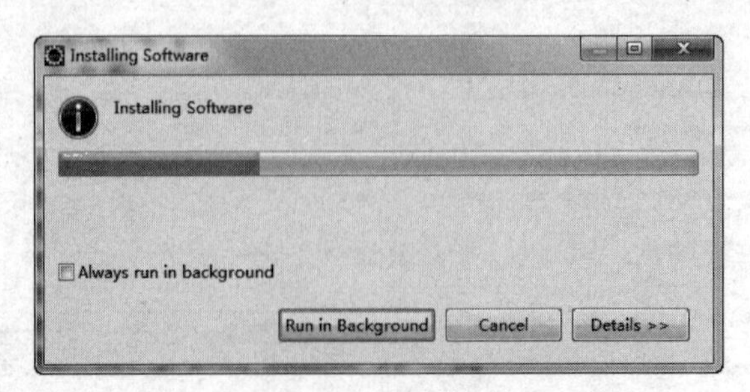

图 A-8　插件的安装

安装完成后，弹出提示信息，如图 A-9 所示，重新启动 Eclipse 开发工具即可。

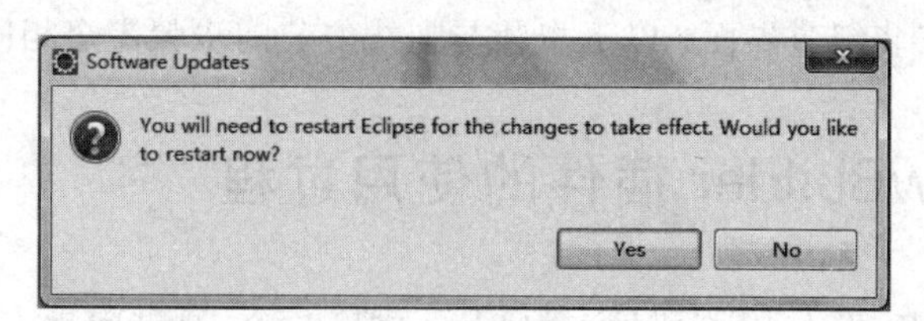

图 A-9　重启 Eclipse

2. 离线安装方式

下载 WindowBuilder 的离线安装包后，可以通过离线方式进行安装，具体步骤如下所示：

【步骤 1】 打开 Eclipse 工具，在 Help 菜单中选择 Install New SoftWare 命令，进入安装界面，如图 A-2 所示。

【步骤 2】 单击 Add 按钮，进入添加本地资源界面，如图 A-10 所示；其中 Local 按钮用于选取本地文件夹，Archive 按钮用于选取本地 jar 或 zip 类型的压缩文件。

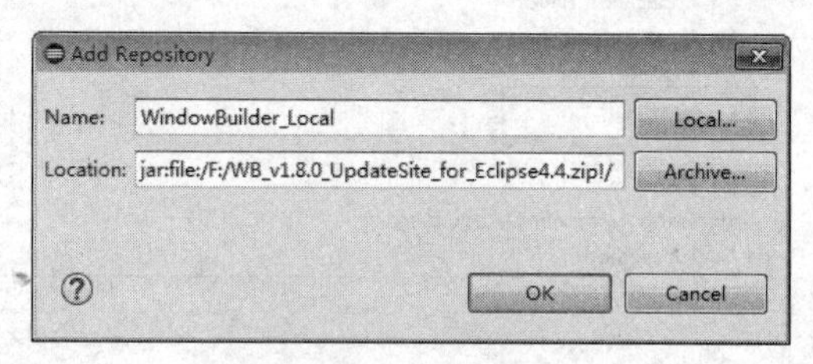

图 A-10　添加本地资源界面

【步骤 3】 输入本地资源名称，选取下载本地的离线包后，单击 OK 按钮返回安装主界面，如图 A-2 所示。在 Work with 下拉列表框中选择配置的本地资源 WindowBuilder_Local，列表项中将自动加载该插件对应的选项，如图 A-11 所示。

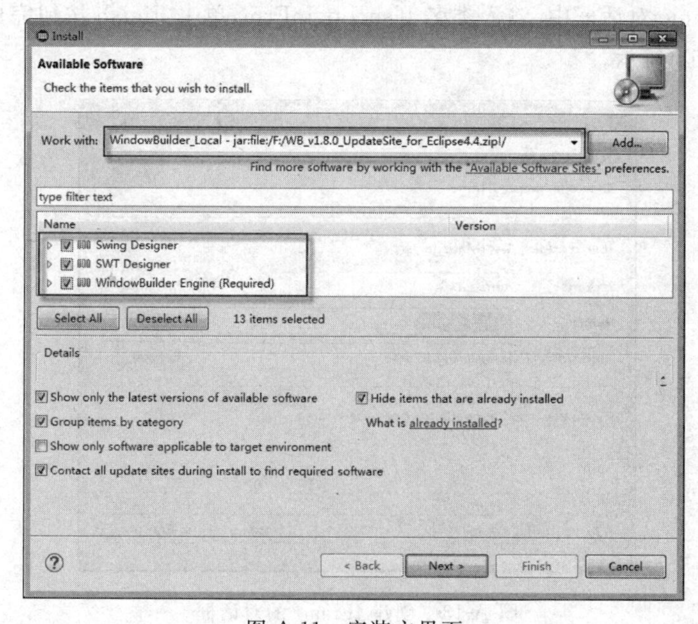

图 A-11　安装主界面

【步骤 4】 选取 Swing Designer、SWT Designer 和 WindowBuilder Engine 选项后，单击 Next 按钮，进入安装细节界面；以下步骤与在线安装的步骤完全相同，此处不再赘述。

A.3 WindowBuilder 插件的使用过程

在 Eclipse 项目中，单击 File→New→Other 菜单命令，通过向导方式创建一个 JFrame 窗体，如图 A-12 所示；选择 JFrame 选项，单击 Next 按钮进入创建 JFrame 对话框。

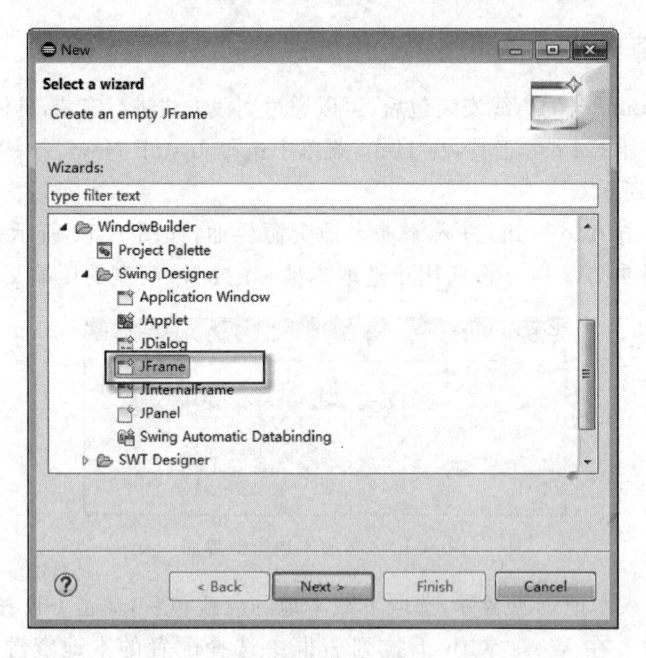

图 A-12 新建向导

在创建 JFrame 对话框中，输入类名 UserLoginFrm，单击 Finish 按钮完成 JFrame 窗体的创建，如图 A-13 所示。

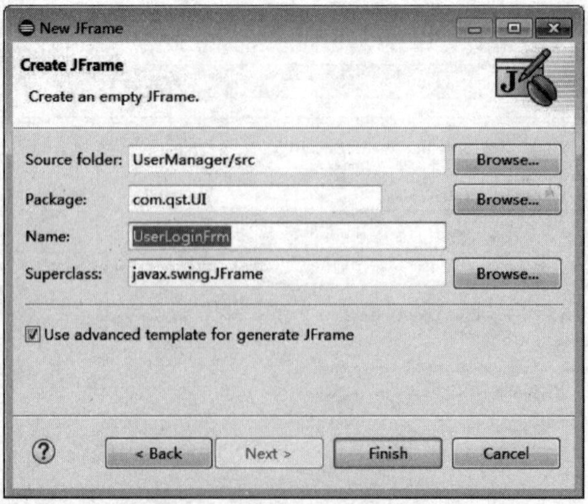

图 A-13 创建 JFrame 的对话框

在代码编辑窗口，如图 A-14 所示，单击左下角的 Source 和 Design 选项卡（或按 F12 快捷键）可以在源代码和设计界面之间进行切换。

```
UserLogin.java
12      private JPanel contentPane;
13      public static void main(String[] args) {
14          EventQueue.invokeLater(new Runnable() {
15              public void run() {
16                  try {
17                      UserLogin frame = new UserLogin();
18                      frame.setVisible(true);
19                  } catch (Exception e) {
20                      e.printStackTrace();
21                  }
22              }
23          });
24      }
Source  Design
```

图 A-14　代码编辑窗口

源代码窗口可以直接编写 Java 代码；而界面设计窗口可以通过拖曳控件实现窗体的设计；界面设计窗口主要由结构窗口、属性窗口、工具窗口、控件窗口和设计窗口五部分组成，如图 A-15 所示。

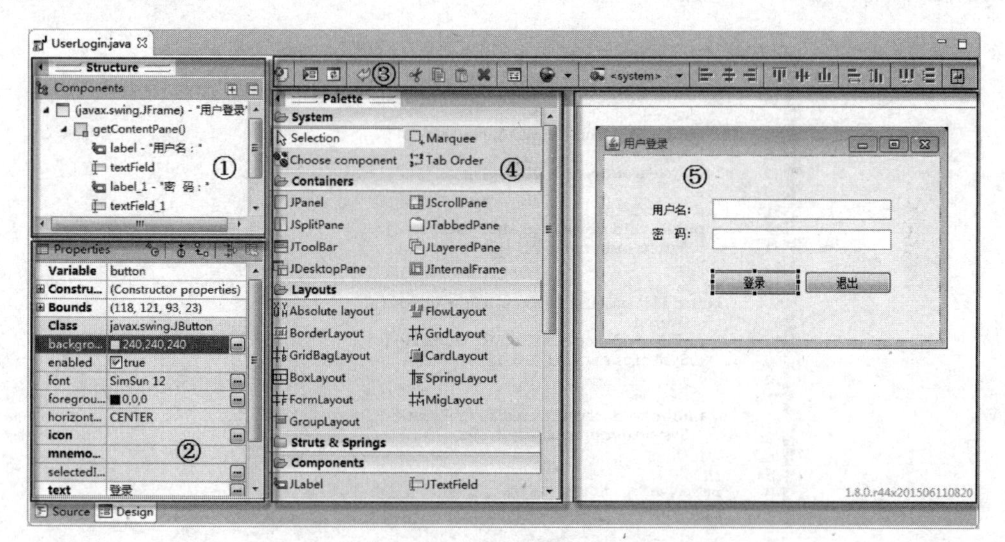

图 A-15　界面设计窗口

在结构窗口中，可以将当前 JFrame 窗体中的控件以树状结构显示出来；当选取某一控件时，设计窗口中相应的元素处于被选中状态。

控件窗口中包含 System、Containers、Layouts、Strust&Spring、Components、Swing Actions、Menu、AWT Components 和 JGoodies 等组件，通过拖曳的方式可以快速添加到设计窗口中。

当在设计窗口中选取某一控件时，属性窗口相应地发生改变，通过可视化界面可以快速设置该控件的相关属性。

在属性窗口中，单击事件切换按钮 可以在属性列表和事件列表之间进行切换，如图 A-16 所示。

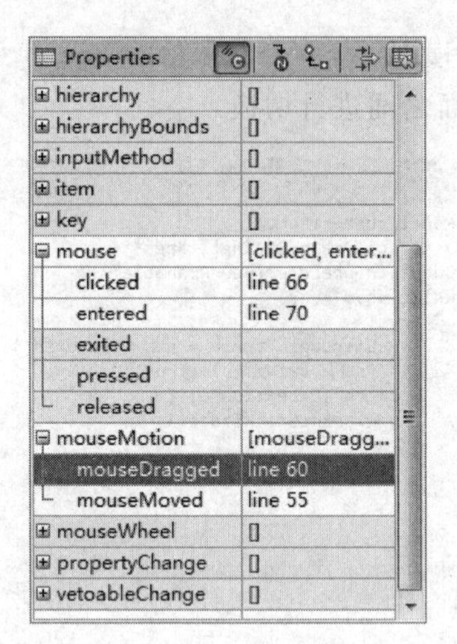

图 A-16　事件列表

在设计界面中先选中的某一控件,再在属性窗口的事件列表中找到所需的事件,通过双击的方式为该控件添加相应的事件处理,如图 A-17 所示;而事件列表中仅显示事件处理的代码所在的位置,如图 A-16 所示。

```
UserLogin.java
54   JButton button = new JButton("登录");
55   button.addMouseMotionListener(new MouseMotionAdapter() {
56     @Override
57     public void mouseMoved(MouseEvent e) {
58       //鼠标移动
59       System.out.println("鼠标移动");
60     }
61     @Override
62     public void mouseDragged(MouseEvent e) {
63       System.out.println("鼠标拖动");
64     }
65   });
66   button.addMouseListener(new MouseAdapter() {
67     @Override
68     public void mouseClicked(MouseEvent e) {
69       System.out.println("鼠标点击");
70     }
71     @Override
72     public void mouseEntered(MouseEvent e) {
73       System.out.println("鼠标进入");
74     }
75   });
76   button.setBounds(118, 121, 93, 23);
77   getContentPane().add(button);
Source  Design
```

图 A-17　事件对应的代码

A.4　WindowBuilder 实例

下面演示使用 WindowBuilder 插件实现用户注册功能,具体分为以下 4 步:

(1) 创建窗体;

(2) 设置窗体的属性及布局;

(3) 添加并设置控件;

(4) 添加按钮及事件处理。

A.4.1 窗体的创建

(1) 在 Eclipse 开发工具中,单击 File→New→Java Project 菜单命令,创建一个 Java Project 工程。

(2) 在 src 目录下,创建一个 com. qst. UI 包。

(3) 单击 File→New→Other 菜单命令,通过向导方式创建一个 JFrame 窗体,如图 A-18 所示;选择 JFrame 选项,单击 Next 按钮进入创建 JFrame 的对话框。

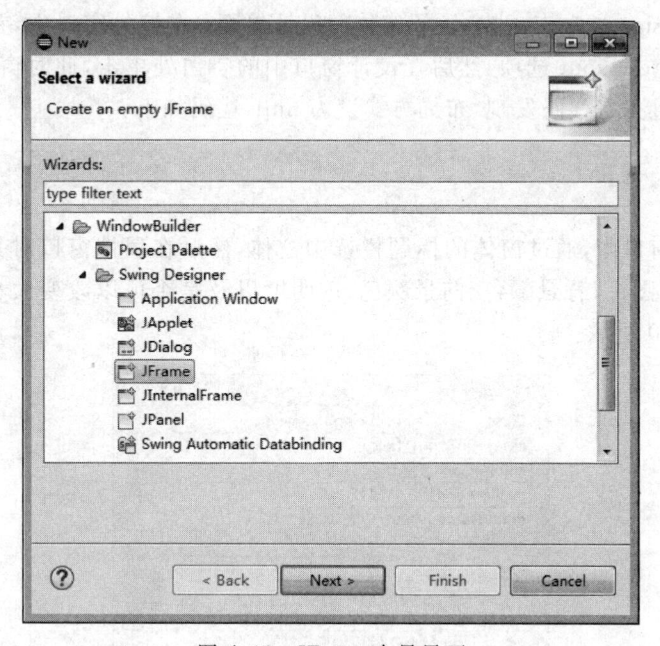

图 A-18 JFrame 向导界面

(4) 在创建 JFrame 的对话框中,选择已创建的 Package 包,并输入窗体的名称后,单击 Finish 按钮完成窗体的创建,如图 A-19 所示。

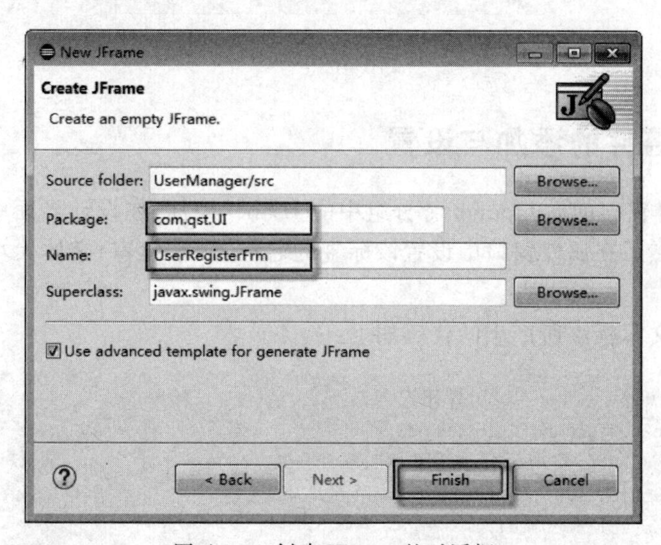

图 A-19 创建 JFrame 的对话框

A.4.2 窗体的属性及布局

(1) 在用户注册窗体中,默认布局方式为 BorderLayout; 通过 Source 选项卡,可以查看窗体的布局,代码如下:

```
contentPane.setLayout(new BorderLayout(0,0));
setContentPane(contentPane);
```

(2) 单击 Design 选项卡,进入注册窗体的设计界面; 在控件窗口中,首先选中 Layouts 分组中的 Absolute layout 选项,然后在设计窗口中的空白处单击,此时窗体的布局方式改为绝对布局; 通过查看代码发现,布局方式设为 null,代码如下:

```
contentPane.setLayout(null);
```

(3) 在设计窗口中,通过窗体的标题栏选中窗体,然后在属性窗口对其进行设置,包括窗口的标题、icon 图标、背景颜色、前景颜色、透明度以及是否可以改变大小、是否允许关闭等属性,如图 A-20 所示。

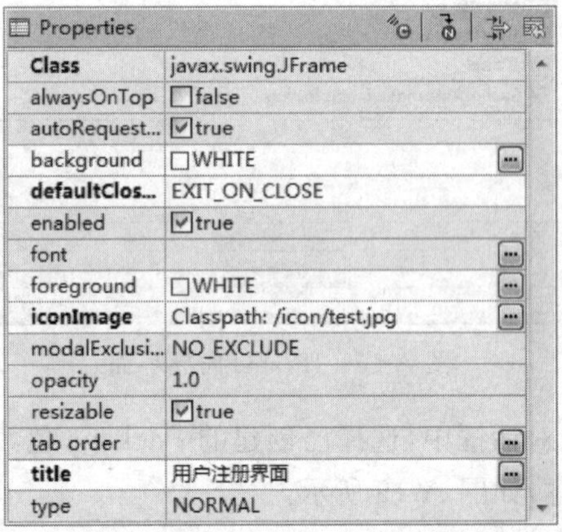

Properties

Class	javax.swing.JFrame
alwaysOnTop	☐false
autoRequest...	☑true
background	☐WHITE
defaultClos...	EXIT_ON_CLOSE
enabled	☑true
font	
foreground	☐WHITE
iconImage	Classpath: /icon/test.jpg
modalExclusi...	NO_EXCLUDE
opacity	1.0
resizable	☑true
tab order	
title	用户注册界面
type	NORMAL

图 A-20 JFrame 窗体对应的属性面板

A.4.3 控件的添加与设置

(1) 使用控件窗口的 components 分组中的 JLabel 控件,在设计界面中创建一个"用户名"的文本标签,然后在属性窗口中设置该标签的名称、文本内容、字体大小和颜色等属性,如图 A-21 所示。

创建用户名文本标签所产生的代码如下:

```
JLabel lblUserName = new JLabel("用户名:");
lblUserName.setForeground(Color.BLUE);
lblUserName.setFont(new Font("华文楷体",Font.BOLD,16));
lblUserName.setBounds(91,27,68,36);
contentPane.add(lblUserName);
```

(2) 使用控件窗口的 components 分组中的 JTextField 控件,在设计界面中创建一个"用户名"的输入框,然后在属性窗口中设置该控件的名称和背景颜色等属性,如图 A-22 所示。

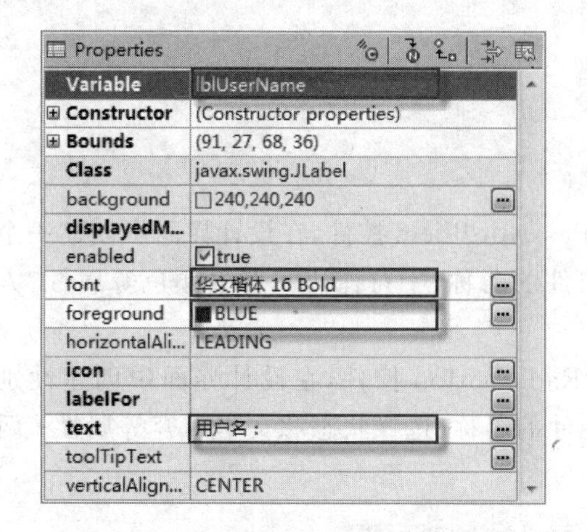

图 A-21 JLabel 标签对应的属性面板

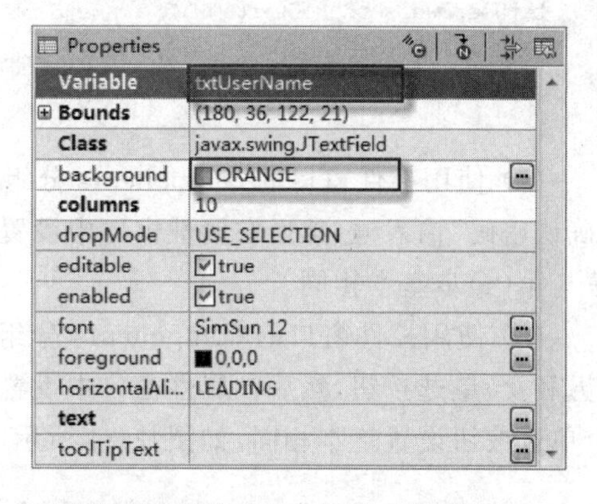

图 A-22 用户名输入框对应的属性窗口

创建用户名输入框所产生的代码如下:

```
txtUserName = new JTextField();
txtUserName.setBackground(Color.ORANGE);
txtUserName.setBounds(180, 36, 122, 21);
contentPane.add(txtUserName);
txtUserName.setColumns(10);
```

(3) 使用控件窗口的 components 分组中的 JLabel 控件,在设计界面中创建关于密码、确认密码、性别、联系方式等的文本标签,方法与第(1)步基本相同,不再赘述。

(4) 使用控件窗口的 components 分组中 JPasswordField 控件,在设计界面中创建一个"密码"输入框,然后在属性窗口中设置该控件的名称、字符掩码和背景颜色等属性,如图 A-23 所示。

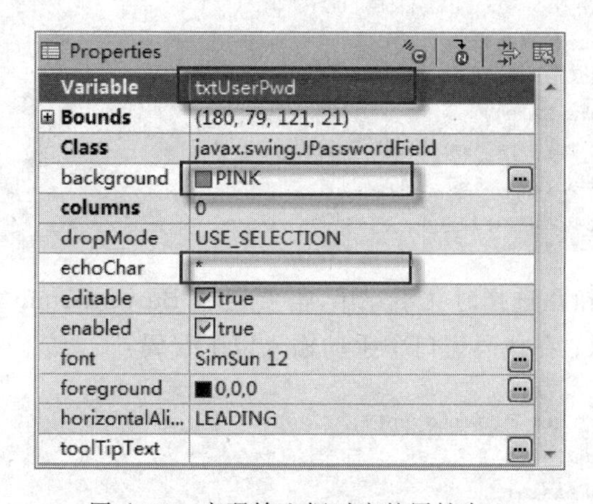

图 A-23 密码输入框对应的属性窗口

创建密码输入框所产生的代码如下：

```
txtUserPwd = new JPasswordField();
txtUserPwd.setBackground(Color.PINK);
txtUserPwd.setToolTipText("");
txtUserPwd.setEchoChar('*');
txtUserPwd.setBounds(180, 79, 121, 21);
contentPane.add(txtUserPwd);
```

(5) 使用控件窗口的 components 分组中 JPasswordField 控件，在设计界面中创建一个“确认密码”输入框，然后在属性窗口中设置该控件的名称、字符掩码和背景颜色等属性，方法与第(4)步基本相同。

(6) 使用控件窗口的 components 分组中 JRadioButton 控件，在设计界面中创建性别(男和女)单选按钮，然后在属性窗口中设置该控件的名称、选择状态和文本内容等属性；两个单选按钮设置基本相同，如图 A-24 所示。

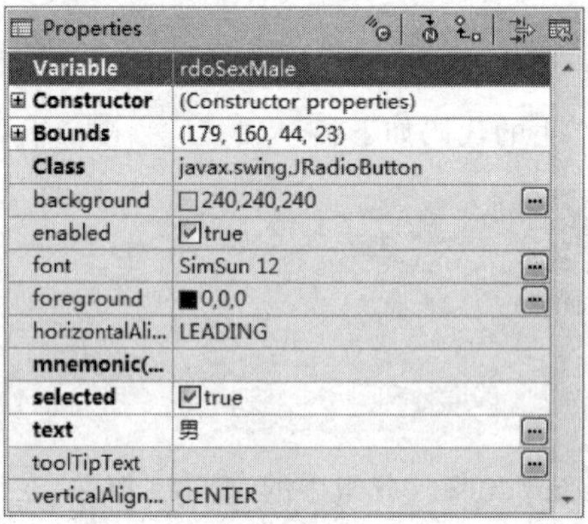

Properties	
Variable	rdoSexMale
⊞ **Constructor**	(Constructor properties)
⊞ **Bounds**	(179, 160, 44, 23)
Class	javax.swing.JRadioButton
background	□240,240,240
enabled	☑true
font	SimSun 12
foreground	■0,0,0
horizontalAli...	LEADING
mnemonic(...	
selected	☑true
text	男
toolTipText	
verticalAlign...	CENTER

图 A-24　单选按钮(男)对应的属性窗口

创建性别单选按钮所产生的代码如下：

```
JRadioButton rdoSexMale = new JRadioButton("男");
rdoSexMale.setSelected(true);
rdoSexMale.setBounds(179, 160, 44, 23);
contentPane.add(rdoSexMale);
JRadioButton rdoSexFemale = new JRadioButton("女");
rdoSexFemale.setBounds(242, 160, 44, 23);
contentPane.add(rdoSexFemale);
```

此时，性别单选按钮在选择时并不互斥，需要通过 ButtonGroup 实现分组管理，从而实现单选按钮的互斥效果；在代码窗口中手动输入以下代码：

```
ButtonGroupsexGroup = new ButtonGroup();
sexGroup.add(rdoSexMale);
sexGroup.add(rdoSexFemale);
```

A.4.4 添加按钮及事件处理

(1) 使用控件窗口的 components 分组中 JButton 控件，在设计界面中创建一个“注册”按钮，然后在属性窗口中设置该按钮的名称、字体样式和文本内容等属性，如图 A-25 所示。

(2) 在注册按钮对应的属性窗口中，单击事件切换按钮 切换到事件列表，通过双击 mouse→clicked 选项，为注册按钮添加鼠标单击事件，如图 A-26 所示。

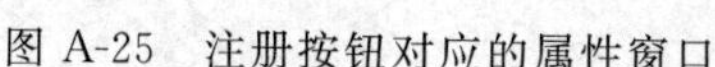
图 A-25 注册按钮对应的属性窗口

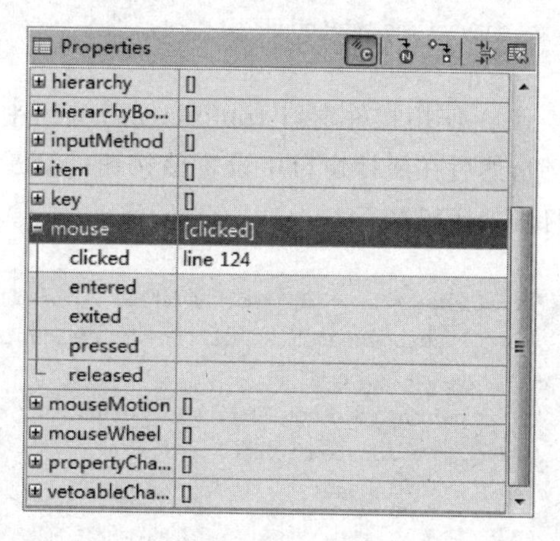

图 A-26 注册按钮对应的事件属性窗口

(3) 在代码窗口中，为注册按钮添加用户注册相关的事件处理代码，代码如下：

```
btnRegister = new JButton("注册");
btnRegister.addMouseListener(new MouseAdapter(){
    @Override
    public void mouseClicked(MouseEvent e){
        String userName = txtUserName.getText();
        String userPwd = new String(txtUserPwd.getPassword());
        if("".equals(userName)){
            JOptionPane.showMessageDialog(null,"用户名不能为空!",
                    "输入错误", JOptionPane.ERROR_MESSAGE);
            return;
        }else if(userName.length()<3){
            JOptionPane.showMessageDialog(null,"用户名长度不能小于 3!",
                    "输入错误", JOptionPane.ERROR_MESSAGE);
            return;
        }
        if("".equals(userPwd)){
            JOptionPane.showMessageDialog(null,"密码不能为空!",
                    "输入错误", JOptionPane.ERROR_MESSAGE);
            return;
        }        if("admin".equalsIgnoreCase(userName)&&"abc".equalsIgnoreCase(userPwd)){
            JOptionPane.showMessageDialog(null,"登录成功,欢迎使用后台管理系统!",
                    "友情提示", JOptionPane.INFORMATION_MESSAGE);
            //启动后台管理界面......
```

```
            }else{
                JOptionPane.showMessageDialog(null,"用户名或密码错误!",
                        "输入错误", JOptionPane.ERROR_MESSAGE);
            }
        }
});
btnRegister.setFont(new Font("宋体",Font.BOLD,14));
btnRegister.setBounds(115,259,93,30);
contentPane.add(btnRegister);
```

（4）使用控件窗口 components 分组中的 JButton 控件，在设计界面中创建一个"关闭"按钮，然后在属性窗口中设置该按钮的变量名称、字体样式和文本内容等，并在添加事件处理代码，代码如下：

```
btnClose = new JButton("关闭");
btnClose.addMouseListener(new MouseAdapter(){
    @Override
    public void mouseClicked(MouseEvent e){
        //System.exit(0);
        dispose();
    }
});
btnClose.setFont(new Font("宋体",Font.BOLD,14));
btnClose.setBounds(243,259,93,30);
contentPane.add(btnClose);
```

A.4.5 运行代码

在结构窗口中，可以查看注册窗体中的控件结构，如图 A-27 所示。

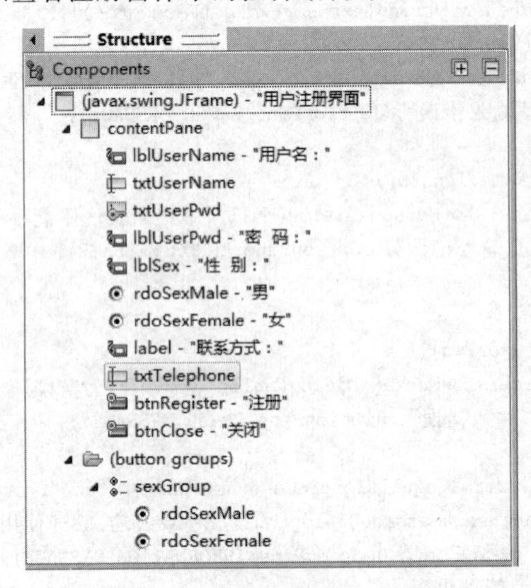

图 A-27 结构窗口

用户注册窗体所对应的完整代码如下所示。

【代码 A-1】 UserRegisterFrm. java

```
package com.qst.UI;
import java.awt.*;
import java.awt.event.*;
import javax.swing.*;
import javax.swing.border.EmptyBorder;
public class UserRegisterFrm extends JFrame {
    private JPanel contentPane;
    private JTextField txtUserName;
    private JPasswordField txtUserPwd;
    private JLabel lblUserPwd;
    private JLabel lblSex;
    private JLabel label;
    private JTextField txtTelephone;
    private JButton btnRegister;
    private JButton btnClose;
    private JPasswordField txtUserRePwd;

    public static void main(String[] args) {
        EventQueue.invokeLater(new Runnable() {
            public void run() {
                try {
                    UserRegisterFrm frame = new UserRegisterFrm();
                    frame.setVisible(true);
                } catch (Exception e) {
                    e.printStackTrace();
                }
            }
        });
    }
    public UserRegisterFrm() {
        setBackground(Color.WHITE);
        setIconImage(Toolkit.getDefaultToolkit()
            .getImage(UserRegisterFrm.class.getResource("/icon/test.jpg")));
        setForeground(Color.WHITE);
        setTitle("用户注册界面");
        setDefaultCloseOperation(JFrame.EXIT_ON_CLOSE);
        setBounds(0, 0, 423, 379);
        contentPane = new JPanel();
        contentPane.setBorder(new EmptyBorder(5, 5, 5, 5));
        setContentPane(contentPane);
        contentPane.setLayout(null);

        JLabel lblUserName = new JLabel("用户名: ");
        lblUserName.setForeground(Color.BLUE);
        lblUserName.setFont(new Font("华文楷体", Font.BOLD, 16));
        lblUserName.setBounds(91, 27, 68, 36);
        contentPane.add(lblUserName);

        txtUserName = new JTextField();
        txtUserName.setBackground(Color.ORANGE);
```

```
        txtUserName.setBounds(180, 36, 122, 21);
        contentPane.add(txtUserName);
        txtUserName.setColumns(10);

        txtUserPwd = new JPasswordField();
        txtUserPwd.setBackground(Color.PINK);
        txtUserPwd.setToolTipText("");
        txtUserPwd.setEchoChar('*');
        txtUserPwd.setBounds(180, 79, 121, 21);
        contentPane.add(txtUserPwd);

        lblUserPwd = new JLabel("密  码:");
        lblUserPwd.setForeground(Color.BLUE);
        lblUserPwd.setFont(new Font("华文楷体", Font.BOLD, 16));
        lblUserPwd.setBounds(91, 73, 68, 30);
        contentPane.add(lblUserPwd);

        lblSex = new JLabel("性  别:");
        lblSex.setForeground(Color.BLUE);
        lblSex.setFont(new Font("华文楷体", Font.BOLD, 16));
        lblSex.setBounds(91, 155, 68, 30);
        contentPane.add(lblSex);

        JRadioButton rdoSexMale = new JRadioButton("男");
        rdoSexMale.setSelected(true);
        rdoSexMale.setBounds(179, 160, 44, 23);
        contentPane.add(rdoSexMale);

        JRadioButton rdoSexFemale = new JRadioButton("女");
        rdoSexFemale.setBounds(242, 160, 44, 23);
        contentPane.add(rdoSexFemale);

        ButtonGroup sexGroup = new ButtonGroup();
        sexGroup.add(rdoSexMale);
        sexGroup.add(rdoSexFemale);

        label = new JLabel("联系方式:");
        label.setForeground(Color.BLUE);
        label.setFont(new Font("华文楷体", Font.BOLD, 16));
        label.setBounds(91, 195, 85, 30);
        contentPane.add(label);

        txtTelephone = new JTextField();
        txtTelephone.setColumns(10);
        txtTelephone.setBackground(Color.ORANGE);
        txtTelephone.setBounds(180, 201, 122, 21);
        contentPane.add(txtTelephone);

        btnRegister = new JButton("注册");
        btnRegister.addMouseListener(new MouseAdapter() {
```

```
        @Override
        public void mouseClicked(MouseEvent e) {
            String userName = txtUserName.getText();
            String userPwd = new String(txtUserPwd.getPassword());
            if("".equals(userName)){
                JOptionPane.showMessageDialog(null, "用户名不能为空!",
                        "输入错误", JOptionPane.ERROR_MESSAGE);
                return;
            }else if(userName.length()<3){
                JOptionPane.showMessageDialog(null, "用户名长度不能小于 3!",
                        "输入错误", JOptionPane.ERROR_MESSAGE);
                return;
            }
            if("".equals(userPwd)){
                JOptionPane.showMessageDialog(null, "密码不能为空!",
                        "输入错误", JOptionPane.ERROR_MESSAGE);
                return;
            }
            if("admin".equalsIgnoreCase(userName)
                    &&"abc".equalsIgnoreCase(userPwd)){
                JOptionPane.showMessageDialog(null, "登录成功,欢迎使用后台管理
                        系统!", "友情提示", JOptionPane.INFORMATION_MESSAGE);
                //启动后台管理界面......
            }else{
                JOptionPane.showMessageDialog(null, "用户名或密码错误!",
                        "输入错误", JOptionPane.ERROR_MESSAGE);
            }
        }
    });
    btnRegister.setFont(new Font("宋体", Font.BOLD, 14));
    btnRegister.setBounds(101, 254, 93, 30);
    contentPane.add(btnRegister);
    btnClose = new JButton("关闭");
    btnClose.addMouseListener(new MouseAdapter() {
        @Override
        public void mouseClicked(MouseEvent e) {
            //System.exit(0);
            dispose();
        }
    });
    btnClose.setFont(new Font("宋体", Font.BOLD, 14));
    btnClose.setBounds(209, 254, 93, 30);
    contentPane.add(btnClose);
    JLabel lblUserRePwd = new JLabel("确认密码: ");
    lblUserRePwd.setForeground(Color.BLUE);
    lblUserRePwd.setFont(new Font("华文楷体", Font.BOLD, 16));
    lblUserRePwd.setBounds(92, 115, 85, 30);
    contentPane.add(lblUserRePwd);

    txtUserRePwd = new JPasswordField();
```

```
        txtUserRePwd.setToolTipText("");
        txtUserRePwd.setEchoChar('*');
        txtUserRePwd.setBackground(Color.PINK);
        txtUserRePwd.setBounds(181, 121, 121, 21);
        contentPane.add(txtUserRePwd);
    }
}
```

运行程序代码,用户注册界面如图 A-28 所示。

图 A-28　用户注册界面

附录B 数据库连接池

B.1 数据库连接池简介

数据库连接的建立及关闭是耗费系统资源的操作，在多层结构的环境中，这种资源的耗费对系统的性能影响尤为明显。本书第 2 章介绍的 JDBC 数据库访问中，每个数据库连接对象均对应一个物理数据库连接，每次操作都需要打开一个物理连接，使用完毕后关闭连接。如此频繁地打开、关闭数据库连接将造成系统的性能低下，因此提出了数据库连接池的解决方案。

数据库连接池的解决方案是：当应用程序启动时，系统主动建立足够的数据库连接，并将这些连接作为对象存储在内存中，组成一个连接池。当用户需要访问数据库时，无须建立一个新的数据库连接，而是从连接池中取出一个已有的连接直接使用。使用完毕后，用户也无须将连接关闭，而是将该连接放回连接池中，以供下次的请求访问使用。数据库连接的建立、断开都由数据库连接池自身进行管理，从而大大提高了程序的运行效率。

数据库连接池的参数可以进行设置，以便控制连接池中的初始连接数、连接的上下限数、每个连接的最大使用次数以及最大空闲时间等。

在 Java 中，开源的数据库连接池有 DBCP、C3P0、Proxool、DBPool 和 XAPool 等。此处主要介绍 DBCP 和 C3P0 两种开源的数据库连接池使用。

B.2 DBCP 数据源

DBCP(DataBase Connection Pool，数据库连接池)是 Apache 软件基金组织下的开源连接池，该连接池依赖该组织下的 common-pool 项目，也是 Tomcat 使用的连接池组件。

单独使用 DBCP 需要在系统中增加以下两个 jar 包：

- commons-dbcp.jar——连接池的实现；
- commons-pool.jar——连接池实现的依赖库。

在 Apache 官网 http://commons.apache.org 中可以下载 DBCP 数据库连接池所需的 commons-dbcp.jar 和 commons-pool.jar 两个 jar 包。

下面演示一个使用 DBCP 连接池的简单应用，工程目录结构如图 B-1 所示。

下述代码演示 DBCP 数据库连接池的使用。

AppendixB
src
com.qst.appendixb
DBCPUtil.java
Referenced Libraries
ojdbc7.jar
commons-dbcp-1.4.jar
commons-pool.jar
commons-collections-3.1.jar
JRE System Library [jdk1.8.0_65]
libs
commons-collections-3.1.jar
commons-dbcp-1.4.jar
commons-pool.jar
ojdbc7.jar

图 B-1　DBCP 工程目录

【代码 B-1】　DBCPUtil. java

```
public class DBCPUtil {
    public static void main(String[] args) {
        System.out.println("获取数据源.");
        //连接数据库的 url
        String url = "jdbc:oracle:thin:@192.168.52.15:1521:orcl";
        DataSource dataSource = setupDataSource(url);
        System.out.println("获取数据源成功");
        try {
            // 建立数据库连接
            System.out.println("创建连接");
            Connection conn = dataSource.getConnection();
            System.out.println("连接成功");
            // 创建 Statment 对象
            Statement stmt = conn.createStatement();
            // 获取查询结果集
            ResultSet rs = stmt.executeQuery("SELECT id,username
                                FROM userdetails");
            // 访问结果集中的数据
            System.out.println("Results:");
            int numcols = rs.getMetaData().getColumnCount();
            while (rs.next()) {
                for (int i = 1; i <= numcols; i++) {
                    System.out.print("\t" + rs.getString(i));
                }
                System.out.println("");
            }
            // 关闭结果集
            rs.close();
            // 关闭载体
            stmt.close();
        } catch (SQLException e) {
            e.printStackTrace();
        }
```

```
    }
    /**
     * @param connectURI  连接数据库的 url
     * @return BasicDataSource
     */
    public static DataSource setupDataSource(String connectURI) {
        BasicDataSource ds = new BasicDataSource();
        // 设置连接池所需的驱动
        ds.setDriverClassName("oracle.jdbc.driver.OracleDriver");
        // 设置连接数据库的连接名
        ds.setUsername("scott");
        // 设置连接数据库的密码
        ds.setPassword("zkl123");
        // 设置连接数据库的 url
        ds.setUrl(connectURI);
        // 设置数据池的初始连接数
        ds.setInitialSize(5);
        // 设置连接池的最大连接数
        ds.setMaxActive(20);
        // 设置连接池中最少有几个空闲连接
        ds.setMinIdle(2);
        return ds;
    }
}
```

上述代码通过 DBCP 数据连接池来获取 Oracle 数据库中的数据，并将获取的数据通过控制台打印。运行结果如下所示：

```
获取数据源
获取数据源成功
创建连接
连接成功
Results:
    1        zhangsan
    3        wangwu
    4        maliu
    5        lingwu
    6        zhaokl
    7        Tom
    8        linghuchong
    9        Rose
```

B.3 C3P0 数据源

C3P0 也是一个开源的数据库连接池，实现了数据源和 JNDI 的绑定，支持 JDBC3 规范和 JDBC2 的标准扩展。目前使用 C3P0 的开源项目有 Hibernate 和 Spring 等框架。C3P0

不仅可以自动清理不再使用的 Connection，还可以自动清理 Statement 和 ResultSet，因此 C3P0 性能更胜一筹。

C3P0 的使用与 DBCP 相似，使用 C3P0 时需要在系统中增加相应的 jar 包。

- c3p0.jar：C3P0 连接池的实现；
- mchange-commons.jar：C3P0 连接池实现的依赖库。

下面演示一个使用 DBCP 连接池的简单应用，工程目录结构如图 B-2 所示。

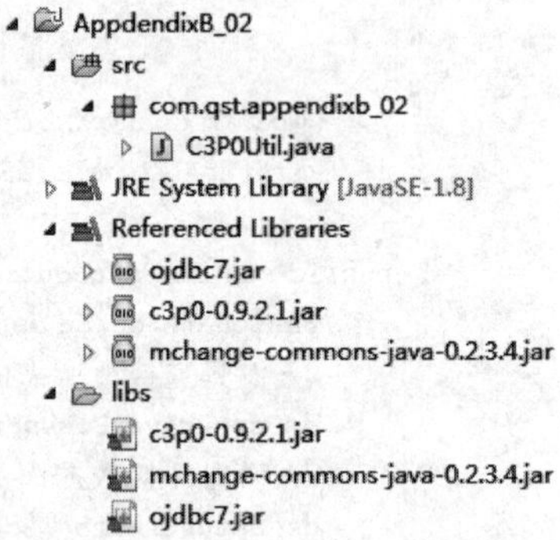

AppdendixB_02
src
com.qst.appendixb_02
C3P0Util.java
JRE System Library [JavaSE-1.8]
Referenced Libraries
ojdbc7.jar
c3p0-0.9.2.1.jar
mchange-commons-java-0.2.3.4.jar
libs
c3p0-0.9.2.1.jar
mchange-commons-java-0.2.3.4.jar
ojdbc7.jar

图 B-2　C3P0 工程目录

下述代码演示 C3P0 数据库连接池的使用。

【代码 B-2】　C3P0Util.java

```
public class C3P0Util {
    private static C3P0Util dbPool;
    private ComboPooledDataSource dataSource;
    static {
        dbPool = new C3P0Util();
    }
    public C3P0Util() {
        try {
            dataSource = new ComboPooledDataSource();
            dataSource.setDriverClass("oracle.jdbc.driver.OracleDriver");
            dataSource.setJdbcUrl(
                    "jdbc:oracle:thin:@192.168.52.15:1521:orcl");
            dataSource.setUser("scott");
            dataSource.setPassword("zkl123");
            // 设置初始连接池的大小!
            dataSource.setInitialPoolSize(2);
            // 设置连接池的最小值!
            dataSource.setMinPoolSize(1);
            // 设置连接池的最大值!
            dataSource.setMaxPoolSize(10);
            // 设置连接池中的最大 Statements 数量!
            dataSource.setMaxStatements(50);
            // 设置连接池的最大空闲时间!
            dataSource.setMaxIdleTime(60);
        } catch (PropertyVetoException e) {
            throw new RuntimeException(e);
        }
    }
    public final static C3P0Util getInstance() {
        return dbPool;
    }
    public final Connection getConnection() {
        try {
            return dataSource.getConnection();
        } catch (SQLException e) {
            throw new RuntimeException("无法从数据源获取连接 ", e);
        }
    }
```

```
    public static void main(String[] args) throws SQLException {
        Connection conn = null;
        ResultSet rs = null;
        try {
            // 建立数据库连接
            conn = C3P0Util.getInstance().getConnection();
            // 获取查询结果集
            rs = conn.createStatement().executeQuery(
                    "SELECT id,username FROM userdetails");
            System.out.println("Results:");
            while (rs.next()) {
                System.out.println(rs.getObject(1) + "\t" + rs.getObject(2));
            }
        } catch (Exception e) {
        } finally {
                // 如果 rs 不空,关闭 rs
                if (rs != null) {
                    try {
                        rs.close();
                    } catch (SQLException e) {
                        e.printStackTrace();
                    }
                }
                // 如果 conn 不空,关闭 conn
                if (conn != null) {
                    try {
                        conn.close();
                    } catch (SQLException e) {
                        e.printStackTrace();
                    }
                }         }
    }
}
```

上述代码通过 C3P0 获得数据库连接,并将获取 Oracle 数据库中的数据。运行结果如下：

```
Results:
1         zhangsan
3         wangwu
4         maliu
5         lingwu
6         zhaokl
7         Tom
8         linghuchong
9         Rose
```

附录C RowSet

JDBC定义了javax.sql.RowSet接口，用于表示数据的行集合。RowSet集合中的数据不仅可以是数据库中的数据，还可以是XML数据或任何具有行集合概念的数据。

RowSet接口定义了行集合基本行为，具有五个标准行集合子接口，均定义在javax.sql.rowset包中，其继承关系如图C-1所示。

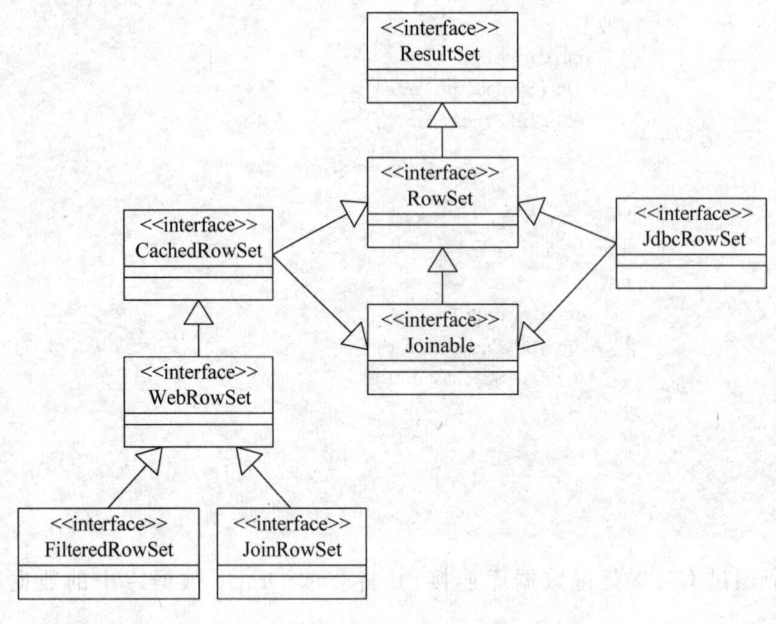

图C-1 RowSet接口继承关系

RowSet默认是可滚动、可更新、可序列化的结果集，能够作为一种JavaBean对象进行使用，便于在网络上传输数据和同步数据。离线式RowSet操作能够有效地利用计算机越来越充足的内存资源来减轻数据库服务器的负担；由于数据操作都是在内存中进行处理，然后批量提交到数据源，在灵活性和性能方面都有很大的提高。RowSet的常用方法如表C-1所示。

表C-1 RowSet常用方法

方　法	功能描述
int getMaxRows()	获取RowSet对象可以包含的最大行数
String getPassword()	获取用于创建数据库连接的密码
String getUsername()	获取用于创建RowSet对象的数据库连接的用户名

续表

方　法	功能描述
boolean isReadOnly()	判断 RowSet 对象是否是只读的
void setUsername(String name)	将 RowSet 对象的用户名属性设置为给定的 String
void close()	立即释放 RowSet 对象
boolean first()	将光标移动到 RowSet 对象的第一行
boolean last()	将光标移动到 RowSet 对象的最后一行
boolean isFirst()	判断光标是否位于 RowSet 对象的第一行
boolean isLast()	判断光标是否位于 RowSet 对象的最后一行
double getDouble(int columnIndex)	以 double 的形式获取 RowSet 对象的当前行中指定列的值
float getFloat(int columnIndex)	以 float 的形式获取 RowSet 对象的当前行中指定列的值
int getInt(int columnIndex)	以 int 的形式获取 RowSet 对象的当前行中指定列的值
long getLong(int columnIndex)	以 long 的形式获取 RowSet 对象的当前行中指定列的值
String getString(int columnIndex)	以 String 的形式获取此 RowSet 对象的当前行中指定列的值
getRow()	获取当前行号
next()	将光标从当前位置向前移一行

下面演示一个 RowSet 的简单应用，工程目录结构如图 C-2 所示。

```
▲ AppendixC
  ▲ src
    ▲ com.qst.appendixc
      ▷ RowSetDemo.java
  ▲ Referenced Libraries
    ▷ ojdbc7.jar
  ▷ JRE System Library [jdk1.8.0_65]
  ▲ libs
      ojdbc7.jar
```

图 C-2　工程目录

下述代码演示了 RowSet 的使用。

【代码 C-1】　RowSetDemo.java

```
public class RowSetDemo {
    public static RowSet query(Connection connection, String sql)
        throws SQLException {
        //使用 sun 的默认 RowSet 实现
        CachedRowSetImpl rowSet = new CachedRowSetImpl();
        //查询无任何变化
        Statement stmt = connection.createStatement();
        ResultSet rs = stmt.executeQuery(sql);
        //填充离线集
        rowSet.populate(rs);
        //提前关闭结果集和载体
        rs.close();
        stmt.close();
        return rowSet;
    }
```

```
    public static void main(String[ ] args) throws Exception {
        Class.forName("oracle.jdbc.driver.OracleDriver");
        String connectionUrl = "jdbc:oracle:thin:@192.168.52.15:1521:orcl";
        Connection conn = DriverManager.getConnection(connectionUrl,
                                            "scott","zkl123");
        RowSet rowSet = query(conn, "SELECT id,username FROM userdetails");
        //关闭连接也没有关系了。
        conn.close();
        //和 ResultSet 使用一样。
        while (rowSet.next()) {
        System.out.print(rowSet.getString(1) + " : ");
            System.out.println(rowSet.getString(2));
        }
    }
}
```

上述代码使用 RowSet 查询数据库中的数据；由于 RowSet 是 ResultSet 的子接口，通过 RowsSet 实现的增删改与 ResultSet 完全相同。

运行结果如下所示：

```
1: zhangsan
3: wangwu
4: maliu
5: lingwu
6: zhaokl
7: Tom
8: linghuchong
9: Rose
```

教学资源支持

敬爱的教师：

感谢您一直以来对清华版计算机教材的支持和爱护。为了配合本课程的教学需要，本教材配有配套的电子教案（素材），有需求的教师请到清华大学出版社主页（http://www.tup.com.cn）上查询和下载，也可以拨打电话或发送电子邮件咨询。

如果您在使用本教材的过程中遇到了什么问题，或者有相关教材出版计划，也请您发邮件告诉我们，以便我们更好地为您服务。

我们的联系方式：

地　　址：北京海淀区双清路学研大厦 A 座 707

邮　　编：100084

电　　话：010－62770175－4604

课件下载：http://www.tup.com.cn

电子邮件：weijj@tup.tsinghua.edu.cn

教师交流 QQ 群：136490705

教师服务微信：itbook8

教师服务 QQ：883604

（申请加入时，请写明您的学校名称和姓名）

用微信扫一扫右边的二维码，即可关注计算机教材公众号。

扫一扫

课件下载、样书申请

教材推荐、技术交流

教学资源支持